ヤング・タブロー

表現論と幾何への応用

W. フルトン 著

池田 岳／井上 玲／岩尾慎介 訳

丸善出版

Young Tableaux

*With Applications to
Representation Theory and Geometry*

by

William Fulton

© Cambridge University Press, 1997
This translation of Young Tableaux is published by arrangement with
Cambridge University Press through Japan UNI Agency, Inc., Tokyo.

PRINTED IN JAPAN

緒言

　本書のねらいはヤング・タブローの組合せ論を展開し，対称関数の代数的理論，対称群と一般線型群の表現論，旗多様体の幾何において，それが活躍する様子を見ることである．第I部ではヤング・タブローの基本的な組合せ論を詳しく説明し，第II部ではそれを表現論に応用し，第III部では前の二つの部の内容を幾何学に応用する．

　第I部ではヤング・タブローに施すことのできる著しい操作を何通りか詳しく述べる．これらのどの操作を用いても，ヤング・タブローの集合にモノイドの構造を持たせることができる．それらはシェンステッドの「バンプ」，シュッツェンベルジェの「スライド」，クヌース，ラスクー，シュッツェンベルジェによって展開されたワード（語）との関係，ロビンソン・シェンステッド・クヌースの対応（非負整数を成分とする行列と，同じ形を持つヤング・タブローのペアの間の対応）である．これらの構成を用いて，組合せ版のリトルウッド・リチャードソン規則や，さまざまな種類のタブローの数え上げ問題を議論する．

　第II部と第III部では，ある基本的な2次関係式の遍在性がひとつの主題になっている．その関係式が S_n, $GL_m(\mathbb{C})$ の表現の構成にも，グラスマン多様体や旗多様体の定義方程式にも現れるのである．この現象の背後にある線型代数的構造（任意の可換環上で正しい）について第8章で説明する．第III部では，グラスマン多様体上，および旗多様体上でのシューベルト・カルキュラスを取り扱う．旗多様体の幾何学を用いてラスクー・シュッツェンベルジェのシューベルト多項式を構成する．

　二つの付録を設けた．付録Aは第I部の組合せ論を主題とする変奏とも言える内容である．ただし，これは他の部分で用いられることはない．付録Bではトポロジー，特に非特異射影多様体の部分多様体に対してコホモロジー類を定義し，その基本的な性質を述べる．これらは旗多様体やそのシューベルト多様体の

研究に用いられる.

　全体を通して数多くの演習問題をのせた.数値的に簡単に確認できるものを除いて,巻末に解答,ヒント,あるいは参考文献を付けた.

　本書の主題は,タブローの計算についてのいくつかの主要なアイデア,およびその応用が非専門家により近づきやすくすることであった.とりわけラスクーとシュッツェンベルジェによる重要な仕事を紹介する.そのために,組合せ論的な概念を直観的で図形的な言葉で述べることを試みた.従来の文献ではよく用いられる形式的な言い回しやコンピューター・プログラムの言語の使用は避けた.文献を参照すること(特に巻末の「解答と文献」では)はあるが,総論的な解説[1]を意図してはいない.

　本書で述べられるほとんどの内容は何らかの形ですでに知られているものだが,いくつかの新しい内容もある.そのひとつはロビンソン・シェンステッド・クヌース対応に対する「行列と玉」アルゴリズムである.これは知られている他のものよりも明解かつ有効であり,基本的な対称性が明白であるという利点がある.これはヴィエンノによる置換に対するアルゴリズムを一般化したものであり,よく似たアルゴリズムはスタンレー,フォーミン,ロビーにより独立に展開されている.付録Aではこの対応の変種に対する類似した「行列と玉」アルゴリズムを解説した.さらに,この付録は,リトルウッド・リチャードソン規則に関連した歪タブローどうしの対応を含む.これはハイマンの最近の仕事を拡張したものである.

　本書のリトルウッド・リチャードソン規則の証明は,出版されている他のものよりも簡明であろう.第8章で与えられるシューア,もしくはワイル加群 E^λ は可換環上の加群 E,分割 λ に対して与えられる.この構成法はもっと広く知られるべきだろう.組合せ論の他の教科書と違い,異なる成分を持つタブローだけを扱うのではなく一般のヤング・タブローの理論を展開することにした.ただし,一般の場合についての結果が特殊なタブローの場合から導かれることがある.付録Bでは,特異ホモロジー,特異コホモロジー,そしてトポロジーの一般的な教科書に書かれている事実だけを用いて,代数多様体のホモロジー類をどのように構成するか示した.

　組合せ論の章においては,他の文献を参照せずに読めるようにした.一方それら以外の章では,組合せ論的概念を表現論と幾何学に関連づけることをめざし

---

[1] この主題については,数多くのアイデアが繰り返し再発見,再解釈されてきた.参考文献を引用する際には,読者がその事項を学びやすいものを選んでおり,初出の文献をたどる努力はしていない.

た．他の文献を参照せずに読めるという目標と，分野どうしの橋渡しを行うという目標は相反するが，後者を優先した．表現論，代数幾何学，トポロジーのごく初歩的な知識だけを仮定して，これらの章の敷居を低くするように努めたが，それが成功するかどうかは読者の予備知識と，上記の事項について基本的な知識を受け入れて進むことができるかどうかによるだろう．

　本書について，あるいは背景について，さらに詳しいことは記法の節，各部の導入を見ていただきたい．この本に書かれていないことについて少し述べておくほうがよいだろう．ここで示されている多くの話は一般の半単純群，あるいは少なくとも他の古典群についての類似が存在し，現在も関連する文献が増え続けている．これらについて議論することはせず，一般線型群に関する話題を展開するように努め，読者が一般の場合に出合ったときに備えた．双タブローやシフトされたタブローなど他の群の表現論に用いられる概念は議論していない．いくつかの構成が整数環上あるいは任意の基礎環上で行われる（それが可能である場合はそうすることを志向する）が，正標数特有の現象には立ち入らなかった．最後に，組合せ論的アルゴリズムをコンピューター・プログラム形式で提示することは行わなかった．そのようにしたのは，決してプログラムを書くことを奨励しないからではなく，より直観的で図形的な議論によって，この主題が組合せ論の専門家以外にとっても魅力的になることを願ってのことである．

1996 年 2 月

William Fulton

訳者はしがき

　ウィリアム・フルトンは，代数幾何学的な交叉理論についての成書 "Intersection Theory" の著者としても有名である．それと比べると小ぶりだけれど，この魅力的な本 "Young Tableaux — With Applications to Representation Theory and Geometry" は，ヤング・タブローの組合せ論を懇切丁寧に語り，更にその表現論と幾何学への応用を解説している．訳者たちが，あるいはおそらく著者もそうであったように，読者もまた，ヤング・タブローをめぐる数学の豊かさに驚き，それを楽しんで下さるならば望外の喜びである．

　第 I 部はほとんど予備知識なく読めるのに対して，第 II 部および第 III 部を読むには表現論と代数幾何学，トポロジーなどの知識が必要である．そのため，やや詳しい訳注を多めに加えた．また，付録 C（訳者による）として，表現論に関する説明を加えた．

　翻訳するにあたり，特に第 I 部において，いくつかの用語の日本語訳を新しく作る必要があった．一方，訳語を作らずにカタカナにしたものもある．また，既存の邦書とは異なる訳語を採用したものもある．本書で tableau と呼ばれるものは，論文等では semistandard tableau と呼ばれることが多く「半標準盤」という訳が既にある．ごく自然な想像の通り，standard tableau という概念と「標準盤」という日本語もある．著者は semistandard tableau を基本的な対象として捉えて，それを単に tableau と呼ぶことを提唱している．その意を汲んで，tableau を単に「タブロー」とした．そして skew tableau を「歪タブロー」とした．タブローとはヤング図形の箱に数字を書き込んだものである．数字を書き込む前の空のヤング図形をそのタブローの「台」とする訳もあるが，本書では「形」とした．タブローと関連して，「数字付け」や「番号付け」という

用語について，第 0 章「記法」で確認してほしい．"Jeu de taquin" はフランス語で「数の遊び」ほどの意味で，日本でいう「15 パズル」の呼び名であるが，単に「ジュ・ドゥ・タカン」とした．これと関連して rectification という用語がある．これには「整化」という訳を当てた．

 2019 年 5 月

池 田 　 岳
井 上 　 玲
岩 尾 慎 介

目次

第 0 章　記法　　　　　　　　　　　　　　　　　　　　　　　*1*

第 I 部　タブローの算法　　　　　　　　　　　　　　　　　*7*

第 1 章　バンプとスライド　　　　　　　　　　　　　　　　*9*
1.1　行挿入 ………………………………………………………… *9*
1.2　スライド：ジュ・ドゥ・タカン ………………………… *14*

第 2 章　ワードとプラクティック・モノイド　　　　　　　*19*
2.1　ワードと基本変換 ………………………………………… *19*
2.2　シューア多項式 …………………………………………… *26*
2.3　列ワード …………………………………………………… *29*

第 3 章　増大部分列，「主張」の証明　　　　　　　　　　　*33*
3.1　ワードの中の増大部分列 ………………………………… *33*
3.2　定理 2.4 の証明 …………………………………………… *36*

第 4 章　ロビンソン・シェンステッド・クヌース対応　　*39*
4.1　対応 ………………………………………………………… *39*
4.2　行列と玉の方法 …………………………………………… *45*
4.3　RSK 対応の応用 …………………………………………… *53*

第 5 章 リトルウッド・リチャードソン規則　　61
5.1 歪タブローの間の対応 …………………………………… 61
5.2 逆格子ワード …………………………………………… 66
5.3 リトルウッド・リチャードソン数に対する他の公式 …… 70

第 6 章 対称多項式　　75
6.1 対称多項式 ……………………………………………… 75
6.2 対称関数環 ……………………………………………… 80

第 II 部 表現論　　83

第 7 章 対称群の表現　　87
7.1 タブローへの S_n の作用 ………………………………… 87
7.2 シュペヒト加群 ………………………………………… 89
7.3 表現環と対称関数 ……………………………………… 95
7.4 双対的構成と整列アルゴリズム ………………………… 100

第 8 章 一般線型群の表現　　111
8.1 線型代数による構成 …………………………………… 111
8.2 $GL(E)$ の表現論 ………………………………………… 119
8.3 指標と表現環 …………………………………………… 124
8.4 2 次関係式のイデアル ………………………………… 133

第 III 部 幾何学　　137

第 9 章 旗多様体　　141
9.1 旗多様体の射影埋め込み ……………………………… 141
9.2 不変式論 ………………………………………………… 148
9.3 表現と直線束 …………………………………………… 152
9.4 グラスマン多様体上のシューベルト・カルキュラス … 158

第 10 章 シューベルト多様体とシューベルト多項式　　167

10.1	トーラス作用の固定点	167
10.2	旗多様体におけるシューベルト多様体	170
10.3	シューベルト多様体どうしの関係	177
10.4	シューベルト多項式	185
10.5	ブリュア順序	188
10.6	グラスマン多様体への応用	193

付録 A 組合せ論的変奏   199

A.1	反転アルファベットと双対タブロー	199
A.2	列の挿入アルゴリズム	202
A.3	形変化とリトルウッド・リチャードソン対応	207
A.4	RSK 対応のバリエーション	217
	A.4.1 バージ対応	217
	A.4.2 行列の他の隅	221
	A.4.3 0 と 1 の行列	223
A.5	鍵	230

付録 B 代数多様体のトポロジーについて   235

B.1	基本的な事実	236
B.2	ボレル・ムーア・ホモロジー	240
B.3	部分多様体の基本類	246
B.4	チャーン類	250

付録 C 表現論の基礎事項   257

C.1	有限群の表現論	257
C.2	トーラスの表現	261
C.3	ワイルのユニタリートリック	263

解答   265

参考文献   293

索引   303

第0章 記法

ヤング図形とは，正方形の箱を左詰めに配置したものであって，各行の箱の個数が下に向かって弱い意味で減少するもののことをいう．n を箱の総数とすると，各行の箱の個数を並べることにより自然数 n の**分割**が与えられる．逆に，n の任意の分割に対してヤング図形が対応する．例えば 16 の分割 $6+4+4+2$ にはヤング図形

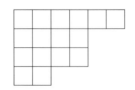

が対応する．分割を表すときは，λ などの小文字のギリシャ文字を用いて，弱い意味で減少する正の整数列 $\lambda = (\lambda_1, \ldots, \lambda_m)$ として扱う．右端にいくつかのゼロがあることを許し，そのようなゼロだけが異なるような整数列を同一視するのが便利である．$\lambda = (d_1^{a_1}, \ldots, d_s^{a_s})$ のように書いて，相異なる整数 $d_i (1 \leq i \leq s)$ が a_i 個ある分割を指すこともある．記号 $\lambda \vdash n$ は λ が n の分割であることを意味するために用い，$|\lambda|$ は λ によって分割される数を表すのに用いる．通常，分割 λ を対応するヤング図形と同一視する．それに応じて λ の第 2 行，第 3 列などという言い方をする．

ヤング図形を描く目的は単に分割を考えるだけではなく，もちろん，箱の中に何かを入れることにある．ヤング図形の各箱に任意のやり方で正の整数を書き入れることを**番号付け**（numbering）あるいは**数字付け**（filling）と呼ぶ．通常，数字が異なるときは番号付けという言葉を用いて，そのような条件を付けな

いときは数字付けと呼ぶ．**ヤング・タブロー**あるいは単に**タブロー**[1]というのは数字付けであって

(1) 各行の数字は右に向かって弱い意味で増加
(2) 各列の数字は下に向かって増加

であるものをいう．このとき，そのタブローはヤング図形 λ の**上にある**といい，λ はそのタブローの**形**[2] (shape) であるという．**標準タブロー** (standard tableau) とは，タブローであって 1 から n までの数字が一度ずつ現れるものをいう．例えば，分割 $\lambda = (6, 4, 4, 2)$ に対して

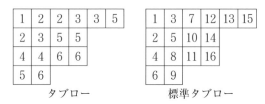

である．タブローに書き込むものは任意のアルファベット (alphabet)，つまり全順序集合の元でかまわないが，本書では主に正の整数を用いる．

以上のような組合せ的対象を平面上で記述することで，単純ではあるが有用な図形的操作が考えられる．例えばヤング図形を対角線（左上から右下へ）に関して反転する操作は**共役ヤング図形** (conjugate diagram) を与える．λ の共役を $\tilde{\lambda}$ で表す．分割としてはヤング図形の列の箱の個数を表している．上記の分割の共役は $(4, 4, 3, 3, 1, 1)$ である：

---

[1] 訳注：多くの文献では semistandard tableau と呼ばれている．日本語訳としては，standard tableau に対する「標準盤」とともに，「半標準盤」がかなり定着している．しかし，著者が緒言で述べているように，原著は standard tableau よりも semistandard tableau を主役として扱っていて semistandard tableau を単に tableau と呼んでいる．その意を汲んで，本書では tableau を単に「タブロー」とした．

[2] 訳注：[岡田] では「枠」と呼んでいる．「台」という訳もある．

第 0 章 記法　**3**

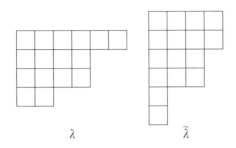

ヤング図形の任意の数字付け T から共役ヤング図形の数字付けができる．それをタブローの**転置** (transpose) と呼び T^τ と書く．標準タブローの転置は標準タブローであるが，タブローの転置はタブローであるとは限らない．

ここで，他の文献に見られる記法との不一致（それは語り始めると抜け出せない泥沼[3]の観があるのだが）についてそろそろ述べておくのがよいだろう．ヤング図形はフェラーズ図形 (Ferrers diagram) あるいは frames としても知られ，箱ではなく点 • が用いられることもある．また，特にフランスでは（デカルトに逆らわないため！）上下を逆にする．本書でタブローと呼ぶものには semistandard tableaux あるいは column-strict tableaux あるいは generalized Young tableaux（その場合，standard tableaux は単に tableaux と呼ばれる）など多様な呼び名がある．組合せ論の専門家はこれを column-strict reversed plane partitions などとも呼ぶ．ここで "reversed" とは行と列が減少することに対して逆という意味であり，しかもゼロを成分として許す．そのような対象が歴史的にははじめて研究された．[Stanley (1971)] を参照のこと．

自然数 m と高々 m 個の成分を持つ分割 λ に対して，**シューア多項式** (Schur polynomial) と呼ばれる重要な対称関数がある．この関数は，タブローを用いて手早く定義することができる．ヤング図形の数字付け T に対して x^T と書かれる単項式を考える．これは T に現れる i に対応する変数 x_i の積である．最初に挙げたヤング図形のタブローに対してはこの単項式は $x_1 x_2^3 x_3^3 x_4^2 x_5^4 x_6^3$ である．正確に書くならば

$$x^T = \prod_{i=1}^{m} (x_i)^{T \text{ に現れる } i \text{ の個数}}$$

---

[3] 訳注：著者が moraas（泥沼）と書くように，歴史の中で「タブロー」に対していくつもの異なる用語が用いられてきており混沌としている．ここでそれらを無理に日本語に置き換えてみたところで深みに嵌るのみなので，この段落では訳出はしないでおく．

である．シューア多項式 $s_\lambda(x_1,\ldots,x_m)$ は和

$$s_\lambda(x_1,\ldots,x_m) = \sum x^T$$

であって，ここに現れる単項式はすべて形が λ であるタブロー T（書き込む数字は 1 から m）から来ている．この定義からは明らかではないが，この多項式が変数 $x_1,\ldots,x_m$ に関して対称であること，そしてこれらが対称関数の環の基底を成すことが後ほど証明される．

ヤング図形 $\lambda = (n)$ は n 個の箱を一行に並べたもの

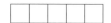

である．この分割に対するシューア多項式は n 次の**完全対称多項式**である．これは変数 $x_1,\ldots,x_m$ に関するすべての異なる n 次の単項式の和であり，通常 $h_n(x_1,\ldots,x_m)$ で表す．その対極として $n = 1 + \cdots + 1$ すなわち $\lambda = (1^n)$ に対してヤング図形は

である．対応するシューア多項式は n 次**基本対称多項式**である．これは，すべての狭義増加列 $1 \leq i_1 < \cdots < i_n \leq m$ に渡る単項式 $x_{i_1}\cdots x_{i_n}$ の和であって $e_n(x_1,\ldots,x_m)$ で表される．

歪ヤング図形（skew diagram）とは，ヤング図形から，それに含まれる小さなヤング図形をとり除いて得られる図形のことである．$\lambda = (\lambda_1, \lambda_2, \ldots)$ と $\mu = (\mu_1, \mu_2, \ldots)$ ならば μ のヤング図形が λ のヤング図形に含まれるとき $\mu \subset \lambda$ と書く．これは $\mu_i \leq \lambda_i$ がすべての i について成り立つことと同値である．こうして得られた歪ヤング図形は λ/μ と書かれる．**歪タブロー**（skew tableau）は歪ヤング図形の数字付けであって各行は右に向かって弱い意味で増加，各列は下に向かって増加するもののことである．そのとき用いた歪ヤング図形を，得られた歪タブローの**形**（shape）と呼ぶ．例えば $\lambda = (5, 5, 4, 3, 2)$, $\mu = (4, 4, 1)$ のとき，以下は歪ヤング図形 λ/μ と，その上の歪タブローの例である：

正の整数の集合 $\{1, \ldots, m\}$ を $[m]$ で表す．

第 I 部

タブローの算法

　タブローに施す 2 つの基本的な操作があり，シェンステッド（Shenstead）の「バンプ（bumping）」アルゴリズムと，シュッツェンベルジェ（Schützenberger）の「スライド（sliding）」アルゴリズムという．タブローの組合せ的性質のほとんどはこれらの操作から導出される．1 つ目の操作を繰り返すとロビンソン・シェンステッド・クヌース対応（Robinson-Schensted-Knuth correspondence）が導かれ，2 つ目の操作を繰り返すとジュ・ドゥ・タカン（jeu de taquin）が得られる．実はこれらの 2 つの操作は密接に関係していて，どちらを使ってもタブローの集合がモノイドになるような積を定義できる[1]．リトルウッド・リチャードソン規則（Littlewood-Richardson rule）を導く際には，この積構造が基本となる．

　第 1 章では，まずこれらの操作について説明し，関連する事実をいくつか述べる．これらの事実の証明は第 2 章と第 3 章で与える．そのためにタブローに付随するワードを定め，ワードの集合上のある同値関係を用いる．第 4 章と第 5 章ではロビンソン・シェンステッド・クヌース対応とリトルウッド・リチャードソン規則の応用を論ずる．第 I 部で取り上げる話題にはさまざまな変奏があり，そのうちいくつかを付録 A で紹介しているので参照されたい．

---

[1] 訳注：原著では "associative monoid" と書かれているが，モノイドは定義からそもそも結合的なので通常の用語に従った．

第1章　バンプとスライド

1.1　行挿入

まずはじめに導入するアルゴリズムは**行挿入**または**行バンプ**と呼ばれる．それは，タブロー T と正整数 x から，$T \leftarrow x$ と表される新しいタブローを構成するアルゴリズムである．新しいタブローの箱の数は T よりも箱が1つ多く，箱の中の数字（中身）は T の中身に x を合わせたものになる．そのとき数字の移動が起こる．行挿入の手順は次の通りである：もし x が T の1行目に含まれるすべての数字以上ならば，1行目の右端に x の入った箱を1つ加える．そうでないときは，T の1行目において x より大きい数字の入った箱で最も左にあるものを見つけ，その箱に入っている数字を取り出し，x と入れ替える（この一連の操作を「バンプ」と呼ぶ）．1行目から取り出された数字を用いて2行目に対して同じ操作を繰り返す．以上の操作を，バンプした数字をそれより下の行の右端に付け加えるか，または一番下までバンプし続けて箱1つの新しい行を加えるまで続ける．

例えば，以下のタブローに2を行挿入すると

$$
\begin{array}{|c|c|c|c|}
\hline
1 & 2 & 2 & 3 \\
\hline
2 & 3 & 5 & 5 \\
\hline
4 & 4 & 6 \\
\cline{1-3}
5 & 6 \\
\cline{1-2}
\end{array}
\tag{1.1}
$$

1行目で2が3をバンプし，その3は2行目で一番目の5をバンプし，その5は3行目で6をバンプし，その6は4行目の最後に加えられる．

```
1 2 2 3    ← 2     1 2 2 2
2 3 5 5            2 3 5 5  ← 3
4 4 6              4 4 6
5 6                5 6

1 2 2 2            1 2 2 2
2 3 3 5            2 3 3 5
4 4 6      ← 5     4 4 5
5 6                5 6 6
```

　この操作の結果が常にタブローになることはその構成法から明らかである．確かに，次々に作られる行は非減少列になっている．また，ある行のある箱の数字 z が y にバンプされたとき，その箱の下に箱があればその中の数字は z より真に大きく（タブローの定義から従う），よって z はもともとあった列と同じかまたは左の列に移り，z の移動先の上の箱の数字は y 以下で，z より真に小さい．

　重要なのは，この操作は可逆であるということである．操作によって得られたタブローおよび新しく加えられた箱の位置が与えられると，もとのタブロー T と正整数 x を復元できる．単に逆向きにアルゴリズムを走らせればよい．もし y が新しく加えられた箱の数字なら，その箱の位置より上の行の中で y より真に小さい数字で最も右にある数字を探すことによって y のもとの位置を見つける．y はこの数字を 1 つ上の行にバンプする，という手順を一番上の行から数字がバンプされるまで続ける．このような逆バンプは，任意のタブローとそのタブローの任意の外隅に対しても実行できる．ただし外隅とは，ヤング図形の箱で右と下に他の箱がないもののことである[1]．例えば，次のようなタブローと影をつけた外隅から始めると

```
1 2 2 2
2 3 3 5
4 4 5
5 6 6
```

外隅の数字 6 は 3 行目の 5 をバンプし，その 5 は 2 行目で右にある 3 をバンプし，その 3 は 1 行目で右にある 2 をバンプする—という具合に，先ほどの例の逆の経過をたどる．

---

[1] 訳注：1.2 節で改めて定義を述べる．

バンプアルゴリズムに関する簡単な補題があり，2回連続してバンプしたとき，挿入された2つの数字の大きさと新しく加えられた2つの箱の位置との関係について述べている．行挿入 $T \leftarrow x$ に対し，各行でバンプされた数字が入っていた箱と最後にバンプされた数字が着地した箱から成る箱の集まりを R と定める．これを行挿入の**バンプルート**と呼び，ヤング図形に最後に加えられた箱を**新しい箱**と呼ぶことにしよう．先ほどの例ではバンプルートは次のように影をつけた箱たちから成り，新しい箱には6が入っている．

1	2	2	2
2	3	3	5
4	4	5	
5	6	6	

バンプルートには，各行に高々1つの箱があり，箱がある行は1行目から連続している．R' の箱があるすべての行において，R の箱がその（R' の）箱よりも左にあるとき，R は R' の**真に左**にある，という．また，R の箱がルート R' の箱より左または同じ列にあるとき，R は R' の**弱く左**にある，という．以後，与えられた箱の位置の上または下を表すときも真に，弱く，の用語を同じように使う．

補題 1.1（行バンプ補題） 2回連続した行挿入を考える．まずタブロー T に x を行挿入し，得られたタブロー $T \leftarrow x$ に x' を行挿入する．その結果2つのバンプルート R と R'，2つの新しい箱 B と B' が生じたとする．

(1) $x \leq x'$ ならば，R は R' の真に左にあり，B は B' の真に左かつ弱く下にある．

(2) $x > x'$ ならば，R' は R の弱く左にあり，B' は B の弱く左かつ真に下にある．

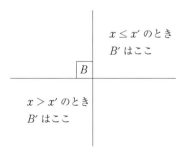

証明 2つの数字がある行を通り抜けたとき何が起こるかを追跡すればよい．$x \leq x'$ のとき，1 行目で x が y をバンプしたと仮定しよう．1 行目で x' にバンプされる数字 y' は x がバンプした箱より真に右でなければならない．なぜなら x が入った箱とそこより左の箱の数字は x 以下だからである．特に $y \leq y'$ なので，同様の議論を行ごとに続ける．ルート R がルート R' より上で終わることはなく，もし R' が先に終わったとき R はその右側へ動いていくことはないので，箱 B は B' の真に左かつ弱く下になることに注意しよう．

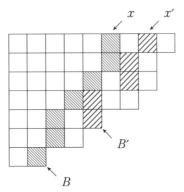

一方，$x > x'$ のとき，1 行目で x と x' がそれぞれ y と y' をバンプしたとすると，1 行目で x' がバンプした箱は x がバンプした箱と同じかそれより左の位置にあり，どちらの場合も $y > y'$ でなければならない．よってこの議論を次に続く行で繰り返せる．今度は，ルート R' は R より少なくとも 1 行下まで続く．□

この補題から以下の大事な結果が導かれる．

命題 1.2 T を形 λ のタブローとし，数字 $x_1, \ldots, x_p$ に対し

$$U = ((T \leftarrow x_1) \leftarrow x_2) \leftarrow \cdots \leftarrow x_p$$

とおく．U の形を μ とする．もし $x_1 \leq x_2 \leq \cdots \leq x_p$ (あるいは，$x_1 > x_2 > \cdots > x_p$) ならば，μ/λ のどの 2 つの箱も同じ列（あるいは，同じ行）にはない．逆に，U を形 μ のタブローとし，λ を μ に含まれるヤング図形で μ/λ は p 個の箱から成るものとする．もし μ/λ のどの 2 つの箱も同じ列（あるいは，同じ行）にないとすると，形が λ のタブロー T と数列 $x_1 \leq x_2 \leq \cdots \leq x_p$ (あるいは，$x_1 > x_2 > \cdots > x_p$) で $U = ((T \leftarrow x_1) \leftarrow x_2) \leftarrow \cdots \leftarrow x_p$ を満たすものが一意的に存在する．

証明 初めの主張は補題 1.1 の直接の帰結である．逆については，μ/λ のどの 2 つの箱も同じ列にない場合は，μ/λ の箱を用いて，最も右の箱から始めて左へ進みながら U に行挿入の逆操作を行う．この操作を実行した後に得られるタブローが T であり，追い出された数字が $x_p, \ldots, x_1$ である．得られた数列が $x_1 \leq x_2 \leq \cdots \leq x_p$ を満たすことは行バンプ補題により保証される．同様に，もし μ/λ のどの 2 つの箱も同じ行にないときは，μ/λ の最も下の箱から始めて上へ進みながら U に行挿入の逆操作を p 回行う．すると再び行バンプ補題より，追い出された数字 $x_p, \ldots, x_1$ は $x_1 > x_2 > \cdots > x_p$ を満たすことがわかる．□

このシェンステッドの操作には多くの注目すべき性質があり，例えば，タブローの積 $T \cdot U$ を作るのに使うことができる．この積に含まれる箱の数はタブロー T と U それぞれに含まれる箱の数の和になり，箱の中の数字は T と U の中身を合わせたものになる．U が数字 x の入った箱 1 つから成るときは，積 $T \cdot U$ は x を T に行挿入した結果 $T \leftarrow x$ である．一般の場合に積を計算するには，T に対して U の 1 番下の行で最も左の数字を行挿入し，その結果に U の 1 番下の行でその次に左の数字を行挿入し，U の 1 番下の行の数字すべてが挿入されるまでこの操作を続ける．次に U の下から 2 番目の行の数字を左から右の順序で挿入し，他の行についても U のすべての数字が挿入されるまで操作を続ける．言い換えると，もし U の箱の中の数字を下の行から始めて，上へ動きながら各行では左から右に並べて数列 $x_1, x_2, \ldots, x_s$ が得られたら，

$$T \cdot U = ((\cdots((T \leftarrow x_1) \leftarrow x_2) \leftarrow \cdots) \leftarrow x_{s-1}) \leftarrow x_s$$

である．例を挙げよう．

$$\begin{array}{|c|c|c|c|}\hline 1&2&2&3\\\hline 2&3&5&5\\\hline 4&4&6\\\cline{1-3} 5&6\\\cline{1-2}\end{array} \cdot \begin{array}{|c|c|}\hline 1&3\\\hline 2\\\cline{1-1}\end{array} = \begin{array}{|c|c|c|c|}\hline 1&2&2&2\\\hline 2&3&3&5\\\hline 4&4&5\\\cline{1-3} 5&6&6\\\cline{1-3}\end{array} \cdot \begin{array}{|c|c|}\hline 1&3\\\hline\end{array}$$

$$= \begin{array}{|c|c|c|c|}\hline 1&1&2&2\\\hline 2&2&3&5\\\hline 3&4&5\\\cline{1-3} 4&6&6\\\cline{1-3} 5\\\cline{1-1}\end{array} \cdot \begin{array}{|c|}\hline 3\\\hline\end{array} = \begin{array}{|c|c|c|c|c|}\hline 1&1&2&2&3\\\hline 2&2&3&5\\\cline{1-4} 3&4&5\\\cline{1-3} 4&6&6\\\cline{1-3} 5\\\cline{1-1}\end{array}$$

定義からはまったく明らかでないが，次のように積の結合則が成り立つ．

主張 1.3 積の演算により，タブローの集合はモノイド[2]になる．空のタブローはこのモノイドの単位元である．つまり $\emptyset \cdot T = T \cdot \emptyset = T$.

1.2　スライド：ジュ・ドゥ・タカン

他にも積を計算するよい方法があり，歪タブローを使う．タブローではない歪タブロー λ/μ は1つ以上の内隅を持つ．**内隅**とは，小さいほうの（除かれたほうの）ヤング図形 μ の箱でその下と右が μ の箱でないもののことである．次の例では

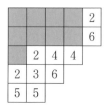

2行4列目の箱と3行1列目の箱である．**外隅**とは，λ の箱でその下と右が λ の箱でないものである．上の例では，2行，3行，4行目と5行目の最も右の箱が外隅である．歪タブローを λ/μ と表す際に λ と μ の選び方が1通りとは限らないことに注意しよう．そのような場合には，内隅でありかつ外隅でもある箱が存在し得る：

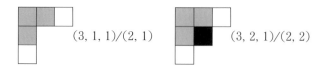

シュッツェンベルジェは**スライド**（あるいは「穴掘り」）と呼ばれる基本操作を定義した．このアルゴリズムの入力は歪タブローとその1つの内隅である．内隅を「穴」もしくは「空きマス」とみなすとよい．「穴」のすぐ右とすぐ下にある2つの箱のうち，書かれた数字の小さい方を「空きマス」のところに滑り動かす．ただし，2つの箱のうち一方だけが歪タブローに属すときはその箱を選び，もしも2つの数字が同じときは下の箱を選ぶ[3]．この操作によって，歪タブローには新しい「穴」ができる．その箱に対して同じ操作を繰り返す．つまり隣接す

---

[2] 訳注：集合 M に演算が定義されていて，結合律が成り立ち，単位元が存在するとき，M はモノイドであるという．
[3] 原注：2つの数字が同じ場合に便利な通則は，左にあるほうが右にあるものより小さいとみなすことである．

る2つの箱のうち1つの数字を同じ処方箋に従って穴の中にスライドする．穴が外隅に追いやられるまで，つまり空箱にスライドされる隣の箱がなくなって空箱がヤング図形から除かれるまでこの操作を続ける．

例えば，先の歪タブローにおいて3行目の内隅にこの操作を実行すると，次のようになる．

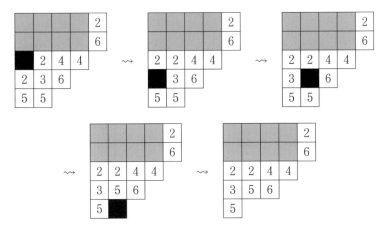

この操作の結果が常に歪タブローになることを確認するのは難しくない．確かに，新しく加えられた箱は内隅，除かれた箱は外隅なので形は歪ヤング図形である．タブローになっていることを確かめるには，手順の各段階でスライドが縦横どちらに行われても箱の中の数字がすべての行で非減少列，すべての列で増加列であることを確認すれば十分である．1つの段階で操作に関連する箱は次のようになる．

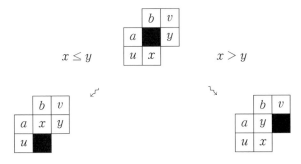

ただし文字の入った箱のいくつかはなくてもよい．初めの場合は $a \leq x \leq y$

を示さなければならない．$x \leq y$ と仮定しており，さらにタブローの条件から $a < u \leq x$ なので $a \leq x \leq y$ が示される．次の場合も同様で，示したい $b < y < x$ は仮定 $y < x$ と条件 $b \leq v < y$ から従う．スライドのルールは，各段階でタブローの条件を保つよう作られているのである．

シェンステッドのバンプ・アルゴリズムと同様，シュッツェンベルジェのスライド・アルゴリズムも可逆である．すなわち，結果として得られた歪タブローと取り除かれた箱が与えられれば，その手続きを逆向きに行うことができ，初めのタブローと初めに選ばれた内隅に到達する．空きマスは上または左へ，もし数字が異なれば，2つの数字のうち大きいほうの位置へ移りながら，そしてもし同じ数字だったら，左よりはむしろ上に位置を選びながら，移動する．空きマスが内隅になったらこの逆操作は終了する．この過程がもとの逆操作になっていることを確かめるには先ほどの図を見れば十分である．$x \leq y$ となっている初めの場合，$u \leq x$ なので逆操作では縦方向のスライドを選択するともとの状態に戻る．もう一方の場合は，$v < y$ なので逆操作では横方向のスライドになり，きちんともとに戻る．このような移動は**逆スライド**と呼ばれる．

歪タブロー S が与えられると，この手続きはどの内隅からでも実行できる．すべての内隅がなくなるまで，つまりタブローになるまで，得られた歪タブローの内隅を選びこの手続きを繰り返す．最終的に得られたタブローを S の**整化** (rectification) と呼ぶ．一連の操作は**ジュ・ドゥ・タカン** (jeu de taquin) と呼ばれており，プレイヤーが指し手として内隅を選ぶゲーム[4]とみなせる．多くの他の数学的ゲームと同様，最終局面は指し手の順序によらない：

主張 1.4 与えられた1つの歪タブローから始めて，どんな順序で内隅を選んでいっても，整化されて得られるタブローは同一である．

S の整化を Rect(S) と表すことにする．驚いたことにこのジュ・ドゥ・タカンはシェンステッドの操作と大いに関係がある．実際，ジュ・ドゥ・タカンを用いると2つのタブローの積を計算する別の方法が得られる．2つのタブロー T と U に対し，歪タブロー $T*U$ を次のように定める．空きマスから成る長方形のヤング図形で列数が T の列数，行数が S の行数に一致するものを用意し（これが小さいほうのヤング図形になる），その下に T，右に U を配置する．

---

[4] 原注：この名称「ジュ・ドゥ・タカン」は「15パズル」のフランス語名からきている．4×4 のマス目上に1から15までの数字を1つずつ並べ，空きマスに隣接する数字をスライドして数字を並べ替えるパズルである．

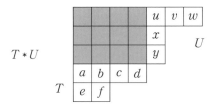

積 $T \cdot U$ の第2の構成法は，この歪タブローを整化することによって得られる．つまり $T \cdot U = \text{Rect}(T * U)$ である．主張 1.4 によりこの積は一意的に定まる．

主張 1.5 この積は初めの定義[5]と一致する．

演習問題 1 $T = \begin{array}{|c|c|c|c|} \hline 1 & 2 & 2 & 3 \\ \hline 2 & 3 & 5 & 5 \\ \hline 4 & 4 & 6 \\ \cline{1-3} 5 & 6 \\ \cline{1-2} \end{array}$ と $U = \begin{array}{|c|c|} \hline 1 & 3 \\ \hline 2 \\ \cline{1-1} \end{array}$ の積を，次の歪タブローを整化することによって計算せよ．

演習問題 2 与えられた三つのタブロー T, U, V に対し，適切な歪タブロー「$T * U * V$」を作ると，主張 1.4, 1.5 から結合則（主張 1.3）が従うことを証明せよ．

この章で登場した3つの主張 1.3-1.5 の証明は続く2つの章で与える．

---

[5] 訳注：命題 1.2 の後を参照．

第2章 ワードとプラクティック・モノイド

この章ではタブローのワード——タブローを整数列に変換したもの——について研究する．ワードはタブローより視覚的でないが，前章で述べた基本的な主張の証明に不可欠である．しかしながら歴史的には話の順番は逆で，シェンステッドの操作はもともと整数列を研究するために発明された．この章ではバンプとスライドによって対応するワードに何が起こるかを解析する．

2.1 ワードと基本変換

ワードは文字（我々の慣例では正整数）の列として書かれ，2つのワード w と w' を横に並べたものを ww' または $w \cdot w'$ と書く．

与えられたタブローあるいは歪タブロー T に対し，T の中身を「左から右，下から上」に読む．つまり一番下の行から始めて箱の中の数字を左から右に記録し，次にその1つ上の行の箱の数字を左から右に記録し，という具合に一番上の行まで上がっていく．こうしてできあがった整数列を T のワード（または**行ワード**）と定義し，$w(T)$ または $w_{\mathrm{row}}(T)$ と書き表す．タブローはそのワードから以下の手順で復元される．ある数字が次の数字よりも大きいとき，その数字のあとに切れ目を入れる．そうすると得られた切片がタブロー T の各行を成す．切片を下から上に並べればよいのである．例えばワード 5644623551223 は $56|446|2355|1223$ と切断されるが，これは前章の例で使われていたタブローのワードである．もちろん，すべてのワードがタブローからくるわけではない．ヤング図形の形になるには切断片の長さが非減少でなくてはならないし，積み上げたとき各列は増加列でなければならない．たくさんの異なる歪タブローが同じワードを定める可能性もある．一方，すべてのワードは歪タブローから作れる．例えばワードを非減少列に切断し，切断片を下から上へ，すぐ下の切断片の

ひたすら右に並べればよい.

まず,バンプする過程でタブローのワードに何が起こるかを調べよう.すると,2つのタブローの積のワードが,それぞれのタブローのワードとどのように関係するかがわかってくるだろう.文字 x をある行に挿入することを考える.「ワード」の言語でシェンステッド・アルゴリズムを述べると以下のようになる.まず,与えられた行のワードを $u \cdot x' \cdot v$ という形に分割する.ここで u, v はワード,x' は文字であって,u に含まれるどの文字も x 以下であり,x' は x よりも大きい.次に x' を x と置き換えることにより,ワード $u \cdot x' \cdot v$ は $u \cdot x \cdot v$ になり,文字 x' は次の行にバンプされる.その結果得られるタブローのワードは $x' \cdot u \cdot x \cdot v$ である.よって,基本アルゴリズムをワードで表すと

$$(u \cdot x' \cdot v) \cdot x \rightsquigarrow x' \cdot u \cdot x \cdot v, \quad u \leq x < x' \leq v \text{ のとき} \qquad (2.1)$$

となる.ここで u と v は非減少で,$u \leq v$ のような不等号は u に含まれるすべての文字が v に含まれるどの文字より小さいか等しいことを意味する.ワード 5644623551223 に対応するタブローに 2 を行挿入する様子は,ワードの記法では次のようになる.

$$(5\,6)(4\,4\,6)(2\,3\,5\,5)(1\,2\,2\,3) \cdot 2 \mapsto (5\,6)(4\,4\,6)(2\,3\,5\,5) \cdot 3 \cdot (1\,2\,2\,2)$$
$$\mapsto (5\,6)(4\,4\,6) \cdot 5 \cdot (2\,3\,3\,5)(1\,2\,2\,2)$$
$$\mapsto (5\,6) \cdot 6 \cdot (4\,4\,5)(2\,3\,3\,5)(1\,2\,2\,2)$$
$$\mapsto (5\,6\,6)(4\,4\,5)(2\,3\,3\,5)(1\,2\,2\,2).$$

クヌース (Knuth) は,シェンステッド・アルゴリズムを原子レベルまで分解して計算機プログラムの言葉に書き換えた.この書き換えはアルゴリズムの内部構造を明らかにし,そして第1章で述べられた主張を証明する鍵でもある.タブロー T に数字 x が行挿入されると,まず x を一行目の最後にもっていってその行の最後の数字が x より大きいかどうかを調べる.大きくなければ x を最後に付け加える.もしその行の最後の数字 z が x より大きく,その左の数字 y も x より大きければ,x を1つ左に移動して同じ操作を繰り返す.これを段階ごとに,その適用基準とともに並べると

$$u\,x'\,v_1\cdots v_{q-1}\,v_q\,x \mapsto u\,x'\,v_1\cdots v_{q-1}\,x\,v_q \qquad (x < v_{q-1} \leq v_q)$$
$$\mapsto u\,x'\,v_1\cdots v_{q-2}\,x\,v_{q-1}\,v_q \qquad (x < v_{q-2} \leq v_{q-1})$$
$$\mapsto u\,x'\,v_1\,x\,v_2\cdots v_{q-1}\,v_q \qquad (x < v_1 \leq v_2)$$
$$\mapsto u\,x'\,x\,v_1\cdots v_{q-1}\,v_q \qquad (x < x' \leq v_1).$$

この変換の各段階には 3 つの連続する文字が関与していて，1 文字目が 3 文字目より真に大きく 2 文字目より大きくないとき最後の 2 文字が入れ替わる．言い換えると，各段階の基本変換は

$$x < y \leq z \quad \text{のとき} \quad yzx \mapsto yxz \qquad (K')$$

である．

引き続き，x' が左に移動する様子を見てみよう．

$$u_1\cdots u_{p-1}\,u_p\,x'\,x\,v \mapsto u_1\cdots u_{p-1}\,x'\,u_p\,x\,v \qquad (u_p \leq x < x')$$
$$\mapsto u_1\cdots x'\,u_{p-1}\,u_p\,x\,v \qquad (u_{p-1} \leq u_p < x')$$
$$\cdots \mapsto u_1\,x'\,u_2\,u_3\cdots u_p\,x\,v \qquad (u_2 \leq u_3 < x')$$
$$\mapsto x'\,u_1\,u_2\cdots u_p\,x\,v \qquad (u_1 \leq u_2 < x').$$

各段階の変換は次の規則に則っている：

$$x \leq y < z \quad \text{のとき} \quad xzy \mapsto zxy. \qquad (K'')$$

これら 2 つの基本操作は，タブローの単純な積または行挿入を用いて表せる（そして記憶できる）．

$$\boxed{y}\,\boxed{z}\cdot\boxed{x} = \begin{array}{|c|c|}\hline x & z \\\hline y & \\\hline\end{array} \qquad yzx \mapsto yxz\,(x < y \leq z)$$

$$\boxed{x}\,\boxed{z}\cdot\boxed{y} = \begin{array}{|c|c|}\hline x & y \\\hline z & \\\hline\end{array} \qquad xzy \mapsto zxy\,(x \leq y < z)$$

どちらの規則も，それらの逆操作とともに文字 y の同じ側に隣り合う 2 文字を，片方が y より小さく他方が y より大きいとき入れ替える．片方が y と等しいときも y が適切な側にあれば同様の操作を行う．(前と同様，同じ文字 2 つが隣り合う場合に左側にある文字が右側より小さいとみなす，という規則に則っている).

ワードに対する**クヌース基本変換**とは，ワード内の連続する 3 文字の変換 (K') または (K'') のいずれか，またはそれらの逆操作のことである．2 つのワードが連続するクヌース基本変換で移り合うとき，これらのワードは**クヌース同値**であるといい，ワード w と w' がクヌース同値であるとき $w \equiv w'$ と書く．以上のことから次の命題が証明される．

命題 2.1 任意のタブロー T と正整数 x に対し，
$$w(T \leftarrow x) \equiv w(T) \cdot x.$$

2 つのタブローの積 $T \cdot U$ の一番目の作り方は U のワードの文字を T に次々と行挿入することによって定められたので，次の系が得られる．

系 2.2 $T \cdot U$ が 2 つのタブロー T と U の積，すなわち U のワードを T に行挿入して得られるものとすると，
$$w(T \cdot U) \equiv w(T) \cdot w(U)$$
が成り立つ．

歪タブローのワードのクヌース同値性はシュッツェンベルジェのスライド操作によって保存されるだろうか．これはまだはっきりしないが，最も簡単な場合にはまたもや基本クヌース変換が現れている．

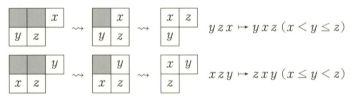

我々の主張は，スライドの各段階でワードのクヌース同値類が変わらないということである．操作のある段階で，箱と数字の配置は歪タブローではなく穴（空きマス）がある歪タブローになるかもしれないことに注意しよう．そのような配置のワードも，これまでと同様に箱の中身を左から右，下から上に読んで定義する．水平方向のスライドの場合，ワード自体は変わらないので上の主張は明らかに正しい．しかし垂直方向のスライドについては注意深く調べる必要がある．肩慣らしに次の例を考えてみよう．

ただし $u<v\leq x\leq y<z$ である．ワードは $vxzuy$ から $vzuxy$ に変化する．これを連続する基本クヌース変換で実現するのは難しくない．

$$vxzuy \equiv vxuzy\,(u<y<z)$$
$$\equiv vuxzy\,(u<v\leq x)$$
$$\equiv vuzxy\,(x\leq y<z)$$
$$\equiv vzuxy\,(u<x<z).$$

重要なのはこれの一般化で，四隅がそれぞれ 1 行のタブローで置き換わる次のような場合である．

u_1	$\cdots$	u_p	■	y_1	$\cdots$	y_q
v_1	$\cdots$	v_p	x	z_1	$\cdots$	z_q

$\rightsquigarrow$

u_1	$\cdots$	u_p	x	y_1	$\cdots$	y_q
v_1	$\cdots$	v_p	■	z_1	$\cdots$	z_q

ここで仮定されているのは，u_i たち，v_i たち，y_j たち，そして z_j たちが非減少列で，すべての i と j について $u_i<v_i$ かつ $y_j<z_j$ であり，そして $v_p\leq x\leq y_1$ が成り立つことである．

$$u=u_1\cdots u_p,\quad v=v_1\cdots v_p,\quad y=y_1\cdots y_q,\quad z=z_1\cdots z_q$$

とおくと，証明しなければならないのは

$$vxzuy \equiv vzuxy \tag{2.2}$$

である．

p についての帰納法で議論する．$p=0$ のとき，(2.2) は $xzy\equiv zxy$，あるいは

$$xz_1\cdots z_q y_1\cdots y_q \equiv z_1\cdots z_q x y_1\cdots y_q \tag{2.3}$$

である．$x, z_1, \ldots, z_q$ を並べた行に y_1 が挿入されると，z_1 がバンプされる．命題 2.1 から行挿入はクヌース同値を保つことがわかっているので，$xz_1\cdots z_q y_1 \equiv z_1 x y_1 z_2\cdots z_q$ が成り立ち，次の式を得る．

$$(xz_1\cdots z_q y_1)(y_2\cdots y_q) \equiv (z_1 x y_1 z_2\cdots z_q)(y_2\cdots y_q).$$

次に y_2 を $xy_1z_2\cdots z_q$ を並べた行に行挿入すると，z_2 がバンプされて

$xy_1z_2\cdots z_qy_2 \equiv z_2xy_1y_2z_3\cdots z_q$ が得られるので，よって

$$(z_1xy_1z_2\cdots z_q)(y_2\cdots y_q) \equiv (z_1z_2xy_1y_2z_3\cdots z_q)(y_3\cdots y_q)$$

となる．このように $k=3,\ldots,q$ について，$x, y_1,\ldots,y_{k-1}, z_k,\ldots,z_q$ を並べた行に y_k を行挿入して z_k を x の左の位置にバンプする，という操作を続けると $k=q$ で目標としていた式 (2.2) に到達する．

次に $p \geq 1$ とし，小さい p で (2.2) が成り立つと仮定しよう．

$$u' = u_2\cdots u_p, \quad v' = v_2\cdots v_p$$

とおき，$vxzuy = v_1v'xzu_1u'y$ から始める．ワード $v_1v'xz$ に対応する行に u_1 を行挿入すると v_1 がバンプされ，命題 2.1 から $v_1v'xzu_1 \equiv v_1u_1v'xz$ が得られて

$$vxzuy = v_1v'xzu_1u'y \equiv v_1u_1v'xzu'y$$

となる．$p-1$ の場合の仮定から $v'xzu'y \equiv v'zu'xy$ が得られるので

$$v_1u_1v'xzu'y \equiv v_1u_1v'zu'xy$$

である．最後に，ワード $v_1v'z$ に対応する行に u_1 を行挿入すると v_1 がバンプされ，$v_1v'zu_1 \equiv v_1u_1v'z$ を得ることから

$$v_1u_1v'zu'xy \equiv v_1v'zu_1u'xy = vzuxy.$$

以上の 3 つの合同式から (2.2) が得られる．

たった今考察した場合からすぐにわかるのは，次の図で表されるような任意の垂直方向のスライドの場合である．

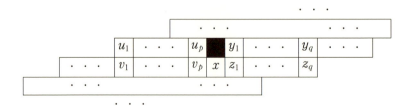

先ほどの記法を用いると，$vxzuy \equiv vzuxy$ が正しいことがわかる．この式の両辺の前と後ろに上の図の左下から右上の図形に対応する適切なワードをくっつけると，欲しい等式が得られる．これで次の命題の証明が完成する．

命題 2.3 ある歪タブローに繰り返しスライドを施して別の歪タブローに変換すると，これらの歪タブローのワードはクヌース同値である．

次に定理を述べるが，これを用いると前節で述べた主張が得られる．

定理 2.4 どのワードに対しても，そのワードとクヌース同値なワードを持つタブローが唯一つ存在する．

任意のワードがあるタブローのワードにクヌース同値になる，という主張は命題 2.1 の簡単な帰結である．実際，$w = x_1 \cdots x_r$ がどんなワードでも，このワードはタブロー

$$(((\cdots((\boxed{x_1} \leftarrow x_2) \leftarrow x_3) \leftarrow \cdots) \leftarrow x_{r-1}) \leftarrow x_r$$

のワードとクヌース同値であることが命題 2.1 からわかる．これを，与えられたワードとクヌース同値なワードを持つタブローを構成する**標準的手順**と呼び，その結果得られるタブローを $P(w)$ と書く．しかしながら，定理 2.4 で主張しているタブローの一意性は今のところまったく明らかではなく，これを示すには新たな考え方が必要である．これは次章で証明する．定理 2.4 を仮定し，第 1 章で述べた 3 つの主張の証明を含むいくつかの結果を紹介して本節を終わりにしよう．まず，命題 2.3 と定理 2.4 から次の系が得られる．

系 2.5 歪タブロー S の整化は，S のワードとクヌース同値になるワードを与える唯一のタブローである．S と S' を歪タブローとすると，$\mathrm{Rect}(S) = \mathrm{Rect}(S')$ が成り立つためには $w(S) \equiv w(S')$ が必要十分条件である．

定理 2.4 から 2 つのタブローの積 $T \cdot U$ を定義する第 3 の方法が得られる．それは，$w(T) \cdot w(U)$ にクヌース同値なワードを持つ唯一のタブローを $T \cdot U$ とする定義である．ただし 2 つのワードの積は単に 1 つを他方の後ろに書き並べたものとする．

系 2.6 タブローの積を定義する既出の 3 通りの方法は一致する．

証明 初めの 2 通りの方法が $w(T \cdot U) = w(T) \cdot w(U)$ を満たす積 $T \cdot U$ を定めることを示せば十分である．1 番目の，U の中身を U に行挿入する方法については，この主張は系 2.2 から得られる．2 番目の，$T * U$ にジュ・ドゥ・タカンを行う方法については，この主張は命題 2.3 から得られる． □

特に，定理 2.4 で一意性が示されれば，第 1 章で述べられた 3 つの主張は直ちに証明される．この主定理 2.4 の内容を定式化するための，クヌース，ラスクー，シュッツェンベルジェによる（表記の違いを除けば同じ）良い方法がある．アルファベット $[m] = \{1, \ldots, m\}$ 上のワードのクヌース同値類の集合を $M = M_m$ とする．もし $w \equiv w'$ かつ $v \equiv v'$ ならば，定義より $w \cdot v \equiv w' \cdot v \equiv w' \cdot v'$ なので，ワードを並列することによってこの集合上の積が定まる．こうして M は空ワード $\varnothing$ を単位元とする結合モノイドになる．より形式的には次のようになる．まず，ワードたちは自由モノイド F を成す：積はこれまでやってきたようにワードを横に並べることに対応し，単位元は空ワード $\varnothing$ である．F から M への写像でワードをその同値類に写すものはモノイドの射であり，R をクヌース関係 (K') と (K'') で生成される同値関係とすると $M = F/R$ と表される．ラスクーとシュッツェンベルジェは M を**プラクティック・モノイド** (plactic monoid)[1] と呼んでいる．要するにここまでに示したことは，タブローのモノイドとプラクティック・モノイド $M = F/R$ との同型性である．この記述を用いると，タブローの積の結合性はとりわけ明白である．以後特に断わらない限り，M をタブローの成すモノイドと同一視する．

どんなモノイドもそうであるように，モノイドには付随する「群環[2]」がある．中身が $[m]$ のタブローのモノイドについては，付随する環を $R_{[m]}$ と表し，**タブロー環**と呼ぶことにする．これはアルファベット $[m]$ を中身に持つタブローを基底とする自由 $\mathbb{Z}$ 加群で，タブローの積から定まる積を持つ，結合的ではあるが非可換な環である．$R_{[m]}$ から多項式環 $\mathbb{Z}[x_1, \ldots, x_m]$ の上への写像で，タブロー T を単項式 x^T に写す標準的なものが存在する．ただし x^T は変数 x_i たちの積で，x_i の現れる回数は T に含まれる i の数に等しい．

2.2 シューア多項式

タブロー環 $R_{[m]}$ の元 $S_\lambda = S_\lambda[m]$ を，形が λ で中身が $[m]$ のタブロー T すべての和と定める．S_λ の多項式環 $\mathbb{Z}[x_1, \ldots, x_m]$ 内における像が**シューア多項式** (Schur polynomial) $s_\lambda(x_1, \ldots, x_m)$ である．任意のシューア多項式 2 つの積に関する一般的な公式を第 5 章で紹介するが，2 つの重要かつ特別な場合は行バンプ補題 1.1 の簡単な帰結になっている．ピエリ (Pieri) が発見したグラ

---

[1] 訳注：プレートテクトニクスからとったらしい．Algebraic Combinatorics on Words, M. Lothaire (Cambridge University Press, 2002), p.195 を参照.
[2] 訳注：正確には「モノイド環」と呼ぶべきであろう.

スマン多様体の交叉（コホモロジー）環におけるシューベルト多様体の積公式と同じため，それらは「ピエリの公式」と呼ばれている．1 行 p 列のヤング図形 (p) または p 行 1 列のヤング図形 (1^p) が入っている積公式は次のようになる：

$$S_\lambda \cdot S_{(p)} = \sum_\mu S_\mu. \tag{2.4}$$

ただし右辺では λ に p 個の箱を加えて得られるすべてのヤング図形 μ で，加えた箱のうちどの 2 つも同じ列にないものに関する和をとり，

$$S_\lambda \cdot S_{(1^p)} = \sum_\mu S_\mu \tag{2.5}$$

の右辺では λ に p 個の箱を加えて得られるすべてのヤング図形 μ で，加えた箱のうちどの 2 つも同じ行にないものに関する和をとる．これらの事実は 1.1 節の命題 1.2 の書き換えである．というのは，タブロー T と 1 行（あるいは 1 列）しかないタブロー V の積は式 (2.4)（あるいは (2.5)）の条件を満たす形 μ になり，そしてこの形をしたタブロー U は 2 つのタブローの積 $U = T \cdot V$ に一意的に分解する，ということが命題 1.2 よりわかるからである．

演習問題 3 $\lambda = (\lambda_1 \geq \cdots \geq \lambda_k \geq 0)$ のとき，式 (2.4) において μ が満たす条件は

$$\mu_1 \geq \lambda_1 \geq \mu_2 \geq \lambda_2 \geq \cdots \geq \mu_k \geq \lambda_k \geq \mu_{k+1} \geq \mu_{k+2} = 0$$

と $\sum \mu_i = \sum \lambda_i + p$ であることを示せ．式 (2.5) についても条件の同様な表し方を見つけよ．

$R_{[m]}$ から多項式環への写像 $T \mapsto x^T$ を適用すると (2.4) と (2.5) から次の 2 つの式が得られる：

$$s_\lambda(x_1, \ldots, x_m) \cdot h_p(x_1, \ldots, x_m) = \sum_\mu s_\mu(x_1, \ldots, x_m). \tag{2.6}$$

ここで $h_p(x_1, \ldots, x_m)$ は p 次の完全対称多項式で，右辺では λ に p 個の箱を加えて得られるすべてのヤング図形 μ で加えた箱のうちどの 2 つも同じ列にないものに関する和をとり，

$$s_\lambda(x_1, \ldots, x_m) \cdot e_p(x_1, \ldots, x_m) = \sum_\mu s_\mu(x_1, \ldots, x_m) \tag{2.7}$$

こちらでは $e_p(x_1, \ldots, x_m)$ は p 次の基本対称多項式で，右辺では λ に p 個の箱を加えて得られるすべてのヤング図形 μ で加えた箱のうちどの 2 つも同じ行にないものに関する和をとる．

タブロー T の中の数字が μ_1 個の 1, μ_2 個の 2, という具合に μ_ℓ 個の ℓ まであるとき, T の**中身**（または**タイプ**, あるいは**重み**）が $\mu = (\mu_1, \mu_2, \ldots, \mu_\ell)$ であるという. 任意の分割 λ と任意の非負整数列 $\mu = (\mu_1, \mu_2, \ldots, \mu_\ell)$ に対し, 形が λ で中身が μ のタブローの個数を $K_{\lambda\mu}$ とする. これと同等な $K_{\lambda\mu}$ の定義は, 次の図のような, 分割の列 $\lambda^{(1)} \subset \lambda^{(2)} \subset \cdots \subset \lambda^{(\ell)}$ で歪タブロー $\lambda^{(i)}/\lambda^{(i+1)}$ が μ_i 個の箱から成りどの 2 つの箱も同じ列にないものの個数である.

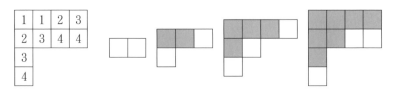

μ が分割のとき, この数 $K_{\lambda\mu}$ は**コストカ数**（Kostka number）と呼ばれている. 式 (2.6) の帰結として次の式が得られる.

$$h_{\mu_1} \cdot h_{\mu_2} \cdots h_{\mu_\ell} = \sum_\lambda K_{\lambda\mu} s_\lambda \tag{2.8}$$

ただし右辺では分割 λ 全体の和をとり, h_p は先に与えた変数 $x_1, \ldots, x_m$ の p 次完全対称多項式である. 実際, これに対応する等式

$$S_{(\mu_1)} \cdot S_{(\mu_2)} \cdots S_{(\mu_\ell)} = \sum_\lambda K_{\lambda\mu} S_\lambda$$

は $R_{[m]}$ 内で正しい. つまり, 上に出てきたような任意の分割の列 $\lambda^{(1)} \subset \cdots \subset \lambda^{(\ell)} = \lambda$ に対し, 形 λ のタブローは 1 行 μ_i 列のタブロー U_i たちの積 $U_1 \cdots U_\ell$ として $K_{\lambda\mu}$ 通り[3]に書ける, ということである. このことは, ℓ に関する帰納法により 1.1 節の命題 1.2 から示される. 同様に, (2.7) から基本対称多項式の積に関する式

$$e_{\mu_1} \cdot e_{\mu_2} \cdots e_{\mu_\ell} = \sum_\lambda K_{\tilde{\lambda}\mu} s_\lambda = \sum_\lambda K_{\lambda\mu} s_{\tilde{\lambda}} \tag{2.9}$$

を得る. ただし $\tilde{\lambda}$ は分割 λ の共役[4]を表す. これを理解するには以下のことに注意すればよい: 分割の列 $\lambda^{(1)} \subset \cdots \subset \lambda^{(\ell)}$ で $\lambda^{(i)}/\lambda^{(i+1)}$ が μ_i 個の箱から成りどの 2 つの箱も同じ行にないものは, 転置をとることによって, $\tilde{\lambda}$ に対する同様な分割の列であって, 連続する 2 つの分割の差には同じ列に属する箱がないものと対応する. 1.1 節の命題 1.2 によると, λ の形を持つ任意のタブローは μ_i 行 1 列

---

[3] 訳注: 原文では「積 $U_1 \cdots U_\ell$ として一意的（uniquely）に書ける」とあるが, 誤りと思われる. この段落最後でも同様.
[4] 訳注: 第 0 章を参照.

のタブロー U_i たちの積 $U_1 \cdots U_\ell$ として $K_{\lambda\mu}$ 通りに書ける.

分割の集合には，包含関係 $\mu \subset \lambda$ の他にも重要ないくつかの半順序が入る．1 つ目は**辞書式順序**（lexicographic ordering）で，$\mu_i \neq \lambda_i$ となる最小の i があればそれについて $\mu_i < \lambda_i$ が成り立つとき，$\mu \leq \lambda$ と表す．もうひとつは $\mu \trianglelefteq \lambda$ と表される**支配的順序**（dominance ordering）で，すべての i について

$$\mu_1 + \cdots + \mu_i \leq \lambda_1 + \cdots + \lambda_i$$

が成り立つことを意味し，このとき λ は μ を**支配する**という．特に $\mu \subset \lambda \Rightarrow \mu \trianglelefteq \lambda \Rightarrow \mu \leq \lambda$ である．例えば，$(2,2) \trianglelefteq (3,1)$ だが $(2,2) \not\subset (3,1)$ であったり，$(3,3) \leq (4,1)$ だが $(3,3) \not\trianglelefteq (4,1)$ が成り立ったりする．辞書式順序は全順序だが，支配的順序はそうではない．例えば $(2,2,2)$ と $(3,1,1,1)$ は支配的順序では比べられない．

分割 λ と μ に対し，$\mu = \lambda$ のときコストカ数 $K_{\lambda\mu}$ は 1 になり，辞書式順序で $\mu \leq \lambda$ でないとき $K_{\lambda\mu} = 0$ となることは定義からすぐわかる.

演習問題 4 λ と μ が同じ自然数の分割であるとき，$K_{\mu\lambda} \neq 0$ であるためには，$\mu \trianglelefteq \lambda$ が必要十分条件であることを証明せよ．

分割が辞書式順序で並んでいるとき，行列 $K_{\lambda\mu}$ は対角要素が 1 の下三角行列である．このことから，式 (2.8) を解くとシューア多項式が完全対称多項式または基本対称多項式を用いて書き表せることがわかる（第 6 章でこれらの式の解を明確に与える）．よってシューア多項式は対称多項式である.

λ の形をしたタブローで μ_1 個の 1，μ_2 個の 2，$\ldots$，の数字が入っているものの個数 $K_{\lambda\mu}$ が $\mu_1, \ldots, \mu_\ell$ の順序によらないという事実は第 4 章で証明するのだが，この事実は式 (2.8) とシューア多項式の 1 次独立性（6.1 節を参照）から得られる.

2.3　列ワード

タブローを研究するには行ワードがあれば十分なのだが，タブローあるいは歪タブロー T からワードを書き下すための「双対な」方法を用いるのが便利なときがある．つまり，タブローの左の列から始めて右へ動きながら各列では下から上に箱の中身を並べるのである．こうして作ったワードを**列ワード**と呼び，$w_{\mathrm{col}}(T)$ と表そう．このとき次が成り立つ.

$$w_{\mathrm{col}}(T) \equiv w_{\mathrm{row}}(T) = w(T). \tag{2.10}$$

この式は，列の個数についての帰納法を用いると次の一般的な事実から得られる．

補題 2.7 歪タブロー T を水平または垂直な線で 2 つの歪タブロー T' と T'' に分割したとする．このとき

$$w_{\mathrm{row}}(T) \equiv w_{\mathrm{row}}(T') \cdot w_{\mathrm{row}}(T'')$$

が成り立つ．

証明 水平に切ったとき，行ワードの定義から主張は明らかである．垂直に切ったとき，T から得られる歪タブロー $T' * T''$ で T' をその 1 行目が T'' の一番下の行の下になるまでずらしたものを考える．

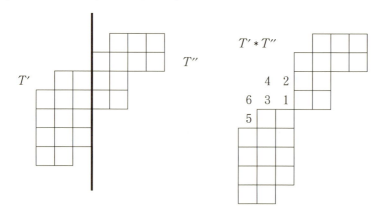

等式 $w_{\mathrm{row}}(T' * T'') \equiv w_{\mathrm{row}}(T') \cdot w_{\mathrm{row}}(T'')$ は明らかに成り立つ．上の図で番号付けされているように T' のすぐ上の内隅を右から左の順に選ぶと，連続するスライドによって $T' * T''$ から T が作れる．そして 2.1 節の命題 2.3 から $w_{\mathrm{row}}(T) \equiv w_{\mathrm{row}}(T' * T'')$ を得る． □

実はさらに強い結果が成り立つ．付録 A でしか必要にならないのだがそれを見てみよう．変換 (K') だけを使って定義される同値類，つまり同値関係

$$u \cdot y \cdot x \cdot z \cdot v \equiv' u \cdot y \cdot z \cdot x \cdot v \qquad \text{ただし } x < y \leq z$$

で生成される同値類を K' **同値類**と呼び，$\equiv'$ と表すことにしよう．

2.3 列ワード   **31**

補題 2.8 T が任意の歪タブローならば，$w_{\mathrm{col}}(T)$ は $w_{\mathrm{row}}(T)$ と K' 同値である．

証明 T の左下隅の箱の中の中身を y とする．T の中で y の上にある列を X，T の中で y の右にある行を Z とする（どちらか一方または両方が空でもよい）．T から左の列と下の行を除いて得られる歪タブローを S とする．

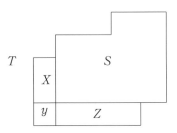

T より小さいタブロー，特に T から最も下の行を除いて得られる歪タブロー $X \cup S$ と左の列を除いて得られる歪タブロー $Z \cup S$ に対して，補題の主張を仮定する．すると次の2つの式が成り立つ．

$$w_{\mathrm{col}}(T) = y \cdot w(X) \cdot w_{\mathrm{col}}(Z \cup S) \equiv' y \cdot w(X) \cdot w_{\mathrm{row}}(Z \cup S)$$
$$= y \cdot w(X) \cdot w(Z) \cdot w_{\mathrm{row}}(S) \equiv' y \cdot w(X) \cdot w(Z) \cdot w_{\mathrm{col}}(S),$$

そして

$$w_{\mathrm{row}}(T) = y \cdot w(Z) \cdot w_{\mathrm{row}}(X \cup S) \equiv' y \cdot w(Z) \cdot w_{\mathrm{col}}(X \cup S)$$
$$= y \cdot w(Z) \cdot w(X) \cdot w_{\mathrm{col}}(S).$$

よって $y \cdot w(X) \cdot w(Z) \equiv' y \cdot w(Z) \cdot w(X)$ を示せば十分である．$w(X) = x_1 \cdots x_p$ および $w(Z) = z_1 \cdots z_q$ のとき，

$$x_p < \cdots < x_1 < y \leq z_1 \leq \cdots \leq z_q$$

が成り立ち，この条件の下で次の式を示さなければならない．

$$y \, x_1 \cdots x_p \, z_1 \cdots z_q \equiv' y \, z_1 \cdots z_q \, x_1 \cdots x_p.$$

$x_p < x_{p-1} \leq z_1$ なので，左辺のワードに現れている x_p と z_1 を入れ替えられる．そして $x_p < z_1 \leq z_2$ なので x_p と z_2 を入れ替えられる，という具合に x_p がすべての z_i を通過するまで，つまり

$$y\, x_1 \cdots x_p\, z_1 \cdots z_q \equiv' y\, x_1 \cdots x_{p-1}\, z_1 \cdots z_q\, x_p.$$

となるまでこの操作を続ける．同様の議論により x_{p-1} はすべての z_i を通過することができ，この調子で各々の x_j がすべての z_i を通過するまで操作を続け，欲しい式が証明される． □

演習問題 5 変換 (K'') が生成する同値関係 $\equiv''$ を用い，任意の歪タブロー T に対して $w_{\mathrm{col}}(T) \equiv'' w_{\mathrm{row}}(T)$ を示せ．

　与えられた歪タブロー T のワードとクヌース同値なワードを作る方法は他にもたくさんある．T を垂直または水平な直線で次々に切断して小さな歪タブローに分割したとき，そのかけらたちのワードを適切な順序で並べた積と $w(T)$ とはクヌース同値である．例を挙げると，T が次のような歪タブローのとき

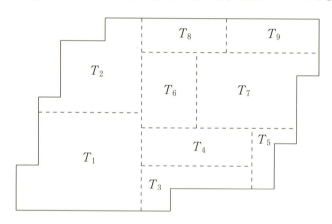

そのワードは次のように表される．
$$w(T) \equiv (w_1 w_2)(((w_3 w_4) w_5)(w_6 w_7)(w_8 w_9)).$$

ただし切断に応じて括弧をつけ，$w_i = w(T_i)$ としている．特別な場合として，T を行または列が続く $T_1, \ldots, T_s$ に分解することがあるかもしれない．それは T_1 は T の最も下の行または左の列，T_2 はその残りのうち最も下の行または左の列，という具合に T がなくなるまで続けて分解するということだが，すると $w(T) \equiv w(T_1) \cdots w(T_s)$ が成り立つ．同様に，T の最も上の行または右の列をワードの最後部から除くことができる．先ほどの結果と同じく，これらの同値性は (K') 同値と (K'') 同値のどちらについても実は正しい．

第3章 増大部分列,「主張」の証明

3.1 ワードの中の増大部分列

シェンステッドが彼のアルゴリズムを導入したのは,ワードから抽出できる増大部分列の長さを調べるためである.$w = x_1 x_2 \cdots x_r$ を(これまでどおりアルファベット $[m] = \{1, \ldots, m\}$ 上の)ワードとし,このワードから抽出できる最長の非減少列の長さを $L(w, 1)$ とする.つまり $i_1 < i_2 < \cdots < i_\ell$ で

$$x_{i_1} \leq x_{i_2} \leq \cdots \leq x_{i_\ell}$$

を満たすものがあるような最大の ℓ のことである.例えばワード

$$w = 134234122332$$

を考えると $L(w, 1) = 6$ が得られるが,これは次の2つの増大部分列のいずれかを w から抽出することによって実現できる.

任意の正整数 k に対し,w から取り出せる交わりのない k 個の非減少列の長さの和として実現できる最大値を $L(w, k)$ とする.上のワード w と $k \geq 2$ について,数 $L(w, k)$ をそれを達成するいくつかの例とともに示すと次のようになる.

第3章 増大部分列,「主張」の証明

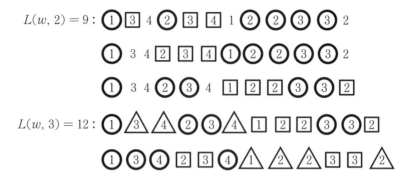

そして $k \geq 3$ ではいつも,(空の列を許せば)$L(w, k) = 12$ である.最大値 $L(w, k)$ を達成する k 個の列の組は 1 つとは限らないが,それだけでなく個々の列に含まれる文字数も変わりうる.さらに,数 $L(w, k)$ を達成する列の組に残りの文字から選んだ列を加えて次の $L(w, k+1)$ を達成する列の組を作れるとは限らない.今の例では,6 個,3 個,3 個の文字を含む 3 つの非減少列を与えるような交わりのない集合は存在しない[1].

別の例として,先ほどの例と同じ文字を同じ数ずつ含むが順序が異なるものを考えてみよう.

$$w' = 344233112223.$$

このワードに対する数 $L(w', k)$ は先ほどのワード w と同じ数になるが,次に示すように,今回はワードの右から順に非減少列の塊を選ぶと最大値を与える列の組が取り出せる.

$L(w', 1) = 6:$ 3 4 4 2 3 3 ①①②②②③

$L(w', 2) = 9:$ 3 4 4 ② ③ ③ ①①②②②③

$L(w', 3) = 12:$ ③ △ △ ② ③ ③ ①①②②②③

w' は次のタブローの(行)ワードであることに注意しよう.

---

[1] 訳注:つまり,$L(w, 2) = 9$ を達成する 6 文字と 3 文字を除いた残りから $L(w, 3) = 12$ は達成できない.

1	1	2	2	2	3
2	3	3
3	4	4

前章の定理 2.4 の後で説明した標準的手順を初めの例 w に適用すると，このタブローが得られることが確認できるであろう．これが一般的な事実であることはすぐにわかる．つまり一般に w と w' がクヌース同値なワードならばすべての k で $L(w, k) = L(w', k)$ が成り立つのである．

タブローのワード w に対しては，数 $L(w, k)$ を読み取るのはやさしい．要点は，w から取り出した非減少列はどれも，タブローの左から右の順に，下に行かないように取り出した数字から成っているということである．数字は異なる列から取り出さないといけないので，$L(w, 1)$ はちょうどタブローの列数，つまり第 1 行目の箱の数である．同様にして $L(w, k)$ は初めの k 行に含まれる箱の合計数である．確かに，この和は行ワードの初めの k 行を取り出すことによって必ず実現できる．逆に，ヤング図形の箱から成り，各列の箱を高々 1 個しか含まないような互いに交わらない集合が k 個あるとき，それらの箱の総数はヤング図形の初めの k 行に含まれる箱の総数を超えない．なぜなら，そのような k 個の集合が与えられたとき，下のほうにある箱をそれより上にある箱と入れ替えることによって，同じ個数の箱を持ち，初めの k 行に含まれるような集合が作れるからである．こうして次の補題が証明される．

補題 3.1 形 $\lambda = (\lambda_1 \geq \lambda_2 \geq \cdots \geq \lambda_\ell \geq \lambda_{\ell+1} = \cdots = 0)$ のタブロー T のワードを w とする．すると任意の $k \geq 1$ について

$$L(w, k) = \lambda_1 + \lambda_2 + \cdots + \lambda_k.$$

さて，クヌース同値なワードでは数 $L(w, k)$ が同じになることを確かめよう．

補題 3.2 w と w' がクヌース同値なワードのとき，すべての k について

$$L(w, k) = L(w', k)$$

が成り立つ．

証明 w と w' が次の基本変換の左辺と右辺のときに起こることを丁寧に観察しさえすればよい．

(i) $u \cdot yxz \cdot v \equiv u \cdot yzx \cdot v$ $(x < y \leq z)$

(ii) $u \cdot xzy \cdot v \equiv u \cdot zxy \cdot v$ $(x \leq y < z)$

ここで u と v は任意のワード,そして x, y と z は数字である.交わりのない非減少列 k 個のどんな集まりを w' から取り出しても,w に対して同じ集まりが定まるので,不等式 $L(w, k) \geq L(w', k)$ は明らかである.逆向きの不等式はそれほど明らかではない.それを示すためには,ワード w から取り出された k 個の交わりのない非減少列があると仮定して,それと同じ長さを持つ k 個の交わりのない非減少列を w' から取り出せば十分である.ほとんどの場合は,w から抜き出した非減少列の集まりを与えるとそれと同じ集まりを w' から抜き出すことができる.実際,w から取り出したある非減少列が先に示した x と z の両方を同時に含まなければ,それは事実である.x と z の両方を含む非減少列がある場合,それと同じ数列は w' の中では非減少にならない.そこで w から抜き出した非減少列の 1 つが $u_1 \cdot xz \cdot v_1$ の形をしているとしよう.ただし u_1 と v_1 はそれぞれ u と v から抜き出した数列(空でもよい)である.w から抜き出した他のどの非減少列も y を含まないときは,単純に (i) の場合は w' の列 $u_1 \cdot yz \cdot v_1$ を使い,(ii) の場合は $u_1 \cdot xy \cdot v_1$ を使える.よって重要なのは w から非減少列 $u_2 \cdot y \cdot v_2$ も抜き出したときである.このとき,これら 2 つの数列を (i) の場合は $u_2 \cdot yz \cdot v_1$ と $u_1 \cdot x \cdot v_2$,(ii) の場合は $u_1 \cdot xy \cdot v_2$ と $u_2 \cdot z \cdot v_1$ で置き換えることができる.それぞれの場合において,w と w' から抜き出した数列たちは両方とも非減少,そしてそれぞれの数列の組で使われている数字を合わせると両者は一致している.w から抜き出した残りの非減少列を変えないでおけば,それと同じ長さを持つ非減少列の集まりを望み通り w' から抜き出せる. □

3.2 定理 2.4 の証明

補題 3.1 と補題 3.2 から,与えられたワードに対して,それとクヌース同値なワードを持つタブローは形が一定であり,その形がワードからどのように決まるかがわかる.非減少列を解析することによってタブローのワードからもとのタブローを完全に復元できるが,それにはもう少し議論が必要である.例えば,最大の数字が入るべき箱を見つけたいとしよう.上の例 w' で,2 番目の 4 が入る場所を知るには,その 4 をワードから除いてその残りに先ほどの議論を適用する.このワードは箱が 1 つ少ない図形を定め,それは初めに与えられたタブローから 4 を除いた図形である.よって初めに除いた 4 はその残りの箱に入る.次に 4 を

3.2 定理 2.4 の証明

両方ともワードから除くと，初めのタブローより 2 つ箱が少ない図形が得られ，もう 1 つの 4 がどこに入るべきかがわかる．このようにしてタブロー全体が復元される．

一般の場合にこの手続きを行うためには，クヌース同値なワードからクヌース同値性を保ちつつ最大の数字を除く方法を知る必要がある．例によって，同じ文字が並んでいるときは右にあるものを大きいとみなすので，同じ文字のうち最も右のものをまず初めに除く．例えば，1342313 から 3 番目まで大きい文字を除くには，ワード 1321 を残して 4 と最も右にある 2 つの 3 を除く．後で使うために一般の場合について述べておこう．

補題 3.3 w と w' をクヌース同値なワードとし，両方から最大の文字 p 個および最小の文字 q 個を除いて得られるワードをそれぞれ $w_\circ$ と $w'_\circ$ とする．どんな p, q でも $w_\circ$ と $w'_\circ$ はクヌース同値である．

証明 w と w' から最大または最小の文字を除いた結果が再びクヌース同値であることを示せば，帰納法により十分である．最大の文字を除く場合を考察し，最小の場合は対称的なので省略する．補題 3.2 の証明と同様，w と w' が基本変換 (i) または (ii) の左辺と右辺に対応するときに主張を証明すればよい．ワードから取り除く文字が基本変換式どおりの位置にある x, y または z のどれでもないとき，得られるワードは同じなのでクヌース同値性は明白である．そうでないとき，取り除かれる文字は基本変換式どおりの位置にある z しかなく，この場合も得られるワードは同じである． □

さて，ワード w がタブロー T のワード $w(T)$ とクヌース同値ならば，T は w から一意的に定まる，ということを示して第 2 章の定理 2.4 の証明を完成しよう．こうして第 1 章と第 2 章で登場した主張すべての証明を終えることになる．ワードの長さ，つまり T の箱の数に関する帰納法を用いて証明を進める．長さ 1 のワードについては明らかに成り立つ．補題 3.1 と補題 3.2 を用いると，T の形 λ は w から次式のように定まる．

$$\lambda_k = L(w, k) - L(w, k-1).$$

w の中の最大文字を x, 最も右にある x を w から取り除いた残りのワードを $w_\circ$ とする．T から x を除いて得られるタブローを $T_\circ$ とする．ただし T に x が 2 つ以上あるときは最も右にある x を除くものとする．$w(T_\circ) = w(T)_\circ$ が成り立っていることに注意しよう．補題 3.3 から $w_\circ$ と $w(T_\circ)$ はクヌース同値である．

ワードの長さに関する帰納法を用いると，T_0 はそのワードが w_0 とクヌース同値になる唯一のタブローである．T と T_0 の形はそれぞれわかっているので，残りの箱に x を入れて T_0 から T を作るのが T の唯一の可能性である．

この操作から，与えられたワードと合同なワードを持つタブローを決定するアルゴリズムが得られるのだが，実際に役立つアルゴリズムはこれの逆操作である．つまり，行挿入を用いてワードからタブローを作り，その形から数 $L(w, k)$ を読み取るのである．

演習問題 6 w がタブロー T のワードとクヌース同値なとき，T の行数は w から抜き出せる減少列の最大長と一致することを示せ．T の初めの k 行に含まれる箱の総数は，w から抜き出せる交わりのない k 個の減少列の長さの和の最大値と一致することを示せ．

演習問題 7 このこと（前問）からエルデシュ (Erdös) とシェケレス (Szekeres) による結果，n^2 より長いどのワードも n より長い非減少列または減少列のどちらかを含んでいなければならない，を導け．この主張はぎりぎりの評価であることを示せ．より一般に，$n \cdot m$ より長いワードは n より長い非減少列または m より長い減少列のどちらかを含んでいなければならない．

演習問題 8 長さ 6 のワード w で $L(w, 1) = 4$，$L(w, 2) = 6$ を満たし，しかも長さ 4 と 2 の交わりのない増加列を持たないものを見つけよ．

この章の結果は，もっとずっと一般的なグリーン [Greene (1976)] の結果の特別な場合である．任意の有限な半順序集合 W に対し，これまでのように交わりのない k 個の非減少部分列の最大長さを数 $L(W, k)$ と定義し，差 $L(W, k) - L(W, k-1)$ をとって非負整数列 $\lambda_1, \lambda_2, \ldots$ を得る．同じことを交わりのない k 個の「反鎖」の列の最大長さについて行い，やはり非負整数列 $\mu_1, \mu_2, \ldots$ を得る．ここで反鎖とは，W の部分集合でどの二つも比較可能でないもののことである．こうして得られた 2 つの列 λ と μ が常にあるヤング図形の行数と列数である，つまりそれらは両方とも分割で互いに共役である，というのがグリーンの定理である．このような一般化は，本書の議論では必要ない．

第4章 ロビンソン・シェンステッド・クヌース対応

行挿入のアルゴリズムは，非負整数行列と，同じ形を持つタブローの対との間の一対一対応を与えるのに使われ，この注目すべき対応はロビンソン・シェンステッド・クヌース対応（Robinson-Schensted-Knuth correspondence, RSK対応）と呼ばれている．4.2 節ではこの対応を別のやり方で構成するが，この別構成から対称性定理——行列の転置と，同じタブロー対で順序を入れ替えたものとが対応する——が明白になる．この考え方の様々なバリエーションについては付録の A.4 節を参照されたい．

4.1 対応

ワード w に対し，このワードとクヌース同値なワードを持つ唯一のタブローを $P(w)$ とする．異なってはいてもこれとクヌース同値なワードは同じタブローを定める．$w = x_1 x_2 \cdots x_r$ のとき，$P(w)$ は標準的手順で得られる：

$$P(w) = ((\cdots((\boxed{x_1} \leftarrow x_2) \leftarrow x_3) \leftarrow \cdots) \leftarrow x_{r-1}) \leftarrow x_r.$$

既に確かめたように，シェンステッドの行挿入アルゴリズムは，どの箱がヤング図形に加えられたかがわかれば可逆である．このことは，タブロー $P(w)$ に加えて標準的手順で加えられた箱の順番が分かればワード w が復元できることを意味し，次のように定式化される．$P(w)$ を作るのと同時に，もう1つ同じ形のタブローで中身が整数 $1, 2, \ldots, r$ のものを作り，$Q(w)$ と書いて**記録用タブロー**（あるいは**挿入タブロー**[1]）と呼ぶ．整数 k は，$P(w)$ を作る k 番目のステップで加えられた箱の中に入れる．よって 1 を左上の箱に入れ，もし

---

[1] 訳注：$P(w)$ を insertion tableau と呼ぶ慣例もある．

P_k が次のようなタブローならば

$$P_k = ((\cdots((\boxed{x_1} \leftarrow x_2) \leftarrow x_3) \leftarrow \cdots) \leftarrow x_{k-1}) \leftarrow x_k,$$

P_k にあって P_{k-1} にはない箱の中に k を配置する．新しい箱は外隅に加えられるので，その中の数字はその上および左の数字より大きい．この方法で k ステップ後に得られるタブローを Q_k とする．例えば，w がワード $w = 54823417531$ のとき，一連の対 (P_k, Q_k) は次のようになる．

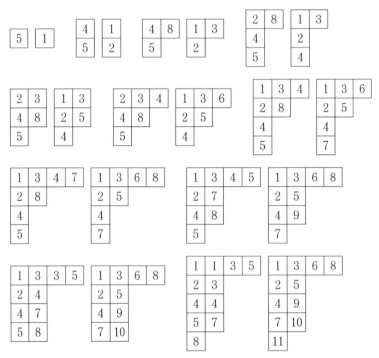

シェンステッドのアルゴリズムを逆向きにすると，タブロー対 (P, Q) から初めのワードを復元できる．(P_k, Q_k) から (P_{k-1}, Q_{k-1}) へ行くには，Q_k の最大整数が入っている箱を選び，P_k のその箱に対して逆挿入アルゴリズムを行う．その結果得られるタブローは P_{k-1} で，P_k の第 1 行からバンプされた数字がワード w の k 番目である．Q_k から最大の数字（それは k である）を除いて Q_{k-1} を得る．

実は同じ形のタブローの対 (P, Q) で Q が標準タブローなるものはすべてこの方法で作れる．そのような (P, Q) に対して，前段落で説明した手続きは常に実

行できる．箱が r 個のときは，ひと続きのタブロー対

$$(P, Q) = (P_r, Q_r), (P_{r-1}, Q_{r-1}), \ldots, (P_1, Q_1)$$

が得られ，それぞれの対は同じ形を持つ．Q_k は標準タブローである．P_k の中身で P_{k-1} の中身より1つ多く現れる文字 x_k がワード w の k 番目の文字で，左辺のタブローはこのワードから定まる．つまり $P = P(w)$，$Q = Q(w)$ である．与えられた形を持つ標準タブローを指定することは，すべての $k \leq r$ について初めの k 個の番号が入った箱の形がヤング図形になるように箱に番号を付けることと同じである．このことは標準タブローに書かれた最大の数字は外隅に入っているという事実からわかる．

こうして，長さ r で $[n]$ の文字を使ったワード w と，r 個の箱から成る同じ形をしたタブローの（順序付き）対 (P, Q) で P の中身は $[n]$ から選び Q は標準タブローであるものとの間の一対一対応が構成される．これが**ロビンソン・シェンステッド対応**である．$r = n$ かつ w に文字 $1, \ldots, n$ が一度ずつ現れるとき，つまり w が $[n]$ の**置換**（i を w の i 番目の文字と入れ替える置換）のときは，P もまた標準タブローになり，この逆も成り立つ．これがもともとロビンソンが発見した置換と標準タブローの対との間の対応で，シェンステッドが独立に再発見したものである．この特別な場合を**ロビンソン対応**と呼ぶことにしよう．

クヌースはこれを一般化し，同じ形を持つ任意のタブローの順序付き対 (P, Q) で例えば P の中身はアルファベット $[n]$，そして Q の中身は $[m]$ のような場合に関する対応を導入した．それでもなお前述の逆操作を実行することができて，タブロー対の列

$$(P, Q) = (P_r, Q_r), (P_{r-1}, Q_{r-1}), \ldots, (P_1, Q_1)$$

を得る．ただしそれぞれのタブロー対は同じ形を持ち，それぞれのタブローに含まれる箱の数は1つ前の対のタブローより1つ少ない．(P_k, Q_k) から (P_{k-1}, Q_{k-1}) を作るには Q_k の中で最大の番号が入っている箱を探す．その際にいくつかの同じ番号があるときは，最も右の箱を選ぶ．そして，この箱から始めて P_k に逆行挿入を実行した結果が P_{k-1} であり，この箱の数字を Q_k から単に除いた結果が Q_{k-1} である．u_k を Q_k から除いた数字とし，v_k を P_k の1行目からバンプされた数字とする．こうして **2行配列** $\begin{pmatrix} u_1 & u_2 & \cdots & u_r \\ v_1 & v_2 & \cdots & v_r \end{pmatrix}$ を得る．Q が標準タブローのときは，この配列はちょうど $\begin{pmatrix} 1 & 2 & \cdots & r \\ v_1 & v_2 & \cdots & v_r \end{pmatrix}$ となってワード $w = v_1 v_2 \ldots v_r$ と同じ情報を持つことに注意しよう．2行配列で1行目に数字

$1, \ldots, r$ がこの順序で並んでいるとき，この配列は**ワード**である，ということにする．さらに v_i たちも $[r]$ の相異なる数字になっているとき，この配列は置換を表す一般的な書き方で，数字 i をその下の数字 v_i に写す．このような配列を**置換**とよぶ．

どのような2行配列がこの方法で現れるだろうか．まず，u_i たちは（$[m]$ から選んだ）その作り方から非減少列である：

$$u_1 \leq u_2 \leq \cdots \leq u_r. \tag{4.1}$$

そして（$[n]$ から選んだ）v_i については

$$u_{k-1} = u_k \quad \text{のとき} \quad v_{k-1} \leq v_k \tag{4.2}$$

が成り立つ．このことは，連続する行挿入のバンプ・ルートに関して第1章で紹介した行バンプ補題 1.1 から導かれる．なぜなら，$u_{k-1} = u_k$ のとき，P_k から除かれる箱 B' は次のステップで P_{k-1} から除かれる箱 B の真に右にあるからである．このことは行バンプ補題において (1) の場合であることを意味し，証明する必要があったのはまさに，先に除かれる数字 v_k が次に除かれる数字 v_{k-1} 以上であるということであった．

2行配列 $\omega = \begin{pmatrix} u_1 & u_2 & \cdots & u_r \\ v_1 & v_2 & \cdots & v_r \end{pmatrix}$ が条件 (4.1), (4.2) を満たすとき，ω は**辞書式順序**に並んでいるという．これは対 $\begin{pmatrix} u \\ v \end{pmatrix}$ の順序で，上の数字が優先して $u < u'$，または $u = u'$ かつ $v \leq v'$ のとき $\begin{pmatrix} u \\ v \end{pmatrix} \leq \begin{pmatrix} u' \\ v' \end{pmatrix}$ と定める．

任意の2行配列 $\omega = \begin{pmatrix} u_1 & u_2 & \cdots & u_r \\ v_1 & v_2 & \cdots & v_r \end{pmatrix}$ で辞書式順序のものが与えられると，本質的に前と同じ手続きで同じ形を持つタブローの対 (P, Q) が構成できて，(P, Q) は一連の対 (P_k, Q_k), $1 \leq k \leq r$ の最後に現れる．$P_1 = \boxed{v_1}$ と $Q_1 = \boxed{u_1}$ から始めよう．(P_{k-1}, Q_{k-1}) から (P_k, Q_k) を作るには，v_k を P_{k-1} に行挿入して P_k を得る．そして Q_{k-1} に箱を1つ，P_k の新しい箱と同じ位置に加え，その箱に u_k を入れて Q_k を得る．各 Q_k がタブローになっていることを帰納法を用いて確認するには，u_k が Q_{k-1} の数字 u_i の下に置かれたとき u_k は u_i より真に大きいことを示さなければならない．そうでないとするとそれらは等しいので，(4.2) から $v_i \leq v_{i+1} \leq \cdots \leq v_k$ でなくてはならない．しかし行バンプ補題から，P_i から P_k へ行く際に加えられた箱たちは異なる列になければならず，u_k が u_i の下にあることに矛盾する．

演習問題 9 $\begin{pmatrix} 1 & 1 & 1 & 2 & 2 & 3 & 3 & 3 \\ 1 & 2 & 2 & 1 & 2 & 1 & 1 & 2 \end{pmatrix}$ に対応するタブロー対 (P, Q) が

$$P = \begin{array}{|c|c|c|c|c|c|} \hline 1 & 1 & 1 & 1 & 1 & 2 \\ \hline 2 & 2 & 2 \\ \cline{1-3} \end{array} \qquad Q = \begin{array}{|c|c|c|c|c|c|} \hline 1 & 1 & 1 & 2 & 3 & 3 \\ \hline 2 & 3 & 3 \\ \cline{1-3} \end{array}$$

であることを示せ．

今説明してきた 2 つの操作がちょうど互いの逆であることは，その作り方から明らかである．2 行配列 ω から作られたタブロー対を $(P(\omega), Q(\omega))$ と表す．まとめると，これまでに次のことを証明した．

定理 4.1（RSK の定理） 先ほどの操作は，辞書式順序（2 行）配列 ω と同じ形のタブローの（順序付き）対 (P, Q) との一対一対応を与える．この対応において次が成り立つ．

(i) ω の各行に r 個の数字がある $\iff$ P と Q は各々 r 個の箱から成る．P の中身は ω の 2 行目の数字たちで，Q の中身は ω の 1 行目の数字たちである．

(ii) ω はワードである $\iff$ Q は標準タブローである．

(iii) ω は置換である $\iff$ P と Q は両方とも標準タブローである．

任意の 2 行配列に対して，縦の対を辞書式順序に並べ替えることによって辞書式順序配列が一意的に定まる．2 つの配列が同一視されるのは，同じ縦の対を同じ数ずつ含むときであり，これは対応する辞書式順序配列が同じ，というのと同じことである．この方法によって，任意の 2 行配列にタブローの順序付き対を対応させることができる．

2 行配列から P と Q を作る際，配列の 2 つの行にまったく異なる扱いをしている——2 行目でバンプして 1 行目の中身はただ並べるだけ——にもかかわらず，この違いはちょっとした錯覚にすぎない．実際，クヌースによって一般化されたシュッツェンベルジェの結果が知られている：

定理 4.2（対称性定理） 2 行配列 $\begin{pmatrix} u_1 & u_2 & \cdots & u_r \\ v_1 & v_2 & \cdots & v_r \end{pmatrix}$ がタブロー対 (P, Q) に対応するとき，2 行配列 $\begin{pmatrix} v_1 & v_2 & \cdots & v_r \\ u_1 & u_2 & \cdots & u_r \end{pmatrix}$ は対 (Q, P) に対応する．

演習問題 10 先ほどの問題 9 の P と Q について，2 行配列 $\begin{pmatrix} 1 & 2 & 2 & 1 & 2 & 1 & 1 & 2 \\ 1 & 1 & 1 & 2 & 2 & 3 & 3 & 3 \end{pmatrix} = \begin{pmatrix} 1 & 1 & 1 & 1 & 2 & 2 & 2 & 2 \\ 1 & 2 & 3 & 3 & 1 & 1 & 2 & 3 \end{pmatrix}$ が対 (Q, P) に対応することを確かめよ．

系 4.3 ω が置換ならば，$P(\omega^{-1}) = Q(\omega)$ かつ $Q(\omega^{-1}) = P(\omega)$ が成り立つ．

対称性定理の証明に取り掛かる前に，この定理を行列の言葉で書き直すとわかりやすくなることを見てみよう．2 行配列の同値類は，$i \in [m]$, $j \in [n]$ なる数字の対 (i,j) の集まりで各々が非負の重複度を持つようなものと同一視できる．この情報は単純に，$m \times n$ 行列 A で，その (i,j) 要素は配列に $\binom{i}{j}$ が現れる回数であるものとして記述できる．2 行配列 $\begin{pmatrix} 1 & 1 & 1 & 2 & 2 & 3 & 3 & 3 & 3 \\ 1 & 2 & 2 & 1 & 2 & 1 & 1 & 1 & 2 \end{pmatrix}$ に対応する行列は

$$\begin{bmatrix} 1 & 2 \\ 1 & 1 \\ 3 & 1 \end{bmatrix}$$

である．

RSK 対応は，非負整数行列 A と，同じ形のタブローの対 (P, Q) との対応である．A が $m \times n$ 行列ならば，P の中身は $[n]$ で Q の中身は $[m]$ である．行列の第 i 行の和は 2 行配列の 1 行目に i が出てくる回数なので，それはつまり Q に現れる i の数である．同様に，行列の第 j 列目の和は P に現れる j の数である．行列がワードの行列に対応するのは，各行に 1 がちょうど 1 つずつあり他は 0 のときで，それが置換行列のときはまさに置換の行列になっている．このことは置換 w に付随する行列は第 i 行 $w(i)$ 列に 1 があり他は 0 という表記法からわかる．

2 列配列の上下を逆にすることは，行列の方では転置をとることに対応する．すると対称性定理がいっているのは，A がタブロー対 (P, Q) に対応するならば転置 A^{T} は (Q, P) に対応するということである．特に対称行列は (P, P) のようなタブロー対に対応する．このことは，対称群 S_n の対合 (involution)[2] が対応するのは，対 (P, P) で P は n 個の箱から成る標準タブローであることを意味する．よって対合と標準タブローとの間に一対一対応がある．他の自然な行列への作用がタブロー対への作用とどのように対応するのか，そしてその逆はどうかを調べるのは面白いであろう．

---

[2] 訳注：$\omega \in S_n$ で $\omega^2 = \mathrm{id}$ を満たすもののこと．

4.2 行列と玉の方法

さて，行列あるいは 2 行配列から直接的にタブロー対を作るためのもっと「幾何的な」処方箋を与えよう．この処方箋では，行挿入の方法のようにいちいちタブローを書き直す必要がないので，より速くタブローを作ることができる．その上，この方法を用いると対称性定理は自明になる．「行列と玉」の方法と呼ばれる，行列 A に対しタブロー対 $(P, Q) = (P(A), Q(A))$ を指定する手順を導入しよう．

図中の 2 つの箱の相対的位置を記述したり，行列の中身の位置を比べるのに次のような表記を使う．箱 B' のある列が箱 B のある列の真に左にあるとき，B' が B の **W**（West）にある，そして B' の列が B の列の左または同じとき，B' が B の **w**（west）にある，ということにしよう．他の方位に対しても同様の表記を用い，さらに方位を組み合わせることもある．そしてアルファベットの大文字または小文字を用いてその行または列を含むか否かを表す．例えば，B' は B の **nW**（northWest）である，というのは B' のある行が B のある行の上または同じ行，かつ B' の列が B の列の真に左のときである．

m 行 n 列の非負整数行列 $A = (a(i, j))$ が与えられたとき，$a(i, j)$ 個の玉を行列の位置 (i, j) にある箱に入れ，玉を NW から SE 方向の対角上に並べる．ある玉がもうひとつの玉と同じ位置（の箱）にあって NW に並んでいるとき，または前者が後者の n かつ w の位置（の箱）にあるとき，前者が後者の **nw** にある，という．2 番目の条件は，前者が入っている位置の行と列番号が後者の位置の行と列番号以下で少なくとも行または列番号が等しくない，と言い換えられる．次に左上から右下の順に進みながら，それぞれの玉にそれより nw にあるすべての玉の番号より大きい最小の番号を付け，行列内の玉すべてに番号を付ける．各々の玉を正整数で番号付けし，同じ位置にある玉には連続する番号を付ける．玉に番号「1」が付くのは，その玉の nw に他の玉がないときである．玉に番号「k」が付くのは，その玉に先行する同じ位置の玉の番号が $k-1$ のとき，またはその玉がある位置の最初の玉でその位置の nw の位置にある玉の数字の最大値が $k-1$ のときである．この番号付けは，行列の第 1 行と第 1 列に入っている玉から始め，次は第 2 行と第 2 列に入っている残りの玉，という具合にやればすぐに実行できる．このようにして得られた，番号付き玉が行列内に配置されたもの（玉入り行列）を $A^{(1)}$ とする．例を挙げよう．

$$A = \begin{bmatrix} 1 & 2 \\ 1 & 1 \\ 3 & 1 \end{bmatrix} \qquad A^{(1)} =$$

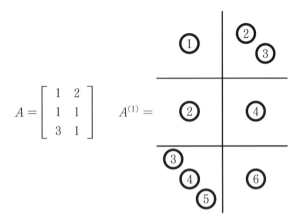

　$P = P(A)$ の 1 行目は，$A^{(1)}$ の中でそれぞれの番号が現れる最も左の箱の列番号をただ書き並べるだけで読み取れる．そして $Q = Q(A)$ の 1 行目は，$A^{(1)}$ 中でそれぞれの番号が現れる最も上の箱の行番号を表示している．つまり，P の第 1 行 i 列の箱の中身は，$A^{(1)}$ で番号 i の玉が入っている最も左の箱の列番号，そして Q の第 1 行 i 列の箱の中身は，$A^{(1)}$ で番号 i の玉が入っている最も上の箱の行番号である．上の例では，P の 1 行目は $(1, 1, 1, 1, 1, 2)$，そして Q の 1 行目は $(1, 1, 1, 2, 3, 3)$ となる．

　続いて，次のように新しい玉入り行列を作る．与えられた玉入り行列に同じ番号 k の玉（以後 k 玉と呼ぶ）が $\ell > 1$ 個あったら，次の規則に従って $\ell - 1$ 個の玉を新しい行列内に置く．$A^{(1)}$ 内の ℓ 個の k 玉は SW から NE へ飛び石状に並んでいる．隣り合って並んでいる 2 つの k 玉に対し，左側の k 玉と同じ行かつ右側の k 玉と同じ列に新しい玉を 1 つ置く．

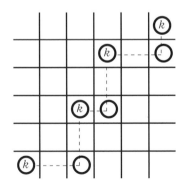

こうして $\ell-1$ 個の玉が新しい行列内に置かれる．この操作をそれぞれの k について行うと，玉入り行列が得られる．この新しい玉入り行列の位置 (i,j) にある玉の数を (i,j) 成分に持つ行列を $A^{\flat}$ と定義する．そして $A^{\flat}$ に対応する玉入り行列の玉に前と同様に番号付けをし，番号付き玉入り行列 $A^{(2)}$ を得る．先ほどの例では次のようになる．

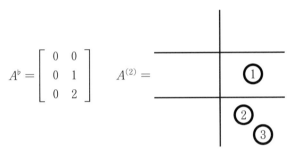

$A^{(2)}$ から前と同じやり方で P と Q の 2 行目が読み取れる．この例では P の 2 行目は $(2,2,2)$，Q のほうは $(2,3,3)$ となる．

$A^{(2)}$ から $A^{(3)}$ を作り，という具合にこの手続きを繰り返し，$A^{(p)}$ で同じ番号の玉がなくなったとき停止する．先ほどの例では，$P(A)$ と $Q(A)$ は演習問題 9 の対 (P,Q) と一致することがわかる．一般に証明しなければならないのは，この「行列と玉」の方法が先ほど 2 行配列を用いて記述したものと一致することである．

命題 4.4 行列 A が 2 行配列 ω に対応しているならば，$(P(A), Q(A)) = (P(\omega), Q(\omega))$ が成り立つ．

この命題は行列 A の要素の総和，つまり 2 行配列の対の数または $A^{(1)}$ の玉の総数に関する帰納法で証明される．この数が 0 または 1 のとき，主張は明らかに成り立つ．行列 A について第 x 行がゼロでない最も下の行で，この行の第 y 番目の中身がゼロでない最も右のものであるとき，(x,y) を A の**最後尾**と呼ぼう．A の (x,y) 要素から 1 を引き，他の要素はそのままにした行列を $A_{\circ}$ とする．$\omega = \begin{pmatrix} u_1 & u_2 & \cdots & u_r \\ v_1 & v_2 & \cdots & v_r \end{pmatrix}$ が A に対応する辞書式順序配列ならば，$\begin{pmatrix} x \\ y \end{pmatrix} = \begin{pmatrix} u_r \\ v_r \end{pmatrix}$ でありそして $\omega_{\circ} = \begin{pmatrix} u_1 & \cdots & u_{r-1} \\ v_1 & \cdots & v_{r-1} \end{pmatrix}$ は $A_{\circ}$ に対応する辞書式順序配列である．帰納法により，$P(A_{\circ})$ は行挿入 $v_1 \leftarrow \cdots \leftarrow v_{r-1}$ によって得られ，$Q_{\circ}$ は $u_1, \ldots, u_{r-1}$ を新しい箱に入れることによって得られる．ゆえに命題を証明するには次の主張を示せば十分である．

主張 4.5 $P(A) = P(A_\circ) \leftarrow y$ が成り立つ．そして，$Q(A)$ は $Q(A_\circ)$ に対して $P(A)$ にあって $P(A_\circ)$ にない箱に x を入れることによって得られる．

さて，$A^{(1)}$ には $A_\circ^{(1)}$ にない玉が1つあり，その玉の番号を k とする．つまり，k は $A^{(1)}$ の最後尾 (x, y) にある玉の中で最大の番号である．まず $A^{(1)}$ にはその他に k 玉がないとしよう．この場合 $A^\flat = (A_\circ)^\flat$ であり，$P(A)$ と $P(A_\circ)$ の（そして $Q(A)$ と $Q(A_\circ)$ も）1行目以外のすべての行は同じである．$A^{(1)}$ に k より大きい番号の玉はない，というのも，もしあればそれは (x, y) の se の位置に置かれるが，そのようなゼロでない A の要素はないからである．よって $P(A)$ の1行目は $P(A_\circ)$ の1行目の最後に y を加えたものになり，$Q(A)$ は $Q(A_\circ)$ の1行目の最後に x を加えたものになる．$P(A)$ の1行目の他の数字は，A の最も左の列にある 1 から $k-1$ で番号付けされた玉をラベル付けするので，これらの数字はどれも y より大きくない．したがって $P(A) = P(A_\circ) \leftarrow y$ であり，上の主張は明らかである．

残りの証明においては，$A^{(1)}$ には k 玉が他にもあると仮定してよい．これらの k 玉に続く行に数字はないので，どれも最後尾 (x, y) にある k 玉の NE にある．最後尾の NE 隣に位置する k 玉が第 x' 行 y' 列にあるとしよう（よってすべての k 玉の中で $x' < x$ が最大で $y' > y$ が最小のものである）．

$P(A)$ の一行目が $P(A_\circ) \leftarrow y$ の1行目に一致するという事実は次の主張の帰結である．

補助主張 4.6 y を $P(A_\circ)$ に行挿入すると，y' が k 番目の箱からバンプされる．

証明 確かに $P(A_\circ)$ の1行目の数字は，$A_\circ^{(1)}$ で番号 $1, 2, \ldots$ の付いた玉を含む最も左の列番号である．この行の初めの $k-1$ 番目までの数字は y 以下だが，k

番目の数字は y' で y より大きい．よってこの y' が y にバンプされる数字である． □

$P(A)$ の 2 行目以下の部分は定義から $P(A^\flat)$ であり，$P(A_\circ)$ の 2 行目以下の部分は同様に $P((A_\circ)^\flat)$ である．主張 4.5 の証明は，$P(A^\flat) = P((A_\circ)^\flat) \leftarrow y'$ と，この行挿入で得られる新しい箱は $Q(A_\circ)$ にあって $Q((A_\circ)^\flat)$ にない箱であることを示すことに帰着される．これは，もし次の主張がわかれば，帰納法で行列 $A_\circ$ について仮定した主張 4.5 の内容から得られる．

補助主張 4.7 $A^\flat$ の最後尾は (x, y')，かつ $(A^\flat)_\circ = (A_\circ)^\flat$ である．

証明 A から $A^\flat$ を作る方法から，$A^\flat$ の位置 (x, y') には正整数が入っており，$A^\flat$ の x 行目より下に正整数はない．$A^\flat$ の x 行目にあるどの他の正整数も，$A^{(1)}$ の 2 つの玉で k 未満の番号 ℓ が付いたものからきている．この 2 つの玉のうち 1 番目は x 行目にある ℓ 玉で，その NE 隣にある ℓ 玉が 2 番目の玉である．位置 (x', y') にある k 玉の NW に ℓ 玉がなければならないので，この 2 番目の ℓ 玉は y' 列目より右にはいられない．よってこれら 2 つの玉からくる行列 $A^\flat$ の数字は (x, y') の W の位置にある．このことから (x, y') が $A^\flat$ の最後尾となることが示され，直ちに式 $(A^\flat)_\circ = (A_\circ)^\flat$ が従う． □

これで命題 4.4 の証明が終わる．行列と玉の方法は行列 A の行と列に関して対称なので，この命題から対称性定理は明らかである．置換の場合，つまり A が置換行列のときは，「行列と玉の方法」は [Viennot (1977)] で構成された「影 (shadow)」の方法に単純化される．

演習問題 11 ここで紹介したアルゴリズムを用いて次の行列に対応するタブロー対を計算せよ．

$$\begin{bmatrix} 1 & 2 & 1 \\ 2 & 2 & 0 \\ 1 & 1 & 1 \end{bmatrix}.$$

行列 A は $P = Q$ のとき，かつそのときのみ対称行列になるので，対称行列とタブローとの間に一対一対応がある．

演習問題 12 対称行列 A がタブロー P に対応するとき，

$$\mathrm{Trace}(A) + \mathrm{Trace}(A^\flat) = P \text{ の 1 行目の長さ}$$

が成立することを示せ．A のトレースが P のヤング図形に含まれる奇数列の数に一致することを導け．特に，対称群のある対合が標準タブローに対応しているとき，この対合の固定点の個数はその標準タブローの奇数列の個数である．

この節を締めくくるにあたり，同じ形のヤング・タブローの対 (P, Q) から逆行挿入を延々とやることなく直接行列を得る方法を紹介する．実際この方法を使うと，行挿入をまったく使わずに RSK 対応全体を実現できる．この方法は本書では使わないのだが，簡単に説明しておく．この節で導入した基本操作は，行列 A に対し，同じ長さの行を一対——それはタブロー対 (P, Q) の 1 行目である——と行列 $B = A^\flat$ とを割り当てる．これらの行が $(v_1, \ldots, v_r)$ と $(u_1, \ldots, u_r)$ のとき，先ほどの説明に従って行列 B から玉入り行列を作り，玉に番号を付けると，そこにあるすべての k 玉は第 u_k 行 v_k 列の箱より SE の箱に入るという性質がある．明らかにすべきことは，与えられた行タブローの対 $(v_1, \ldots, v_r)$, $(u_1, \ldots, u_r)$ とこのような性質を持つ行列 B に対して，行列 A を復元する方法である．

この目的のため，前述の番号付けより大きい番号が付くかもしれない異なる番号付けを，B の玉入り行列に含まれる玉へ se から nw の順に行う．まずはじめに，その行列内の玉で s にも e にも他の玉がないものには，第 u_k 行 v_k 列の箱がその玉の NW になるような最大の整数 k を付ける．ある玉の se にあるすべての玉に番号付けたら，その玉には次の条件が成り立つ最大整数 k を付ける：その玉の s または e にあるすべての玉は k より大きい番号が付けられており，そして第 u_k 行 v_k 列の箱がその玉の NW にある．一例として，行タブローを $(1, 1, 1, 1, 2, 3, 3, 4)$ と $(1, 1, 2, 2, 2, 2, 3, 3)$ とし，行列 B を

$$\begin{bmatrix} 0 & 0 & 0 & 0 \\ 0 & 0 & 1 & 0 \\ 0 & 1 & 1 & 3 \\ 0 & 2 & 1 & 2 \end{bmatrix}$$

とする．B の数字を玉に置き換え，(u_k, v_k) の箱の中に番号 k を書く．これは後で玉の番号付けに役立つ：

その結果，次の図のような $\ell-1$ 個の k 玉の配置を得る：

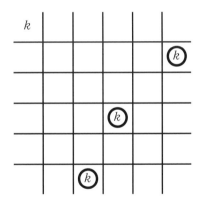

次の図が示すように，そのような配置を ℓ 個の玉で置き換えることによって玉の行列 A が復元される．

第4章 ロビンソン・シェンステッド・クヌース対応

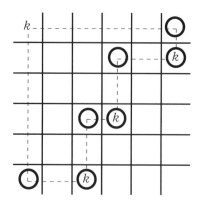

$\ell = 1$ のときは，k の位置に玉を1つ置くだけである．これらの玉に番号 k を付ける．その結果は再び nw から se の順に番号付けられた玉が並んでいる玉入り行列となる．この行列 A が初めに与えられた2つの行タブローを作り出すこと，そして $A^\flat = B$ が成り立つことは明らかである．今の例で得られるのは

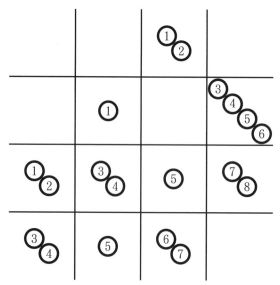

であり，次の行列 A を与える．

$$\begin{bmatrix} 0 & 0 & 2 & 0 \\ 0 & 1 & 0 & 4 \\ 2 & 2 & 1 & 2 \\ 2 & 1 & 2 & 0 \end{bmatrix}.$$

演習問題 13 このアルゴリズムを用いて次のタブロー対に対応する行列を見つけよ．

1	1	1	1	2	3	3	4
2	2	2	3	4	4	4	
3	3	4	4				

1	1	2	2	2	2	3	3
2	3	3	3	3	4		
3	4	4	4				

4.3 RSK 対応の応用

　この節ではいくつかの数え上げ問題に RSK 対応を応用する．それらは今後のタブローの議論では必要ないが，第 II 部で使われる．まず初めに，RSK 対応が次の基本的な結果の直接的な証明を与えることを見てみよう．この結果そのものは 2.2 節で既に確認した．

命題 4.8 $\sigma \in S_n$ に対し，ある形 λ で m_1 個の 1, m_2 個の 2, ..., m_n 個の n から成るタブローの数は，同じ形 λ で $m_{\sigma(1)}$ 個の 1, $m_{\sigma(2)}$ 個の 2, ..., $m_{\sigma(n)}$ 個の n から成るタブローの数と同じである．

証明 2つの異なる数字しかないタブローの場合は直接確認できる．

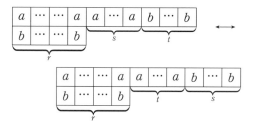

ただし $\lambda = (r+s+t, r)$, $m_1 = r+s$, $m_2 = r+t$ で r, s, t は非負整数である．
　一般の λ に対し，λ の形をした任意のタブロー P を固定する．タブローの対

(P,Q) と行列 A との間の RSK 対応を使うと，この命題は次の2つの集合

$$\{A : P(A) = P \text{ かつ } A \text{ の各行の和が } m_1, \ldots, m_n\}$$

と

$$\{A : P(A) = P \text{ かつ } A \text{ の各行の和が } m_{\sigma(1)}, \ldots, m_{\sigma(n)}\}$$

の元の個数が同じという主張と同値である．S_n は k と $k+1$ の置換全体 ($1 \leq k \leq n-1$) で生成されるので，この主張を σ がこのような置換の場合に証明すれば十分である．1番目の集合の元 A に対し，

$$A = \begin{pmatrix} B \\ C \\ D \end{pmatrix}$$

と書く．ただし B は A の初めの $k-1$ 行から成り，C はその次の2行，そして D は残りである．

対応する2行配列から行挿入することによって A から $P(A)$ が作られるので，次の式はすぐに得られる：

$$P(A) = P(B) \cdot P(C) \cdot P(D).$$

初めに考察したような，数字が2種類だけの場合を行列の言葉に書き換えると，行の和が m_k と m_{k+1} の行列 C と行の和が m_{k+1} と m_k の行列 C' で $P(C) = P(C')$ を満たすものの間に一対一対応がある．したがって

$$A' = \begin{pmatrix} B \\ C' \\ D \end{pmatrix}$$

が2番目の集合で対応する行列である． □

$x^T = x_1^{m_1} \cdots x_n^{m_n}$ なので，命題 4.8 から基本的な事実がさらに証明される．

系 4.9 シューア多項式 $s_\lambda(x_1, \ldots, x_n)$ は対称である．

RSK 対応からコーシー・リトルウッドの公式の直接証明が導かれる ([Knuth (1970)] を参照)：

$$\prod_{i=1}^{n} \prod_{j=1}^{m} \frac{1}{1-x_i y_j} = \sum_{\lambda} s_\lambda(x_1, \ldots, x_n) s_\lambda(y_1, \ldots, y_m) \qquad (4.3)$$

ただし和はすべての分割 λ についてとる．実際，右辺は同じ形のタブローの対 (P, Q) で P の数字は $[n]$, Q の数字は $[m]$ から成るものすべてに関する $x^P y^Q$ の和である．左辺は $m \times n$ の非負整数行列 $A = (a(i,j))$ すべてに関する $(x_i y_j)^{a(i,j)}$ の積である．そして A が (P, Q) に対応するとき，この積は $x^P y^Q$ に一致する．

多くの重要な組合せ的等式も RSK 対応から導かれる．与えられた形 λ の標準タブローの数を f^λ とし，形が λ で中身が $[m]$ の数字から成るタブローの個数を $d_\lambda(m)$ とする．n 個の元の置換の総数は $n!$ なので，ロビンソン対応から等式

$$n! = \sum_{\lambda \vdash n} (f^\lambda)^2 \qquad (4.4)$$

が得られる．アルファベット $[m]$ からとった n 文字から成るワードの個数は m^n なので，ロビンソン・シェンステッド対応から次の等式が得られる．

$$m^n = \sum_{\lambda \vdash n} d_\lambda(m) f^\lambda. \qquad (4.5)$$

対称性定理から，n 個の箱から成る標準タブローの対 (P, P) は S_n の元で，その逆元が自分自身に等しいもの（対合）に対応する．

演習問題 14 S_n 内の対合の個数が

$$\sum_{k=0}^{[n/2]} \frac{n!}{(n-2k)! \cdot 2^k k!}$$

であることを示せ．したがってこの対応から次の公式が得られる．

$$\sum_{\lambda \vdash n} f^\lambda = \sum_{k=0}^{[n/2]} \frac{n!}{(n-2k)! \cdot 2^k k!}. \qquad (4.6)$$

同様にして，$m \times n$ 非負整数行列で中身の合計が r であるものの個数と，r の分割 λ に関する $d_\lambda(m) \cdot d_\lambda(n)$ の和が等しいことが RSK 対応からわかる．

演習問題 15 非負整数の k 組 $(a_1, \ldots, a_k)$ で和が r のものの個数は $\binom{r+k-1}{k-1} = \binom{r+k-1}{r}$ であることを示せ．

この結果から次の等式が得られる．

$$\binom{r+mn-1}{r} = \sum_{\lambda \vdash r} d_\lambda(m) \cdot d_\lambda(n). \tag{4.7}$$

演習問題 16 $r = (r_1, \ldots, r_m)$ かつ $c = (c_1, \ldots, c_n)$ のとき，$m \times n$ 非負整数行列で各行の和が $r_1, \ldots, r_m$ かつ各列の和が $c_1, \ldots, c_n$ であるようなものの個数は $\sum K_{\lambda r} K_{\lambda c}$ であることを示せ．ただし和は $\sum r_i = \sum c_j$ の分割 λ すべてについてとり，$K_{\lambda r}$ と $K_{\lambda c}$ はコストカ数である．さらに，$n \times n$ 非負整数行列で各行の和が $r_1, \ldots, r_n$ のものの個数は $\sum K_{\lambda r}$ であることを示せ．ただし $\sum r_i$ の分割 λ すべてについて和をとる．

数 f^λ と $d_\lambda(m)$ については，ヤング図形の「フック長」を使って書かれる特筆に値する閉じた公式がいくつかある．本書ではこれらの公式に時折り触れるし，しかも計算に便利なのだが，以後の内容にとって本質的ではない．ヤング図形 λ において，それぞれの箱に対し，その箱とその右側の行と下方の列に含まれるすべての箱から成る**フック**が定まる．

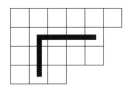

このフックに含まれる箱の数がその箱の**フック長**で，第 i 行 j 列の箱のフック長を $h(i, j)$ と表す．それぞれの箱をフック長でラベル付けをすると，今の例では次のようになる．

9	8	7	5	4	1
7	6	5	3	2	
6	5	4	2	1	
3	2	1			

命題 4.10 （**フック長公式** フレーム，ロビンソン，スロール (Frame, Robinson, Thrall)）λ が n 個の箱から成るヤング図形ならば，形 λ を持つ標準タブローの個数 f^λ は，すべての箱のフック長の積で $n!$ を割った数になる．

ヤング図形が小さいか簡単な形のときは，この命題は簡単に確認できる．例えば，すべての n について $f^{(n)} = 1$ である．そして $f^{(2,1)} = 2$ は2つのタブロー

$\begin{array}{|c|c|}\hline 1 & 2 \\ \hline 3 & \\ \hline \end{array}$ と $\begin{array}{|c|c|}\hline 1 & 3 \\ \hline 2 & \\ \hline \end{array}$

からわかる．先ほどの例については，フック長公式から次の式が得られる．

$$f^{(6,5,5,3)} = (19)! \,/\, 9\cdot 8\cdot 7\cdot 5\cdot 4\cdot 1\cdot 7\cdot 6\cdot 5\cdot 3\cdot 2\cdot 6\cdot 5\cdot 4\cdot 2\cdot 1\cdot 3\cdot 2\cdot 1$$
$$= 19\cdot 17\cdot 16\cdot 13\cdot 11\cdot 9 = 6{,}651{,}216.$$

注目すべきこの公式をぱっと「わかる」（そして覚える）方法がある．1から n までの整数でヤング図形の n 個の箱を番号付ける $n!$ 通りの方法を考える．ある番号付けがちゃんとタブローになるのは，各フックにおいてフックの角の箱の番号がそのフックの中身の中で最小なときである．フック長を h とすると，そうなる確率は $1/h$ である．これらの確率が独立ならば（まったくそうではないけれど！），すべての番号付けのうちタブローになる割合はフック長の積の逆数になり，これが先ほどの命題の式と（たまたま）合っている．[Greene, Nijenhuis and Wilf (1979)] ではフック長公式の簡潔な確率論的証明を与えたが，その証明はこの発見的な議論を精密化したものである．この証明は [Sagan (1991)] でも与えられている．

次の演習問題ではこの公式と同値な式が登場する．

演習問題 17 $\lambda = (\lambda_1 \geq \cdots \geq \lambda_k \geq 0)$ とし，$\ell_i = \lambda_i + k - i$ において

$$\ell_1 = \lambda_1 + k - 1 > \ell_2 = \lambda_2 + k - 2 > \cdots > \ell_k = \lambda_k \geq 0$$

が成り立つようにする．フック長公式が次の公式と同値であることを証明せよ．

$$f^\lambda = \frac{n! \cdot \prod_{i<j}(\ell_i - \ell_j)}{\ell_1! \cdot \ell_2! \cdots \ell_k!}. \tag{4.8}$$

この演習問題の公式（したがって，フック長公式も）がフロベニウスの指標公式の帰結であることは後で確認し，そして第 7 章で証明を与える．一方，次のような帰納的証明もある．n 個の箱から成る標準タブローを与えることは，$n-1$ 個の箱から成る標準タブローを与えて n 番目の箱を加える位置を指定することと同じなので，数 f^λ は明らかに帰納的な関係式を満たす．言い換えると次の式が成り立つ．

$$f^{(\lambda_1,\ldots,\lambda_k)} = \sum_{i=1}^{k} f^{(\lambda_1,\ldots,\lambda_i-1,\ldots,\lambda_k)}. \tag{4.9}$$

ただし $f^{(\lambda_1,\ldots,\lambda_i-1,\ldots,\lambda_k)}$ は数列が増加列のとき，つまり $\lambda_i = \lambda_{i+1}$ のときはゼロと定義する．

演習問題 18 式 (4.8) 右辺を $F(\ell_1,\ldots,\ell_k)$ としたとき，次の式を証明することによってフック長公式の帰納的証明を与えよ．

$$F(\ell_1,\ldots,\ell_k) = \sum_{i=1}^{k} F(\ell_1,\ldots,\ell_i-1,\ldots,\ell_k).$$

この式が

$$n \cdot \Delta(\ell_1,\ldots,\ell_k) = \sum_{i=1}^{k} \ell_i \cdot \Delta(\ell_1,\ldots,\ell_i-1,\ldots,\ell_k)$$

と同値であることを示せ．ただし $\Delta(\ell_1,\ldots,\ell_k)$ は $\prod_{i<j}(\ell_i - \ell_j)$ を表す．この公式を次の等式から導け．

$$\sum_{i=1}^{k} x_i \Delta(x_1,\ldots,x_i+t,\ldots,x_k)$$
$$= \left(x_1 + \cdots + x_k + \binom{k}{2}t\right) \cdot \Delta(x_1,\ldots,x_k).$$

この等式を証明せよ．

数 $d_\lambda(m)$ に対するフック長公式もある．これは [Stanley (1971)] によるが，ワイルの指標公式の特別な場合でもある．

$$d_\lambda(m) = \prod_{(i,j)\in\lambda} \frac{m+j-i}{h(i,j)} = \frac{f^\lambda}{n!} \prod_{(i,j)\in\lambda}(m+j-i). \tag{4.10}$$

ただし，それぞれの積はヤング図形 λ の第 i 行 j 列の箱に関してとる．分子の数字は，対角部分に m を並べ，対角の p 個上または下の箱に $m \pm p$ を入れると得られる．先ほど考察したヤング図形では，$m=5$ のとき

5	6	7	8	9	10
4	5	6	7	8	
3	4	5	6	7	
2	3	4			

となり，よって

$$d_\lambda(5) = \frac{10 \cdot 9 \cdot 8^2 \cdot 7^3 \cdot 6^3 \cdot 5^3 \cdot 4^3 \cdot 3^2 \cdot 2}{9 \cdot 8 \cdot 7 \cdot 5 \cdot 4 \cdot 1 \cdot 7 \cdot 6 \cdot 5 \cdot 3 \cdot 2 \cdot 6 \cdot 5 \cdot 4 \cdot 2 \cdot 1 \cdot 3 \cdot 2 \cdot 1}$$
$$= \frac{10 \cdot 8 \cdot 7 \cdot 6 \cdot 4 \cdot 3}{2 \cdot 3 \cdot 2} = 3,360.$$

式 (4.10) は第 6 章で証明する[3]．

最後に紹介する演習問題では，これらのアイデアをさらに応用している．

演習問題 19 任意の $k \geq 2$ について次の式を証明せよ．

$$\sum \frac{\prod\limits_{i<j}(\ell_i - \ell_j)^2}{\ell_1!^2 \cdot \ell_2!^2 \cdot \ldots \cdot \ell_k!^2} = 1$$

ただし和は，非負整数 k 個の組 $\ell_1, \ldots, \ell_k$ で和が $(k+1)k/2$ であるものすべてについてとる．

演習問題 20 (a) n 次置換群 S_n の元で，最大増加列の長さが ℓ，最大減少列の長さが k であるものの数は $\sum (f^\lambda)^2$ であることを示せ．ただし和は n の分割 λ で k 個の行と ℓ 個の列を持つものすべてについてとる．(b) $1, \ldots, 21$ の置換で最大増加列の長さが 15，かつ最大減少列の長さが 4 であるものの数を求めよ．

演習問題 21 m と n を $m \leq n \leq 2m$ なる正整数とする．1 と 2 から成る長さ n の列で，最大非減少部分列の長さが m のものの数は

$$\frac{n! \cdot (2m - n + 1)^2}{(m+1)! \cdot (n-m)!}$$

であることを証明せよ．

演習問題 22 シューアによる次の等式を示せ．

$$\prod_{i=1}^m (1 - x_i)^{-1} \cdot \prod_{1 \leq i < j \leq m} (1 - x_i x_j)^{-1} = \sum_\lambda s_\lambda(x_1, \ldots, x_m).$$

---

[3] 訳注：練習問題 42 を参照．

演習問題 23 正整数の集合 S と整数 k が与えられたとき,中身が S の元で中身の和が k であるようなタブローの数は,次のべき級数に現れる t^k の係数に一致することを証明せよ.

$$\prod_{i \in S}(1-t^i)^{-1} \cdot \prod_{i,j \in S,\ i<j}(1-t^{i+j})^{-1}.$$

演習問題 24 T を形 λ のタブローとする.ワード $w(T)$ とクヌース同値なワードの個数がぴったり f^λ であることを示せ.

演習問題 25 任意の置換 $\omega = v_1 \cdots v_n$ に対して**上下列**,すなわち $n-1$ 個のプラスまたはマイナスの符号の列で i 番目は $v_i < v_{i+1}$ ならば $+$,$v_i > v_{i+1}$ ならば $-$ であるようなもの,を対応させることができる.$Q(\omega)$ が ω の上下列を定めることを示せ.

第5章 リトルウッド・リチャードソン規則

この章ではタブロー間の対応を構成する．それを言い換えると，リトルウッド・リチャードソン規則 (Littlewood-Richardson rule) として知られている表現論と対称多項式に関する結果が得られる．この大事な問題は，タブローの言葉でいうと，与えられたタブローを，形を指定された2つのタブローの積として何通りに書けるかという数に対する公式を与えることである．これはまた，指定された形の歪タブローで，与えられた整化を持つものの個数に対する公式でもある．この問題を 5.1 節で考察し，リトルウッド・リチャードソン規則の標準的な定式化を 5.2 節で，そして 5.3 節ではその変奏を議論する（このテーマのさらなる変奏については付録 A.3 を参照のこと）．

5.1 歪タブローの間の対応

リトルウッド・リチャードソン規則の鍵となるのは次の事実である．

命題 5.1 RSK 対応によってタブロー対 (P, Q) に対応する辞書式順序配列[1]を $\begin{pmatrix} u_1 & \cdots & u_m \\ v_1 & \cdots & v_m \end{pmatrix}$ とする．T を任意のタブローとして次の行挿入

$$(\cdots((T \leftarrow v_1) \leftarrow v_2) \leftarrow \cdots) \leftarrow v_m$$

を施し，新しい箱の中に $u_1, \ldots, u_m$ を順に配置する．すると数字 $u_1, \ldots, u_m$ が成す歪タブロー S の整化は Q になる．

例えば，2行配列とタブローがそれぞれ $\begin{pmatrix} 1 & 1 & 2 & 2 & 3 \\ 2 & 2 & 1 & 1 & 1 \end{pmatrix}$ と $\begin{array}{|c|c|} \hline 2 & 3 \\ \hline 3 & \\ \hline \end{array}$ のとき，配列の下の行の数字を T にバンプして上行の数字を新しい箱に入れていくと次のよ

---

[1] 訳注：辞書式順序の定義は 4.1 節を参照．

うになる．

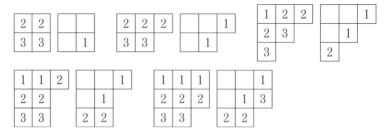

よって $S =$ [tableau] を得る．2 行配列 $\begin{pmatrix} 1 & 1 & 2 & 2 & 3 \\ 2 & 2 & 1 & 1 & 1 \end{pmatrix}$ が対応するのは $P =$ [tableau] と $Q =$ [tableau] から成る対 (P, Q) である．S を整化すると Q になるというのが命題の主張であり，この例では簡単に確認できる．

証明 T と同じ形をした任意のタブロー $T_\circ$ で，S に含まれる数字 u_i より小さい数字（例えば負整数を使う）から成るものをとると，対 $(T, T_\circ)$ はある辞書式順序配列 $\begin{pmatrix} s_1 & \cdots & s_n \\ t_1 & \cdots & t_n \end{pmatrix}$ に対応する．辞書式順序配列 $\begin{pmatrix} s_1 & \cdots & s_n & u_1 & \cdots & u_m \\ t_1 & \cdots & t_n & v_1 & \cdots & v_m \end{pmatrix}$ は対 $(T \cdot P, V)$ に対応する．ただし $T \cdot P$ は T に $v_1, \ldots, v_m$ を順に行挿入した結果であり，したがって V は数字 $s_1, \ldots, s_n$ から成るタブロー $T_\circ$ と，数字 $u_1, \ldots, u_m$ から成る歪タブロー S でできている．

さて，この配列の 2 つの行を入れ替えて辞書式順序に並べ変える．辞書式順序の定義から，$\begin{pmatrix} v_i \\ u_i \end{pmatrix}$ はこの配列に辞書式順序で現れ，その間に $\begin{pmatrix} t_j \\ s_j \end{pmatrix}$ が（これもまた辞書式順序で）組み込まれている．対称性定理から，この配列は $(V, T \cdot P)$ に対応し，$\begin{pmatrix} t_j \\ s_j \end{pmatrix}$ たちを取り除いた配列は (Q, P) に対応する．したがってこの配列の下行にあるワードは $w_{\mathrm{row}}(V)$ とクヌース同値であり，このワードから s_j たちを取り除くと $w_{\mathrm{row}}(Q)$ とクヌース同値なワードを得る．しかしながら，小さいほうから n 番目までの数字を $w_{\mathrm{row}}(V)$ から取り除くと明らかにワード $w_{\mathrm{row}}(S)$ が残る．実際，3.2 節の補題 3.3 で，クヌース同値なワードから n 番目まで小さい数字を取り除いたものはクヌース同値なワードであることを確認した．よって $w_{\mathrm{row}}(S)$ は $w_{\mathrm{row}}(Q)$ とクヌース同値であり，これは S の整化が Q

であることを意味する.   □

　三つの分割（ヤング図形）λ, μ, ν を固定し，それぞれの箱の数を n, m, r とする．形 ν のタブロー V を，形 λ のタブロー T と形 μ のタブロー U の積 $T \cdot U$ として書く方法が何通りあるかを知りたい（$r = n + m$ で ν が λ を含まない限り，この場合の数がゼロになるのは明白であろう）．μ が1行または1列だけから成る特別な場合は本質的に行挿入アルゴリズムの翻訳に過ぎず，第2章で議論した通りである．一般の場合はもっと複雑になりそうである．しかし上の特別な場合から見出せるある性質は一般の場合にも通用する．すなわち，与えられたタブローを2つのタブローの積で何通りに書けるかはタブローの形のみに依存し，タブローの中身によらない．1.2節で紹介した2つのタブローの積を作る方法を用いると，V を積で表すやり方の総数は，次の形の歪タブローであってその整化が V になるものの個数と同じであることがわかる.

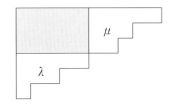

この歪ヤング図形を $\lambda * \mu$ と表す．意外なことに，この数は形 ν/λ を持つ歪タブローであってその整化が形 μ の与えられたタブローになるものの数でもある．このことはこれから確かめる．

　形 μ の任意のタブロー $U_\circ$ に対し，

$$\mathcal{S}(\nu/\lambda, U_\circ) = \{\nu/\lambda \text{ 上の歪タブロー } S : \text{Rect}(S) = U_\circ\}$$

とおく．形 ν の任意のタブロー $V_\circ$ に対し，

$$\mathcal{T}(\lambda, \mu, V_\circ) = \{[T, U] : T \text{ は } \lambda \text{ 上のタブロー},$$
$$U \text{ は } \mu \text{ 上のタブロー, かつ } T \cdot U = V_\circ\}$$

とおく[2].

命題 5.2 μ 上の任意のタブロー $U_\circ$ と ν 上の任意のタブロー $V_\circ$ に対し，標準的な一対一対応がある：

---

[2] 原注：(P, Q) という表記は同じ形のタブロー対についての RSK 対応を表すのに使っているので，今の新しい対応については別の表記 $[T, U]$ を使う．

$$T(\lambda, \mu, V_\circ) \longleftrightarrow S(\nu/\lambda, U_\circ).$$

証明 $T(\lambda, \mu, V_\circ)$ の与えられた元 $[T, U]$ に対し，対 $(U, U_\circ)$ に対応する辞書式順序配列

$$(U, U_\circ) \longleftrightarrow \begin{pmatrix} u_1 & \cdots & u_m \\ v_1 & \cdots & v_m \end{pmatrix}$$

を考える．T に $v_1, \ldots, v_m$ を続けて行挿入し，新しい箱に $u_1, \ldots, u_m$ を続けて入れて得られる歪タブローを S とする．$T \cdot U = T \leftarrow v_1 \leftarrow \cdots \leftarrow v_m = V_\circ$ の形は ν なので，命題 5.1 から，まさに S が $S(\nu/\lambda, U_\circ)$ の元であることがわかる．

逆に，$S(\nu/\lambda, U_\circ)$ の元 S から始めて，λ 上のタブロー $T_\circ$ ですべての数字が S のどの数字よりも小さいものを任意に選ぶ．ν 上のタブローで，λ 上では単に $T_\circ$，ν/λ 上では S になっているものを $(T_\circ)_S$ とする．RSK 対応を用いると，形 ν のタブロー対 $(V_\circ, (T_\circ)_S)$ は唯一の辞書式順序配列に対応する．

$$(V_\circ, (T_\circ)_S) \longleftrightarrow \begin{pmatrix} t_1 & \cdots & t_n & u_1 & \cdots & u_m \\ x_1 & \cdots & x_n & v_1 & \cdots & v_m \end{pmatrix}. \tag{5.1}$$

この配列を二分して，それぞれに対応するタブロー対を考える．主張は，形 λ と μ のタブロー T と U で $T \cdot U = V_\circ$ を満たすものについて

$$\begin{pmatrix} t_1 & \cdots & t_n \\ x_1 & \cdots & x_n \end{pmatrix} \longleftrightarrow (T, T_\circ) \tag{5.2}$$

かつ

$$\begin{pmatrix} u_1 & \cdots & u_m \\ v_1 & \cdots & v_m \end{pmatrix} \longleftrightarrow (U, U_\circ) \tag{5.3}$$

が成り立つことである．実際，タブローの積を行挿入で作る方法から $T \cdot U = V_\circ$ がわかるので，このことから式 (5.2) の 2 番目のタブローは $T_\circ$ であることが示される．式 (5.3) の 2 番目のタブローが $U_\circ$ となることは命題 5.1 の内容そのものである．こうして $T(\lambda, \mu, V_\circ)$ の元である対 $[T, U]$ が得られる．2 つの構成法は明らかに互いの逆になっている． □

命題 5.2 の対応では，どちらの集合も他方を定義するのに使っているタブロー

によらないので，次の系を得る．

系 5.3 集合 $S(\nu/\lambda, U_\circ)$ と $T(\lambda, \mu, V_\circ)$ の元の個数は $U_\circ$ または $V_\circ$ の選び方によらず，形 λ, μ と ν のみに依存する．

この系に登場する数を今後 $c_{\lambda\mu}^\nu$ と書き，**リトルウッド・リチャードソン数** (Littlewood-Richardson number) と呼ぶ．

系 5.4 次の5つの集合の元の個数はすべて $c_{\lambda\mu}^\nu$ である．
 (i) λ 上の任意のタブロー $T_\circ$ に対する $S(\nu/\mu, T_\circ)$,
 (ii) ν 上の任意のタブロー $V_\circ$ に対する $T(\mu, \lambda, V_\circ)$,
 (iii) 共役な形 $\tilde{\mu}$ 上の任意のタブロー $\widetilde{U}_\circ$ に対する $S(\tilde{\nu}/\tilde{\lambda}, \widetilde{U}_\circ)$,
 (iv) 共役な形 $\tilde{\nu}$ 上の任意のタブロー $\widetilde{V}_\circ$ に対する $T(\tilde{\lambda}, \tilde{\mu}, \widetilde{V}_\circ)$,
 (v) ν 上の任意のタブロー $V_\circ$ に対する $S(\lambda * \mu, V_\circ)$.

証明 命題 5.2 の前の議論から $S(\lambda * \mu, V_\circ)$ が $T(\lambda, \mu, V_\circ)$ に対応することがわかり，(v) が示される．$U_\circ$ を μ 上の標準タブローにとると，$S(\nu/\lambda, U_\circ)$ と $S(\tilde{\nu}/\tilde{\lambda}, U_\circ^\tau)$ との間に転置をとることによる明らかな全単射がある．よって (iii) の元の個数は $c_{\lambda\mu}^\nu$ である．命題 5.2 により，(iii) と (iv) の元の個数は同じである．$\lambda * \mu$ と共役なヤング図形は $\tilde{\mu} * \tilde{\lambda}$ なので，$\tilde{\nu}$ 上の任意のタブロー $\widetilde{V}_\circ$ に対して $S(\tilde{\mu} * \tilde{\lambda}, \widetilde{V}_\circ)$ の元の個数は $c_{\lambda\mu}^\nu$ である．$\tilde{\mu}$ と $\tilde{\lambda}$ について今証明したことを応用すると，この元の個数は $T(\tilde{\mu}, \tilde{\lambda}, \widetilde{V}_\circ)$ や $T(\mu, \lambda, V_\circ)$ と同じなので，(ii) の元の個数が $c_{\lambda\mu}^\nu$ となることが証明される．最後に，命題 5.2 より (i) と (ii) の元の個数は同じである． □

特に，$c_{\mu\lambda}^\nu = c_{\tilde{\lambda}\tilde{\mu}}^{\tilde{\nu}} = c_{\lambda\mu}^\nu$ が成り立つ．$|\lambda| + |\mu| = |\nu|$ かつ ν が λ と μ を含まない限り $c_{\lambda\mu}^\nu = 0$ であることに注意しよう．この数のいくつかがゼロであることは，系 5.4 を使うとすぐわかる．例えば，$\lambda = (2,2)$, $\mu = (3,2)$, $\nu = (3,3,3)$ のとき，ν の形は $\lambda * \mu$ からはみ出しているのでこの系の (v) から $c_{\lambda\mu}^\nu = 0$ である．

これから $S_\lambda = S_\lambda[m]$ の積に関する公式が導出される．ただし S_λ は，形 λ のタブローすべての和をタブロー環 $R_{[m]}$ 内でとったものである．

系 5.5 先に定義した整数 $c_{\lambda\mu}^\nu$ を用いると，タブロー環 $R_{[m]}$ 内で等式

$$S_\lambda \cdot S_\mu = \sum_\nu c_{\lambda\mu}^\nu S_\nu$$

が成り立つ．

形 ν のタブロー V それぞれが，形 λ のタブローと形 μ のタブローの積で $c_{\lambda\mu}^{\nu}$ 通りに書ける，ということがまさにこの系の主張である．等式 $c_{\lambda\mu}^{\nu} = c_{\mu\lambda}^{\nu}$ は，λ がすべての分割を動くとき S_λ で生成される $R_{[m]}$ の部分環が可換であることを意味する．同様に，T が文字 $[m]$ 上の歪タブローで形 ν/λ のものすべてを動くとき $R_{[m]}$ の元 $S_{\nu/\lambda} = S_{\nu/\lambda}[m]$ を定義する．形 ν/λ の歪タブローを整化すると，形 μ のタブローそれぞれがぴったり $c_{\lambda\mu}^{\nu}$ 回ずつ出てくるという事実は，次の系につながる（次章では，これに対応するシューア多項式間の等式を議論する）．

系 5.6 先ほど定義した整数 $c_{\lambda\mu}^{\nu}$ を用いると，タブロー環 $R_{[m]}$ 内の等式

$$S_{\nu/\lambda} = \sum_{\mu} c_{\lambda\mu}^{\nu} S_\mu$$

が成り立つ．

5.2 逆格子ワード

ワード $w = x_1 \cdots x_r$ について，最後から逆向きにどの文字まで読んでも数列 $x_r, x_{r-1}, \ldots, x_s$ に含まれる 1 の個数が 2 の個数以上，2 の個数が 3 の個数以上，という具合にすべての正整数について成り立つとき，この w を**逆格子ワード**，またときには**山内ワード**[3]と呼ぶ．例えば 2132121 は逆格子ワードだが，1232121 は違う．なぜならこのワードの最後から 6 つの数字に含まれる 2 の個数は 1 の個数よりも多いからである．歪タブロー T について，そのワード $w_{\mathrm{row}}(T)$ が逆格子ワードになっているとき，T を**リトルウッド・リチャードソン歪タブロー**と呼ぼう．例えば，歪ヤング図形 $(5, 4, 3, 2)/(3, 3, 1)$ の形をしたすべてのリトルウッド・リチャードソン歪タブローが次のようになることは地道にやればわかる：

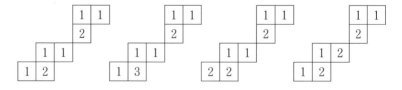

---
[3] 訳注：山内恭彦（1902〜1986）のこと．

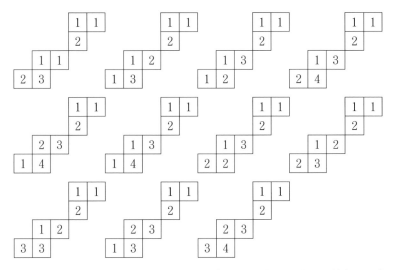

歪タブローが μ_1 個の 1, μ_2 個の 2, という風に μ_ℓ 個の ℓ までの数字から成るとき，この歪タブローの**中身**が $\mu = (\mu_1, \ldots, \mu_\ell)$ であるという．この μ は**タイプ**とか**重み**と呼ばれることもある．この節では（リトルウッド・リチャードソン歪タブローを考えるので）大抵の場合 μ は分割である．

命題 5.7 数 $c_{\lambda\mu}^{\nu}$ は，形が ν/λ で中身が μ のリトルウッド・リチャードソン歪タブローの数に等しい．

上の例では $\nu = (5, 4, 3, 2)$ と $\lambda = (3, 3, 1)$ を固定したが，この場合は μ を動かすと次のような数 $c_{\lambda\mu}^{\nu}$ が得られる．

$\mu = (5, 2), (5, 1, 1), (4, 1, 1, 1), (2, 2, 2, 1)$ のとき　1

$\mu = (4, 3), (3, 2, 1, 1), (3, 3, 1), (3, 2, 2)$ のとき　2

$\mu = (4, 2, 1)$ のとき　3

その他すべての μ のとき　0

このことから次の分解が得られる．

$$S_{(5,4,3,2)/(3,3,1)} = S_{(5,2)} + S_{(5,1,1)} + S_{(4,1,1,1)} + S_{(2,2,2,1)} + 2S_{(4,3)}$$
$$+ 2S_{(3,2,1,1)} + 2S_{(3,3,1)} + 2S_{(3,2,2)} + 3S_{(4,2,1)}$$

これらのリトルウッド・リチャードソン歪タブローの整化を計算してみると命

題 5.7 が成り立つ理由はすぐに見出せる．実際，各々について，整化した結果は i 行目の中身がすべて文字 i から成るタブローとなる．任意の分割 μ に対し，μ 上のタブローで，どの i についても i 行目の文字がすべて i であるようなものを $U(\mu)$ とする．

$$\mu = (4, 4, 3, 2) \text{ のときは } U(\mu) = \begin{array}{|c|c|c|c|} \hline 1 & 1 & 1 & 1 \\ \hline 2 & 2 & 2 & 2 \\ \hline 3 & 3 & 3 \\ \cline{1-3} 4 & 4 \\ \cline{1-2} \end{array}.$$

命題 5.2 の観点から命題 5.7 を証明するには，次の補題を示せば十分である．

補題 5.8 歪タブロー S が中身 μ のリトルウッド・リチャードソン歪タブローであるためには，その整化がタブロー $U(\mu)$ になることが必要十分である．

証明 まず，歪タブローがタブローである簡単な場合を考える．このとき補題がいっているのは，与えられたヤング図形上のタブローでそのワードが逆格子ワードになるのはタブローの 1 行目が 1 から成り，2 行目が 2 から成る，などが成り立つもののみ，ということである．このことは次のような議論からすぐにわかる．ワードが逆格子ワードのとき 1 行目の最後の数字は 1 でなくてはならず，よってタブローになるために 1 行目の数字はすべて 1 である．2 行目の最後の数字は，タブローになるために 1 より大きく，さらにワードが逆格子ワードになるためには 2 でなくてはならない．結局タブローを得るために 2 行目はすべて 2 にならざるを得ない，等々，行ごとに示される．

証明を終えるには，歪タブローがリトルウッド・リチャードソン歪タブローであるためにはその整化がリトルウッド・リチャードソンタブローであることが必要十分であることを示せばよい．整化の手続きはワードのクヌース同値類を保つので，このことは次の補題から直ちに従う． □

補題 5.9 w と w' がクヌース同値なワードのとき，w が逆格子ワードであるのは，w' も逆格子ワードであるときかつそのときに限る．

証明 この証明も一本道である．次のような基本クヌース変換を考える．

$$w = uxzyv \mapsto uzxyv = w' \quad \text{ただし } x \leq y < z.$$

右から左に読んだとき，連続する整数 k と $k+1$ の個数に起こり得る変化を考える必要がある．$x < y < z$ のときは変化はなく，確認する必要があるのは

$x = y = k$ かつ $z = k+1$ のときである．変換前後のどちらかは逆格子ワードなので，v に含まれる k の個数は v に含まれる $k+1$ の個数以上でなくてはならない．この場合，$xzyv$ と $zxyv$ のどちらも逆格子ワードなので，この変換では主張が従う．基本クヌース変換

$$w = uyxzv \mapsto uyzxv = w' \quad \text{ただし } x < y \leq z$$

を考えると，これも $x = k$ かつ $y = z = k+1$ だけが非自明な場合である．今回は v に含まれる k の個数が $k+1$ の個数より真に多くなければ w と w' のどちらも逆格子ワードにならず，真に多いときは $yxzv$ と $yzxv$ の両方のワードに含まれる k の個数は $k+1$ の個数以上になる． □

補題 5.9 と 2.3 節より，リトルウッド・リチャードソン歪タブローの定義では行ワードの代わりに列ワードを使ってもよいことがわかる．

演習問題 26 ν_1 個の 1，ν_2 個の 2，…，から成り $t \cdot u$ の形をした逆格子ワードの個数が $c_{\lambda\mu}^{\nu}$ であることを示せ．ただし t と u はそれぞれ形 μ と λ のタブローのワードとする．

演習問題 27 λ と μ を分割とし，すべての i について $\nu_i = \mu_i + \lambda_i$ とする．$c_{\lambda\mu}^{\nu} = 1$ を証明せよ．

演習問題 28 形 λ を持つタブロー T で $T \cdot U(\mu) = U(\nu)$ なるものの個数が $c_{\lambda\mu}^{\nu}$ であることを示せ．

タブロー環 $R_{[k]}$ から多項式環 $\mathbb{Z}[x_1, \ldots, x_k]$ への準同型を適用すると，系 5.5 から等式

$$s_\lambda(x_1, \ldots, x_k) \cdot s_\mu(x_1, \ldots, x_k) = \sum_\nu c_{\lambda\mu}^\nu s_\nu(x_1, \ldots, x_k) \tag{5.4}$$

を得る．例えば，リトルウッド・リチャードソン規則を用いると次式がわかる．

$$s_{(2,1)} \cdot s_{(2,1)} = s_{(4,2)} + s_{(4,1,1)} + s_{(3,3)} + 2s_{(3,2,1)}$$
$$+ s_{(3,1,1,1)} + s_{(2,2,2)} + s_{(2,2,1,1)}.$$

同じ準同型を用いて $S_{\nu/\lambda}[k]$ の像を $s_{\nu/\lambda}(x_1, \ldots, x_k)$ と定義すると，系 5.6 は次式を意味する．

$$s_{\nu/\lambda}(x_1, \ldots, x_k) = \sum_\mu c_{\lambda\mu}^\nu s_\mu(x_1, \ldots, x_k).$$

演習問題 29 変数 $x_1, \ldots, x_k, y_1, \ldots, y_\ell$ と任意の分割 ν に対し，次の等式を証明せよ．

$$s_\nu(x_1, \ldots, x_k, y_1, \ldots, y_\ell) = \sum_{\lambda \subset \nu} s_\lambda(x_1, \ldots, x_k) s_{\nu/\lambda}(y_1, \ldots, y_\ell)$$
$$= \sum_{\lambda, \mu} c^\nu_{\lambda\mu} s_\lambda(x_1, \ldots, x_k) s_\mu(y_1, \ldots, y_\ell).$$

タブロー環内の等式 $S_\lambda \cdot S_\mu = \sum_\nu c^\nu_{\lambda\mu} S_\nu$ の存在は，要素 S_λ たちの 1 次結合がタブロー環の部分環を成すことを意味し，この部分環は写像 $T \mapsto x^T$ によって対称多項式環へ同型に写る（ここではシューア多項式が対称多項式の基底であることを用いている．このことは 6.1 節で正当化される）．

演習問題 30 ν/λ 上の歪タブローで中身が $(1, \ldots, 1)$ なるものの個数は $\sum_\mu c^\nu_{\lambda\mu} f^\mu$ であることを証明せよ．

演習問題 31 与えられた $n-1$ 個の $+$ または $-$ の列 s に対し，ひと続きにつながった n 個の箱を $+$ 記号で右，$-$ 記号で上に動かしながら第 1 列から始まり第 1 行で終わるように並べた歪ヤング図形 $\nu(s)/\lambda(s)$ を作る．例えば，列 $+ + - + - + +$ が対応するのは次の歪ヤング図形である．

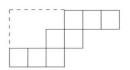

(a) 与えられた上下列 s を持つ置換[4]の個数と，$\nu(s)/\lambda(s)$ 上の中身が $(1, \ldots, 1)$ の歪タブローの個数，つまり $\sum_\mu c^\nu_{\lambda\mu} f^\mu$ とが等しいことを示せ．(b) 与えられた上下列 s を持つ置換でその逆が上下列 t を持つものの個数は $\sum_\mu c^{\nu(s)}_{\lambda(s)\mu} c^{\nu(t)}_{\lambda(t)\mu}$ であることを示せ．(c) 一例として，上下列 $- + + - + - +$ を持つ置換は 917 個であり，その中の 16 個の逆が上下列 $+ - + - - + -$ を持つことを，(b) を用いて示せ．

5.3 リトルウッド・リチャードソン数に対する他の公式

数 $c^\nu_{\lambda\mu}$ を記述する方法は他にもいくつかある．この本の残りの部分では必要

---

[4] 訳注:「置換の上下列」は 4.3 節の演習問題 25 で定義されている．

5.3 リトルウッド・リチャードソン数に対する他の公式

ないのだが，先ほどの議論から簡単に導入できるのでこの節にのせておく．まず逆格子ワードと標準タブローとの間に標準的な一対一対応があることを説明しよう．この対応を作るには，与えられた逆格子ワード $w = x_r \cdots x_1$ に対し $p = 1, \ldots, r$ について数字 p を標準タブローの x_p 行目に入れる．こうして得られる標準タブローを $U(w)$ と書く．例えば，逆格子ワード 1123121 が対応する標準タブローは

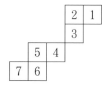

である．ワードが逆格子である性質は，各々の s についてワードの最後から s 個の数字が入った箱がヤング図形になるという事実につながる．μ_k をワードに含まれる k の個数とすると，タブロー $U(w)$ の形は μ である．

与えられた形 ν/λ について，各行の箱に右から左へ番号を付けながら上から下へと進む．これを歪ヤング図形の**逆数字付け**（reverse numbering）と呼ぶ．例えば，$(5, 4, 3, 2)/(3, 3, 1)$ の逆数字付けは

$$
\begin{array}{ccccc}
 & & & 2 & 1 \\
 & & & 3 & \\
 & 5 & 4 & & \\
7 & 6 & & &
\end{array}
$$

となる．リトルウッド・リチャードソン数は，[Remmel and Whitney (1984)] では次のように表される．

命題 5.10 数 $c_{\lambda\mu}^{\nu}$ は，形 μ 上の標準タブロー U で次の 2 つの性質を満たすものの個数である．

(i) ν/λ の逆数字付けにおいて $k-1$ と k が同じ行にあるとき，U では k が $k-1$ の弱く上かつ真に右にある．

(ii) ν/λ の逆数字付けにおいて k が j のすぐ下にあるとき，U では k は j の真に下，かつ弱く左にある．

第5章 リトルウッド・リチャードソン規則

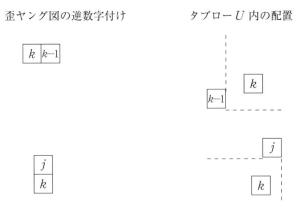

歪ヤング図の逆数字付け　　　　　タブロー U 内の配置

証明　ν/λ 上の各リトルウッド・リチャードソン歪タブロー S に対し，逆格子ワード $w(S) = x_r \cdots x_1$ があり，そして標準タブロー $U(w(S))$ がある．S が歪タブローという事実から，まさに $U(w(S))$ が条件 (i) と (ii) を満たすことがわかる．実際，$k-1$ と k が逆数字付けの同じ行にあるとき，S は歪タブローなので $x_k \le x_{k-1}$ でなければならず，このことから k は U の行と同じかまたは上の行に入るという条件が得られる．さらに，k は $k-1$ の後に U に入るので，$k-1$ の弱く上ならば自動的に $k-1$ より右になる．同様に，逆数字付けで j が k のすぐ上にあるとき，タブローの条件から $x_j < x_k$ なので，U の中で k は j より下の行（そしてその結果弱く左の列）に入る．　　　□

与えられた歪ヤング図形に対し，命題 5.10 の 2 つの性質 (i) と (ii) を満たすすべてのタブローを帰納的に構成するには，左上隅の 1 から始めてそれを成長させる方法を決めるのに 2 つの性質を使えばよい．$\nu/\lambda = (5, 4, 3, 2)/(3, 3, 1)$ となっている上の例では，2 は 1 の右，3 はその 2 の下になければならないので，どのタブローも初めの 3 つの数字は $\begin{array}{|c|c|}\hline 1 & 2 \\\hline 3 & \\\hline\end{array}$ となっていなければいけない．次の 4 は次の 3 つの可能な位置のどれでもよく，

そして次の 5 は 4 の右になければならない，等々となる．

5.3 リトルウッド・リチャードソン数に対する他の公式

演習問題 32 この手続きを続行し，命題 5.10 の条件を満たす 15 通りの可能なタブローを計算せよ．

5.1 節の系 5.4(v) と組み合わせると，命題 5.10 からリトルウッド・リチャードソン数の別の表し方が得られ [Chen, Garsia and Remmel (1984)]．それは $c_{\lambda\mu}^\nu$ は ν 上の標準タブローでその中身が $\lambda * \mu$ について命題 5.10 の条件を満たすものの個数である．

2 つの歪ヤング図形の間の **ピクチャー** (picture) という概念が [Zelevinsky (1981)] で定義された．それは歪ヤング図形の箱の間の全単射で，一方の図形において箱 A が箱 B の弱く上かつ弱く左のとき，他方の図形で対応する箱 A' と B' はその逆数字付けの順番になっている，という対応である．

系 5.11 リトルウッド・リチャードソン数 $c_{\lambda\mu}^\nu$ は μ と ν/λ の間のピクチャーの個数である．

証明 ν/λ の対応する箱が逆数字付けになるように μ の箱を数字付けすることによって全単射が得られる．μ から ν/λ への写像が左上から右下への順序を逆数字付けに写すという条件は，μ の数字付けがタブローのものになっていることを意味する．ν/λ から μ への逆写像に対する同様な条件は，μ 上のタブローに対する命題 5.10 の条件そのものである． □

演習問題 33 ワード $v_1 \cdots v_{2n}$ が n 個の 1 と n 個の 2 から成る逆格子ワードになるような列 $v_1, \ldots, v_{2n}$ の個数が数 $f^{(n,n)}$，つまり $(2n)!/(n+1)!n!$ であることを証明せよ（これは n 個の節を持つ二分木 (binary tree) の個数である）．

演習問題 34 T が形 (n,n) の標準タブローのとき，T の小さいほうから n 個の中身の箱から成る部分タブローを P とし，その残りの歪タブローを S とする．S を 180 度回転させ，$n+i$ を $n+1-i$ で置き換えて得られる標準タブローを Q とする．このような対 (P,Q) はどれもこの方法で一意的に得られることを示せ．S_n の中の置換 σ で長さ 3 の減少列（$i<j<k$ のとき $\sigma(i)>\sigma(j)>\sigma(k)$）を含まないものの個数が $(2n)!/(n+1)!n!$ であることを導け．

演習問題 35 (a) $\lambda \leq \nu$ と $r = (r_1, \ldots, r_p)$ が与えられたとき，形が ν/λ で中身が r の歪タブローの個数が $\sum_\mu K_{\mu r} c_{\lambda\mu}^\nu$ であることを証明せよ．特に，この数は $r_1, \ldots, r_p$ の順序によらない．(b) $r = (r_1, \ldots, r_p)$

と $s = (s_1, \ldots, s_q)$ に対し，$K_{\nu(r,s)} = \sum_{\lambda,\mu} K_{\lambda r} K_{\mu s} c_{\lambda\mu}^{\nu}$ を示せ．ただし $(r,s) = (r_1, \ldots, r_p, s_1, \ldots, s_q)$ である．

演習問題 36 $\mathcal{A}$ と $\mathcal{B}$ はアルファベットで，$\mathcal{A}$ のすべての文字は $\mathcal{B}$ のすべての文字より小さいものとする．アルファベット $\mathcal{A} \cup \mathcal{B}$ 上のワード w が $\mathcal{A}$ 上のワード u と $\mathcal{B}$ 上のワード v の**シャッフル**であるとは，u が w から $\mathcal{B}$ の文字を取り除いて得られ，そして v が w から $\mathcal{A}$ の文字を取り除いて得られることである．

$\mathcal{A}$ 上と $\mathcal{B}$ 上のワード $u_\circ$ と $v_\circ$ をそれぞれ固定する．形が ν のタブローになるワードで，しかもそれが $u \equiv u_\circ$ かつ $v \equiv v_\circ$ なるワード u と v のシャッフルであるものの個数が $c_{\lambda\mu}^{\nu} f^{\nu}$ となることを示せ．ただし λ と μ はタブロー $P(u_\circ)$ と $P(v_\circ)$ の形である．

第6章 対称多項式

6.1 節では，対称群の表現を研究する際に必要な対称多項式に関連する事実を述べる．その中にはシューア多項式を他の自然な対称多項式の基底で表す式も登場する．シューア多項式に関するヤコビ・トゥルーディ公式（Jacobi-Trudi formula）の証明も概説する．6.2 節では，多項式の変数の数を任意に増やせるようになり，ヤコビ・トゥルーディ公式は「対称関数」の環の中の等式になる．対称関数の詳しい解説は [Macdonald (1979)] を参照されたい．

6.1 対称多項式

まず初めに，正整数 m を固定して m 変数の多項式 $f(x) = f(x_1, \ldots, x_m)$ を考えよう．各分割 $\lambda = (\lambda_1 \geq \cdots \geq \lambda_k)$ に対し，シューア多項式 $s_\lambda(x) = s_\lambda(x_1, \ldots, x_m)$ と多項式

$$h_\lambda(x) = h_{\lambda_1}(x) \cdots h_{\lambda_k}(x), \tag{6.1}$$

$$e_\lambda(x) = e_{\lambda_1}(x) \cdots e_{\lambda_k}(x) \tag{6.2}$$

がある．ただし $h_p(x)$ と $e_p(x)$ はそれぞれ変数 $x_1, \ldots, x_m$ の p 次**完全対称多項式**と p 次**基本対称多項式**である．**単項式対称多項式** $m_\lambda(x)$ も必要になるが，それは $x_1^{\lambda_1} \cdots x_m^{\lambda_m}$ からすべての変数を置換して得られるすべての異なる単項式の和で，$i > m$ については $\lambda_i = 0$ として定義される．

シューア多項式 $s_\lambda(x_1, \ldots, x_m)$ が対称であることは既に確かめた．次に確かめるのは，λ が n を高々 m 個に分ける分割を動くとき，対応するシューア多項式たちが変数 $x_1, \ldots, x_m$ の n 次対称多項式の（$\mathbb{Z}$ 上の）基底を成すという事実である．

命題 6.1 次の集合は m 変数 n 次対称多項式の $\mathbb{Z}$ 上の基底である.
 (i) $\{m_\lambda(x) : \lambda$ は n の分割で高々 m 行のもの $\}$;
 (ii) $\{s_\lambda(x) : \lambda$ は n の分割で高々 m 行のもの $\}$;
 (iii) $\{e_\lambda(x) : \lambda$ は n の分割で高々 m 列のもの $\}$;
 (iv) $\{h_\lambda(x) : \lambda$ は n の分割で高々 m 列のもの $\}$;
 (v) $\{h_\lambda(x) : \lambda$ は n の分割で高々 m 行のもの $\}$.

証明 (i) の証明は,対称多項式の基底に関する標準的な議論である.対称多項式が1つ与えられたとき,ゼロでない係数 a を持つ項 $x^\lambda = x_1^{\lambda_1} \cdots x_m^{\lambda_m}$ を含み,しかも $\lambda = (\lambda_1, \ldots, \lambda_m)$ は m 組の辞書式順序で最大とする.対称性からこの λ は分割にとれ,$a \cdot m_\lambda(x)$ をこの多項式から除くと辞書式順序に関してより小さな対称多項式が得られる.これを繰り返すと,もとの対称多項式が $m_\lambda(x)$ たちの線形結合として書ける.なぜならば,もし $\sum_\lambda a_\lambda m_\lambda = 0$ で λ が $a_\lambda \neq 0$ なる最大の分割とすると,x^λ の $\sum_\lambda a_\lambda m_\lambda$ における係数は a_λ であり,矛盾が生じるからである.

(i)-(v) の集合はどれも同じ元の個数を持つので,各集合が m 変数の n 次斉次多項式の集合を張ることを示せば十分である.x^λ は $s_\lambda(x)$ に現れる先頭の単項式なので,(ii) の $s_\lambda(x)$ についての証明は $m_\lambda(x)$ の場合の証明と同じである.同様に,$e_\lambda(x)$ の先頭の単項式は x^μ,ただし μ は λ と共役な分割である,という事実から (iii) が従う.

(iv) と (iii) の集合が同じ空間を張ることを見るには $\mathbb{Z}[h_1(x), \ldots, h_m(x)] = \mathbb{Z}[e_1(x), \ldots, e_m(x)]$ を示せばよい.これは次の等式から従う.
$$h_k(x) - e_1(x)h_{k-1}(x) + e_2(x)h_{k-2}(x) - \cdots + (-1)^k e_k(x) = 0.$$
ただしこの式は次式を t で展開することによって順に得られる.
$$\left(\sum h_p(x) t^p\right) \cdot \left(\sum (-1)^q e_q(x) t^q\right) = \prod_{i=1}^m \frac{1}{1-x_i t} \cdot \prod_{j=1}^m (1-x_j t) = 1.$$
後で登場する式 (6.6) から,(v) の $h_\lambda(x)$ たちが (ii) の $s_\lambda(x)$ と同じ空間を張ることがわかる. □

$\mathbb{Z}$ を任意の可換な基礎環(commutative ground ring)で置き換えても同じ証明で同様のことが成り立つ.有理係数を許すと,計算するのにとりわけ便利な,ニュートンのべき和とよばれているもうひとつの基底がある.
$$p_\lambda(x) = p_{\lambda_1}(x) \cdots p_{\lambda_k}(x), \quad p_r(x) = x_1^r + \cdots + x_m^r. \tag{6.3}$$

次の演習問題は後で必要となる.

演習問題 37 次の等式を証明せよ.
$$ne_n(x) - p_1(x)e_{n-1}(x) + p_2(x)e_{n-2}(x) - \cdots + (-1)^n p_n(x) = 0;$$
$$nh_n(x) - p_1(x)h_{n-1}(x) - p_2(x)h_{n-2}(x) - \cdots - p_n(x) = 0.$$

任意の分割 λ に対し,整数 $z(\lambda)$ を
$$z(\lambda) = \prod_r r^{m_r} \cdot m_r! \tag{6.4}$$
と定義する.ただし m_r は λ に現れる r の回数とする.

補題 6.2 任意の正整数 m と n に対し次式が成り立つ.
$$h_n(x_1, \ldots, x_m) = \sum_{\lambda \vdash n} \frac{1}{z(\lambda)} p_\lambda(x_1, \ldots, x_m).$$

証明 この式は次のような形式的べき級数の等式から得られる.

$$\sum_{n=0}^{\infty} h_n(x)t^n = \prod_{i=1}^{m} \frac{1}{1-x_i t} = \prod_{i=1}^{m} \exp(-\log(1-x_i t))$$
$$= \prod_{i=1}^{m} \exp\left(\sum_{r=1}^{\infty} \frac{(x_i t)^r}{r}\right) = \exp\left(\sum_{r=1}^{\infty} \sum_{i=1}^{m} \frac{(x_i t)^r}{r}\right)$$
$$= \exp\left(\sum_{r=1}^{\infty} \frac{p_r(x)t^r}{r}\right) = \prod_{r=1}^{\infty} \exp\left(\frac{p_r(x)t^r}{r}\right)$$
$$= \prod_{r=1}^{\infty} \sum_{m_r=0}^{\infty} \frac{(p_r(x)t^r)^{m_r}}{m_r! \cdot r^{m_r}} = \sum_\lambda \frac{1}{z(\lambda)} p_\lambda(x) t^{|\lambda|}.$$

□

命題 6.3 べき級数 $\prod_{i=1}^{m} \prod_{j=1}^{\ell} \frac{1}{1-x_i y_j}$ は以下の和のそれぞれと等しい.ただし和はすべての分割 λ についてとるものとする.

(i) $\sum_\lambda h_\lambda(x_1, \ldots, x_m) m_\lambda(y_1, \ldots, y_\ell);$

(ii) $\sum_\lambda \frac{1}{z(\lambda)} p_\lambda(x_1, \ldots, x_m) p_\lambda(y_1, \ldots, y_\ell);$

(iii) $\sum_\lambda s_\lambda(x_1, \ldots, x_m) s_\lambda(y_1, \ldots, y_\ell).$

証明 このべき級数は $\prod_j \left(\sum_n h_n(x) y_j^n\right)$ に等しく,このことから (i) がわかる. (ii) は補題 6.2 を $m\ell$ 個の変数 $x_i y_j$ に適用すると得られる. (iii) は 4.3 節のコ

ーシー公式 (4.3) である. □

2.2 節では，完全対称多項式と基本対称多項式がシューア多項式によって次のような式で表されることを確認した．

$$h_\mu(x) = \sum_\lambda K_{\lambda\mu} s_\lambda(x), \quad e_\mu(x) = \sum_\lambda K_{\bar\lambda\mu} s_\lambda(x). \tag{6.5}$$

現れる係数はコストカ数といい，上三角な基底変換を与えている．そしてこれらの式を解くと，シューア多項式を他の基底で表すことができる．実際，これらの式は行列式公式の形でコンパクトに表せる．$\lambda = (\lambda_1 \geq \cdots \geq \lambda_k \geq 0)$ のときは

$$s_\lambda(x) = \det(h_{\lambda_i+j-i}(x))_{1\leq i,j \leq k}. \tag{6.6}$$

となる．右辺は，対角要素が $h_{\lambda_1}(x), h_{\lambda_2}(x), \ldots, h_{\lambda_k}(x)$ で，対角の右に進むと添え字が増え，左に進むと添え字が減るような（ただし $p < 0$ のときは $h_p(x) = 0$) 行列の行列式である．これと双対な式は

$$s_\lambda(x) = \det(e_{\mu_i+j-i}(x))_{1\leq i,j \leq \ell} \tag{6.7}$$

である．ただし $\mu = (\mu_1 \geq \cdots \geq \mu_\ell \geq 0)$ は λ と共役な分割である．

次のヤコビ・トゥルーディ公式はシューア多項式のもともとの定義式であった．

$$s_\lambda(x_1, \ldots, x_m) = \frac{\det((x_j)^{\lambda_i+m-i})_{1\leq i,j\leq m}}{\det((x_j)^{m-i})_{1\leq i,j\leq m}}. \tag{6.8}$$

この式の分母はファンデルモンド行列式 $\prod_{1\leq i,j\leq m}(x_i - x_j)$ である．ヤコビは式 (6.8) の右辺が式 (6.6) の右辺と等しいことを証明した[1]．

これらの 3 つの公式にタブロー論的な証明を与えることができる．[Sagan (1991)]，[Proctor (1989)] 等の文献を参照されたい．次の演習問題から短い代数的証明の概略がわかる．[Macdonald (1979)] を参照のこと．これらの公式は計算上便利だが，この本の残りを読むのに不可欠というわけではない．

演習問題 38 t_λ を式 (6.8) の右辺とする．これらの関数が「ピエリ公式」

$$h_p(x) \cdot t_\lambda = \sum_\nu t_\nu \tag{6.9}$$

を満たすという事実から (6.8) を証明せよ．ただし ν は，λ に p 個の箱をどの

---

[1] 訳注：タブローの和または式 (6.8) の右辺によって定義された多項式が式 (6.6) の右辺の行列式として書けるという事実を，ヤコビ・トゥルーディ公式と呼ぶことが多い．

2つも同じ列にならないように加えて得られるものについて和をとる．任意の $\ell_1 > \ell_2 > \cdots > \ell_m \geq 0$ に対し，$a(\ell_1, \ldots, \ell_m) = |(x_j)^{\ell_i}|$ とする．式 (6.9) は次の式と同値であることを示せ．

$$a(\ell_1, \ldots, \ell_m) \cdot \prod_{i=1}^{m}(1-x_i)^{-1} = \sum a(n_1, \ldots, n_m) \qquad (6.10)$$

ただし右辺では $n_1 \geq \ell_1 > n_2 \geq \ell_2 > \cdots > n_m \geq \ell_m$ を満たすすべての $(n_1, \ldots, n_m)$ について和をとる．行列式 $a(\ell_1, \ldots, \ell_m)$ を 1 番上の行について展開し，m に関する帰納法を用いて式 (6.10) を証明せよ．

次の演習問題では，[Macdonald (1979), §I.3] に従い等式 $\sum h_n(x)t^n = \prod(1-x_it)^{-1}$ と $\sum e_n(x)t^n = \prod(1+x_it)$ から始めて，式 (6.6) の簡単な証明を行う．

演習問題 39 1 と m の間の任意の p に対し，$e_r^{(p)}$ を変数 $x_1, \ldots, x_{p-1}, x_{p+1}, \ldots, x_m$ の r 次基本対称多項式とする．次の式を示せ．

$$\left(\sum h_i(x)t^i\right) \cdot \left(\sum e_r^{(p)}(-t)^r\right) = (1-x_pt)^{-1}.$$

式 $\sum_{j=1}^{m} h_{q+j-m}(x)(-1)^{m-j} e_{m-j}^{(p)} = (x_p)^q$ と，それから行列の等式

$$\left(h_{\lambda_i+j-i}(x)\right)_{1 \leq i, j \leq m} \cdot \left((-1)^{m^j} e_{m-j}^{(p)}\right)_{1 \leq j, p \leq m} = \left((x_p)^{\lambda_i+m-i}\right)_{1 \leq i, p \leq m}$$

とを導出せよ．この等式から (6.6) を導出せよ．

演習問題 40 式 (6.6) は式

$$\sum_{\sigma \in S_m} \mathrm{sgn}(\sigma) K_{\nu(\lambda_1+\sigma(1)-1, \ldots, \lambda_m+\sigma(m)-m)} = \begin{cases} 1 & \nu = \lambda \text{ のとき} \\ 0 & \text{それ以外のとき} \end{cases}$$

と同値であることを示し，これから (6.7) を導出せよ．

演習問題 41 次の式を証明せよ．

$$s_\lambda(1, x, x^2, \ldots, x^{m-1}) = x^r \prod_{i<j} \frac{x^{\lambda_i-\lambda_j+j-i}-1}{x^{j-i}-1},$$

ただし $r = \lambda_2 + 2\lambda_3 + \cdots = \sum(i-1)\lambda_i$ とし，積はすべての $1 \leq i < j \leq m$ についてとる．

演習問題 42 次の式を示せ．

$$s_\lambda(1, \ldots, 1) = \prod_{i<j} \frac{\lambda_i - \lambda_j + j - i}{j - i}.$$

さらに 4.3 節の式 (4.10) を導出せよ．

演習問題 43 歪ヤング図形 λ/μ への一般化である次の式を証明せよ．

(i) $s_{\lambda/\mu}(x) = \det(h_{\lambda_i - \mu_j + j - i}(x))_{1 \leq i, j \leq k}$

(ii) $s_{\lambda/\mu}(x) = \det(e_{\tilde{\lambda}_i - \tilde{\mu}_j + j - i}(x))_{1 \leq i, j \leq \ell}$

ただし $\tilde{\lambda}$ と $\tilde{\mu}$ はそれぞれ λ と μ に共役な分割とし，k と ℓ は λ の行と列の個数とする．

演習問題 44 任意の変数 $x_1, \ldots, x_m, y_1, \ldots, y_n$ と任意の分割 λ に対し，「スーパー・シューア多項式 (super Schur porynomial)」を次の式で定義する．

$$s_\lambda(x_1, \ldots, x_m; y_1, \ldots, y_n) = \det(c_{\lambda_i + j - i})_{1 \leq i, j \leq \text{length}(\lambda)}.$$

ただし $\prod_{i=1}^m (1 - x_i t)^{-1} \prod_{j=1}^n (1 + y_j t)$ における t^k の係数を c_k とする．このとき

$$s_\lambda(x_1, \ldots, x_m; y_1, \ldots, y_n) = s_{\tilde{\lambda}}(y_1, \ldots, y_n; x_1, \ldots, x_m)$$

を証明せよ．

6.2 対称関数環

これまで議論したシューア多項式やその他の多項式はどれも $\ell < m$ のとき

$$p(x_1, \ldots, x_\ell, 0, \ldots, 0) = p(x_1, \ldots, x_\ell)$$

という性質を満たし，どの多項式も変数が多いものの特殊化として書ける．このような理由で，ほとんどの目的において扱う変数の個数は問題にならない．しかし，変数の個数が十分多くなることが重要なときもある．例えば，変数の個数が分割の長さより小さいときシューア多項式はゼロになる．そのため，n 次の対称多項式 $p(x_1, \ldots, x_m)$ の集まりで，それぞれの m ごとにすべての $\ell < m$ について上の等式を満たすものをひとつの **n 次対称関数** と定義すると便利である[2]．

---

[2] 訳注：対称式の成す環 $\mathbb{Z}[x_1, \ldots, x_m]^{S_m}$ の n 次斉次部分を $\mathbb{Z}[x_1, \ldots, x_m]_n^{S_m}$ と書くとき，$\ell < m$ ならば上記の対応により $\mathbb{Z}$ 加群の準同型 $\mathbb{Z}[x_1, \ldots, x_m]_n^{S_m} \to \mathbb{Z}[x_1, \ldots, x_\ell]_n^{S_\ell}$ が得られ射影系を成す．Λ_n は射影極限 $\varprojlim_m \mathbb{Z}[x_1, \ldots, x_m]_n^{S_m}$ として定義される．

6.2 対称関数環

すべてのそのような関数で整数係数のものが成す $\mathbb{Z}$ 加群を Λ_n とする．n の分割 λ ごとに $s_\lambda, h_\lambda, e_\lambda, m_\lambda$ そして p_λ をそれぞれ対応する対称関数とする．これらの集合のうち初めの 4 つは Λ_n の $\mathbb{Z}$ 上の基底を成す．一方べき和 p_λ は，有理係数の n 次対称多項式全体 $\Lambda_n \otimes \mathbb{Q}$ の $\mathbb{Q}$ 上の基底を成す．対称関数の次数付き環を

$$\Lambda = \bigoplus_{n=0}^{\infty} \Lambda_n$$

とおく．環 Λ は変数 $h_1, h_2, \ldots$ の多項式環または変数 $e_1, e_2, \ldots$ の多項式環と同一視できる．変数が有限個の場合に証明された等式でいくつかの変数をゼロにしても矛盾しないものは，Λ 上の等式に拡張される．例えば式 (6.5) から

$$h_\mu = \sum_\lambda K_{\lambda\mu} s_\lambda, \quad e_\mu = \sum_\lambda K_{\tilde{\lambda}\mu} s_\lambda = \sum_\lambda K_{\lambda\mu} s_{\tilde{\lambda}} \tag{6.11}$$

が得られ，リトルウッド・リチャードソン公式は $s_\lambda \cdot s_\mu = \sum_\nu c^\nu_{\lambda\mu} s_\nu$ となる．シューア関数 s_λ が直交基底を成すこと，つまり $\langle s_\lambda, s_\lambda \rangle = 1$ かつ $\mu \neq \lambda$ のとき $\langle s_\lambda, s_\mu \rangle = 0$ を要求すると，Λ_n 上の対称な内積 $\langle \, , \, \rangle$ を定義できる．

命題 6.4 (1) $\langle h_\lambda, m_\lambda \rangle = 1$, かつ $\mu \neq \lambda$ のとき $\langle h_\lambda, m_\mu \rangle = 0$.
(2) $\langle p_\lambda, p_\lambda \rangle = z(\lambda)$, かつ $\mu \neq \lambda$ のとき $\langle p_\lambda, p_\mu \rangle = 0$.

証明 $h_\lambda = \sum a_{\lambda\nu} s_\nu$, $m_\lambda = \sum b_{\lambda\nu} s_\nu$ と書く．命題 6.3 の (i) と (iii) は $(a_{\lambda\nu})$ と $b_{\lambda\nu}$ が互いの逆行列であることを意味し，このことから (1) がわかる．(2) の証明も同様で，命題 6.3 の (ii) と (iii) を比較すればよい． □

同じ整数の分割 λ と μ に対し，整数 χ^λ_μ と ξ^λ_μ を次の式で定義する．

$$p_\mu = \sum_\lambda \chi^\lambda_\mu s_\lambda \quad \text{および} \quad p_\mu = \sum_\lambda \xi^\lambda_\mu m_\lambda. \tag{6.12}$$

命題 6.4 から次のような同値な式を得る．

$$s_\lambda = \sum_\mu \frac{1}{z(\mu)} \chi^\lambda_\mu p_\mu \quad \text{および} \quad h_\lambda = \sum_\mu \frac{1}{z(\mu)} \xi^\lambda_\mu p_\mu. \tag{6.13}$$

s_λ を $s_{\tilde{\lambda}}$ に写す加法的な写像として対合 $\omega: \Lambda \to \Lambda$ を定義する．ただし $\tilde{\lambda}$ は λ の共役である．特に $\lambda = (p)$ のとき $\omega(h_p) = e_p$ である．

系 6.5 (1) 対合 ω は環準同型かつ等長写像である．
(2) $\omega(h_\lambda) = e_\lambda$ かつ $\omega(p_\mu) = (-1)^{\Sigma(\mu_i - 1)} p_\mu$ が成り立つ．

証明 この写像は正規直交基底を正規直交基底に写すので等長写像である．$\omega(h_\lambda) = e_\lambda$ は (6.11) から得られ，したがって ω は積構造を保つことがわかる．

よって ω は環準同型である．ゆえに，最後に ω が p_r を $(-1)^{r-1}p_r$ に写すことを示せば十分であるが，これは演習問題 37 から簡単にわかる． □

第 II 部

表現論

　第 II 部では，ヤング・タブローを用いて対称群 S_n および一般線型群 $GL_m(\mathbb{C})$ の表現を研究する．n の分割 λ に対して，S_n の既約表現 S^λ「**シュペヒト加群** (Specht module)」を構成することができる．さらに，有限次元複素ベクトル空間 E に対して，$GL(E)$ の既約表現 E^λ「**シューア加群** (Schur module)」（または「**ワイル加群**（Weyl module）」）を構成することができる．S^λ は，λ 上の標準タブロー T に応じて定まるベクトル v_T たちを基底に持つベクトル空間である．一方 $e_1, \ldots, e_m$ を E の基底とすると，E^λ は，$[m]$ の元を成分とする λ 上のタブロー T に対応するベクトル e_T たちを基底とするベクトル空間である．この e_T は，対角成分が $x_1, \ldots, x_m$ の対角行列に対する固有値 x^T の固有ベクトルとなる．このことから，E^λ の指標がシューア多項式 $s_\lambda(x_1, \ldots, x_m)$ と一致することが導かれる．

　$\lambda = (n)$ と $\lambda = (1^n)$ という両極端なヤング図形に対しては，これらの表現はよく知られた方法で作られる．記号を用意するとともに，一般論につなげるため，この特別な場合について説明しておこう．

　$\lambda = (n)$ の場合，S_n の表現 $S^{(n)}$ は 1 次元**自明表現** $\mathbb{I}_n$ である．これはベクトル空間 $\mathbb{C}$ であって，すべての $\sigma \in S_n$ と $z \in \mathbb{C}$ に対して $\sigma \cdot z = z$ という作用を持つものである．シューア加群 $E^{(n)}$ は **n 次対称積** $\mathrm{Sym}^n E$ である．これは，E を n 回テンソル積した空間 $E^{\otimes n}$ を，$v_i \in E$ と $\sigma \in S_n$ を用いて $v_1 \otimes \cdots \otimes v_n - v_{\sigma(1)} \otimes \cdots \otimes v_{\sigma(n)}$ と表されるすべての元で生成される部分空間で割ったものである．$v_1 \otimes \cdots \otimes v_n$ の $\mathrm{Sym}^n E$ における像を $v_1 \cdot \ldots \cdot v_n$ と書く．このとき，自然な写像 $E^{\times n} \to \mathrm{Sym}^n E$ は対称な n 重線型写像となる．ベクトル空間

$\mathrm{Sym}^n E$ は，次のような普遍性（universal property）によって特徴づけることができる：ベクトル空間 F と，対称な n 重線型写像 $\varphi: E^{\times n} \to F$ が与えられたとき，等式 $\varphi(v_1 \times \cdots \times v_n) = \tilde{\varphi}(v_1 \cdots v_n)$ を満たす線型写像 $\tilde{\varphi}: \mathrm{Sym}^n E \to F$ が一意的に存在する．この普遍性のおかげで，$g \in GL(E)$ に対し，$GL(E)$ の $\mathrm{Sym}^n E$ への作用が $g \cdot (v_1 \cdots v_n) = (g \cdot v_1) \cdots (g \cdot v_n)$ で定義できることに注意しよう．すなわち，$\mathrm{Sym}^n E$ は $GL(E)$ の表現である．$e_1, \ldots, e_m$ を E の基底とするとき，非減少数列 $1 \leq i_1 \leq i_2 \leq \cdots \leq i_n \leq m$ によって添字づけられた積 $e_{i_1} \cdots e_{i_n}$ は $\mathrm{Sym}^n E$ の基底を成す．

もう一つの極端な例 $\lambda = (1^n)$ の場合，S_n の表現 $S^{(1^n)}$ は 1 次元**符号表現** $\mathbb{U}_n$ である．これはベクトル空間 $\mathbb{C}$ であって，$\sigma \in S_n$, $z \in \mathbb{C}$ に対して $\sigma \cdot z = \mathrm{sgn}(\sigma) z$ という作用を持つものである．ここで $\mathrm{sgn}(\sigma)$ は σ が偶置換のとき $+1$，奇置換のとき -1 である．表現 $E^{(1^n)}$ は **n 次外積** $\bigwedge^n E$ である．これはベクトル空間 $E^{\otimes n}$ を，ある i に対して $v_i = v_{i+1}$ を満たすようなすべての元 $v_1 \otimes \cdots \otimes v_n$ によって生成される部分空間で割ったものである．（標数 0 の体上では，この部分空間は，$v_1 \otimes \cdots \otimes v_n - \mathrm{sgn}(\sigma) v_{\sigma(1)} \otimes \cdots \otimes v_{\sigma(n)}$ の形のすべての元によって生成される部分空間としても同じである．）$v_1 \otimes \cdots \otimes v_n$ の $\bigwedge^n E$ における像を $v_1 \wedge \cdots \wedge v_n$ と書く．自然な写像 $E^{\times n} \to \bigwedge^n E$ は交代的かつ n 重線型であり，$\bigwedge^n E$ はこれらの性質に対応する普遍性により定まる．$e_1, \ldots, e_m$ を E の基底とするとき，すべての単調増加数列 $1 \leq i_1 < i_2 < \cdots < i_n \leq m$ によって $e_{i_1} \wedge \cdots \wedge e_{i_n}$ と表される元は $\bigwedge^n E$ の基底を成す．

一般論は本文中で説明するが，簡単なヤング図形 $\lambda = (2, 1)$ に対して何が起きるか具体的に調べるのは良い練習になるだろう．これは，先程の極端な例に帰着しないものの中で一番簡単なものである．この場合 S_3 の表現 $S^{(2,1)}$ は，$\mathbb{C}^3$ 内の $z_1 + z_2 + z_3 = 0$ で定まる平面であって，

$$\sigma \cdot (z_1, z_2, z_3) = (z_{\sigma^{-1}(1)}, z_{\sigma^{-1}(2)}, z_{\sigma^{-1}(3)})$$

という作用を持つ 2 次元「標準表現」である．$E^{(2,1)}$ は，ベクトル空間 $(\bigwedge^2 E) \otimes E$ を

$$(u \wedge v) \otimes w - (w \wedge v) \otimes u - (u \wedge w) \otimes v$$

の形[1]のすべての元で生成される部分空間 W で割って得られる商空間である．

---

[1] 原注：これを対称的に書き直した関係式 $(u \wedge v) \otimes w + (v \wedge w) \otimes u + (w \wedge u) \otimes v = 0$ によって，$E^{(2,1)}$ を E 上の自由リー代数の次数 3 の部分と同一視することができる．しかし一般の表現 E^λ に関しては，本文中のような，対称的でない関係式の方が使われる．

演習問題 45 (a) $e_1, \ldots, e_m$ を E の基底とする．このとき，$i < j$, $i \leq k$ に対して $(e_i \wedge e_j) \otimes e_k$ と書けるすべての元の像が $E^{(2,1)}$ の基底を成すことを示せ．このような (i, j, k) は，$(2, 1)$ 上のタブローに対応することに注意しよう．

(b) 以下の同型を構成せよ．

$$E^{\otimes 2} \cong \mathrm{Sym}^2 E \oplus \textstyle\bigwedge^2 E; \qquad \textstyle\bigwedge^2 E \otimes E \cong \textstyle\bigwedge^3 E \oplus E^{(2,1)};$$
$$\mathrm{Sym}^2 E \otimes E \cong \mathrm{Sym}^3 E \oplus E^{(2,1)};$$
$$E^{\otimes 3} \cong \textstyle\bigwedge^3 E \oplus \mathrm{Sym}^3 E \oplus E^{(2,1)} \oplus E^{(2,1)}.$$

本書では主に複素数体上で議論をするが，整数環や，正標数の体上に置き換えても通用する一般的な手法に重点を置く（ただし，正標数特有の現象を扱うことは避ける）．また，個々のヤング図形や標準タブローの選び方に依存しないような，内在的な構成を重視する．

第 II 部では以下のような**交換操作**をよく用いる．これは，ヤング図形 λ から選んだ 2 つの列から，それぞれ同数の箱を選び出した部分集合に関する操作である．λ の任意の数字付け T（成分はどんな集合の元でもよい）に対して，交換操作で得られる数字付け S とは，T から上のようにして選んだ 2 つの部分集合に属する箱たちを，それぞれ上下関係を保ちながら交換して得られる数字付けのことである．このとき，選んだ箱以外は変化させない．例えば $\lambda = (4, 3, 3, 2)$ に対して，第 3 列の上から 2 つ目までの箱と，第 2 列の上から 2 番目，4 番目の箱を選択した場合，交換操作により

$$T = \begin{array}{|c|c|c|c|} \hline 1 & 5 & 2 & 1 \\ \hline 1 & 3 & 4 \\ \cline{1-3} 2 & 4 & 5 \\ \cline{1-3} 3 & 5 \\ \cline{1-2} \end{array} \qquad \text{から} \qquad S = \begin{array}{|c|c|c|c|} \hline 1 & 5 & 3 & 1 \\ \hline 1 & 2 & 5 \\ \cline{1-3} 2 & 4 & 5 \\ \cline{1-3} 3 & 4 \\ \cline{1-2} \end{array}$$

が得られる．

第7章　対称群の表現

§7.1 では，1 から n までの相異なる数で番号付けられたヤング図形たちに対称群 S_n がどのように作用するかを述べ，後の節で用いる基本的な組合せ論の補題を証明する．§7.2 ではシュペヒト加群を定義する．これらが S_n のすべての既約表現を与えること，n 個の箱を持つ標準タブローに対応する基底を持っていることを紹介する．§7.3 では，対称関数の理論を用いてフロベニウスの指標公式，ヤングの規則，分岐公式など，この本で扱う表現に関する主要な定理の証明を行う．§7.4 では，シュペヒト加群を簡単な加群の商として実現する方法を紹介する．これは後の2つの章で役立つ．

本書では，有限群の複素表現（いつも次元は有限であると仮定する）について，いくつかの基本的知識[2]を仮定する．すなわち，既約表現の同型類の個数は共役類の個数と一致するという事実，各既約表現の次元を2乗して足し合わせると群の位数と一致するという事実，すべての表現は既約表現の直和に分解するという事実，表現はその指標によって決定されるという事実は，既知とする．さらに，指標の直交性や誘導表現についての知識も仮定する．

7.1　タブローへの S_n の作用

S_n は集合 $[n]$ の自己同型群，すなわち $[n]$ から $[n]$ 自身への全単射の成す群である．この作用は左からの作用，すなわち，$(\sigma \cdot \tau)(i) = \sigma(\tau(i))$ を満たす作用である．この章では，記号 T, T' は常に n 個の箱から成るヤング図形に，1 から n までの相異なる数を付けたものを指す．ヤング図形の番号付け T に対して，数字 i を $\sigma(i)$ に取り換えて得られる番号付けを $\sigma \cdot T$ とする．これによ

---

[2] 訳注：本文中に登場する有限群の表現論の基本的な知識については，付録§C.1 を参照のこと．

り，S_n はヤング図形の番号付け全体の集合に作用する．番号付け T に対して，各行に入っている数字を保つ置換の成す S_n の部分群 $R(T)$ を**行置換群**[3]（row group）と呼ぶ．T の形を $\lambda = (\lambda_1 \geq \cdots \geq \lambda_k > 0)$ とするとき，$R(T)$ は対称群の直積 $S_{\lambda_1} \times S_{\lambda_2} \times \cdots \times S_{\lambda_k}$ である．このような S_n の部分群を**ヤング部分群**と呼ぶ．同様に，各列に入っている数字を保つ置換の成す部分群 $C(T)$ を**列置換群**[4]（column group）と呼ぶ．これらの部分群と S_n の作用には，以下のような関係がある．

$$R(\sigma \cdot T) = \sigma \cdot R(T) \cdot \sigma^{-1}, \qquad C(\sigma \cdot T) = \sigma \cdot C(T) \cdot \sigma^{-1}. \tag{7.1}$$

次の補題は S_n の表現論の基本的な道具である．

補題 7.1 T と T' を，それぞれヤング図形 λ と λ' の番号付けとする．λ は λ' を強支配[5]しないと仮定する．このとき，以下の (i), (ii) のどちらか一方のみが必ず成立する：

(i) T' においては同じ行，T においては同じ列に入っているような 2 つの異なる数が存在する．

(ii) $\lambda = \lambda'$ であり，$p' \in R(T')$ と $q \in C(T)$ が存在して $p' \cdot T' = q \cdot T$ が成立する．

証明 (i) と (ii) が同時に成り立たないのは明らかであろう．以下，(i) が偽であると仮定する．このとき，T' の第 1 行に入っている数はすべて T の相異なる列に入っているため，うまく $q_1 \in C(T)$ を選ぶと，これらは $q_1 \cdot T$ の第 1 行にすべて入る．T' の第 2 行に入っている数も同様に，すべて $q_1 \cdot T$ の相異なる列に入っているので，$C(q_1 \cdot T) = C(T)$ の元 q_2 をうまく選んで，先ほど第 1 行に入れた数は動かさないまま，これらを $q_2 \cdot q_1 \cdot T$ の最初の 2 行に入れることができる．この操作を繰り返すことで，$C(T)$ の元 $q_1, \ldots, q_k$ をうまく選んで，T' の最初の k 行に入っている数を，$q_k \cdot q_{k-1} \cdots q_1 \cdot T$ の最初の k 行に入れることができる．特に，任意の k に対して $\lambda'_1 + \cdots + \lambda'_k \leq \lambda_1 + \cdots + \lambda_k$ が成り立つ．すなわち $\lambda' \trianglelefteq \lambda$．

λ は λ' を強支配しないと仮定したから，$\lambda = \lambda'$ でなければならない．k を λ の行の個数とし，$q = q_k \cdots q_1$ とおけば，$q \cdot T$ と T' の各行に入っている数の組

---

[3] 訳注：水平置換群という訳もある．
[4] 訳注：垂直置換群という訳もある．
[5] 訳注：$\lambda' \trianglelefteq \lambda$（§2.2 参照）かつ $\lambda' \neq \lambda$ であるとき，λ は λ' を**強支配**するという．

み合わせは一致する．これは，$p' \cdot T' = q \cdot T$ を満たす $R(T')$ の元 p' が存在することを意味している． □

T, T' を n 個の箱から成るヤング図形の番号付けとする．以下の1) または2) が成り立つとき，$T' > T$ という関係があると定義しよう．1) 辞書式順序に関して T' の形が T の形より大きい．2) T' と T が同じ形をしており，T' と T の数字の中で，異なる位置に入っているもののうち最大のものが，T の列ワードより早く T' の列ワードに現れる．この関係は，n 個の箱から成るヤング図形の番号付けの集合に全順序を定める．例えば形 $(3, 2)$ の標準タブローは以下の順番に並べられる：

$$\begin{array}{|c|c|c|} \hline 1 & 2 & 3 \\ \hline 4 & 5 \\ \hline \end{array} > \begin{array}{|c|c|c|} \hline 1 & 2 & 4 \\ \hline 3 & 5 \\ \hline \end{array} > \begin{array}{|c|c|c|} \hline 1 & 3 & 4 \\ \hline 2 & 5 \\ \hline \end{array} > \begin{array}{|c|c|c|} \hline 1 & 2 & 5 \\ \hline 3 & 4 \\ \hline \end{array} > \begin{array}{|c|c|c|} \hline 1 & 3 & 5 \\ \hline 2 & 4 \\ \hline \end{array}.$$

T が標準タブローであるとき，任意の $p \in R(T)$ と $q \in C(T)$ に対して

$$p \cdot T \geq T \quad \text{および} \quad q \cdot T \leq T \tag{7.2}$$

が成り立つことは重要である．これは定義からすぐ従う．実際，p によって位置が変わる T の数字のうち最大のものは，必ず左方向に動き，q によって位置が変わる T' の数字のうち最大のものは，必ず上方向に動く．

系 7.2 標準タブロー T, T' が $T' > T$ を満たすとき，T' においては同じ行，T においては同じ列に入るような2つの異なる数が存在する．

証明 $T' > T$ であるから，T の形は T' の形を強支配していない．もし主張のような2つの数が存在しないならば，補題 7.1 の (ii) より，$p' \cdot T' = q \cdot T$ とできる．T と T' は標準タブローなので，(7.2) より $q \cdot T \leq T$ かつ $p' \cdot T' \geq T'$ が成り立たねばならないが，これは $T' > T$ に反する． □

7.2 シュペヒト加群

ヤング図形の（相異なる数 $1, \ldots, n$ による）2つの番号付けに対して，各行ごとに入っている数字たちが一致しているとき同値である，と定めた同値関係による同値類のことを**タブロイド**（tabloid）という．番号付け T の定めるタブロイドを $\{T\}$ と表記する．$\{T\} = \{T'\}$ であることと，$T' = p \cdot T$ を満たす $p \in R(T)$ が存在することは同値である．各行の内容のみが大事であることを

強調して，タブロイドを，ヤング図形から縦方向の線を除いた図によって表すことがある．例えば

$$\begin{array}{|ccc|} \hline 1 & 4 & 7 \\ \hline 3 & 6 \\ \hline 2 & 5 \\ \hline \end{array} \quad = \quad \begin{array}{|ccc|} \hline 4 & 7 & 1 \\ \hline 6 & 3 \\ \hline 2 & 5 \\ \hline \end{array}$$

である．

対称群 S_n はタブロイド全体の集合に
$$\sigma \cdot \{T\} = \{\sigma \cdot T\}$$
で作用する．S_n 作用を持つ集合として，$\{T\}$ の軌道は左剰余類の集合 $S_n/R(T)$ と同型である．

$A = \mathbb{C}[S_n]$ を S_n の群環とする．これは，複素係数の 1 次結合 $\sum x_\sigma \sigma$ 全体の集合に，S_n の積から自然に定まる乗法を入れたものである．S_n の表現と左 A 加群は等価なもの[6]である．n 個の箱から成るヤング図形の（相異なる数 $1, \ldots, n$ による）番号付け T に対して，A の元 a_T と b_T を

$$a_T = \sum_{p \in R(T)} p, \qquad b_T = \sum_{q \in C(T)} \mathrm{sgn}(q) q \tag{7.3}$$

と定める．これらの元，および積

$$c_T = b_T \cdot a_T$$

のことを，**ヤング対称子**（Young symmetrizer）と呼ぶ．

この節に登場する 4 つの演習問題は，後の議論で利用する．

演習問題 46 (a) $p \in R(T)$ と $q \in C(T)$ に対して，以下を示せ．

$$p \cdot a_T = a_T \cdot p = a_T, \qquad q \cdot b_T = b_T \cdot q = \mathrm{sgn}(q) b_T.$$

(b) 等式 $a_T \cdot a_T = \#R(T) \cdot a_T$ と $b_T \cdot b_T = \#C(T) \cdot b_T$ を示せ．

S_n の各共役類に対し，それに対応する S_n の既約表現を作る方法を紹介しよう．n の分割 $\lambda = (\lambda_1 \geq \cdots \geq \lambda_k > 0)$ に対して，長さ $\lambda_1, \ldots, \lambda_k$ のサイクルに分解[7]される置換たちは，S_n の共役類 C_λ を成す．

---

[6] 訳注：付録 §C.1, p.258 参照．
[7] 訳注：任意の置換は互いに交わらない巡回置換の積に分解される．これを置換のサイクル分解という．

7.2 シュペヒト加群

演習問題 47 C_λ の元の個数は $n!/z(\lambda)$ と一致することを示せ．ここで，$z(\lambda)$ は §6.1 の (6.4) で定義された整数である．

n の分割 λ に対し，形が λ であるタブロイド $\{T\}$ たちを基底とする複素ベクトル空間を，M^λ とする．S_n はタブロイド全体の成す集合に作用するので，自然に M^λ にも作用する．この作用により M^λ は左 A 加群になる．λ の番号付け T に対して，M^λ の元 v_T を以下のように定める

$$v_T = b_T \cdot \{T\} = \sum_{q \in C(T)} \mathrm{sgn}(q)\{q \cdot T\}. \tag{7.4}$$

演習問題 48 任意の $\sigma \in S_n$ に対して，$\sigma \cdot v_T = v_{\sigma \cdot T}$ となることを示せ．

補題 7.3 T と T' を，それぞれ λ と λ' の番号付けとする．λ は λ' を強支配しないと仮定する．もし，T' においては同じ行，T においては同じ列に入っているような 2 つの数が存在するならば，$b_T \cdot \{T'\} = 0$ が成り立つ．そのような 2 つの数が存在しない場合は $b_T \cdot \{T'\} = \pm v_T$ が成り立つ．

証明 そのような 2 つの数が存在するとき，それらを入れ換える互換を t としよう．t は T の列置換群に属するので，$b_T \cdot t = -b_T$ が成り立つ．一方，t は T' の行置換群に属するので，$t \cdot \{T'\} = \{T'\}$ である．これらの関係から，

$$b_T \cdot \{T'\} = b_T \cdot (t \cdot \{T'\}) = (b_T \cdot t) \cdot \{T'\} = -b_T \cdot \{T'\}$$

が成り立つ．よって $b_T \cdot \{T'\} = 0$．もしそのような 2 つの数が存在しない場合は，§7.1 の補題 7.1 (ii) にあるような元 $p' \in R(T), q \in C(T)$ が存在して，

$$b_T \cdot \{T'\} = b_T \cdot \{p' \cdot T'\} = b_T \cdot \{q \cdot T\}$$
$$= b_T \cdot q \cdot \{T\} = \mathrm{sgn}(q) b_T \cdot \{T\} = \mathrm{sgn}(q) \cdot v_T$$

が成り立つ． □

§7.1 の系 7.2 より以下が得られる．

系 7.4 $T' > T$ を満たす標準タブロー T, T' に対して，$b_T \cdot \{T'\} = 0$．

シュペヒト加群 S^λ を，λ のすべての番号付け T に対する元 v_T たちの張る M^λ の部分空間と定める．練習問題 48 より S^λ は S_n の作用で保たれる．したがって，S^λ は M^λ の部分 A 加群である．そのうえ，どのような番号付け T に対しても $S^\lambda = A \cdot v_T$ が成り立つことがわかる．

演習問題 49 $\lambda = (n)$ のとき，$S^{(n)}$ は S_n の自明表現 $\mathbb{I}_n$ となることを示せ．$\lambda = (1^n)$ のとき，$S^{(1^n)}$ は符号表現 $\mathbb{U}_n$ となることを示せ．

どの T に対しても v_T はゼロではないから，S^λ はゼロ加群ではない．また，異なる λ に対応する S^λ は互いに同型にならない．このことは，λ の任意の番号付け T に対して補題 7.3（と演習問題 46）から得られる等式

$$b_T \cdot M^\lambda = b_T \cdot S^\lambda = \mathbb{C} \cdot v_T \neq 0; \tag{7.5}$$

$$b_T \cdot M^{\lambda'} = b_T \cdot S^{\lambda'} = 0, \quad (\lambda' > \lambda \text{ のとき}[8]) \tag{7.6}$$

からわかる．これらの等式から S^λ が既約であることもわかる．実際，表現の直和分解 $S^\lambda = V \oplus W$ があったとすると，$\mathbb{C} \cdot v_T = b_T \cdot S^\lambda = b_T \cdot V \oplus b_T \cdot W$ が成り立つため，v_T は V と W のどちらかに入っていなければならない．もし v_T が V に入っているとすると，$S^\lambda = A \cdot v_T = V$ である．標数 0 の体上では表現が既約であることと（非自明な）直和分解を持たないことが同値[9]であるため，S^λ は既約となる．

今の議論により，n の分割 1 つにつき既約表現を 1 つ作ることができた．S_n の共役類の個数と n の分割の個数は一致するという事実と，有限群の既約表現の個数は共役類の個数と一致するという事実[10]から，S_n の既約表現はすべて得られたことになる．すなわち，次の命題が証明された：

命題 7.5 n の分割 λ に対して，S^λ は S_n の既約表現である．また，S_n のどの既約表現も，ちょうど 1 つの S^λ と同型である．

M^λ や S^λ の作り方を見ると，これらの表現は，初めに $\mathbb{Q}$ 上に同じ方法で表現を作ってからそれを複素化したものと一致することがわかる．特に，S_n のすべての表現の指標[11]は有理数値を持つ．

補題 7.6 $\vartheta: M^\lambda \to M^{\lambda'}$ を S_n の表現の準同型[12]とする．S^λ が ϑ の核に含まれていないならば，$\lambda' \trianglelefteq \lambda$ が成り立つ．

証明 T を λ の番号付けとする．v_T が ϑ の核に入っていないので，$b_T \cdot \vartheta(\{T\}) = \vartheta(v_T) \neq 0$ である．特に，$b_T \cdot \{T'\} \neq 0$ なる λ' の番号付け T'

---

[8] 訳注：§2.2 で定義した辞書式順序．
[9] 訳注：定理 C.1 参照．
[10] 訳注：定理 C.4，およびその次の段落を参照のこと．
[11] 訳注：付録 §C.1, p.259 参照．
[12] 訳注：付録 §C.1, p.258 参照．

が少なくとも1つは存在する．ここで $\lambda \neq \lambda'$ かつ λ は λ' を支配しないと仮定すると，それは補題 7.1 の (i) の場合に当たるが，補題 7.3 と矛盾してしまう．よって $\lambda' \trianglelefteq \lambda$． □

系 7.7 $\nu \triangleright \lambda$ なる分割に対し，非負整数 $k_{\nu\lambda}$ が存在して

$$M^\lambda \cong S^\lambda \oplus \bigoplus_{\nu \triangleright \lambda} (S^\nu)^{\oplus k_{\nu\lambda}}$$

が成り立つ．

証明 各 ν に対し，M^λ の既約分解に現れる表現 S^ν の個数[13]を $k_{\nu\lambda}$ とする．$k_{\lambda\lambda} = 1$ であることを確認するには，λ の番号付け T を1つとり，式 (7.5) を用いればよい．どんな S^ν も M^ν の既約分解に現れるので，M^ν から S^ν への射影が存在する．S^ν が M^λ の既約分解にも現れたとしよう．M^ν から S^ν への射影と，S^ν の M^λ への埋め込みを合成すると，M^ν から M^λ への準同型 ϑ であって，核に S^ν を含まないものが得られる．補題 7.6 より $\lambda \trianglelefteq \nu$ が成り立つ． □

命題 7.8 T が λ の標準タブローを動くとき，v_T は S^λ の基底を成す．

証明 v_T は $\{T\}$ と，$q \in C(T)$ に対する $\{q \cdot T\}$ を ± 1 倍したものたちの1次結合である．ここで，タブロー T と単位元以外の q に対して，§7.1 で定めた全順序に関して $q \cdot T < T$ が成り立つことに注意しよう．このことから，関係式 $\sum x_T v_T = 0$ のゼロでない項の中で最大の T を見ることで，標準タブロー T に対応する v_T たちが1次独立であることが示される．以上より，S^λ の次元は λ の標準タブローの個数 f^λ 以上であることがわかる．

これらの元が S^λ を生成することを示す直接的な方法はいくつかある．そのうちの1つは §7.4 で紹介するとして，この事実自体は，既約表現の次元の2乗の和が群の位数と一致するという事実[14]から簡単に導かれる：

$$n! = \sum_\lambda (\dim(S^\lambda))^2 \geq \sum_\lambda (f^\lambda)^2 = n!.$$

最後の等式は §4.3 の (4.4) である．したがって，すべての λ に対して $\dim(S^\lambda) = f^\lambda$ であることがわかり，v_T が S^λ を生成することが示される． □

この時点では表現 S^λ の指標をどうやって計算するのか見当がつかないが，一方で M^λ の指標を計算することは難しくない．M^λ は，S_n のタブロイドの集合

---

[13] 訳注：(C.1) 参照．
[14] 訳注：(C.4) 参照．

への作用から定まる表現であるので, σ のトレースは σ によって固定されるタブロイドの個数と一致する. 置換 σ をサイクルの積として書いたとすると, あるタブロイドが σ によって固定されるのは, ちょうど各サイクルのすべての元が同一の行に入っているときである. このようなタブロイドの個数は以下のように計算される. σ が共役類 C_μ に入っているとし, μ の中で自然数 q が現れる回数を m_q とする. 長さ q のサイクルであって, そのすべての元がタブロイドの第 p 行に入っているものの個数を $r(p, q)$ としよう. このとき, σ によって固定されるタブロイドの個数は以下で表される:

$$\sum \prod_{q=1}^{n} \frac{m_q!}{r(1, q)! \cdot \cdots \cdot r(n, q)!} \tag{7.7}$$

ただし和は, 以下の関係を満たすすべての非負整数の組 $(r(p, q))_{1 \leq p, q \leq n}$ に関してとる:

$$r(p, 1) + 2r(p, 2) + 3r(p, 3) + \cdots + nr(p, n) = \lambda_p$$
$$r(1, q) + r(2, q) + \cdots + r(n, q) = m_q.$$

一方で, 任意の q に対して多項展開

$$(x_1^q + \cdots + x_n^q)^{m_q} = \sum \frac{m_q!}{r(1, q)! \cdot \cdots \cdot r(n, q)!} x_1^{qr(1, q)} \cdot \cdots \cdot x_n^{qr(n, q)}$$

が成り立つ. ただし, 和は $\sum_p r(p, q) = m_q$ を満たすすべての $(r(p, q))_{1 \leq p \leq n}$ に関してとる. したがって式 (7.7) の数は, 多項式 $p_\mu(x_1, \ldots, x_n) = \prod_{q=1}^{n} (x_1^q + \cdots + x_n^q)^{m_q}$ の $x^\lambda = x_1^{\lambda_1} \cdot \cdots \cdot x_n^{\lambda_n}$ の係数と等しい. さらにこの数は, §6.2 の (6.12) で定義された整数 ξ_μ^λ と等しいことがわかる. このことから以下が示される.

補題 7.9 M^λ の指標が共役類 C_μ 上でとる値は, p_μ における x^λ の係数 ξ_μ^λ に等しい.

λ の任意の番号付け T に対して, S_n のヤング部分群 $R(T)$ が定まる. σ が $S_n/R(T)$ の元全体を動くとき, $\sigma \cdot \{T\}$ たちは M^λ の基底を成す. これは M^λ が, $R(T)$ の自明表現 $\mathbb{I}$ の S_n への誘導表現[15]であることを意味する. すなわち, どのような λ の番号付け T に対しても,

$$M^\lambda = \mathrm{Ind}_{R(T)}^{S_n}(\mathbb{I}) = \mathbb{C}[S_n] \otimes_{\mathbb{C}[R(T)]} \mathbb{C} \tag{7.8}$$

---

[15] 訳注: 付録 §C.1 参照.

が成立する．

7.3 表現環と対称関数

S_n の既約表現の同値類たちが生成する自由アーベル群を R_n とする．S_n の表現 V が $V \cong \bigoplus (S^\lambda)^{\oplus m_\lambda}$ と分解されるとき，$[V] = \sum m_\lambda [S^\lambda]$ によって R_n の元 $[V]$ を定める．同値なことであるが，R_n は S_n の表現のグロタンディーク群である，と言ってもよい．これは，S_n のすべての有限次元表現 V の同値類 $[V]$ たちの生成する自由アーベル群を，$[V \oplus W] - [V] - [W]$ の形のすべての元で生成される部分群で割ったものである．$R = \bigoplus_{n=0}^{\infty} R_n$ とおく．ただし $R_0 = \mathbb{Z}$ とする．積 $\circ : R_n \times R_m \to R_{n+m}$ を

$$[V] \circ [W] = \left[\mathrm{Ind}_{S_n \times S_m}^{S_{n+m}} V \otimes W \right] \tag{7.9}$$

により定めよう[16]．ここで，テンソル積 $V \otimes W = V \otimes_{\mathbb{C}} W$ は，$(\sigma \times \tau) \cdot (v \otimes w) = \sigma \cdot v \otimes \tau \cdot w$ により $S_n \times S_m$ の表現とみなしている[17]．また，$S_n \times S_m$ は，通常の方法で S_{n+m} の部分群とみなしている（S_n は $n+m$ 個ある整数のうち初めの n 個に，S_m は残りの m 個に作用する）．式 (7.9) の右辺に現れる誘導表現は，

$$\mathrm{Ind}_{S_n \times S_m}^{S_{n+m}} V \otimes W = \mathbb{C}[S_{n+m}] \otimes_{\mathbb{C}[S_n \times S_m]} (V \otimes W) \tag{7.10}$$

によって定義される．積が矛盾なく定まり，R に単位元を持つ可換な次数付き結合環の構造を定めることは容易にわかる（R_n 自身も通常のテンソル積によって環の構造を持つ，ということにも注意しておこう．これは S_n の表現環と呼ばれるものであるが，ここでは扱わない）．

R_n 上の内積（対称双線型形式）$\langle , \rangle$ であって，既約表現のクラス $[S^\lambda]$ がその内積に関して正規直交基底を成すようなものが一意的に定まる[18]．したがって，S_n の表現 V と W が $V \cong \bigoplus (S^\lambda)^{\oplus m_\lambda}$, $W \cong \bigoplus (S^\lambda)^{\oplus n_\lambda}$ と分解されるとき，

$$\langle [V], [W] \rangle = \sum m_\lambda n_\lambda \tag{7.11}$$

が成り立つ．有限群 S_n の指標の直交性[19]より，この内積が

---

[16] 訳注：以下では，$\circ$ の記号は単に $V \circ W = \mathrm{Ind}_{S_n \times S_m}^{S_{n+m}} V \otimes W$ の意味でも用いられる．
[17] 訳注：V と W の外部テンソル積表現とも呼ぶ．
[18] 訳注：定理 C.4 参照．
[19] 訳注：(C.3) 参照．

$$\langle [V], [W] \rangle = \frac{1}{n!} \sum_{\sigma \in S_n} \chi_V(\sigma) \chi_W(\sigma^{-1})$$

とも表せることがわかる．ここで χ_V は V の指標，すなわち，$\chi_V(\sigma) = \mathrm{Trace}(\sigma : V \to V)$ で与えられる S_n 上の関数である．共役類 C_μ に属する置換の逆置換も C_μ に属することと，演習問題 47 より C_μ の元の個数は $n!/z(\mu)$ であることから，以下の等式が得られる：

$$\langle [V], [W] \rangle = \sum_\mu \frac{1}{z(\mu)} \chi_V(C_\mu) \chi_W(C_\mu). \tag{7.12}$$

R_n はまた，$[V] \mapsto [V \otimes \mathbb{U}_n]$ で定まる加法的な対合 $\omega : R_n \to R_n$ を持つ．ここで，$\mathbb{U}_n$ は S_n の符号表現である．

対称関数の成す環 Λ と，その $\mathbb{Z}$ 基底 h_λ を用いて，以下のような加法的な準同型 $\varphi : \Lambda \to R$ を定義する．

$$\varphi(h_\lambda) = [M^\lambda]. \tag{7.13}$$

定理 7.10　(1) φ は次数付き環 Λ と R の間の，内積を保つ同型である．
(2) $\varphi(s_\lambda) = [S^\lambda]$．

証明　この写像は，n 次完全対称多項式 h_n を，S_n の自明表現 $M^{(n)} = \mathbb{I}_n$ の類に写す．Λ は $h_1, h_2, \dots$ を変数とする多項式環であるから，φ が環準同型であることを示すには，$\lambda = (\lambda_1 \geq \cdots \geq \lambda_k > 0)$ に対して

$$M^{(\lambda_1)} \circ M^{(\lambda_2)} \circ \cdots \circ M^{(\lambda_k)} = M^\lambda$$

を確認すれば十分である．これは，M^λ を式 (7.8) で与えたような誘導表現として表す際に，番号付け T として，各行ごとに左から右へ，上から下に向かって $1, \dots, n$ を順番に入れたものを用いれば証明できる．一方，系 7.4 より $[M^\lambda]$ たちは R の $\mathbb{Z}$ 基底を成すので，φ は $\mathbb{Z}$ 代数の同型であることがわかる．

定理の残りの部分を証明するために，また後の応用のために，φ の逆写像 ψ の明示式が必要である．その計算においては結果をべき和で表すと便利である（§6.2 参照）．そこで，準同型

$$\psi : R \to \Lambda \otimes \mathbb{Q}$$

であって，合成 $\psi \circ \varphi$ が Λ から $\Lambda \otimes \mathbb{Q}$ への自然な埋め込みとなっているものを考えることにしよう．$\varphi(h_\lambda) = [M^\lambda]$ であるから，§6.2 の式 (6.13) により，ψ による $[M^\lambda]$ の像は $h_\lambda = \sum_\mu \frac{1}{z(\mu)} \xi_\mu^\lambda p_\mu$ でなくてはならない．補題 7.9 より係

数 ξ_μ^λ は，M^λ の指標の共役類 C_μ における値であるから，ϕ の式は

$$\phi([V]) = \sum_\mu \frac{1}{z(\mu)} \chi_V(C_\mu) p_\mu \tag{7.14}$$

のようになるはずである．この式を ϕ の定義とすると，ϕ が加法的準同型であることは明らかであり，さらに，上に述べたことにより合成 $\phi \circ \varphi$ は Λ の $\Lambda \otimes \mathbb{Q}$ への埋め込みである．φ が Λ から R への同型であることから，ϕ が実際には R から Λ への同型となっていることが従う．

φ が内積を保つ写像であることを証明するには，ϕ が内積を保つことを示せばよい．ϕ の定義より，

$$\langle \phi([V]), \phi([W]) \rangle = \sum_{\lambda,\mu} \frac{1}{z(\lambda)z(\mu)} \chi_V(C_\lambda) \chi_W(C_\mu) \langle p_\lambda, p_\mu \rangle$$

である．§6.2 の命題 6.4 の (2) より，右辺の和は

$$\sum_\mu \frac{1}{z(\mu)} \chi_V(C_\mu) \chi_M(C_\mu) = \langle [V], [W] \rangle$$

となる．

§6.1 の (6.5) と §7.2 の (7.13) より，等式 $h_\lambda = s_\lambda + \sum K_{\nu\lambda} s_\nu$ と $[M^\lambda] = [S^\lambda] + \sum k_{\nu\lambda}[S^\nu]$ が成り立つことはすでに示した．ここで和は，$\nu \triangleright \lambda$ を満たすすべての ν についてとる．$\varphi(h_\lambda) = [M^\lambda]$ であったから，ある整数 $m_{\nu\lambda}$ が存在して $\varphi(s_\lambda) = [S^\lambda] + \sum m_{\nu\lambda}[S^\nu]$（和は $\nu \triangleright \lambda$ を満たす ν についてとる）が成り立つ．しかし，φ が内積を保つことから

$$1 = \langle s_\lambda, s_\lambda \rangle = \langle \varphi(s_\lambda), \varphi(s_\lambda) \rangle = 1 + \sum (m_{\nu\lambda})^2$$

が成り立ち，したがって係数 $m_{\nu\lambda}$ はすべてゼロでなければならない．よって $\varphi(s_\lambda) = [S^\lambda]$． $\square$

φ は，シューア関数を既約表現に対応させるような，環の同型である．このことは，対称関数に関する知識を表現論に関する知識に変換できることを意味する．例えば，第 6 章の式 (6.5) により以下を得る．

系 7.11（ヤングの規則） $K_{\nu\lambda}$ をコストカ数とすると，$M^\lambda \cong S^\lambda \oplus \bigoplus_{\nu \triangleright \lambda} (S^\nu)^{\oplus K_{\nu\lambda}}$ が成り立つ．

公式 $s_\lambda \cdot s_\mu = \sum_\nu c_{\lambda\mu}^\nu s_\nu$ からは以下を得る．

系 7.12（リトルウッド・リチャードソン規則） $S^\lambda \circ S^\mu \cong \bigoplus_\nu (S^\nu)^{\oplus c_{\lambda\mu}^\nu}$.

$\mu = (1)$ とする.埋め込み $S_n \times S_1 \subset S_{n+1}$ が,S_n から S_{n+1} への通常の埋め込みと同じであることに注意すると,以下を得る.

系 7.13（分岐規則） λ を n の分割とする.S_n の表現 S^λ を S_{n+1} へ誘導した表現は,λ に箱を一つ付け加えて得られるすべてのヤング図形 λ' に関する $S^{\lambda'}$ たちを,重複なしに直和をとったものである.

H を有限群 G の部分群,W を H の既約表現,V を G の既約表現とする.フロベニウスの相互律とは,V の H への制限 $V|_H$ の直和分解に W が現れる回数と,$\mathrm{Ind}_H^G W$ の直和分解に V が現れる回数が一致することを主張するものである（これは,同型 $\mathrm{Hom}_{\mathbb{C}[G]}(\mathbb{C}[G] \otimes_{\mathbb{C}[H]} W, V) = \mathrm{Hom}_{\mathbb{C}[H]}(W, V)$ から導かれる）.したがって系 7.13 の主張は,S_n の表現 S^λ の S_{n-1} への制限は,λ から箱を一つ取り除いてできるすべてのヤング図形 λ' に対応する $S^{\lambda'}$ たちを,重複なしに直和をとったものである,という主張と同値である.

演習問題 50 S_n の S_{n+m} への埋め込みを考える.S_{n+m} の表現 $S^{\lambda'}$ が $\mathrm{Ind}_{S_n}^{S_{n+m}} S^\lambda$ の直和分解に現れる回数は,λ'/λ 上に相異なる数 $1, \ldots, m$ を入れてできる歪タブローの個数と一致することを示せ.

系 7.14（フロベニウスの指標公式） S^λ の指標が共役類 C_μ の上でとる値は,§6.2 の式 (6.12) で定めた整数 χ_μ^λ と一致する.

証明 定理 7.10 の証明で紹介した ϕ の定義式より,$[S^\lambda]$ は対称関数 $\sum_\mu \frac{1}{z(\mu)} \chi_{S^\lambda}(C_\mu) p_\mu$ と対応する.一方でこれは s_λ なのだから,§6.2 の式 (6.13) より主張は従う. □

演習問題 51 $\lambda = (\lambda_1 \geq \cdots \geq \lambda_k \geq 0)$ に対して,$\ell_i = \lambda_i + k - i$ と定める.数 χ_μ^λ は,多項式
$$\prod_{1 \leq i < j \leq k} (x_i - x_j) \cdot p_\mu(x_1, \ldots, x_k)$$
の $x_1^{\ell_1} \cdots x_k^{\ell_k}$ の係数と等しいことを示せ.

演習問題 52 $\mu = (1^n)$ の場合にフロベニウスの指標公式を適用することで,S^λ の次元が §4.3 の演習問題 17 で与えられた数 f^λ と一致することを示せ.これはフック長公式の別証明となっている.

ここまでの議論で,環 Λ の対合 ω と,環 R の対合 ω が定まっていたことを思い出そう.

命題 7.15 上で定めた Λ と R の同型は，対合 ω と可換である．

証明 $\phi(\omega([M^\lambda])) = \omega(\phi([M^\lambda]))$ を証明すれば十分である．符号表現の指標は C_μ 上で値 $(-1)^{\Sigma(\mu_i-1)}$ をとるから，

$$\begin{aligned}\phi(\omega([M^\lambda])) &= \phi([M^\lambda \otimes \mathbb{U}_n]) \\ &= \sum_\mu \frac{1}{z(\mu)} \chi_{M^\lambda}(C_\mu) \cdot \chi_{\mathbb{U}_n}(C_\mu) p_\mu \\ &= \sum_\mu \frac{1}{z(\mu)} \chi_{M^\lambda}(C_\mu) \cdot (-1)^{\Sigma(\mu_i-1)} p_\mu \\ &= \sum_\mu \frac{1}{z(\mu)} \chi_{M^\lambda}(C_\mu) \cdot \omega(p_\mu) \\ &= \omega(\phi([M^\lambda]))\end{aligned}$$

が成り立つ．ここで，§6.2 の系 6.5 の (2) を用いた． □

特に，$\omega : R \to R$ は環の準同型である．Λ の対合は s_λ を $s_{\tilde{\lambda}}$ に写すことから，以下の系を得る：

系 7.16 $\mathbb{U}_n$ を S_n の符号表現，$\tilde{\lambda}$ を分割 λ の共役とすると，$S^\lambda \otimes \mathbb{U}_n \cong S^{\tilde{\lambda}}$ が成立する．

演習問題 53 $S^{\tilde{\lambda}}$ と $S^\lambda \otimes \mathbb{U}_n$ の間の同型を具体的に構成せよ．

演習問題 54 λ の任意の番号付け T に対して，対応 $\{\sigma \cdot T\} \mapsto \sigma \cdot a_T$ が M^λ から左イデアル $A \cdot a_T$ への同型を与えることを示せ．また，この写像により，S^λ が $A \cdot c_T$ の上に同型に写されることを示せ．

以下の演習問題は，次の章で用いられる．

演習問題 55 任意の番号付け T に対して，対応 $x \mapsto x \cdot \{T\}$ により A から M^λ への A 線型な全射を定める．この写像の核は，$p \in R(T)$ を用いて $p-1$ と表されるすべての元の生成する左イデアルであること示せ．また，このイデアルは，$p \in R(T)$ が互換であるような元 $p-1$ だけでも生成できることを示せ．

演習問題 56 (a) $S^{(n-1,1)}$ は，$V_n = \{(z_1, \ldots, z_n) \in \mathbb{C}^n ; \sum z_i = 0\}$ の上に $\sigma \cdot (z_1, \ldots, z_n) = (z_{\sigma^{-1}(1)}, \ldots, z_{\sigma^{-1}(n)})$ で定められる S_n の標準表現と同型であることを示せ．
(b) 分岐規則を用いて，$S^{(n-p,1^p)}$ は $\bigwedge^p(V_n)$ と同型であることを示せ．

7.4 双対的構成と整列アルゴリズム

行タブロイドを用いるかわりに列タブロイド (column tabloid) を用いることで，シュペヒト加群の双対版を作ることができる．これを用いたあるアルゴリズムにより，一般の S^λ の元を，λ の標準タブロー T に対応する基底 $\{v_T\}$ を用いて書き表すことができる．ただし列タブロイドは，列の中の2つの要素を交換するとタブロイドの符号が入れ換わるという「交代的」性質を持つものと定義する．すなわち**列タブロイド**とは，ヤング図形の番号付けたちに対して，各列の要素が一致するとき同値であると定めた関係の同値類であって，以下に定める**向き**を持つものである．2つの同値な番号付けは，一方をもう一方に変換する置換の符号が正のときは同じ向き，負のときは逆の向きを持つ．これは，以下のように図で表現できる：

$$\begin{array}{|c|c|}\hline 2 & 1 \\\hline 3 & 4 \\\hline 5 \\\cline{1-1}\end{array} = - \begin{array}{|c|c|}\hline 2 & 1 \\\hline 5 & 4 \\\hline 3 \\\cline{1-1}\end{array} = \begin{array}{|c|c|}\hline 5 & 1 \\\hline 2 & 4 \\\hline 3 \\\cline{1-1}\end{array} = - \begin{array}{|c|c|}\hline 5 & 4 \\\hline 2 & 1 \\\hline 3 \\\cline{1-1}\end{array}$$

番号付け T の定める列タブロイドを $[T]$ と書く．T の列を保つ奇置換で得られる番号付けが定める列タブロイドは，$-[T]$ と書くことにする．

n の分割 λ に対し，各列タブロイドに対応付けられたベクトル空間 $\mathbb{C}$ たちの直和を $\widetilde{M}^\lambda$ とする．番号付け T を用いた列タブロイドの表示 $[T]$ は，T の向きに応じた正負を付けて $\widetilde{M}^\lambda$ の元と対応させる．言い換えると $\widetilde{M}^\lambda$ は，λ の番号付け T に対応する形式的元 $\langle T \rangle$ の生成するベクトル空間を，$q \in C(T)$ を用いて $\langle T \rangle - \mathrm{sgn}(q)\langle q \cdot T \rangle$ と書けるすべての元で生成される部分空間で割ったものと同型である．

対称群 S_n は，$\widetilde{M}^\lambda$ に $\sigma \cdot [T] = [\sigma \cdot T]$ によって作用する．$\widetilde{S}^\lambda \subset \widetilde{M}^\lambda$ を，

$$\tilde{v}_T = a_T \cdot [T] = \sum_{p \in R(T)} [p \cdot T]$$

の形のすべての元で張られる部分空間とする．この設定のもと，§7.2 で得たすべての結果の双対版や，S_n の既約表現の別構成ができる．以下の2つの演習問題で実際にやってみよう．この結果は後で用いる．

演習問題 57 (a) $\sigma \in S_n$ に対して，$\tilde{v}_{\sigma T} = \sigma \cdot \tilde{v}_T$ を示せ．
(b) T' においては同じ行，T においては同じ列に入っている2つの数が存在するならば，$a_{T'} \cdot [T] = 0$ であることを示せ．

7.4 双対的構成と整列アルゴリズム

(c) T と T' が同じ形をしており,かつ上のような2つの数が存在しない場合,$a_{T'} \cdot [T] = \pm \tilde{v}_{T'}$ であることを示せ.

(d) $\vartheta : \widetilde{M}^\lambda \to \widetilde{M}^\lambda$ が S_n の表現の間の準同型であって,核が $\widetilde{S}^{\lambda'}$ を含まないならば,$\lambda' \trianglelefteq \lambda$ であることを示せ.

(e) $\widetilde{S}^\lambda$ が既約表現であることを示せ.また,S_n のどの既約表現もちょうど1つの $\widetilde{S}^\lambda$ と同型であることを示せ.

(f) T が λ の標準タブローを動くとき,$\tilde{v}_T$ たちが $\widetilde{S}^\lambda$ の基底を成すことを示せ.

演習問題 58 (a) T を λ の番号付けとする.S_n の符号表現を $C(T)$ に制限したものを $\mathbb{U}$ とするとき,$\widetilde{M}^\lambda \cong \mathrm{Ind}_{C(T)}^{S_n}(\mathbb{U})$ を示せ.これを用いて,$\mu = \tilde{\lambda}$ に対して $\widetilde{M}^\lambda \cong S^{(1^{\mu_1})} \circ \cdots \circ S^{(1^{\mu_l})} = \mathbb{U}_{\mu_1} \circ \cdots \circ \mathbb{U}_{\mu_l}$ であることを示せ.

(b) 以下を示せ.
$$\widetilde{M}^\lambda \cong \widetilde{S}^\lambda \oplus \bigoplus_{\tilde{\nu} \triangleright \tilde{\lambda}} (S^\nu)^{\oplus K_{\tilde{\nu}\tilde{\lambda}}}.$$

(c) 任意の番号付け T に対して,対応 $x \mapsto x \cdot [T]$ により A から $\widetilde{M}^\lambda$ への A 線型な全射を定める.この写像の核は,$q \in C(T)$ を用いて $q - \mathrm{sgn}(q) \cdot 1$ と表されるすべての元の生成する左イデアルであること示せ.また,このイデアルは,$q \in C(T)$ が互換であるような元 $q + 1$ だけでも生成できることを示せ.

(d) λ の番号付け T に対して,$\widetilde{M}^\lambda$ から $A \cdot b_T$ への同型であって,$\widetilde{S}^\lambda$ を $A \cdot a_T \cdot b_T$ に写すものを構成せよ.

この双対的な構成法は,シュペヒト加群をタブロイドの加群の商加群として実現する際に役に立つ.以下のような標準的な全射を考えよう.
$$\alpha : \widetilde{M}^\lambda \to S^\lambda, \quad [T] \mapsto v_T,$$
$$\beta : M^\lambda \to \widetilde{S}^\lambda, \quad \{T\} \mapsto \tilde{v}_T.$$

これらは S_n 加群としての準同型である.例えば,等式 $\sigma \cdot [T] = [\sigma \cdot T]$ と $v_{\sigma T} = \sigma \cdot v_T$ を用いれば,α が矛盾なく定まること($\sigma \in C(T)$ に対して $\sigma \cdot v_T = \mathrm{sgn}(\sigma) \cdot v_T$ であるため)と,S_n の作用と可換であることがわかる.

補題 7.17 合成写像 $S^\lambda \hookrightarrow M^\lambda \to \widetilde{S}^\lambda$ および $\widetilde{S}^\lambda \hookrightarrow \widetilde{M}^\lambda \to S^\lambda$ は同型写像である.

証明[20] 2つの写像の合成 $S^\lambda \to \widetilde{S}^\lambda \to S^\lambda$ と $\widetilde{S}^\lambda \to S^\lambda \to \widetilde{S}^\lambda$ が,いずれも正整数

---

[20] 訳注:著者からの連絡によると,原著の証明には誤りがあることを Sam Payne と Anders Buch が 2004 年に指摘した.ここには,この二人が示した修正に基づいた証明を記す.

n_λ による定数倍写像であることを示そう．β は $v_T = b_T\{T\}$ を $b_T \cdot \tilde{v}_T$ に写し，α は $b_T \cdot \tilde{v}_T = b_T \cdot a_T[T]$ を $b_T \cdot a_T \cdot v_T$ に写す．したがって，等式 $(b_T \cdot a_T) \cdot v_T = n_\lambda \cdot v_T$ を満たす正整数 n_λ を見つければよい．ここで，λ の任意の番号付け T を一つとり，4つ組 (p_1, p_2, q_1, q_2)，$p_1, p_2 \in R(T)$，$q_1, q_2 \in C(T)$ のうちで $q_1 p_1 q_2 p_2 = 1$ を満たすもの全体の集合にわたる和

$$n_\lambda = \sum \mathrm{sgn}(q_1 q_2)$$

として n_λ を定める．これは T の選び方によらない．なぜならば，T を $\sigma \cdot T$ に入れ替えることにより，$R(T)$ と $C(T)$ はそれぞれ $\sigma R(T)\sigma^{-1}$ と $\sigma C(T)\sigma^{-1}$ に入れ替わるからである．n_λ が正であることは，以下の補題 7.18 で示す．

定義により $v_T = \sum \mathrm{sgn}(q)\{q \cdot T\}$ （$q \in C(T)$ についての和）が成り立つので，等式

$$(b_T \cdot a_T) \cdot v_T = \sum_{p_1 \in R(T),\ q_1, q_2 \in C(T)} \mathrm{sgn}(q_1 q_2)\{q_1 p_1 q_2 T\}$$

を得る．$b_T \cdot S^\lambda = \mathbb{C} v_T$ が成り立つので，右辺における v_T の係数が n_λ であることを示せばよい．それは $\{T\}$ の係数とも等しい．この係数に寄与するのは $\{q_1 p_1 q_2 T\} = \{T\}$ が成り立つような $p_1 \in R(T)$，$q_1, q_2 \in C(T)$ だが，この条件は $q_1 p_1 q_2 \in R(T)$ と同値である．$p_2^{-1} = q_1 p_1 q_2 \in R(T)$ とおけば $q_1 p_1 q_2 p_2 = 1$ である．このような項は $\mathrm{sgn}(q_1 q_2)$ として寄与するので n_λ の値が得られる．

同様に，合成 $\widetilde{S}^\lambda \to S^\lambda \to \widetilde{S}^\lambda$ が n_λ 倍写像であることは，等式 $(a_T \cdot b_T) \cdot \tilde{v}_T = n_\lambda \cdot \tilde{v}_T$ に帰着する．等式

$$(a_T \cdot b_T) \cdot \tilde{v}_T = \sum_{p_1, p_2 \in R(T),\ q_1 \in C(T)} \mathrm{sgn}(q_1)[p_1 q_1 p_2 T]$$

の右辺で $[p_1 q_1 p_2 T] = \pm[T]$ となる項を拾い出せばよい．それは $p_1 q_1 p_2 \in C(T)$ となる場合である．$p_1 q_1 p_2 = q_2^{-1}$ とおく．そのとき，対応する項は $\mathrm{sgn}(q_1)[p_1 q_1 p_2 T] = \mathrm{sgn}(q_1)\mathrm{sgn}(p_1 q_1 p_2)[T] = \mathrm{sgn}(q_1 q_2^{-1})[T] = \mathrm{sgn}(q_1 q_2)[T]$ である．このように，$[T]$ の係数は，4つ組 (p_1, p_2, q_1, q_2) であって $p_1 q_1 p_2 q_2 = 1$ を満たすものにわたる $\mathrm{sgn}(q_1 q_2)$ の和である．各置換の逆元を対応させることで，この値が n_λ と等しいことがわかる． □

演習問題 59 (a) n_λ を補題 7.17 の証明の中で定めた数とする．T が λ の番号付けであるとき，$c_T \cdot c_T = n_\lambda c_T$ を示せ．

Connor Ahlbach と Josh Swanson は 2017 年に同じ箇所を指摘したとのことである．

(b) $c_{T'} \cdot c_T = 0$ であることと，T' においては同じ行，T においては同じ列に入っている2つの数が存在することが，同値であることを示せ．

(c) T が n 個の箱から成る標準タブローを動くとき，A はイデアル $A \cdot c_T$ たちの直和であることを示せ．

(d) 同じ形を持つが異なる標準タブロー T, T' であって，$c_{T'} \cdot c_T \neq 0$ なるものを挙げよ．

補題 7.18 n_λ を補題 7.17 の証明の中で定めた数とする．このとき $n! = n_\lambda \cdot f^\lambda$ が成り立つ．特に整数 n_λ は正の整数である．

証明 $A = \mathbb{C}[S_n]$ とおく．λ の任意の番号付け T に対する c_T は，演習問題 59 (a) から $c_T^2 = n_\lambda c_T$ を満たす．§7.1 の順序で極小な標準タブロー T をとり，c_T の右乗法による写像 $F: A \to A$ を考える．演習問題 59 (b) より，U が T 以外の標準タブローならば Ac_U 上で F は消える．また Ac_T 上で F は n_λ 倍写像として作用するので，F のトレースは n_λ に $\dim(Ac_T)$ を乗じたものである．一方，置換の成す A の基底を用いれば F のトレースが $n!$ であることがわかる．演習問題 54 によると $\dim(Ac_T) = f^\lambda$ が成り立つので $n! = n_\lambda f^\lambda$ が得られる． □

補題 7.17 より $\widetilde{S}^\lambda$ は S^λ と同型である．特に，この双対的構成によっても S_n の既約表現をすべて得ることができる（これは演習問題 57 でも確かめた）．この節の目標は，$\widetilde{M}^\lambda$ から S^λ への全射 α の核を記述すること，つまり S^λ の生成元 v_T の間の関係式を見つけることである．$\mu = \tilde{\lambda}$ を分割 λ の共役とし，$\ell = \lambda_1$ を μ の長さとする．任意の $1 \leq j \leq \ell - 1, 1 \leq k \leq \mu_{j+1}$ および λ の番号付け T に対して，

$$\pi_{j,k}(T) = \Sigma[S] \in \widetilde{M}^\lambda$$

とおく．ただし和は，T の第 ($j+1$) 列の上から k 個の要素と，第 j 列の任意の k 個の要素を，上下の位置関係を保ったまま交換して得られるすべての番号付け S に関してとる．例えば，

$$\pi_{1,2}\left(\begin{array}{|c|c|}\hline 1 & 2 \\\hline 4 & 3 \\\hline 5 & 6 \\\hline\end{array}\right) = \left[\begin{array}{cc} 2 & 1 \\ 3 & 4 \\ 5 & 6 \end{array}\right] + \left[\begin{array}{cc} 2 & 1 \\ 4 & 5 \\ 3 & 6 \end{array}\right] + \left[\begin{array}{cc} 1 & 4 \\ 2 & 5 \\ 3 & 6 \end{array}\right]$$

である．

定義 7.19 $1 \leq j \leq \ell - 1$, $1 \leq k \leq \mu_{j+1}$, および λ の番号付け T を用いて

$$[T] - \pi_{j,k}(T)$$

と表されるすべての元で生成される $\widetilde{M}^\lambda$ の部分空間を Q^λ とする．$\pi_{j,k}(\sigma \cdot T) = \sigma \cdot \pi_{j,k}(T)$ であるから，この部分空間は S_n の部分表現である．

補題 7.20 T が λ のすべての標準タブローを動くとき，$[T]$ たちは商空間 $\widetilde{M}^\lambda/Q^\lambda$ を生成する．

証明 λ の番号付けたちの間に定まる，§7.1 とは異なる順序を用いて証明する．λ の 2 つの番号付け T, T' を列ごとに下から上，右から左に読むときに，初めて一致しない数字を比べて，T' の方が T のものより大きい場合 $T' \succ T$ と定める．主張を証明するためには，Q^λ の定める関係式のもと，標準タブローではない T に対する $[T]$ が，$S \succ T$ を満たす $[S]$ たちの 1 次結合で表せることを示せばよい．まず，各列の数字が（下に向かって）単調増加であるとして構わない．なぜならば，そのようになっていない番号付け T に列置換を施し，各列の数字を単調増加に取り換えたものを T' とすると，$[T'] = \pm [T]$ かつ $T' \succ T$ が成り立つからである．各列の数字は単調増加な，標準タブローではない番号付けを T とする．このとき，T の第 j 列の k 個目の数が，第 $(j+1)$ 列の k 個目の数がより大きいような自然数 k, j が存在する．$\pi_{j,k}(T)$ の各項に現れる番号付けは，ここで定めた順序に関して T よりも真に大きい．これが示したいことであった．
□

この補題の証明によって，$\widetilde{M}^\lambda/Q^\lambda$ の任意の元を平易な手段で標準タブローの 1 次結合として表す方法が得られる．これが，この節の表題の「整列アルゴリズム (straightening algorithm)」である．例えば，T を上の例で用いたものとする．このとき $j = 1, k = 2$ ととると，

$$\begin{bmatrix} 1 & 2 \\ 4 & 3 \\ 5 & 6 \end{bmatrix} \equiv \begin{bmatrix} 2 & 1 \\ 3 & 4 \\ 5 & 6 \end{bmatrix} - \begin{bmatrix} 2 & 1 \\ 3 & 5 \\ 4 & 6 \end{bmatrix} + \begin{bmatrix} 1 & 4 \\ 2 & 5 \\ 3 & 6 \end{bmatrix}$$

が得られる．最初の 2 つの項に対して $j = 1, k = 1$ として同様の操作をし，適宜，交換，並べ替え，消去を行うと，

$$\left[\begin{array}{cc}\boxed{1}&\boxed{2}\\\boxed{4}&\boxed{3}\\\boxed{5}&\boxed{6}\end{array}\right] \equiv \left[\begin{array}{cc}\boxed{1}&\boxed{2}\\\boxed{3}&\boxed{4}\\\boxed{5}&\boxed{6}\end{array}\right] - \left[\begin{array}{cc}\boxed{1}&\boxed{3}\\\boxed{2}&\boxed{4}\\\boxed{5}&\boxed{6}\end{array}\right] - \left[\begin{array}{cc}\boxed{1}&\boxed{4}\\\boxed{2}&\boxed{5}\\\boxed{3}&\boxed{6}\end{array}\right] - \left[\begin{array}{cc}\boxed{1}&\boxed{2}\\\boxed{3}&\boxed{5}\\\boxed{4}&\boxed{6}\end{array}\right]$$

$$+ \left[\begin{array}{cc}\boxed{1}&\boxed{3}\\\boxed{2}&\boxed{5}\\\boxed{4}&\boxed{6}\end{array}\right]$$

を得る.

以上の生成元と関係式がシュペヒト加群を実現することを証明しよう.つまり,$\widetilde{M}^\lambda/Q^\lambda$ と S^λ の間に標準的な同型が存在することを示す.これが次の命題の主張である.

命題 7.21 Q^λ は,$[T]$ を v_T に写す写像 $\alpha : \widetilde{M}^\lambda \to S^\lambda$ の核である.

証明 Q^λ の生成元が α の核に入ることを示せば十分である.実際,全射 $\widetilde{M}^\lambda/Q^\lambda \to S^\lambda$ が存在すれば,補題 7.20 より $\widetilde{M}^\lambda/Q^\lambda$ の次元は λ の標準タブローの個数 f^λ 以下であること,および $\dim(S^\lambda) = f^\lambda$ であることから,この写像は同型であることが従う.

まず初めにどのような元が α の核に入るか調べる.λ の番号付け T,および第 $(j+1)$ 列の空でない部分集合 Y に対して,$\widetilde{M}^\lambda$ の元 $\gamma_Y(T)$ を以下で定める:

$$\gamma_Y(T) = \sum \varepsilon_{(S,T)}[S].$$

ただし右辺の和は,Y の(空でもよい)部分集合と,同数の要素を持つ第 j 列の部分集合を,番号の上下関係を保ちながら交換して得られるすべての番号付け S に関してとる.$\varepsilon_{(S,T)}$ は,偶数個の数字が入れ替わったときは $+1$,奇数個のときは -1 である.同じことだが,$\varepsilon_{(S,T)}$ は $S = \sigma \cdot T$ なる置換 σ の符号である.以下の 2 つの主張を証明すれば十分である:

主張 1 任意の T, Y に対して,$\gamma_Y(T) \in \mathrm{Ker}(\alpha)$.

主張 2 $\pi_{j,k}(T) - [T] = \sum_Y (-1)^{\#Y} \gamma_Y(T)$.ただし右辺の和は,$T$ の第 $(j+1)$ 列の上から k 個目までの部分の,空でないすべての部分集合 Y に関してとる.

主張 1 を示す.T の第 j 列に入っている数字の集合を X とする.部分群 $K \subset H \subset S_n$ を以下のように定める.H は,和集合 $X \cup Y$ に属さない数字を

固定する置換の成す部分群とする．K は，$X \cup Y$ に属さない元を固定し，かつ，X と Y の行き先が自分自身であるような置換の成す部分群とする．$K \subset C(T)$ であるから，$k \in K$ に対して $k \cdot [T] = \mathrm{sgn}(k) \cdot [T]$ が成り立ち，

$$\sum_{k \in K} \mathrm{sgn}(k) k \cdot [T] = (\#X)! \cdot (\#Y)! \cdot [T]$$

となることにまず注意する．定義より，$\gamma_Y(T)$ は $\sum \mathrm{sgn}(\sigma)[\sigma \cdot T]$ と表される．ただし和は H/K の完全代表系 $\{\sigma\}$ に関してとる．したがって，

$$(\#X)! \cdot (\#Y)! \cdot \gamma_Y(T) = \sum_{h \in H} \mathrm{sgn}(h) h \cdot [T]$$

が成り立つ．主張 1 を示すためには，右辺の和が α の核に含まれていること，つまり，

$$\sum_{h \in H} \mathrm{sgn}(h) h \cdot v_T = \sum_{q \in C(T)} \mathrm{sgn}(q) \sum_{h \in H} \mathrm{sgn}(h) h \{q \cdot T\}$$

がゼロであることを示せばよい．どの $q \in C(T)$ に対しても，番号付け $q \cdot T$ はいずれかの行に必ず，$X \cup Y$ の要素のうち少なくとも 2 つを含む．t をこれらを入れ換える互換とすると，

$$\sum_{h \in H} \mathrm{sgn}(h) h \{q \cdot T\} = \sum_{g} \mathrm{sgn}(g) g(1-t)\{q \cdot T\},$$

と書き換えられる．右辺の g は $H/\{1, t\}$ の完全代表系を動く．$t\{q \cdot T\} = \{q \cdot T\}$ であるから，これは 0 である．これにて主張 1 の証明は完了する．

主張 2 の証明には数え上げを用いる．T の第 $(j+1)$ 列の上から k 個までの箱に入っている数字の成す集合を W とする．Y の部分集合 Z に含まれる箱と，第 j 列に含まれる同数の箱を入れ替えて得られるすべての番号付け S に関してとった和

$$\sum_{\varnothing \neq Y \subset W} (-1)^{\#Y} \gamma_Y(T) = \sum_{\varnothing \neq Y \subset W} (-1)^{\#Y} \left(\sum_S \varepsilon_{(S,T)} [S] \right)$$

に含まれる $[S]$ の係数を計算しよう．T の第 $(j+1)$ 列には含まれるが S の第 $(j+1)$ 列には含まれない数字の集合が Z である．$Z = W$ を満たす S は和に 1 回しか寄与せず，しかも，$\varepsilon_{(S,T)} = (-1)^k$ であるから，これらの項の和は $\pi_{j,k}(T)$ である．Z が空の場合，$S = T$ であり，項 $[T]$ は $\varnothing \neq Y \subset W$ なる Y 1 つにつき 1 回ずつ現れる．したがって，その係数は $\sum_{\ell=1}^{k} (-1)^\ell \binom{k}{\ell} = -1$ であり，これらの項の寄与は $-[T]$ となる．Z が大きさ $0 < m < k$ の集合であるとき，そのような S は，Z を含むような Y 1 つにつき 1 回ずつ現れる．$V = Y \setminus Z$

7.4 双対的構成と整列アルゴリズム　**107**

と書くことにすると，$[S]$ の係数は $\sum_{Z \subset Y \subset W} (-1)^{\#Y}(-1)^m = \sum_{V \subset W/Z} (-1)^{\#V} = \sum_{\ell=0}^{k} (-1)^{\ell} \binom{k}{\ell} = 0$. □

系 7.22　S^λ は，λ の番号付け T に対応する v_T によって生成されるベクトル空間であって，$v_T - \sum v_S$ の形の関係式を持つものである．ただし和は，T の固定された列の上から k 個の数字と，直前の列の任意の k 個の数字を，上下の位置関係を変えずに入れ替えて得られるすべての番号付け S に関してとる．(関係式は，番号付け T と，隣接する T の列，および数 k を選ぶごとに一つずつ存在する．)

上の証明中で紹介した関係式は，「ガルニール元」(Garnir element) の特別な場合である ([Sagan (1991)] と [James and Kerber (1981)] を参照)．命題 7.21 の「2 次関係式」[21] は，登場する項が少なく符号を気にする必要もない，使いやすいもののように見える．後の章で，このようなタイプの関係式が一般線型群の表現論や旗多様体の幾何に大きく関わっていることがわかる．

また，以下のことにも注意しておくべきであろう．ある列の上から k 個の数字を前の列の任意の k 個の数字と入れ換える，という今まで扱ってきたルールを，ある列の任意に定めた k 個の数字を前の列の任意の k 個の数字と入れ換える (いつものように，入れ替わる数字の上下関係は保ちながら) という風に変更しても，実は同じ基本関係式が得られる．実際，番号付け T と固定された列について，上から k 個の数字と，同じ列の任意に定めた k 個の数字を，上下関係を保ちながら入れ換えて得られる番号付けを T' とする．このとき，上から k 個の数字を入れ替えて得られる S に関する和をとった関係式 $[T] - \sum[S]$ と，任意に定めた k 個の数字を入れ換えて得られる S' に関する和をとった関係式 $\pm([T'] - \sum[S'])$ は同じものである．ここで $\pm$ は，上から k 個の数字と与えられた k 個の数字を入れ換える置換の符号である．

演習問題 60　双対的に，$\beta : M^\lambda \to \widetilde{S}^\lambda$ の核が $\{T\} + (-1)^k \widetilde{\pi}_{j,k}(T)$ の形の元で生成されることを示せ．ただし $\widetilde{\pi}_{j,k}(T) = \sum\{S\}$ で，右辺の和は，T の第 $(j+1)$ 行の左から k 個の数字と，第 j 行の任意の k 個の数字を，左右関係を保ちながら入れ換えて得られるすべての番号付け S に関してとる．

表現 M^λ, $\widetilde{M}^\lambda$ は整数環の上で定義することができる．これらは複素表現のときと同じように，行タブロイドもしくは (向き付き) 列タブロイドにより自由生

---

[21] 訳注：$\sum \varepsilon_{(S,T)}[S] = 0$ という式のこと．2 次関係式と呼ぶ理由は第 8 章参照．

成される．ここまでの議論でわかるのは，S^λ は λ の標準タブロー T に対応する v_T を $\mathbb{Z}$ 基底に持つこと，$\widetilde{M}^\lambda$ の商として表現するための 2 次関係式が整数環上でも意味を持つことである．$\widetilde{S}^\lambda$ も同様に，標準タブロー T に対応する $\tilde{v}_T$ により自由生成される．しかしながら，下の演習問題で見るように，S^λ から $\widetilde{S}^\lambda$ への同型は有理数まで考えて初めて有効になる．そのうえ，正標数体上では，シュペヒト加群は既約にならないことがある．

演習問題 61 $S^{(2,1)}$ と $\widetilde{S}^{(2,1)}$ は $\mathbb{Z}$ 上では同型にならないことを示せ．標数 3 の体上でも同様のことを示せ．

有理数体上では，α の核は 1 つの数字の交換から得られる関係式のみから，つまり $[T] - \pi_{j,1}(T)$ の形の元のみから生成されることが示せる（しかしこれは整数環上では成り立たない）．β についても同様の事実が成り立つ．以下の演習問題をみてみよ．

演習問題 62 ヤング図形 λ と数字 j を固定する．本問では $\widetilde{M}^\lambda$ を，$\mathbb{Z}$ 加群として構成したものとする．λ の第 $(j+1)$ 列の長さ以下の自然数 k に対し，λ の番号付け T を用いて $[T] - \pi_{j,k}(T)$ と書けるすべての元で生成される部分 $\mathbb{Z}$ 加群を N_k とする．

(a) m を λ の第 j 列の長さとする．また，$1 \leq i \leq m$ について，T の第 j 列の i 番目の数と，第 $(j+1)$ 列の k 番目の数を入れ替えて得られる番号付けを $T_{i,k}$ とする．このとき，$[T] - \sum\limits_{i=1}^{m}[T_{i,k}]$ が N_1 に入っていることを示せ．また，$k > 1$ に対して
$$\sum_{i=1}^{m} \pi_{j,k-1}(T_{i,k}) = k \cdot \pi_{j,k}(T) - (k-1) \cdot \pi_{j,k-1}(T)$$
が成り立つことを示せ．

(b) $k \cdot N_k \subset N_1 + N_{k-1}$ を示せ．これを使って $k! \cdot N_k \subset N_1$ を導け．

次の演習問題で扱うのは，これまで扱ってきたものと同等だが，より古典的なシュペヒト加群の構成法についてである．

演習問題 63 対称群 S_n は，n 変数多項式環 $\mathbb{C}[x_1, \ldots, x_n]$ に
$$(\sigma \cdot f)(x_1, \ldots, x_n) = f(x_{\sigma(1)}, \ldots, x_{\sigma(n)})$$
で作用する．n の分割 λ と，λ の（相異なる数字による）番号付け T に対して，$T(i,j)$ を T の (i,j) 成分とするとき

$$F_T = \prod_j \prod_{i<i'} (x_{T(i',j)} - x_{T(i,j)})$$

と定める.

(a) $\sigma \cdot F_T = F_{\sigma T}$ を示せ. この等式により,これらの多項式で張られる空間は S_n によって保たれることがわかる.

(b) v_T を F_T に対応させることによって,S^λ から (a) の空間への同型が存在することを示せ. 特に,T が λ の標準タブローを動くとき,F_T がこの空間の基底を成す.

演習問題 64 S^λ と $\widetilde{S}^\lambda$ が同型であることの別証明を,$A \cdot b_T \cdot a_T$ から $A \cdot a_T \cdot b_T$ への同型を構成することで与えよ.

演習問題 65(ホップ代数について知っている読者への問題) 環 Λ は,s_ν を $\sum_{\lambda,\mu} c_{\lambda,\mu}^\nu s_\lambda \otimes s_\mu$ へ写すような「余積」$\Lambda \to \Lambda \otimes \Lambda$,$\Lambda_n \to \bigoplus_{p+q=n} \Lambda_p \otimes \Lambda_q$ を持つ.

(a) この余積により,Λ がホップ代数の構造を持つことを示せ. また,対合 ω(式 (7.12) 直後を参照)が余積と整合的であることを示せ.

(b) 環 R 上ではこの余積はどう表現されるか記述せよ.

第8章 一般線型群の表現

　一般線型群 $GL_m\mathbb{C} = GL(E)$（E は m 次元複素ベクトル空間）の既約な多項式表現を構成すること，およびその性質を調べることがこの章の目的である．これらの表現は，線型代数でよく知られた対称積や外積の構成法を一般化することで作られる．E を一般の可換環上の任意の加群に取り換えても同様のことができる．これらの表現は，行の数が高々 m のヤング図形 λ によりパラメータ付けされ，数字 $1, 2, \ldots, m$ で番号付けられた λ 上のタブローに対応する基底を持つ．対称群の表現からこれらの表現を作り出すことも可能である．対称群の表現の場合と同じく，より自然な表現の部分空間，もしくは商空間として実現する有用な方法が存在する．このとき現れる関係式が 2 次関係式である．§8.3 ではこれらの表現の指標を計算する．すべての既約表現がこの方法で与えられることを示すために，リー群，リー代数の知識を §8.2 で少し説明する．§8.4 では 2 次関係式を違う方法で記述し，すべての多項式表現の和空間が 100 年前[1]に Deruyts によって構成された環と同じであることを説明する．

8.1　線型代数による構成

　可換環 R，R 加群 E，および分割 λ に対し，E^λ と書かれる R 加群を構成しよう．（後の節で用いる際には，$R = \mathbb{C}$, E は有限次元複素ベクトル空間と考えて構わない．）$\lambda = (n)$ のとき E^λ は対称積 $\mathrm{Sym}^n E$, $\lambda = (1^n)$ のとき E^λ は外積 $\bigwedge^n E$ である．これらの加群もそうであるが，一般の E^λ は普遍性問題 (universal problem) の解として記述される．
　n 個の E たちの直積は通常 $E^{\times n} = E \times \cdots \times E$ と書くが，こう書くと自然に

---

[1]　訳注：原著出版は 1997 年．

添字集合の順序関係を意識することになる．しかし，本節で行う操作はそのような順序に依存せず，どのような添字集合に対しても意味が通じるものである．そこで，記号 $E^{\times \lambda}$ で $n = |\lambda|$ 個の E の直積を表すこととし，各成分はヤング図形 λ の n 個の箱によってラベル付けされていると解釈する．$E^{\times \lambda}$ の元 $\boldsymbol{v}$ は，λ の各箱に E の元を割り当てることで与えられる．

$E^{\times \lambda}$ から R 加群 F への写像 $\varphi : E^{\times \lambda} \to F$ であって，以下の3つの性質 (8.1)-(8.3) を満たすものを考える．

$$\varphi \text{ は多重 } R \text{ 線型である．} \tag{8.1}$$

これは，1つ以外の成分を固定したときに，その成分に関して R 線型となることである．

$$\varphi \text{ は同じ列に入っている成分に関して交代的である．} \tag{8.2}$$

これは，同じ列に入っている2つの成分が同じとき，φ は0になるということである．(8.1) と合わせると，$\boldsymbol{v}$ の同じ列に入っている成分を入れ替えて得られる元 $\boldsymbol{v}'$ に対して，$\varphi(\boldsymbol{v}') = -\varphi(\boldsymbol{v})$ が成り立つ．

$$\begin{aligned}&\boldsymbol{v} \in E^{\times \lambda} \text{ に対して，} \varphi(\boldsymbol{v}) = \sum \varphi(\boldsymbol{w}) \text{ が成り立つ．ここで和は，}\\&\boldsymbol{v} \text{ の固定された2つの列の，右側の列の固定された有限個の箱を，}\\&\text{左側の列の任意の同数の箱と交換して得られるすべての元 } \boldsymbol{w} \text{ に関してとる．}\end{aligned} \tag{8.3}$$

ここで行う箱の交換操作は，第 II 部の初めに説明したものとする．$\boldsymbol{v}$ の2つの列，および右側の列の有限個の箱は固定されていることに注意しよう．右側の列の固定された箱の数を k，左側の列のすべての箱の数を c とすると，$\binom{c}{k}$ 個の $\boldsymbol{w}$ について $\varphi(\boldsymbol{w})$ を足すことになる．(8.1) と (8.2) の条件があるので，右側の列の上から k 個を固定した場合のみを考慮すれば十分である．例えば，$\lambda = (2, 2, 2)$ の場合，第2列の一番上の箱を選択したとすると，

$$\varphi\left(\begin{array}{|c|c|} \hline x & u \\ \hline y & v \\ \hline z & w \\ \hline \end{array}\right) = \varphi\left(\begin{array}{|c|c|} \hline u & x \\ \hline y & v \\ \hline z & w \\ \hline \end{array}\right) + \varphi\left(\begin{array}{|c|c|} \hline x & y \\ \hline u & v \\ \hline z & w \\ \hline \end{array}\right) + \varphi\left(\begin{array}{|c|c|} \hline x & z \\ \hline y & v \\ \hline u & w \\ \hline \end{array}\right)$$

$(x, y, z, u, v, w \in E)$ を得る．第2列の上から2つの箱を選択したとすると，

8.1 線型代数による構成　　**113**

$$\varphi\left(\begin{array}{|c|c|}\hline x & u \\\hline y & v \\\hline z & w \\\hline\end{array}\right) = \varphi\left(\begin{array}{|c|c|}\hline u & x \\\hline v & y \\\hline z & w \\\hline\end{array}\right) + \varphi\left(\begin{array}{|c|c|}\hline u & x \\\hline y & z \\\hline v & w \\\hline\end{array}\right) + \varphi\left(\begin{array}{|c|c|}\hline x & y \\\hline u & z \\\hline v & w \\\hline\end{array}\right)$$

を得る．第 2 列の箱をすべて選択したとすると，

$$\varphi\left(\begin{array}{|c|c|}\hline x & u \\\hline y & v \\\hline z & w \\\hline\end{array}\right) = \varphi\left(\begin{array}{|c|c|}\hline u & x \\\hline v & y \\\hline w & z \\\hline\end{array}\right)$$

を得る．

シューア加群 E^λ を，上のような性質を持つ φ に関する普遍性を持つ加群とする．すなわち，性質 (8.1)-(8.3) を満たす写像 $E^{\times\lambda} \to E^\lambda$; $\boldsymbol{v} \mapsto \boldsymbol{v}^\lambda$ が存在して，次の性質を満たすものである：性質 (8.1)-(8.3) を満たす任意の写像 $\varphi: E^{\times\lambda} \to F$ に対して，R 加群の準同型 $\widetilde{\varphi}: E^\lambda \to F$ であって，$\varphi(\boldsymbol{v}) = \widetilde{\varphi}(\boldsymbol{v}^\lambda)$ を満たすものがただ一つ存在する．

まずは 2 つの極端な場合を考えてみよう．$\lambda = (n)$ の場合は性質 (8.2) は何も言っておらず，性質 (8.3) は各要素が可換であることを指している．よって $E^{(n)}$ が対称積 $\mathrm{Sym}^n(E)$ であることがわかるが，これは $E^{\otimes n}$ を，元 $v_i \in E$, $\sigma \in S_n$ を用いて $v_1 \otimes \cdots \otimes v_n - v_{\sigma(1)} \otimes \cdots \otimes v_{\sigma(n)}$ と表されるすべての元で生成される部分加群で割った商である．$\lambda = (1^n)$ の場合は性質 (8.3) は何も言っておらず，性質 (8.2) は各要素が交代的であることを指す．したがって $E^{(1^n)}$ は外積代数 $\bigwedge^n(E)$ である．これは $E^{\otimes n}$ を，$v_1 \otimes \cdots \otimes v_n$ の形の元であって 2 つの v_i が等しいようなすべての元で生成される部分加群で割った商である．

E^λ が同型を除いて一意的に定まるという事実は，それが普遍性問題の解であることからすぐに従う．E^λ を構成するにあたって，まず性質 (8.1) に関する普遍性を持つ加群は n 個の E のテンソル積であることに注意しよう．各要素が λ の箱で添字付けられていることを強調して，このテンソル積を $E^{\otimes \lambda}$ と書くことにする．性質 (8.1) と (8.2) に関する普遍性を持つ加群は，$E^{\otimes \lambda}$ を，同じ列に入っている成分のうち 2 つが一致するようなすべての元の生成する部分加群で割ったものである．各成分を λ の列ごとに上から下，左から右に読んでいくことで，この加群を

$$\bigwedge\nolimits^{\mu_1} E \otimes_R \cdots \otimes_R \bigwedge\nolimits^{\mu_\ell} E$$

と同一視できる．ただし $\mu = \widetilde{\lambda}$ であり，μ_i は λ の第 i 列の長さと一致する．自

然に定まる写像 $E^{\times\lambda} \to \bigotimes_i \bigwedge^{\mu_i} E$ は，$E^{\times\lambda}$ の元の各列の成分を上から順に外積をとり，その結果のテンソル積をとるものである．例えば

$$\begin{array}{|c|c|} \hline x & u \\ \hline y & v \\ \hline z & w \\ \hline \end{array} \mapsto (x \wedge y \wedge z) \otimes (u \wedge v \wedge w) \quad \in \bigwedge^3 E \otimes \bigwedge^3 E$$

である．この $E^{\times\lambda}$ から $\bigotimes \bigwedge^{\mu_i} E$ への写像を，単に $v \mapsto \wedge v$ と書き表すことにする．

定義 8.1 $Q^\lambda(E)$ を，$\wedge v - \sum \wedge w$ の形のすべての元で生成される $\bigotimes \bigwedge^{\mu_i} E$ の部分加群とする．ただし和は，v から (8.3) にあるような方法で得られるすべての元 w についてとる．

このとき，

$$E^\lambda = (\bigwedge^{\mu_1} E \otimes_R \cdots \otimes_R \bigwedge^{\mu_t} E)/Q^\lambda(E) \tag{8.4}$$

が成り立つ．実際，右辺の加群が E^λ の持つ普遍性を満たすことは容易に確認できる．例えば $E^{(2,1)}$ は，$\bigwedge^2 E \otimes E$ を，$u \wedge v \otimes w - w \wedge v \otimes u - u \wedge w \otimes v$ の形のすべての元で生成される部分加群で割ったものである．

定義からわかるように，E^λ の構成は E に関して関手的である．つまり，任意の R 加群の準同型 $E \to F$ に対して，自然な準同型 $E^\lambda \to F^\lambda$ が存在する．また定義により，この構成は底変換に関して整合的である．すなわち $R \to R'$ を可換環の準同型とするとき，自然な同型 $(E \otimes_R R')^\lambda \cong E^\lambda \otimes_R R'$ が存在する．

E の元 $e_1, \ldots, e_m$ が与えられているとしよう．$[m]$ の元を要素に持つ λ の数字付け[2] T に対し，箱の中の数 i を e_i と解釈することで $E^{\times\lambda}$ の元が一つ定まる．この元の E^λ における像を e_T と書く．まず，次の単純な補題が得られる：

補題 8.2 E を $e_1, \ldots, e_m$ を生成元とする自由 R 加群とする．また F を，$[m]$ の元を要素に持つ λ の数字付け T に対応する e_T によって生成される自由 R 加群とし，Q を以下の元で生成される F の部分 R 加群とする．

(i) e_T: T はある列に 2 つの同じ数字を持つような番号付け．
(ii) $e_T + e_{T'}$: T' は T のある列の 2 つの数を入れ替えて得られる番号付け．
(iii) $e_T - \sum e_S$: (8.3) のような交換によって T から得られるすべての数字付け

---

[2] 訳注：重複を許す番号付けのことを数字付けと呼んだのであった．

S について和をとる．

このとき，$E^\lambda \cong F/Q$ が成り立つ．

証明 R 多重線型性より，e_T たちは E^λ を生成する．よって全射 $F \to E^\lambda$ が存在する．性質 (8.2) と (8.3) から Q の生成元はすべて 0 に写されるので，全射 $F/Q \twoheadrightarrow E^\lambda$ が誘導される．これが同型写像であることを確認するのは難しいことではない．まず，T が $[m]$ の元を要素に持つすべての λ の数字付けを動くとき，e_T は $E^{\otimes \lambda}$ の基底を成す．関係式 (i) と (ii) で $E^{\otimes \lambda}$ を割ると，ちょうどテンソル積 $\bigwedge^{\mu_1} E \otimes_R \cdots \otimes_R \bigwedge^{\mu_\ell} E$ が得られる．（各列ごとに単調増加に数字が入っている数字付け T に対応する e_T たちが，この加群の基底を与える．）R 多重線型性と，e_i が E を生成することから，(iii) が関係式の加群 $Q^\lambda(E)$ を生成することがわかる．よって，主張は (8.4) より従う． □

(8.1)-(8.3) のような性質が明確な形で初めて世に登場した（1851 年）のは，以下のような線型代数の基本的な等式であろう．

補題 8.3（シルヴェスター） $p \times p$ 行列 M と N，および $1 \leq k \leq p$ に対して，

$$\det(M) \cdot \det(N) = \sum \det(M') \cdot \det(N')$$

が成り立つ．ただし和は，N の固定された k 本の列を，M の任意の k 本の列と取り換えて得られるすべての行列の組 (M', N') に関してとる．ここで，列の交換は選んだ列たちの順序を変えずに行う．

証明 行列式の交代性より，N の初めの k 列を選んだとしても一般性を失わない．ベクトル $v_1, \ldots, v_p \in R^p$ に対して，これらのベクトルを並べて得られる行列式を $|v_1 \cdots v_p|$ と書く．示すべき等式は，

$$|v_1 \cdots v_p| \cdot |w_1 \cdots w_p| = \qquad (8.5)$$
$$\sum_{i_1 < \cdots < i_k} |v_1 \cdots w_1 \cdots w_k \cdots v_p| \cdot |v_{i_1} \cdots v_{i_k} w_{k+1} \cdots w_p|$$

と書ける．ここで右辺では $w_1, \ldots, w_k$ と $v_{i_1}, \ldots, v_{i_k}$ が交換されている．これを証明するには，両辺の差が，$(p+1)$ 個のベクトル $v_1, \ldots, v_p, w_1$ に関する交代的関数であることを示せば十分である．というのも，そのような関数は必ず 0 になるからである（$\bigwedge^{p+1}(R^p) = 0$）．そのためには，隣り合うベクトル v_i と v_{i+1} が等しいときと，v_p と w_1 が等しいときに，両辺が等しいことを示せばよい．前者はすぐにわかる．後者については $v_p = w_1$ として，両辺の差が

$v_1, \ldots, v_p, w_2$ に関する交代的関数であることを示せば十分である．先ほどと同様の議論で $v_i = v_{i+1}$ のときはすぐ示せる．今度は，$v_p = w_2$ のときも簡単に示せる． □

$1 \leq i \leq n$, $1 \leq j \leq m$ に対して $Z_{i,j}$ を不定元とし，$R[Z] = R[Z_{1,1}, Z_{1,2}, \ldots, Z_{n,m}]$ を $Z_{i,j}$ たちの多項式環とする．自然数 $p \leq n$，および $[m]$ に属する p 個の整数の組 $i_1, \ldots, i_p$ に対し

$$D_{i_1, \ldots, i_p} = \det \begin{bmatrix} Z_{1,i_1} & \cdots & Z_{1,i_p} \\ \vdots & & \vdots \\ Z_{p,i_1} & \cdots & Z_{p,i_p} \end{bmatrix} \quad (8.6)$$

と定める．これは添字 $i_1, \ldots, i_p$ に関して交代的な関数である．

高々 n 本の行を持つヤング図形 λ，および $[m]$ の元を成分に持つ λ の数字付け T に対して，T の各列に対応する上のような行列式の積を D_T する．つまり，μ_j を λ の第 j 列の長さ，$\ell = \lambda_1$ を λ の最初の行の長さ，$T(i, j)$ を T の (i, j) 成分とするとき，

$$D_T = \prod_{j=1}^{\ell} D_{T(1,j), T(2,j), \ldots, T(\mu_j, j)} \quad (8.7)$$

と定める．

補題 8.4 E を $e_1, \ldots, e_m$ の生成する自由 R 加群とする．このとき，e_T を D_T に写すような，E^λ から $R[Z]$ への自然な準同型が存在する．

証明 D_T が補題 8.2 の (i)-(iii) に対応する性質を満たすことを証明すれば十分である．性質 (i) と (ii) は行列式の交代性より従う．シルヴェスターの補題を適当な行列に適用することで性質 (iii) を導出しよう．固定された T の 2 つの列について，左側の列に入っている数を $i_1, \ldots, i_p$，右側の列に入っている数を $j_1, \ldots, j_q$ とし，

$$M = \begin{bmatrix} Z_{1,i_1} & \cdots & Z_{1,i_p} \\ \vdots & & \vdots \\ Z_{p,i_1} & \cdots & Z_{p,i_p} \end{bmatrix}, \quad N = \begin{bmatrix} Z_{1,j_1} & \cdots & Z_{1,j_q} & & \\ \vdots & & \vdots & & 0 \\ Z_{p,j_1} & \cdots & Z_{p,j_q} & & I_{p-q} \end{bmatrix}$$

8.1 線型代数による構成　**117**

と定める．N の右下部分は $(p-q)$ 次単位行列，右上 $q\times(p-q)$ 部分はすべて 0 である．T の右側の列で固定された成分の添字に対応する N の列を選び，シルヴェスターの補題を用いると，ちょうど望む等式が得られる． □

定理 8.5　E を $e_1, \ldots, e_m$ の生成する自由 R 加群とする．このとき E^λ は，$[m]$ の元を成分に持つ λ のタブロー T に対応する e_T たちで生成される自由 R 加群である．

証明　まず e_T たちが E^λ を生成することを示そう．それには，§7.4 の補題 7.20 と同様の方法を用いる．形 λ の数字付けたちの間の順序 $T \succ T'$ を以下のように定める：列ごとに下から上，右から左に読むときに，初めて一致しない数字を比べて，T' の方が T のものより大きい場合，$T' \succ T$ と定める．補題 8.2 の表示 $E^\lambda = F/Q$ を用いる．タブローでない数字付け T に対応する e_T が，$S \succ T$ なる e_S と，Q の元の 1 次結合で表されることを示す．T の各列の数字が単調増加になるように入れ替えたものを T' とすると，関係 (i) と (ii) から，$e_{T'} \equiv \pm e_T \bmod Q$ であり，$T' \succ T$ である．このことから，T の各列の数字ははじめから単調増加であると仮定してよい．T がタブローでない場合，(k, j) 成分が $(k, j+1)$ 成分より大きい箇所が必ず存在する．第 j 列，第 $(j+1)$ 列を選び，さらに第 $(j+1)$ 列の上から k 個の箱を選んだときの関係式 $e_T \equiv \sum e_S$ の右辺に現れる項は，すべて $S \succ T$ を満たす．よって証明が終わる．

補題 8.4 より，タブロー T に対応する e_T たちが 1 次独立であることを示すには，D_T たちが 1 次独立であることを証明すればよい．変数 $Z_{i,j}$ に，以下のような順序を入れる：$i < i'$，もしくは $i = i'$ かつ $j < j'$ のとき，$Z_{i,j} > Z_{i',j'}$ とする．また，$Z_{i,j}$ たちの単項式の集合には，辞書式順序を入れる．すなわち，単項式 M_1, M_2 に対して，現れる次数が異なる変数 $Z_{i,j}$ の中で，先ほどの順序に関して最大のものの次数を比べ，M_1 の方が M_2 のものより小さい場合，$M_1 < M_2$ と定める．$M_1 < M_2$ かつ $N_1 \leq N_2$ ならば $M_1 N_1 < M_2 N_2$ となることに注意しておこう．定義より，$i_1 < \cdots < i_p$ ならば，行列式 $D_{i_1, \ldots, i_p}$ に現れる項の中で最大のものは対角項 $Z_{1,i_1} Z_{2,i_2} \cdots Z_{p,i_p}$ である．特に，T の各列の数字が単調増加である場合，$m_T(i, j)$ を j が T の第 i 行に現れる回数とすると，D_T の最大の項は $\prod (Z_{i,j})^{m_T(i,j)}$ と書かれる．この単項式は，D_T の中で係数 1 を持って現れる．

今度は，タブロー T, T' に対して（先ほどとは異なる）順序 $T < T'$ を次のように定める：T, T' に入っている数字を，行ごとに左から右，上から下へ読むときに，初めて一致しない数字を比べて，T の方が T' のものより小さい

場合, $T < T'$ と定める. 同値なことではあるが, $m_T(i,j) \neq m_{T'}(i,j)$ なる j が存在するような最小の i をとり, そのような j のうち最小のものに対して $m_T(i,j) > m_{T'}(i,j)$ が成り立つとき, $T < T'$ と定める, と言ってもよい. $T < T'$ ならば, D_T の最大の項が $D_{T'}$ の最大の項よりも大きいことはすぐわかるだろう. 1次独立性はここからすぐに得られる. 実際, 1次関係式 $\sum r_T D_T = 0$ の中で, $r_T \neq 0$ なる T のうち最小のものを見ると, 単項式 $\prod (Z_{i,j})^{m_T(i,j)}$ の $\sum r_T D_T$ における係数がちょうど r_T と等しいことがわかる. □

証明の系 8.6 補題 8.4 の E^λ から $R[Z]$ への自然な準同型は単射である. その像を D^λ とする. T が $[m]$ の元を成分とする λ 上のタブローを動くとき, D_T たちは D^λ の基底である.

後の議論で用いるために, E^λ の構成方法をすこし違う形に言い換えておく:

演習問題 66 (8.3) の条件を, 隣り合った列の成分交換しか許さないと変更しても, 同じ加群 E^λ が得られることを示せ.

$E \to F$ が R 加群の全射であるとき $E^\lambda \to F^\lambda$ も全射であることは, 定義からも具体的構成からもすぐにわかる. しかし単射性に関しては, 対応する事実は一般には成立しない. 次の演習問題は, 外積代数の場合にはよく知られている事柄 (しかしそれほど明らかではない) を扱っている. この内容は本書では用いないが, 可換環論の予備知識を持つ読者には面白い問題であろう.

演習問題 67 $\varphi: E \to F$ を, 有限生成自由 R 加群の準同型とする. 以下が同値であることを示せ.

(i) φ が単射である.
(ii) すべての λ に対して $\varphi^\lambda: E^\lambda \to F^\lambda$ が単射である.
(iii) 高々 $m = \mathrm{rank}(E)$ 本の行を持つヤング図形 λ が存在して, φ^λ が単射である.

E^λ の構成の関手性より, E の自己準同型は E^λ の自己準同型を定める. これにより, R 代数 $\mathrm{End}_R(E)$ の E^λ への左作用が定まる. 特に, E の自己同型群 $GL(E)$ は E^λ に左から作用する. E が基底を持つ場合, E と R^m を同一視し, $\mathrm{End}_R(E) = M_m(R)$ を $m \times m$ 行列の成す代数とみなせる. こうして $M_m(R)$, およびその部分群 $GL_m R$ は E^λ に作用する. 次の演習問題は, 後に必要となる.

演習問題 68 $g = (g_{i,j}) \in M_m(R)$ とする. T に入っている数字が $j_1, \ldots, j_n$ であるとき (順番は任意), $g \cdot e_T = \sum g_{i_1,j_1} \cdot \cdots \cdot g_{i_n,j_n} e_{T'}$ を示せ. ここで和は, $(j_1, \ldots, j_n)$ を $(i_1, \ldots, i_n)$ に取り換えて得られる m^n 個の数字付け T' についてとる.

代数 $M_m(R)$ は, R 代数 $R[Z]$ に対しても以下のような左作用を持つ.

$$g \cdot Z_{i,j} = \sum_{k=1}^m Z_{i,k} g_{k,j}, \qquad g = (g_{i,j}) \in M_m(R). \tag{8.8}$$

$R[Z]$ を座標関数 $Z_{i,j}$ を持つ $n \times m$ 行列の空間上の多項式関数環とみると, 式 (8.8) は $M_m(R)$ の関数 f への作用 $(g \cdot f)(A) = f(A \cdot g)$ とみなせる. ここで, $g \in M_m(R)$, A は行列, f は行列の空間上の関数である.

演習問題 69 $g \cdot D_{j_1, \ldots, j_p} = \sum_{1 \le i_1, \ldots, i_p \le m} g_{i_1, j_1} \cdot \cdots \cdot g_{i_p, j_p} D_{i_1, \ldots, i_p}$ を示せ.

この演習問題から, $M_m(R)$ の $R[Z]$ への左作用により加群 D^λ は自分自身へ写されることがわかる.

演習問題 70 $E = R^m$ の場合, E^λ から D^λ への同型は $M_m(R)$ 加群の同型でもあることを示せ.

8.2 $GL(E)$ の表現論

以降では $R = \mathbb{C}$ の場合を考える. この場合, E は有限次元複素ベクトル空間, E^λ は $GL(E)$ の有限次元表現である. E^λ たちが既約表現であるということと, すべての $GL(E)$ の有限次元表現はこれらの既約表現で記述できることを示そう.

$G = GL(E)$ の表現 V (常に有限次元ベクトル空間であると仮定する) が **多項式的** (polynomial) であるとは, 対応する写像 $\rho : GL(E) \to GL(V)$ が多項式で与えられることをいう. すなわち, E と V の基底を選んだとき, $GL(E) = GL_m\mathbb{C} \subset \mathbb{C}^{m^2}$, $GL(V) = GL_N\mathbb{C} \subset \mathbb{C}^{N^2}$ という同一視のもとで, $GL(V)$ の N^2 個の座標関数が $GL(E)$ の m^2 個の成分の多項式で与えられることをいう. 同様に, **有理的** (rational), **複素解析的** (holomorphic) 表現とは, 対応する写像が有理的, 複素解析的な表現のことである. これらの概念が基底のとり方に依存しないことはすぐ確かめられる. 以下では, すべての表現が少なくとも複素解析的であることは仮定する. 明らかに E^λ は多項式表現である. この節の目標は, λ が高々 m 本の行を持つすべてのヤング図形をわたるとき, E^λ

が，$GL(E)$ の既約な多項式表現をすべて与えることを証明することである．（λ が m 本より多くの行を持つヤング図形の場合，E^λ は 0 になる．）$GL(E)$ のすべての複素解析的表現は，多項式表現と，**行列式表現** $D = \bigwedge^m E$ の適当な負べきのテンソル積をとることによって得られる[3]．正とは限らない整数 k に対して，対応 $g \mapsto \det(g)^k$ により定まる 1 次元表現 $GL(E) \to \mathbb{C}^*$ を $D^{\otimes k}$ と書く．$k \geq 0$ であるときに限り，$D^{\otimes k}$ は多項式表現である．

E の基底を固定し，$G = GL(E)$ と $GL_m\mathbb{C}$ を同一視する．$H \subset G$ を対角行列の成す部分群とし，H の元は $x = \mathrm{diag}(x_1, \ldots, x_m)$ と表記する．表現空間 V に属するベクトル v が，ある整数の組 $\alpha = (\alpha_1, \ldots, \alpha_m)$ に対し

$$x \cdot v = x_1^{\alpha_1} \cdots x_m^{\alpha_m} v, \quad \forall x = \mathrm{diag}(x_1, \ldots, x_m) \in H$$

を満たすとき，**ウェイト α のウェイトベクトル**と呼ばれる．H の V への作用が可換な（対角）行列たちによって表されることから，一般にどのような V も，以下のように**ウェイト空間**の直和に分解されることがわかる[4]：

$$V = \bigoplus V_\alpha, \quad V_\alpha = \{v \in V ; x \cdot v = (\textstyle\prod x_i^{\alpha_i})v \quad \forall x \in H\}.$$

本書に登場するすべての表現について，この直和分解を具体的に調べることができる．例えば $V = E^\lambda$ について，タブロー T に入っている数字 i の個数を α_i とすると，定義より（演習問題 68 も見よ）e_T はウェイト α のウェイトベクトルである．

$B \subset G$ を上三角行列の成すボレル部分群とする．V のウェイトベクトル v が**最高ウェイトベクトル**であるとは，$B \cdot v = \mathbb{C}^* \cdot v$ が成り立つことである．

補題 8.7 $T = U(\lambda)$ を，第 i 行にすべて i が入っている λ 上のタブローとする．e_T は E^λ のゼロでない定数倍を除いて唯一の最高ウェイトベクトルである．

証明 演習問題 68 の公式 $g \cdot e_T = \sum g_{i_1, j_1} \cdot \cdots \cdot g_{i_n, j_n} e_{T'}$ を用いよう．この公式から，$T = U(\lambda)$ とし，かつ $i > j$ ならば $g_{i,j} = 0$ が成り立つとき，$g \cdot e_T$ の中で生き残る $e_{T'}$ は e_T のみである．$T \neq U(\lambda)$ を仮定しよう．p を，「第 p 行が p より大きい数字を含む」という性質を持つ最小の数とし，q を，「第 p 行に含まれる p より大きい数字」のうち最小のものとする．B の元 g を，$i = j$ または $(i, j) = (p, q)$ のとき $g_{i,j} = 1$，それ以外のとき $g_{i,j} = 0$ の基本行列とする．

---

[3] 訳注：「すべての有理表現は」に置き替えた主張は，[岡田, 命題 3.35] を参照．
[4] 訳注：V は G の有理表現と仮定しているので対角行列の成すトーラス H の有理表現とみなせる．§C.2 を参照．

このとき $g \cdot e_T = \sum e_{T'}$ が成り立つ.ただし和は,T の数字 q のうちいくつか(0 個でも構わない)を p に置き換えて得られるすべての数字付け T' についてとる.特に T' を,T の第 p 行に入っている q をすべて p に取り替えたタブローとすると,$g \cdot e_T$ の和の中で $e_{T'}$ が係数 1 を持ってただ 1 回現れる.これは,e_T が最高ウェイトベクトルでないことを表している. □

ここで,表現論の基本的な事実を利用することにしよう.その詳細についてはこの節の終わりで手短に論ずる.$GL_m\mathbb{C}$ の(有限次元,複素解析的)表現 V が既約であることと,V が定数倍を除いて唯一の最高ウェイトベクトルを持つことは同値である.さらに,2 つの既約表現が同型であることと,両者の最高ウェイトベクトルのウェイトが一致することは同値である.また,最高ウェイトとして現れうるウェイトは $\alpha_1 \geq \alpha_2 \geq \cdots \geq \alpha_m$ を満たす.これらの事実を認めると,以下を得る.

定理 8.8 (1) λ は高々 m 本の行を持つとする.このとき,$GL_m\mathbb{C}$ の表現 E^λ は最高ウェイト $\lambda = (\lambda_1, \ldots, \lambda_m)$ を持つ既約表現である.$GL_m\mathbb{C}$ の既約多項式表現はこれらで尽くされる.

(2) $\alpha_1 \geq \cdots \geq \alpha_m$ なる整数に対して,最高ウェイト $\alpha = (\alpha_1, \ldots, \alpha_n)$ を持つ $GL_m\mathbb{C}$ の既約表現がただ一つ存在する.これは,$\lambda_i = \alpha_i - k \geq 0$ をすべての i について満たす任意の整数 k を用いて,$E^\lambda \otimes D^{\otimes k}$ と実現することができる.

証明 $\alpha_i = \lambda_i + k$ とおくとき,$E^\lambda \otimes D^{\otimes k}$ は最高ウェイト α を持つ既約表現である.これが多項式表現であることと,α_i がすべて非負であることは同値である.この定理の直前に述べた事実より主張は従う. □

特に,$GL_m\mathbb{C}$ の任意の(有限次元)複素解析的表現は,実際は有理的であることがわかる.$E^\lambda \otimes D^{\otimes k}$ は $\lambda_i + k = \lambda'_i + k'$ がすべての i について成り立つとき,かつそのときに限り $E^{\lambda'} \otimes D^{\otimes k'}$ と同型であることに注意しよう[5].

行列式が 1 であるような自己同型の成す部分群 $SL(E) = SL_m\mathbb{C}$ に対しても,同様の方法によりすべての(複素解析的)表現を記述することが可能である.議論の筋道は $GL_m\mathbb{C}$ の場合とほとんど同じであるが,H が,要素の積が 1 の対角行列から成る部分群に置き換わるところが異なる.ウェイト α はすべて超平面

---

[5] 原注:ここから,負の成分を持つことと箱が左方向に延びることを許した「有理タブロー」(rational tableaux) の理論の存在が示唆される.これは [Stembridge (1987)] によって導入された.

$\alpha_1 + \cdots + \alpha_m = 0$ に属し,行列式表現 D は自明表現になる.既約表現は E^λ たちのいずれかと一致するが,$\lambda_i - \lambda'_i$ が i によらない定数のとき,またそのときに限り,$E^\lambda \cong E^{\lambda'}$ となる.$\lambda_m = 0$ なる λ のみを考えることにすれば,λ と既約表現が 1 対 1 に対応する.

演習問題 71 以上の主張を証明せよ.

この節の終わりに,上で利用した表現論のいくつかの基本的事実の証明の方針について触れておこう.参考文献は [Fulton and Harris (1991)] である[6].この文献では,本書で与えた表現を構成する別の方法や,表現の既約性の別証明が紹介されている.リー代数 $\mathfrak{g} = \mathfrak{gl}_m\mathbb{C} = M_m\mathbb{C}$ を考えよう.これは,多様体 $G = GL_m\mathbb{C}$ の,単位元 I における接空間と同一視することができる.$\mathfrak{g}$ にはブラケット積 $[X, Y] = X \cdot Y - Y \cdot X$ がある.リー代数 $\mathfrak{g}$ の表現とは,ベクトル空間 V であって,任意の $X, Y \in \mathfrak{g}$, $v \in V$ に対して関係式 $[X, Y] \cdot v = X \cdot (Y \cdot v) - Y \cdot (X \cdot v)$ を満たす作用 $\mathfrak{g} \otimes V \to V$ を持つものである.$\mathfrak{g} \to \mathfrak{gl}(V)$ というリー代数の準同型が存在すると言ってもよい.任意の複素解析的表現 $\rho: GL(E) \to GL(V)$ の単位元における微分をとると,線型写像 $d\rho: \mathfrak{gl}(E) \to \mathfrak{gl}(V)$ を得るが,これがリー代数の準同型になっていること,したがって $\mathfrak{g}$ の V への作用を定めていることがわかる.$\mathfrak{g} = \mathfrak{gl}_m\mathbb{C}$ から $G = GL_m\mathbb{C}$ への指数写像 (exponential map) を用いれば,表現 V の部分空間 W が G の部分表現であることと,W が $\mathfrak{g}$ の作用で保たれることが同値であることが確かめられる.

ウェイト空間 V_α を $\mathfrak{g}$ の作用を用いて記述することもできる.実際,$\mathfrak{h}$ を対角行列 $X = \text{diag}(x_1, \ldots, x_m)$ の成す部分リー代数とすると,$V_\alpha = \{v \in V : X \cdot v = (\sum \alpha_i x_i) v \ \forall X \in \mathfrak{h}\}$ が成立する.$\mathfrak{g}$ 自身に $\mathfrak{g}$ を左からのブラケット積で作用させると,分解 $\mathfrak{g} = \mathfrak{h} \oplus \bigoplus \mathfrak{g}_\alpha$ を得る.ただし右辺の直和は,$i \neq j$ に対し,第 i 成分が 1,第 j 成分が -1 であるベクトル $\alpha = \alpha(i, j)$ に関してとる.このとき $\mathfrak{g}_\alpha$ を**ルート空間**,α を**ルート**という.実際,$E_{i,j}$ を (i, j) 成分が 1,そのほかの成分がすべて 0 である行列単位とすると,$E_{i,j}$ はルート空間 $\mathfrak{g}_{\alpha(i,j)}$ の元である.$i < j$ を満たすルート $\alpha(i, j)$ を**正ルート**といい(これは上三角な行列単位に対応する),$i > j$ を満たすものを**負ルート**という.ウェイト α, β がすべての $1 \leq p \leq m$ に対し

---

[6] 訳注:日本語で読めるリー代数の参考書として,[佐武,谷崎] を挙げる.

$$\alpha_1 + \cdots + \alpha_p \geq \beta_1 + \cdots + \beta_p$$

を満たすときに $\alpha \geq \beta$ と定めることで，ウェイトの集合に半順序を入れる．$\mathfrak{h}$ と正ルート空間の和空間は，B のリー代数と一致する．ウェイトベクトル $v \in V$ が最高ウェイトベクトルであることと，任意の正ルート空間の元 X に対して $X \cdot v = 0$ が成り立つことは同値である．それは，すべての $i < j$ に対して $E_{i,j} \cdot v = 0$ であることとも同値である．リー代数を考えることの利点は，V のウェイト空間への分解 $V = \oplus V_\alpha$ に対して

$$\mathfrak{h} \cdot V_\beta \subset V_\beta, \qquad \mathfrak{g}_\alpha \cdot V_\beta \subset V_{\alpha+\beta}$$

が成り立つことである．

V を $\mathfrak{g} = \mathfrak{gl}_m\mathbb{C}$ の有限次元既約表現とする．V の最高ウェイトベクトル[7]は，対応するウェイト空間（1次元）を張る．なぜなら，v を最高ウェイト α の最高ウェイトベクトルとするとき，$\mathbb{C} \cdot v$ によって生成される $\mathfrak{g}$ の部分表現 W は

$$W = W_\alpha \oplus \bigoplus_{\beta < \alpha} W_\beta, \quad W_\alpha = \mathbb{C} \cdot v$$

とウェイト分解されることがわかるので，V の既約性より，$W = V$，したがって $V_\alpha = W_\alpha = \mathbb{C}v$ が成り立つからである．このことから，有限次元の既約表現は定数倍を除いてただ一つの最高ウェイトベクトルを持つことができる．さらに，2つの既約表現が同型であることと両者の最高ウェイトが一致することは同値である．このことは，2つの既約表現の直和の中で，2つの最高ウェイトベクトルの和が生成する部分表現をとると，それが既約表現の間の同型のグラフ[8]となっていることからわかる[9]．最高ウェイトが整数の非増加列でなければならないことは，$m = 2$ のときは直接証明され，$m > 2$ のときは $GL_2(\mathbb{C})$ と同型な適当な部分群に制限することで示される[10]．

もう1つの基本的な事実として $GL_m\mathbb{C}$ の複素解析的表現の**半単純性** (semisimplicity) がある．これは，表現 V の任意の部分表現 W に対して，ある部分表現 $W' \subset V$ が存在して $V = W \oplus W'$ が成り立つという性質のことである．これまで扱った表現については具体的に確かめることができる．手っ

---

[7] 訳注：V のウェイトの成す集合は有限集合なので順序 $\leq$ に関する極大元 α が存在する．このとき0でない $v \in V_\alpha$ は最高ウェイト α の最高ウェイトベクトルである．したがって，特に V には最高ウェイトベクトルが存在する．
[8] 訳注：表現の準同型 $\phi: V_1 \to V_2$ に対して $V_1 \oplus V_2$ の部分表現 $\{(v, \phi(v)) | v \in V_1\}$ のことを，ここでは ϕ のグラフと呼んでいる．
[9] 訳注：[岡田, 定理 4.8] も参照．
[10] 訳注：[岡田, 定理 4.13(1)] を参照．

取り早い証明方法は，いわゆるワイルのユニタリトリック (Weyl's unitary trick, §C.3 参照) を使うものである．$U(m) \subset GL_m\mathbb{C}$ をユニタリ群とする．V から W への射影を任意に一つとる．この射影にコンパクト群 $U(m)$ を作用させ，それらを $U(m)$ 上で平均すると（積分すると），$U(m)$ 線型な射影を作ることができる．この射影の核をとると，$U(m)$ の作用で保たれる補空間 W' が得られる．W' が部分表現であることを見よう．W' のとり方から，リー代数のレベルでみると，W' は $U(m)$ の (実) リー代数 $\mathfrak{u}(m)$ で保たれる．一方，$\mathfrak{u}(m) \otimes_\mathbb{R} \mathbb{C} = \mathfrak{gl}_m\mathbb{C}$ であるから，W' は $\mathfrak{gl}_m\mathbb{C}$ でも保たれる．したがって $GL_m\mathbb{C}$ でも保たれるのである．この半単純性から，任意の複素解析的表現が既約表現の直和であることが従う（同様の議論を，部分群 H と，そのコンパクト部分群 $(S^1)^n$ に対して行うことで，任意の複素解析的表現がそのウェイト空間の直和であることも確認できる）．

演習問題 72 シューアの補題 (Schur's lemma) を証明せよ：任意の既約表現の間の準同型は，それが同型でなければ 0 となる．また，既約表現から自分自身への準同型は定数倍に限る．

8.3 指標と表現環

上で見たような $GL_m\mathbb{C}$ の表現は，対称群の表現論を利用した別の方法で与えることもできる．

E を m 次元複素ベクトル空間とする．以下のように，n 重テンソル積 $E^{\otimes n} = E \otimes_\mathbb{C} E \otimes_\mathbb{C} \cdots \otimes_\mathbb{C} E$ に対称群 S_n を右から作用させる：

$$(u_1 \otimes \cdots \otimes u_n) \cdot \sigma = u_{\sigma(1)} \otimes \cdots \otimes u_{\sigma(n)},$$

ただし $u_i \in E, \sigma \in S_n$．$S_n$ の任意の表現 M に対して，ベクトル空間 $E(M)$ を

$$E(M) = E^{\otimes n} \otimes_{\mathbb{C}[S_n]} M \tag{8.9}$$

と定める．すなわち $E(M)$ は，テンソル空間 $E^{\otimes n} \otimes_\mathbb{C} M$ を

$$(w \cdot \sigma) \otimes v - w \otimes (\sigma \cdot v), \qquad w \in E^{\otimes n},\ v \in M,\ \sigma \in S_n$$

の形のすべての元で生成される部分空間で割ったものである．E の自己同型から成る一般線型群 $GL(E)$ は左から E に作用するが，テンソル積 $E^{\otimes n}$ にも $g \cdot (u_1 \otimes \cdots \otimes u_n) = g \cdot u_1 \otimes \cdots \otimes g \cdot u_n$ によって左から作用する．この左作用

は S_n の右作用と可換であるから,$g \cdot (w \otimes v) = (g \cdot w) \otimes v$ により $GL(E)$ の $E(M)$ への左作用が定まる.これらの表現が多項式的であることは容易に確かめられる.

例えば M が自明表現のとき,$E(M)$ は対称積 $\mathrm{Sym}^n(E)$ である.M が符号表現のときは,$E(M)$ は外積 $\bigwedge^n E$ となる.M が正則表現 $\mathbb{C}[S_n]$ のときは,任意の A 加群 P に対して $P \otimes_A A = P$ であることから,$E(M) = E^{\otimes n}$ が成り立つ.この $E(M)$ の構成は関手的である.つまり,任意の S_n 加群の準同型 $\varphi \colon M \to N$ に対して,対応する $GL(E)$ 加群の準同型 $E(\varphi) \colon E(M) \to E(N)$ が存在する.また,直和分解 $M = \bigoplus M_i$ に対応して直和分解 $E(M) = \bigoplus E(M_i)$ が定まる.

演習問題 73 φ が全射であるとき $E(\varphi)$ も全射であることを示せ.単射性に関しても同様のことを示せ.

簡単に記述できる表現 $E(M)$ の例をもう2つ示そう.M^λ を §7.2 で与えた表現とすると

$$E(M^\lambda) \cong \mathrm{Sym}^{\lambda_1}(E) \otimes \cdots \otimes \mathrm{Sym}^{\lambda_k}(E), \tag{8.10}$$
$$\lambda = (\lambda_1 \geq \cdots \geq \lambda_k > 0)$$

が成り立つ.これは §7.3 の演習問題 55 から導くことができる.この演習問題で示したのは,λ の(相異なる番号 $1, \ldots, n$ による)番号付け U を一つ選ぶと全射 $\mathbb{C}[S_n] \to M^\lambda$,$\sigma \mapsto \sigma\{U\}$ が一つ定まり,その核は U の行置換群の元 p を用いて $p - 1$ と書けるすべての元によって生成されるということであった.$E(M)$ の構成の関手性から,この S_n 加群の全射から $GL(E)$ 加群の全射 $E^{\otimes n} \to E(M^\lambda)$ が導かれる.その核は,U の行置換群の元 p を用いて

$$u_{p(1)} \otimes \cdots \otimes u_{p(n)} - u_1 \otimes \cdots \otimes u_n$$

と表されるすべての元で生成される.この関係式により,U の同じ行に入っている数字に対応する要素同士が対称化されて,対称積 $\mathrm{Sym}^{\lambda_i} E$ たちのテンソル積が $E^{\otimes n}$ の商空間として実現される(通常この実現を考える際は,行の成分を昇順に並べて,U は初めから標準タブローであると仮定する).

同様に §7.4 の演習問題 58 (c) を用いて,$\widetilde{M}^\lambda$ を $\mathbb{C}[S_n]$ の商加群として実現することができる.このとき用いる核は,U の列置換群の元 q を用いて $q - \mathrm{sgn}(q) \cdot 1$ と表されるすべての元で生成される部分空間である.U の左の列の成分から右に読んでいくことで,$GL(E)$ 加群の同型

$$E(\widetilde{M}^\lambda) \cong \bigwedge\nolimits^{\mu_1}(E) \otimes \cdots \otimes \bigwedge\nolimits^{\mu_\ell}(E), \tag{8.11}$$
$$\mu = \tilde{\lambda} = (\mu_1 \geq \cdots \geq \mu_\ell > 0)$$

が定まる.

演習問題 74 N を S_n の表現, M を S_m の表現とするとき, 同型 $E(N \circ M) \cong E(N) \otimes E(M)$ を示せ. ここで $N \circ M$ は, §7.3 で定義した S_{n+m} の表現である. この同型を用いて (8.10) と (8.11) の別証明を与えよ.

命題 8.9 標準的な同型 $E^\lambda \cong E(S^\lambda)$ が存在する.

証明 $E^{\times \lambda}$ の元 $\boldsymbol{v}$, および相異なる 1 から n までの数による λ の番号付け U に対して, $E^{\otimes n}$ の元 $\boldsymbol{v}(U) = v_1 \otimes \cdots \otimes v_n$ が定まる. ただし, v_i は数 i の入っている U の箱に対応する $\boldsymbol{v}$ の成分とする. $E^{\times n}$ から $E(S^\lambda) = E^{\otimes n} \otimes_{\mathbb{C}[S_n]} S^\lambda$ への写像を

$$\boldsymbol{v} \mapsto \boldsymbol{v}(U) \otimes v_U$$

により定義する. ここで v_U は, §7.2 で定義した S^λ の生成元である. これは U の選び方に依らない. 実際 S_n の元 σ に対し, U を σU に取り換えても, 定義より $\boldsymbol{v}(\sigma U) \cdot \sigma = \boldsymbol{v}(U)$ であるから

$$\boldsymbol{v}(\sigma U) \otimes v_{\sigma U} = \boldsymbol{v}(\sigma U) \otimes \sigma \cdot v_U = \boldsymbol{v}(\sigma U) \cdot \sigma \otimes v_U = \boldsymbol{v} \otimes v_U$$

が成り立つ. この写像が E^λ から $E(S^\lambda)$ への写像を誘導することを確かめるため, §8.1 の性質 (8.1)–(8.3) が満たされていることを示そう. 多重線型性 (8.1) は明らかである. (8.2) を示そう. $\boldsymbol{v}$ が, ある列に同じ成分を 2 つ持っていたとしよう. これらを入れ換える互換を t とするとき, $\boldsymbol{v}(tU) = \boldsymbol{v}(U), v_{tU} = -v_U$ なので,

$$\boldsymbol{v}(U) \otimes v_U = \boldsymbol{v}(tU) \otimes v_{tU} = -\boldsymbol{v}(U) \otimes v_U$$

が成立する. よってこれはゼロとなる. 次に (8.3) を示す. (8.3) の交換によって $\boldsymbol{v}$ から得られる元 (の一つ) を $\boldsymbol{w}$ と表し, 対応する交換操作によって U から得られる番号付けを W と表す. このとき $\boldsymbol{w}(U) \otimes v_U = \boldsymbol{v}(U) \otimes v_W$ であるから,

$$\boldsymbol{v} - \sum \boldsymbol{w} \mapsto \boldsymbol{v}(U) \otimes v_U - \sum \boldsymbol{w}(U) \otimes v_U$$
$$= \boldsymbol{v}(U) \otimes v_U - \sum \boldsymbol{v}(U) \otimes v_W$$
$$= \boldsymbol{v}(U) \otimes (v_U - \sum v_W)$$

を得る．§7.4 の命題 7.21 より，S^λ の元として $v_U - \sum v_W = 0$ であり，(8.3) が示される．

実はこれらの計算から，同型 $E^\lambda \cong E(\widetilde{M}^\lambda)/E(Q^\lambda) \cong E(S^\lambda)$ が存在することがわかる．これを確認するには，同型 $S^\lambda \cong \widetilde{M}^\lambda/Q^\lambda$ より $E(\widetilde{M}^\lambda)/E(Q^\lambda) \cong E(S^\lambda)$ が導かれるという事実[11]と，式 (8.11) と (8.4) の具体的な表示を見ればよい（実際，$E(Q^\lambda)$ の $E(\widetilde{M}^\lambda)$ における像は，(8.4) で $Q^\lambda(E)$ と書いた部分空間と一致する）．この事実を証明する別の方法を，後に与える． □

本節で紹介した構成法を用いることで，$GL(E)$ の表現に関する基本的な性質のいくつかを再証明できる．$E^\lambda \to E(S^\lambda)$ が全射であるという当たり前の事実と，定理 8.5 の証明の前半部分（e_T は E^λ を生成する）から，$\dim(E(S^\lambda))$ は $[m]$ の元を成分に持つ λ のタブローの個数 $d_\lambda(m)$ 以下であることがわかる．正則表現 $\mathbb{C}[S_n]$ が S^λ たちの直和表現であり，その直和分解の中に各 S^λ が f^λ 回ずつ現れるという事実[12]より，次のような分解が存在する：

$$E^{\otimes n} = E(\mathbb{C}[S_n]) \cong \bigoplus_{\lambda \vdash n} (E(S^\lambda))^{\oplus f^\lambda}.$$

特に $m^n = \dim(E^{\otimes n}) = \sum f^\lambda \dim(E(S^\lambda)) \leq \sum f^\lambda d_\lambda(m)$ である．一方，§4.3 の (4.5) より $\sum f^\lambda d_\lambda(m) = m^n$ であるから，各 $E(S^\lambda)$ の次元は $d_\lambda(m)$ でなくてはならない．このことからも，E^λ から $E(S^\lambda)$ への写像が同型となることが再確認できる．この等式から，e_T が E^λ の中で 1 次独立であることを主張した定理 8.5 の証明の後半部分の別証明も得られる（正確には，E が $\mathbb{C}$ 上自由である場合に有効な別証明である．この場合 E は $\mathbb{Z}$ 上でも自由であり，底変換によって R 上でも自由であることがわかる）．

系 8.10 $E^{\otimes n} \cong \bigoplus (E^\lambda)^{\oplus f^\lambda}$ である．ただし，直和は n のすべての分割 λ についてとる．

演習問題 75 §7.4 の演習問題 60 より $S^\lambda \cong \widetilde{S}^\lambda$ が M^λ の商空間として実現されることを用い，上と同様の手順をとることによって，$E^\lambda = E(S^\lambda)$ が商

---

[11] 訳注：練習問題 73 を参照．
[12] 訳注：命題 C.5 参照．

$$E^\lambda \cong (\mathrm{Sym}^{\lambda_1}(E) \otimes \cdots \otimes \mathrm{Sym}^{\lambda_k}(E))/\widetilde{Q}^\lambda(E) \tag{8.12}$$

として実現されることを示せ．ここで $\widetilde{Q}^\lambda(E)$ は，$\xi = w_1 \otimes \cdots \otimes w_k$, $w_i \in \mathrm{Sym}^{\lambda_i}(E)$, $w_i = x_{i,1} \cdot \cdots \cdot x_{i,\lambda_i}$, $x_{i,r} \in E$ を用い，$\xi + (-1)^k \widetilde{\pi}_{j,k}(\xi)$ と表されるすべての元から成る部分空間である．$\widetilde{\pi}_{j,k}(\xi)$ は，ξ から w_{j+1} の初めの k 個のベクトル $x_{j+1,1}, \ldots, x_{j+1,k}$ と，w_j の任意の k 個のベクトルを，順序を変えないように入れ替えて得られる元 ξ' たちの総和である．

演習問題 76 上の演習問題の関係式を用いて，T が $[m]$ の元を成分に持つ λ のタブローを動くとき，元 $\widetilde{e}_T$ たちが E^λ を生成することを示せ．ただし λ の番号付け U に対して，$\widetilde{e}_U$ は $v(U) \otimes \widetilde{v}_U$ に対応する E^λ の元である．$\widetilde{v}_U$ は §7.4 で定めたものとする．

S_n の表現 S^λ の実現を一つ与えれば，$GL(E)$ の表現 E^λ の実現が一つ得られる．例えば，S^λ が λ の（相異なる数による）任意の番号付け U に関するヤング対称化作用素 $c_U = b_U \cdot a_U$ の右からの積が定める $A = \mathbb{C}[S]$ の自己準同型の像と同型であることから，E^λ は c_U の右からの積写像 $E^{\otimes n} \to E^{\otimes n}$ の像と同型であることがわかる．同様に，S^λ が準同型 $\widetilde{M}^\lambda \to M^\lambda$ の像として実現できることから，$\mu = \widetilde{\lambda}$ とすると E^λ は

$$\bigwedge\nolimits^{\mu_1}(E) \otimes \cdots \otimes \bigwedge\nolimits^{\mu_\ell}(E) \to \mathrm{Sym}^{\lambda_1}(E) \otimes \cdots \otimes \mathrm{Sym}^{\lambda_k}(E)$$

の像として実現できることがわかる．

$GL_m\mathbb{C}$ の（有限次元複素解析的）表現 V の **指標** (character) とは，m 個のゼロでない複素変数の関数

$$\chi_V(x) = \chi_V(x_1, \ldots, x_m) = (\mathrm{diag}(x) \text{ の } V \text{ 上のトレース}) \tag{8.13}$$

のことである．指標は χ_V, $\mathrm{Char}(V)$ などと書かれる．V をウェイト空間 V_α たちの直和に分解すると，

$$\chi_V(x) = \sum_\alpha \dim(V_\alpha) x^\alpha = \sum_\alpha \dim(V_\alpha) x_1^{\alpha_1} \cdot \cdots \cdot x_m^{\alpha_m}$$

を得る．特に E^λ は，$[m]$ の元を成分に持つ各タブロー T に対し 1 つのウェイトベクトル e_T を持つので，

$$\mathrm{Char}(E^\lambda) = \sum x^T = s_\lambda(x_1, \ldots, x_m) \tag{8.14}$$

となる（この文脈では，ヤコビ・トゥルーディー公式 §6.1 の式 (6.8) はワイル

の指標公式の特別な場合とみなせる). 指標の定義より, 一般に以下の等式が成り立つ.

$$\mathrm{Char}(V \oplus W) = \mathrm{Char}(V) + \mathrm{Char}(W), \quad (8.15)$$

$$\mathrm{Char}(V \otimes W) = \mathrm{Char}(V) \cdot \mathrm{Char}(W). \quad (8.16)$$

例えば系 8.10 の分解により, 以下の恒等式が得られる.

$$(x_1 + \cdots + x_m)^n = \sum_{\lambda \vdash n} f^\lambda s_\lambda(x_1, \ldots, x_m). \quad (8.17)$$

もう一つの事実として, ここで考えている表現はすべてその指標から一意的に決まることが知られている. これは, すべての表現は既約表現の直和であるという事実と, 既約表現はその最高ウェイトベクトルにより決定されるという事実から従う. 最高ウェイトは指標から読み取れることに注意しよう. ここで扱っている場合には, $\bigoplus (E^\lambda)^{\oplus m(\lambda)}$ の指標が $\sum m(\lambda) s_\lambda(x_1, \ldots, x_m)$ であることと, シューア多項式が 1 次独立であることをすでに知っているので, この事実は具体的に確認できる. どのような多項式表現でも, その指標を計算しシューア多項式の和に分解すれば, その表現の既約分解が得られるのである. §2.2 の (2.8), (2.9) と, §5.2 の (5.4) より以下を得る.

系 8.11 (a) $K_{\nu\lambda}$ をコストカ数とすると,

$$\mathrm{Sym}^{\lambda_1} E \otimes \cdots \otimes \mathrm{Sym}^{\lambda_m} E \cong \bigoplus (E^\nu)^{\oplus K_{\nu\lambda}} \cong E^\lambda \oplus \bigoplus_{\nu \triangleright \lambda} (E^\nu)^{\oplus K_{\nu\lambda}}.$$

(b) $\bigwedge^{\mu_1} E \otimes \cdots \otimes \bigwedge^{\mu_m} E \cong \bigoplus (E^\nu)^{\oplus K_{\bar\nu\mu}} \cong E^{\tilde\mu} \oplus \bigoplus_{\tilde\nu \triangleright \mu} (E^\nu)^{\oplus K_{\bar\nu\mu}}.$

(c) $c_{\lambda\mu}^\nu$ をリトルウッド・リチャードソン数とすると, $E^\lambda \otimes E^\mu \cong \bigotimes_\nu (E^\nu)^{\otimes c_{\lambda\mu}^\nu}$.

系 8.10 を得たときのように, 対応する対称群の表現 $M^\lambda, \widetilde{M}^\lambda, S^\lambda \circ S^\mu$ の分解を利用して上の分解を得ることもできる. 系 8.11 (c) はもともとのリトルウッド・リチャードソン規則であるが, 特別な場合として「ピエリ」の規則を含む. すなわち $E^\lambda \otimes \mathrm{Sym}^p E$ (もしくは $E^\lambda \otimes \bigwedge^p E$) は, λ に p 個の箱を, 2 つ以上同じ列 (もしくは同じ行) に入らないように付け加えて得られる μ に関する E^μ たちの直和である.

系 8.12 (a) $\mathrm{Sym}^p(E^{\oplus n}) \cong \bigoplus_{\lambda \vdash p} (E^\lambda)^{\oplus d_\lambda(n)}$.

(b) $\bigwedge^p(E^{\oplus n}) \cong \bigoplus_{\lambda \vdash p} (E^\lambda)^{\oplus d_\lambda(n)}$.

証明 (a) を示す. $\mathrm{Sym}^p(E^{\oplus n}) \cong \bigoplus (\mathrm{Sym}^{p_1}(E) \otimes \cdots \otimes \mathrm{Sym}^{p_n}(E))$ なる直和分

解が存在する．ここで直和は $p = p_1 + \cdots + p_n$ なるすべての非負整数 $p_1, \ldots, p_n$ についてとる．系 8.11 (a) より，右辺の分解に現れる E^λ の個数は，λ のタブローであって 1 を p_1 個，2 を p_2 個，$\ldots$，n を p_n 個含むものの個数と一致する．このようなタブローの総数は，$[n]$ の元を成分に持つ λ のタブローの個数 $d_\lambda(n)$ と一致する．(b) の証明も同様である．この場合は，系 8.11 の (b) を使う． □

同様の方法を有限次元ベクトル空間 E, F に対する $GL(E) \times GL(F)$ の表現に適用することで，系 8.11 の有用な一般化を得ることができる（本書ではこの一般化は用いない）．§4.3 のコーシー・リトルウッドの公式 (4.3) から

$$\mathrm{Sym}^p(E \otimes F) \cong \bigoplus_{\lambda \vdash p} E^\lambda \otimes F^\lambda \tag{8.18}$$

が成り立つ．一方，双対公式（§A.4.3 の系 A.14）より

$$\bigwedge^p(E \otimes F) \cong \bigoplus_{\lambda \vdash p} E^\lambda \otimes F^{\tilde\lambda} \tag{8.19}$$

も得られる．これらの同型を $GL(E) \times GL(F)$ から $GL(E) \times \{1\}$ に制限することで系 8.12 は復元する．同様に §5.2 の演習問題 29 から，

$$(E \oplus F)^\nu \cong \bigoplus (E^\lambda \otimes F^\mu)^{\oplus c^\nu_{\lambda\mu}} \tag{8.20}$$

が得られる．

演習問題 77 (a) $p \geq q \geq 1$ に対して，$E^{(p,q)}$ は以下の線型写像の核と同型であることを示せ．

$$\mathrm{Sym}^p E \otimes \mathrm{Sym}^q E \twoheadrightarrow \mathrm{Sym}^{p+1} E \otimes \mathrm{Sym}^{q-1} E,$$

$$(u_1 \cdot \cdots \cdot u_p) \otimes (v_1 \cdot \cdots \cdot v_q) \mapsto \sum_{i=1}^q (u_1 \cdot \cdots \cdot u_p \cdot v_i) \otimes (v_1 \cdot \cdots \cdot \hat{v}_i \cdot \cdots \cdot v_q).$$

(b) $p \geq q \geq 1$ に対して，$E^{(2^q 1^{p-q})}$ は以下の線型写像の核と同型であることを示せ．

$$\bigwedge^p E \otimes \bigwedge^q E \twoheadrightarrow \bigwedge^{p+1} E \otimes \bigwedge^{q-1} E,$$

$$(u_1 \wedge \cdots \wedge u_p) \otimes (v_1 \wedge \cdots \wedge v_q) \mapsto$$
$$\sum_{i=1}^q (-1)^i (u_1 \wedge \cdots \wedge u_p \wedge v_i) \otimes (v_1 \wedge \cdots \wedge \hat{v}_i \wedge \cdots \wedge v_q).$$

演習問題 78 2 次関係式の成す部分空間 $Q^\lambda(E) \subset \bigotimes_{i=1}^\ell \bigwedge^{u_i} E$ は，以下の写像

の像の，$1 \leq j \leq \ell - 1$ にわたる和であることを示せ．

$$\bigwedge\nolimits^{\mu_1} E \otimes \cdots \otimes \bigwedge\nolimits^{\mu_j +1} E \otimes \bigwedge\nolimits^{\mu_{j+1}-1} E \otimes \cdots \otimes \bigwedge\nolimits^{\mu_\ell} E \to \bigwedge\nolimits^{\mu_1} E \otimes \cdots \otimes \bigwedge\nolimits^{\mu_\ell} E.$$

これを用いて，$k > 1$ に関する関係式 $\xi = \pi_{j,k}(\xi)$ は，$k = 1$ の場合の関係式から導出できるという事実の別証明を与えよ．

$GL_m\mathbb{C}$ の**表現環** $\mathcal{R}(m)$ を，$GL_m\mathbb{C}$ の多項式表現のグロタンディーク環とする．これは，多項式表現の同型類 $[V]$ の生成する自由アーベル群を，$[V \oplus W] - [V] - [W]$ の形のすべての元が生成する部分群で割ったものである．ここで考えているすべての表現は，既約表現の適当な重複度を込めた直和であるので，$\mathcal{R}(m)$ は既約表現の同型類の生成する自由アーベル群である．可換環の構造が，積 $[V] \cdot [W] = [V \otimes_\mathbb{C} W]$ によって定まる．

対称群 S_n の表現 M に $GL_m\mathbb{C}$ の表現 $E(M)$ を対応させる写像は，グロタンディーク群 R_n から $\mathcal{R}(m)$ への加法的準同型を定める．これを n に関して足し合わせることで，$R = \bigoplus R_n$ から $\mathcal{R}(m)$ への準同型を得る．式 (8.15), (8.16) より指標 Char は，$\mathcal{R}(m)$ から変数 $x_1, \ldots, x_m$ の対称多項式の成す環 $\Lambda(m)$ への環準同型を定める．表現はその指標によって決定されるから，この準同型は単射である．以上より，写像

$$\Lambda \to R \to \mathcal{R}(m) \to \Lambda(m) \qquad (8.21)$$

が得られる．ただし最初の写像は，シューア関数 s_λ を，$n = |\lambda|$ なる S_n の表現 S^λ の類 $[S^\lambda]$ に写す写像である．2つ目の写像は $[S^\lambda]$ を $[E^\lambda]$ に写し，3つ目の写像は $[E^\lambda]$ を $s_\lambda(x_1, \ldots, x_m)$ に写す．シューア関数は Λ の基底であったから，合成写像 $\Lambda \to \Lambda(m)$ は，関数 f を $f(x_1, \ldots, x_m, 0, \ldots, 0)$ に写す．特に，この合成写像は全射である．したがって，$\mathcal{R}(m) \to \Lambda(m)$ が同型であること，そして $R \to \mathcal{R}(m)$ が全射環準同型であることがわかる．これらの結果は，直接示すことも可能である（演習問題 74 を参照）．さらに，Λ から $\Lambda(m)$ への写像の核は，m より多くの行を持つ λ に関するシューア関数 s_λ たちで生成されるから，R から $\mathcal{R}(m)$ への写像は以下の同型を導く．

$$R/(\lambda_{m+1} \neq 0 \text{ なる } [S^\lambda] \text{ の張る部分群}) \xrightarrow{\cong} \mathcal{R}(m). \qquad (8.22)$$

(8.22) の逆向きの写像，すなわち $GL_m\mathbb{C}$ の表現から対称群の表現を与える写像を，指標や対称多項式を経由せずに与えることが可能である．簡単な場合には，次のように記述することができる．$GL_m\mathbb{C}$ の表現 V が**斉次 n 次**であると

は，そのすべてのウェイト α が $\alpha_1 + \cdots + \alpha_m = n$ を満たすことをいう．これまで述べてきたことより，そのような表現は，長さ m の n の分割 λ に対応する E^λ たちの直和である．特に，そのような表現は S_n の表現 M を用いて $E(M)$ と書けることがわかる．$n \leq m$ に対して，自然な単射

$$S_n \subset S_m \subset GL_m\mathbb{C}$$

がある．ここで $\sigma \in S_m$ は，E の基底に $\sigma(e_i) = e_{\sigma(i)}$ と作用する．n 個の 1 を含むウェイト $(1, \ldots, 1, 0, \ldots, 0)$ を $\alpha(n)$ とおく．S_n の任意の表現 M に対して，合成写像

$$M \cong (e_1 \otimes \cdots \otimes e_n) \otimes_{\mathbb{C}} M \subset E^{\otimes n} \otimes_{\mathbb{C}} M \twoheadrightarrow E^{\otimes n} \otimes_{\mathbb{C}[S_n]} M = E(M)$$

を考えよう．

演習問題 79 上の合成写像により，M がウェイト空間 $E(M)_{\alpha(n)}$ の上に同型に写されることを示せ．

$n \leq m$ に対し $E(M)$ が同次 n 次表現である場合は，上の演習問題から $E(M)$ から M を復元する方法がわかる．一般の場合には，[Green (1980)] で紹介されているような，より高度な手法が必要になる．

ワイルの指標公式（Weyl character formula）と呼ばれる，表現の指標を 2 つの行列式の比で表現する一般的な公式が存在するが，$GL_m\mathbb{C}$ の場合には，それがちょうどシューア多項式のヤコビ・トゥルーディ公式となることが知られている（[Fulton and Harris (1991)] を見よ）．

演習問題 80 (a) $GL(E)$ の表現 $\bigoplus_k \mathrm{Sym}^k(E \oplus \bigwedge^2 E)$ の分解に，すべての多項式表現がちょうど一回ずつ現れることを示せ．

(b) E^λ が $\mathrm{Sym}^k(E \oplus \bigwedge^2 E)$ の分解に現れることと，λ の箱の個数と λ の長さ奇数の列の本数の和の半分が k と等しいことが同値であることを示せ．

演習問題 81（**ラムダ環**（λ-ring）を知っている読者向けの問題） $r \geq 1$ に対し，環 Λ は $\lambda^r(e_1) = e_r$ で定まるラムダ環の構造を持つ．一方，環 $\mathcal{R}(m)$ も $\lambda^r[V] = [\bigwedge^r V]$ なるラムダ環の構造を持つ．準同型 $\Lambda \to \mathcal{R}(m)$ がラムダ環の準同型を与えることを示せ．

8.4 2次関係式のイデアル

この章の主な結果を対称代数の言葉で書き直すことができる．複素ベクトル空間 V に対して，対称代数 $\mathrm{Sym}^{\bullet}V$ とは，すべての V の対称積たちの直和

$$\mathrm{Sym}^{\bullet}V = \bigoplus_{n=0}^{\infty} \mathrm{Sym}^n V$$

のことであった．ただし $\mathrm{Sym}^0 V = \mathbb{C}$ である．自然な写像 $\mathrm{Sym}^n V \otimes \mathrm{Sym}^m V \to \mathrm{Sym}^{n+m}V$, $(v_1 \cdots v_n) \otimes (w_1 \cdots w_m) \mapsto v_1 \cdots v_m \cdot w_1 \cdots w_m$ により，$\mathrm{Sym}^{\bullet}V$ に可換な次数付き $\mathbb{C}$ 代数の構造が定まる．$V = V_1 \oplus \cdots \oplus V_r$ が r 個のベクトル空間の直和であるとき，

$$\mathrm{Sym}^{\bullet}V = \mathrm{Sym}^{\bullet}(V_1) \otimes \mathrm{Sym}^{\bullet}(V_2) \otimes \cdots \otimes \mathrm{Sym}^{\bullet}(V_r)$$

なる標準的な代数の同型が存在する（これは対称積の普遍性から簡単に示せる）．特に，V の基底 $X_1, \ldots, X_r$ を指定すれば $\mathrm{Sym}^{\bullet}V$ と多項式環 $\mathbb{C}[X_1, \ldots, X_r]$ を同一視することができる．

整数の組 $m \geq d_1 > \cdots > d_s > 0$ を固定する．E を m 次元ベクトル空間とし，ベクトル空間 $\bigwedge^{d_1} E \oplus \cdots \oplus \bigwedge^{d_s} E$ の対称代数を，以下に示すような 2 次関係式のイデアルで割って得られる代数を $S^{\bullet}(E; d_1, \ldots, d_s)$ と定める．すなわち，

$$\begin{aligned}S^{\bullet}(E; d_1, \ldots, d_s) = \\ \left(\bigoplus \mathrm{Sym}^{a_1}(\textstyle\bigwedge^{d_1} E) \otimes \cdots \otimes \mathrm{Sym}^{a_s}(\textstyle\bigwedge^{d_s} E)\right)/Q.\end{aligned} \quad (8.23)$$

ただし，右辺の直和はすべての非負整数の組 $(a_1, \ldots, a_s)$ についてとり，$Q = Q(E; d_1, \ldots, d_s)$ は次のような 2 次関係式の成す両側イデアルである：Q の生成元は，$\{d_1, \ldots, d_s\}$ の元の組 $p \geq q$, E の元 $v_1, \ldots, v_p, w_1, \ldots, w_q$ を用いて，

$$(v_1 \wedge \cdots \wedge v_p)(w_1 \wedge \cdots \wedge w_q) - \\ \sum_{i_1 < \cdots < i_k} (v_1 \cdots w_1 \cdots w_k \cdots v_p)(v_{i_1} \cdots v_{i_k} w_{k+1} \cdots w_q)$$

と表されるすべての元である．この右辺の和において，ベクトル $w_1, \ldots, w_k$ とベクトル $v_{i_1}, \ldots, v_{i_k}$ が交換されている．上の生成元は，$p > q$ のときは $\bigwedge^p E \otimes \bigwedge^q E$ の元であり，$p = q$ のときは $\mathrm{Sym}^2(\bigwedge^p E)$ の元である．

E の元 $e_1, \ldots, e_m$ を指定することで，つまり E と $\mathbb{C}^m$ を同一視することで，代数 $S^{\bullet}(E; d_1, \ldots, d_s)$ と，ある多項式環をイデアルで割った商を同一視することができる．$\bigoplus \bigwedge^{d_i} E$ の対称代数は，$p \in \{d_1, \ldots, d_s\}$ に対し，$[m]$ の p 個

の元 $i_1, \ldots, i_p$ を添字に持つ変数 $X_{i_1,\ldots,i_p}$ たちの多項式環とみなせる．ここで $X_{i_1,\ldots,i_p}$ は，$\bigwedge^p E$ の元 $e_{i_1} \wedge \cdots \wedge e_{i_p}$ に対応する，添字たちの交代的な関数とみなす．イデアルは，以下のような形をした2次関係式の全体で生成されるものとする．

$$X_{i_1,\ldots,i_p} X_{j_1,\ldots,j_q} - \sum X_{i'_1,\ldots,i'_p} X_{j'_1,\ldots,j'_q}. \qquad (8.24)$$

ここで和は，$p \geq q \geq k \geq 1$ なる数 $p, q \in \{d_1, \ldots, d_s\}$ に対して，$j_1, \ldots, j_k$ と，$i_1, \ldots, i_p$ に含まれる k 元集合を交換して得られるすべての添字に対してとる．このように定まる環を $S^\bullet(m; d_1, \ldots, d_s)$ と表そう．すなわち，(8.24) の2次関係式から生成されるイデアル Q に対して

$$S^\bullet(m; d_1, \ldots, d_m) = \mathbb{C}[X_{i_1,\ldots,i_p},\ p \in \{d_1, \ldots, d_s\}]/Q \qquad (8.25)$$

と定める．

列の長さが $d_1, \ldots, d_s$ のいずれかであるような分割を λ とする．共役 $\tilde{\lambda}$ は非負整数 $a_1, \ldots, a_s$ を用いて $(d_1^{a_1}, \ldots, d_s^{a_s})$ と書ける．これまで我々が議論してきたことによると，表現 E^λ は，$\mathrm{Sym}^{a_1}(\bigwedge^{d_1} E) \otimes \cdots \otimes \mathrm{Sym}^{a_s}(\bigwedge^{d_s} E)$ を2次関係式で生成される部分空間で割って得られる商であった．特に，代数 $S^\bullet(E; d_1, \ldots, d_s)$ は，上のような λ に対応する E^λ たちを一つずつ直和したものに等しいことがわかる．

§8.1 の系 8.6 より，$n \geq d_1$ のとき，$S^\bullet(m; d_1, \ldots, d_s)$ から，D_T たちの生成する $\mathbb{C}[Z]$ の部分代数への標準的な同型が存在する．ここで T は，列の長さが $d_1, \ldots, d_s$ のいずれかであり，$[m]$ の元を成分に持つタブローである．この同型は $X_{i_1,\ldots,i_p}$ を $D_{i_1,\ldots,i_p}$ へ写す．実際，各 E^λ が D^λ に同型に写されることはすでに述べたが，$\mathbb{C}[Z]$ の中で D^λ たちの和が直和であることを示せば，上の対応が同型であることが証明できる．D^λ たちが互いに同型でない既約表現であることから，これはすぐに従う．

演習問題 82 $GL_m\mathbb{C}$ の表現 V が，ゼロでない既約部分表現 $V_1, \ldots, V_r$ であって互いに同型でないものの和であるとき，V は直和 $V_1 \oplus \cdots \oplus V_r$ であることを示せ．

特に，環 $S^\bullet(m; d_1, \ldots, d_s)$ は整域である．というのも，これは多項式環 $\mathbb{C}[Z]$ の部分環と同型だからである．言い換えると：

命題 8.13 2次関係式のイデアル Q は，$\mathrm{Sym}^\bullet(\bigwedge^{d_1} E) \otimes \cdots \otimes \mathrm{Sym}^\bullet(\bigwedge^{d_s} E)$ の素

イデアルである.

$\mathbb{C}$ を任意の整域 R に,そして E を m 個の元から生成される自由 R 加群に取り替えても,同様の事実が成り立つ.環 $S^{\cdot}(m; d_1, \ldots, d_s)$ は,多項式環 $R[X_{i_1, \ldots, i_p}]$ を (8.24) の 2 次関係式の生成するイデアルで割ったものとして定義される.これは,列の長さが $d_1, \ldots, d_s$ のいずれかで,$[m]$ の元を成分に持つヤングタブロー T に対応する D_T たちで生成される $R[Z]$ の部分環と同型である.この D_T たちは像の基底となる.これらの事実は,D_T たちの 1 次独立性さえ示してしまえば,あとは $R = \mathbb{C}$ のときと同じように証明できる.以前議論したように,D_T たちの 1 次独立性は,$\mathbb{C}$ 上では表現論を用いた証明により示される.このことから $R = \mathbb{Z}$ の場合も真であることが従い,$\mathbb{Z}$ から R への底変換を用いて一般の R 上でも成り立つことが示せる.§9.2 で,これらの環についてより多くのことを証明する.

第 III 部

幾何学

　第 III 部では第 I, II 部の結果をグラスマン多様体および旗多様体の研究に応用する．この導入部では，基本的な記号を定め，いくつかの重要な具体例について説明する．

　E を有限次元ベクトル空間とするとき，$\mathbb{P}(E)$ によって，E 内の原点を通る直線が成す集合，すなわち射影空間を表す．そのような直線は E 内の任意の零でないベクトル v により定まり，逆にそのようなベクトルは対応する直線によって零でないスカラー倍を除いて決まる．言い換えると

$$\mathbb{P}(E) = (E \setminus \{0\})/\mathbb{C}^*$$

ということである．$E \setminus \{0\}$ の元 v で定まる $\mathbb{P}(E)$ の点を $[v]$ で表す．

　本書では双対射影空間 $\mathbb{P}^*(E)$ を用いることが多い．この空間はすべての超平面 $H \subset E$ 全体から成る．1 次元商空間 $E \to L$ 全体の集合[1]と言い換えてもよい．ここで，2 つの商写像 $E \to L$, $E \to L'$ は，L から L' への線型同型で E からの写像と可換なものがあるときに同一視する．同じことだが，$\mathbb{P}^*(E) = \mathbb{P}(E^*)$ は双対空間 E^* 内の直線全体の成す集合である．商写像 $E \to L$ に対応する E^* の中の直線は双対直線[2] $L^* \subset E^*$ である．このような双対の記法を用いる主な理

---

[1] 訳注：「E の 1 次元商空間」は階数 1 の全射線型写像 $q: E \to L$ によって定まる．ただし，そのような $q: E \to L$ と $q': E \to L'$ に対して，線型同型 $f: L \to L'$ が存在して $f \circ q = q'$ が成り立つとき，それらは同一視される．そのような $q: E \to L$ に対して $H = \mathrm{Ker}(q)$ は E の超平面，すなわち $\mathbb{P}^*(E)$ の元である．

[2] 訳注：1 次元商空間 $q: E \to L$ に対して $L^* = \mathrm{Ker}(q)^\perp := \{\varphi \in E^* \mid \varphi|_{\mathrm{Ker}(q)} = 0\}$ とおく．$u \in L$, $\varphi \in L^*$ に対して，$v \in E$ を $q(v) = u$ となるようにとって，$\langle u, \varphi \rangle = \varphi(v) \in \mathbb{C}$ と定めることができる．このペアリングにより L^* は L の双対空間と同一視される．特に L^* は

由は，E が $\mathbb{P}^*(E)$ 上の 1 次形式の空間だということにある．実際，**対称代数**

$$\mathrm{Sym}^\bullet E = \bigoplus_{n=0}^{\infty} \mathrm{Sym}^n E \tag{8.26}$$

は $\mathbb{P}^*(E)$ 上の斉次形式の成す代数であり，$\mathbb{P}^*(E)$ の**斉次座標環**と呼ばれる．$\mathrm{Sym}^n E$ の元 f は E^* 上の n 次斉次関数である：すなわち $f(\lambda \cdot v) = \lambda^n f(v)$ ($\lambda \in \mathbb{C}, v \in E^*$) が成り立つ．このことから，$E^*$ 内の直線 L^* における f の値はゼロでない定数倍を除いて定まる．これは $f(L^*) = 0$ または $f(L^*) \neq 0$ のどちらであるかだけは定まることを意味する．f と g が $\mathrm{Sym}^n E$ に属すとき，比 f/g は，g が消えない点全体から成る $\mathbb{P}^*(E)$ の開集合上の関数を定める．用語を濫用して，射影空間上の斉次形式を斉次関数と呼ぶこともある．

E の基底 $e_1, \ldots, e_m$ を選ぶとき，E^* には双対基底が定まるので，同一視 $E^* = \mathbb{C}^m$ により $\mathbb{P}^*(E) = \mathbb{P}(\mathbb{C}^m)$ を $\mathbb{P}^{m-1}$ と書くこともある．$\mathbb{C}^m$ 内のゼロでないベクトル $(x_1, \ldots, x_m)$ により定まる $\mathbb{P}^{m-1}$ の点を $[x_1 : \cdots : x_m]$ で表す．数の集まり x_i はその点の**斉次座標**と呼ばれる．環 $\mathrm{Sym}^\bullet E$ は多項式環 $\mathbb{C}[X_1, \ldots, X_m]$ と同一視することができる．$\mathrm{Sym}^n E$ の元はこれらの変数の n 次斉次多項式 F である．その零点とは $F(x_1, \ldots, x_m) = 0$ であるような $\mathbb{P}^{m-1}$ の点 $[x_1 : \cdots : x_m]$ のことである．

W が $GL(E)$ の表現であるとき，$GL(E)$ は射影空間 $\mathbb{P}^*(W)$ に作用する．なぜなら W の自己同型によって W の超平面は超平面に写されるからである．

特に $GL(E)$ は $\mathbb{P}^*(E^\lambda)$ に作用する．$\mathbb{P}^*(E^\lambda)$ 内には，旗多様体と同型であるような $GL(E)$ の閉軌道が存在することを後に示す．ここで $d_1 > \cdots > d_s$ を分割 λ の長さから成る正整数とする．このとき，その閉軌道というのは，余次元 $d_1, \ldots, d_s$ の部分空間の鎖から成る**部分旗多様体**

$$F\ell^{d_1,\ldots,d_s}(E) = \{E_1 \subset \cdots \subset E_s \subset E : \mathrm{codim}(E_i, E) = d_i, \ 1 \leq i \leq s\} \tag{8.27}$$

と同型であることを後に示す．

以下の 2 つの極端な例は古典的である．

(1) $GL(E)$ の $\mathbb{P}^*(\mathrm{Sym}^n E)$ への作用において，$\mathbb{P}^*(E)$ と同一視される軌道がある．実際，射影空間 $\mathbb{P}^*(E)$ は**ヴェロネーゼ埋め込み**と呼ばれる写像

$$\mathbb{P}^*(E) \hookrightarrow \mathbb{P}^*(\mathrm{Sym}^n E), \quad (E \twoheadrightarrow L) \mapsto (\mathrm{Sym}^n E \twoheadrightarrow \mathrm{Sym}^n L) \tag{8.28}$$

E^* の 1 次元部分空間，すなわち $\mathbb{P}(E^*)$ の元である．

により $\mathbb{P}^*(\mathrm{Sym}^n E)$ に埋め込まれ，閉軌道と同一視される．

(2) $GL(E)$ の $\mathbb{P}^*(\bigwedge^n E)$ への作用において，E の余次元 n の部分空間（つまり $(m-n)$ 次元部分空間）の成す**グラスマン多様体** $Gr^n E = Gr_{m-n} E$ と同一視される閉軌道がある．実際，**プリュッカー埋め込み**

$$Gr^n E \hookrightarrow \mathbb{P}^*(\bigwedge^n E), \quad (E \twoheadrightarrow W) \mapsto (\bigwedge^n E \twoheadrightarrow \bigwedge^n W) \tag{8.29}$$

と呼ばれる閉埋め込みがある．ここで，W が E の n 次元商空間[3]ならば $\bigwedge^n W$ は $\bigwedge^n E$ の 1 次元商空間[4]になることを用いている（§9.1 を参照）．

演習問題 83 $F\ell^{2,1}(E)$ を $\mathbb{P}^*(E^{(2,1)})$ における $GL(E)$ のある閉軌道と同一視せよ．

この第 III 部では代数幾何学の基本的な概念をいくつか用いる．$\mathbb{P}^*(E) = \mathbb{P}^{m-1}$ の**代数的部分集合**とは，いくつかの斉次形式の共通零点集合のことである．代数的部分集合 X に対して，$I(X)_n$ を X 上で消える n 次斉次形式全体とするとき，$\mathrm{Sym}^\bullet E = \mathbb{C}[X_1, \ldots, X_m]$ の斉次イデアル $I(X) = \oplus I(X)_n$ を X の**定義イデアル**と呼ぶ．X はそのとき $I(X)$ の斉次な生成元を持ち X はそれらの零点集合である．代数的部分集合は，2 つの代数的な真部分集合の和集合で表せないとき**既約**であるという．そして，$\mathbb{P}^*(E)$ の既約な代数的部分集合を（埋め込まれた[5]）**射影多様体**という．任意の代数的部分集合 X は有限個の既約代数的部分集合の和集合である．その個数が最小であるように分解するとき，現れる既約代数的部分集合は一意的であり，X の**既約成分**と呼ばれる．$X \subset \mathbb{P}^*(E)$ が既約ならば，その定義イデアルは素イデアルである．次数付き環 $\mathrm{Sym}^\bullet E/I(X)$ は X の**斉次座標環**と呼ばれる．

ヒルベルトの零点定理（Nullstellensatz）によると，I を $\mathrm{Sym}^\bullet E = \mathbb{C}[X_1, \ldots, X_m]$ の斉次イデアルとし，X をその零点集合とするとき，$I(X)$ は，何乗かすると I に属すような[6]すべての多項式 F から成る．特に，I が素イ

---

[3] 訳注：「E の n 次元商空間」は階数が n の全射線型写像 $q : E \twoheadrightarrow W$ によって与えられる．ただし，そのような $q : E \twoheadrightarrow W$ と $q' : E \twoheadrightarrow W'$ に対して線型同型 $f : W \to W'$ が存在して $f \circ q = q'$ が成り立つとき，それらは同一視される．E の n 次元商空間全体の集合は $Gr^n E$ と同一視される．実際，$q : E \twoheadrightarrow W$（の同型類）は $\mathrm{Ker}(q) \in Gr^n E$ に対応する．

[4] 訳注：$q : E \twoheadrightarrow W$ によって定まる n 次元商空間から自然に誘導される線型写像 $\bigwedge^n E \twoheadrightarrow \bigwedge^n W$ は 1 次元商空間を与える．

[5] 訳注：X そのものだけではなく，$X \subset \mathbb{P}^*(E)$ という埋め込みを含めた対象だと考えているという意味．埋め込みを忘れて X そのものを抽象的な代数多様体とみなす立場とは厳密にはやや異なる．例えば，定義イデアルや，斉次座標環（後述）は射影空間への埋め込み方が与えられて定義されるものであるし，埋め込み方を変えると一般には異なるものになり得る．

[6] 訳注：$\sqrt{I} = \{f \mid \text{ある整数 } r \geq 1 \text{ について } f^r \in I\}$ を I の**根基**（radical）と呼ぶ．このとき，ヒルベルトの零点定理の主張は $I(X) = \sqrt{I}$ と書かれる．$\sqrt{I} = I$ が成り立つとき I は**根基**

デアルならば $I(X) = I$ が成り立つ．X が $\mathbb{P}^*(E)$ 内の射影多様体であるとき，X の**代数的部分集合**とは，$\mathrm{Sym}^\bullet E$ に属す斉次式のある集合（あるいは，ある斉次イデアル）の零点集合として定義される X の部分集合のことである．

射影空間の直積空間の部分多様体もよく用いられる．$\mathbb{P}^*(E_1) \times \mathbb{P}^*(E_2) \times \cdots \times \mathbb{P}^*(E_s)$ における代数的部分集合とは，$\mathrm{Sym}^\bullet(E_1) \otimes \cdots \otimes \mathrm{Sym}^\bullet(E_s)$ に属す多重斉次多項式の集まりの零点集合である．各ベクトル空間 E_i の基底を選ぶと，このテンソル積空間は対応する変数の多項式環と同一視される．既約性，部分多様体の（多重）定義イデアル，および部分多様体 X の**多重斉次座標環**

$$\mathrm{Sym}^\bullet(E_1) \otimes \cdots \otimes \mathrm{Sym}^\bullet(E_s) / I(X)$$
$$= \mathrm{Sym}^\bullet(E_1 \oplus \cdots \oplus E_s) / I(X)$$

の概念が同様に定義される．

射影空間，射影空間の直積，あるいは部分代数多様体に対して**ザリスキー位相**を用いる．これは，代数的部分集合が閉集合である位相で，したがって開集合は，有限個の斉次多項式（あるいは多重斉次多項式）が消えないという条件によって定義される．複素多様体 $\mathbb{P}^{m-1}$ の通常の「古典的」な位相[7]においては，より多くの閉集合や開集合が存在するが，ここではザリスキー位相の閉集合や開集合だけを用いる．多様体 X の多様体 Y への**閉埋め込み**とは，X と，Y の閉部分多様体との同型写像のことである．

有限次元ベクトル空間 E によって多様体 X 上の**自明なベクトル束** $E_X = X \times E$ を定めることができる．記号の濫用により，考えている多様体 X がはっきりしているときはしばしばこのベクトル束を単に E と記す．

代数多様体の**次元**の概念も必要である．任意の代数多様体には複素多様体であるような開集合がある．その（複素）次元をもって代数多様体の次元であると定義する．これから扱うすべての具体例においてはアフィン空間 $\mathbb{C}^r$ と同型な開集合が存在する．Z が Y に含まれる代数的な真部分集合ならば Z のどの既約成分の次元も Y の次元より真に小さい．

以上の事実は代数幾何学の教科書，例えば [Harris (1977)]，[Shafarevich (1977)]，[Hartshorne (1977)] などに載っている．その他にも代数幾何学の事項を引用するが，それらが必要になるのは主に演習問題においてである．主な議論は，代数幾何学についてそれほど多くの知識がなくても追えるであろう．

イデアルであるという．素イデアルは根基イデアルである．
[7] 訳注：複素多様体としての位相のこと．局所的には $\mathbb{C}^r$ における通常の距離による位相．

第9章 旗多様体

　第8章で表現論の立場から構成された環[8]は，この章では旗多様体を射影空間の積に自然に埋め込む際の多重斉次座標環と同一視される．この環は $n \times m$ 行列の空間上の多項式関数が成す環に一般線型群が作用するときの不変式環でもある．不変式論におけること基本的な事実は，表現論の部（第II部）で示したことを用いて簡単に証明することができる．さらにこのことから，この環が一意分解整域であることが示される．この事実には，代数幾何学において有用な応用がある．§9.3において，以上のことを用いて等質空間上の直線束の大域切断として表現を実現する．最後の節ではグラスマン多様体の交叉理論に関する基本的な事実を述べる（この節で証明される主な結果は旗多様体に関するもっと一般の結果からも導かれる）．

9.1 旗多様体の射影埋め込み

　E を m 次元ベクトル空間とする．$0 < d \leq m$ に対して $Gr^d E$ を E の余次元 d の（線型）部分空間が成すグラスマン多様体とする．特に $Gr^1 E = \mathbb{P}^*(E)$ および $Gr^{m-1} E = \mathbb{P}(E)$ である．もしも F が E の部分空間で余次元 d ならば，$\bigwedge^d(E)$ から $\bigwedge^d(E/F)$ への自然な線型写像の核は $\bigwedge^d(E)$ の超平面である．F に対してこの超平面を対応させることにより写像

$$Gr^d E \to \mathbb{P}^*(\textstyle\bigwedge^d E)$$

ができる．これを**プリュッカー埋め込み**と呼ぶ．$\mathrm{Sym}^\bullet(\bigwedge^d E)$ は $\mathbb{P}^*(\bigwedge^d E)$ 上の多項式関数の環である（第III部の導入部を参照）．その意味は，E の元

---

[8] 訳注：$S^\bullet(m; d_1, \ldots, d_s)$ のことを指す．

$v_1, \ldots, v_d$ に対して $v_1 \wedge \cdots \wedge v_d$ は $\mathbb{P}^*(\bigwedge^d E)$ 上の 1 次形式であり，そのような 1 次形式をかけ合わせたものは $\mathbb{P}^*(\bigwedge^d E)$ 上の斉次形式である．

補題 9.1 プリュッカー埋め込みは，グラスマン多様体 $Gr^d E$ から，2 次関係式

$$(v_1 \wedge \cdots \wedge v_d) \cdot (w_1 \wedge \cdots \wedge w_d)$$
$$- \sum_{i_1 < \ldots < i_k} (v_1 \wedge \cdots \wedge w_1 \wedge \cdots \wedge w_k \wedge \cdots \wedge v_d)$$
$$\cdot (v_{i_1} \wedge \cdots \wedge v_{i_k} \wedge w_{k+1} \wedge \cdots \wedge w_d) = 0$$

$(v_1, \ldots, v_d, w_1, \ldots, w_d \in E)$ により定義される $\mathbb{P}^*(\bigwedge^d E)$ の部分多様体の上への全単射である．この埋め込みによる $Gr^d E$ の像の上で消える任意の斉次多項式は，これらの 2 次関係式によって生成されるイデアルに属す．

証明をする前に，座標を用いてこの結果を解釈しておこう．$e_1, \ldots, e_m$ を E の基底として E を $\mathbb{C}^m$ と同一視する．すると $X_{i_1, \ldots, i_d} = e_{i_1} \wedge \cdots \wedge e_{i_d} \in \bigwedge^d E$ は $\mathbb{P}^*(\bigwedge^d E)$ 上の 1 次形式である．これらは添字に関して交代的である．$\mathbb{P}^*(\bigwedge^d E)$ の各点に対して，斉次座標 $x_{i_1, \ldots, i_d}$ $(1 \le i_1 < \cdots < i_d \le m)$ が定まる．これらの座標 $x_{i_1, \ldots, i_d}$ は添え字に関して交代的であるとみなす．$E = \mathbb{C}^m$ の部分空間 V に対して，対応する $\mathbb{P}^*(\bigwedge^d E)$ の点の斉次座標は，V の**プリュッカー座標**と呼ばれ，以下のように定まる．V を，階数が d の $d \times m$ 行列 $A: \mathbb{C}^m \to \mathbb{C}^d$ の核空間として表そう．$\bigwedge^d \mathbb{C}^m$ から $\bigwedge^d \mathbb{C}^d = \mathbb{C}$ への写像 $\bigwedge^d A$ は $e_{i_1} \wedge \cdots \wedge e_{i_d}$ を，列の添え字が $i_1, \ldots, i_d$ の A の小行列式に写す．このとき，対応する $\mathbb{P}^*(\bigwedge^d E)$ の点のプリュッカー座標 $x_{i_1, \ldots, i_d}$ はこの行列式たちの値である．

これらの座標を用いると，補題 9.1 の関係式は以下の形に書ける：

$$X_{i_1, \ldots, i_d} \cdot X_{j_1, \ldots, j_d} - \sum X_{i'_1, \ldots, i'_d} \cdot X_{j'_1, \ldots, j'_d} = 0. \qquad (9.1)$$

ここで，和は $j_1, \ldots, j_d$ から選んで固定した k 個の文字と，$i_1, \ldots, i_d$ から選んだ k 個の文字とを，それぞれの順序を保ったまま交換することによってできるすべての添え字の列の組についてとる．実際には $j_1, \ldots, j_d$ の始めから k 個の文字を選べば十分である．添え字を昇順に並べ換えると符号が現れる．例えば，補題 9.1 によると $Gr^2 \mathbb{C}^4 \subset \mathbb{P}^5$ は 1 つの 2 次関係式 $X_{1,2} \cdot X_{3,4} = X_{3,2} \cdot X_{1,4} + X_{1,3} \cdot X_{2,4}$ あるいはこれを書き換えた

$$X_{1,2} \cdot X_{3,4} - X_{1,3} \cdot X_{2,4} + X_{2,3} \cdot X_{1,4} = 0$$

で定義される．方程式 (9.1) は，v と w を E の基底ベクトルに選ぶとき，補題

9.1 の方程式と同じものである．逆に，もしも補題 9.1 の方程式が基底ベクトルに対して成り立つならば，多重線型性によりそれは一般に成り立つ．

演習問題 84 $k=1$ に対する方程式は，すべての $i_1, \ldots, i_{d-1}$ および $j_1, \ldots, j_{d+1}$ に対する古典的な関係式

$$\sum_{s=1}^{d+1}(-1)^s X_{i_1,\ldots,i_{d-1},j_s} \cdot X_{j_1,\ldots,\hat{j_s},\ldots,j_{d+1}} = 0$$

と同値であることを示せ．

補題 9.1 の証明 シルベスターの補題（補題 8.3）より，任意の線型部分空間をとるとき，そのプリュッカー座標は 2 次関係式 (9.1) を満たす．実際，ある線型部分空間が上記のように行列 A の核空間ならば，補題 8.3 において $p=d$ とし，A の小行列であって列の添え字が $i_1, \ldots, i_d$ および $j_1, \ldots, j_d$ であるものをそれぞれ M, N とすればよい．逆に，$\mathbb{P}^*(\bigwedge^d E)$ の点の斉次座標 $x_{i_1,\ldots,i_d}$ が関係式 (9.1) を満たすとする．$x_{i_1,\ldots,i_d} \neq 0$ であるような $i_1, \ldots, i_d$ を選ぶ．座標にゼロでないスカラーを一斉に掛けても点は変わらないので $x_{i_1,\ldots,i_d} = 1$ として構わない．$d \times m$ 行列 $A = (a_{s,t})$ を

$$a_{s,t} := x_{i_1,\ldots,i_{s-1},t,i_{s+1},\ldots,i_d}, \quad 1 \leq s \leq d, \quad 1 \leq t \leq m \tag{9.2}$$

により定めよう．示したいことは，$A: \mathbb{C}^m \to \mathbb{C}^d$ の核空間の余次元が d であり，そのプリュッカー座標が $x_{j_1,\ldots,j_d}$ で与えられるということである．この主張を示すには，$I = (i_1, \ldots, i_d)$ とし，すべての $J = (j_1, \ldots, j_d)$ に対する A の小行列式を考える．$J = I$ に対しては，対応する小行列は恒等行列なので，行列 A の階数が d であること，そしてその小行列式の値が 1 であることがわかる．もしも I と J が $d-1$ 個の共通元を持つならば，対応する小行列式は行列 A のある成分と一致しており，欲しい答えが得られる．というのも，もしも J が I から i_s を t に置き換えることで得られるとすると，対応する小行列の第 s 列以外は単位行列のように見え，第 s 列の対角に $a_{s,t}$ があるからである．その他の J については，I と J の共通元の個数に関する逆向きの帰納法を用いる．j_r が I に現れないとする．このような I, J に対し，$k=1$ の場合の 2 次関係式 (9.1) を使って j_r と交換することによって，既に小行列として書けることがわかっている座標たち（それらの添え字の I との交わりが J との交わりよりも大きいので）の積の 1 次結合として $x_{j_1,\ldots,j_d}$ を書くことができる．証明の最初に確かめたことより，同じ形の等式が A の小行列式に対して成り立つ．したがって，$x_{j_1,\ldots,j_d}$ は

対応する A の小行列式と一致する[9].

$Gr^d E \to \mathbb{P}^*(\bigwedge^d E)$ が単射であることを示すには，写像が E の基底の選び方によらないことを用いる．$r \geq 1$ のときに，$\langle e_{p+1},\ldots,e_m\rangle$ と $\langle e_1,\ldots,e_r, e_{p+r+1},\ldots,e_m\rangle$ が異なるプリュッカー座標を持つことに注意すればよい．

補題の最後の主張を証明するにはヒルベルトの零点定理を用いる．その主張は以下の通りである：多項式環（ここでは $\mathrm{Sym}^\bullet(\bigwedge^d E)$）の任意の素イデアル $\mathfrak{p}$ に対して，$\mathfrak{p}$ の零点集合の上で消える多項式全体が成すイデアルは $\mathfrak{p}$ 自身と一致する．§8.4 で見たように，プリュッカー関係式は素イデアル $\mathfrak{p}$ を生成する．上記の議論で，グラスマン多様体（の像）がプリュッカー関係式の零点集合と一致することがわかったので，証明が終わる． □

以上のように $Gr^d E \subset \mathbb{P}^*(\bigwedge^d E)$ の斉次座標環と環

$$S^\bullet(m;d) = \mathrm{Sym}^\bullet(\bigwedge^d E)/Q = \mathbb{C}[X_{i_1,\ldots,i_d}]/Q$$

とを同一視できる．ここで Q はプリュッカー関係式により生成されるイデアルである．

演習問題 85 プリュッカー座標が $x_{1,2} = 1$, $x_{1,3} = 2$, $x_{1,4} = 1$, $x_{2,3} = 1$, $x_{2,4} = 2$, $x_{3,4} = 3$ であるような $\mathbb{C}^4$ の部分空間を求めよ．

次に，$p \geq q$ として余次元がそれぞれ p, q である E の部分空間の組 (V, W) を考える．これらはグラスマン多様体 $Gr^p E$ と $Gr^q E$ の積によりパラメーター付けられて射影空間の積 $\mathbb{P}^*(\bigwedge^p E) \times \mathbb{P}^*(\bigwedge^q E)$ の部分多様体を成す．次に問うのは，V と W のプリュッカー座標に対して，V が W に含まれるための条件はどのような関係式により与えられるかということである．その答えは再び2次関係式になる．

グラスマン多様体の積 $Gr^p E \times Gr^q E$ の中で，$V \subset W$ であるような組 (V, W)

---

[9] 訳注：式を用いると，$x_I = x_{i_1,\ldots,i_d}$ などとするとき，

$$x_{j_1,\ldots,j_d} = x_I x_J = \sum_{a=1}^d x_{i_1,\ldots,i_{a-1},j_a,i_{a+1},\ldots,i_d} x_{j_1,\ldots,j_{a-1},i_a,j_{a+1},\ldots,j_d}$$
$$= \sum_{a=1}^d \det(A_{i_1,\ldots,i_{a-1},j_a,i_{a+1},\ldots,i_d}) \det(A_{j_1,\ldots,j_{a-1},i_a,j_{a+1},\ldots,j_d})$$
$$= \det(A_{j_1,\ldots,j_d}).$$

ということである．最後の等号においてシルベスターの補題を用いた．

全体が成す部分多様体を $F\ell^{p,q}(E)$ で表し，**2段旗多様体**[10]と呼ぶ．E のベクトル $v_1, \ldots, v_p$ に対して $v_1 \wedge \cdots \wedge v_p \in \bigwedge^p E$ は $Gr^p E \subset \mathbb{P}^*(\bigwedge^p E)$ 上の1次形式であり，同様に，任意の $w_1, \ldots, w_q \in E$ に対して $w_1 \wedge \cdots \wedge w_q \in \bigwedge^q E$ は $Gr^q E \subset \mathbb{P}^*(\bigwedge^q E)$ 上の1次形式であることに注意しよう．したがって $(v_1 \wedge \cdots \wedge v_p) \cdot (w_1 \wedge \cdots \wedge w_q)$ のような積は $\mathbb{P}^*(\bigwedge^p E) \times \mathbb{P}^*(\bigwedge^q E)$ の上の2重斉次形式（bihomogeneous）である．

補題 9.2 2段旗多様体 $F\ell^{p,q}(E)$ は $Gr^p E \times Gr^q E$ において2次関係式

$$(v_1 \wedge \cdots \wedge v_p) \cdot (w_1 \wedge \cdots \wedge w_q)$$
$$- \sum_{i_1 < \cdots < i_k} (v_1 \wedge \cdots \wedge w_1 \wedge \cdots \wedge w_k \wedge \cdots \wedge v_p) \cdot$$
$$(v_{i_1} \wedge \cdots \wedge v_{i_k} \wedge w_{k+1} \wedge \cdots \wedge w_w) = 0$$

によって定義される．ここに $1 \leq k \leq q$ で，$v_1, \ldots, v_p, w_1, \ldots, w_q$ は E の元である．

これまでと同様，和は始めの k 個の w_j たちと，k 個の v_i たちの，それぞれの順序を保つすべての交換についてとる．斉次座標を使うと

$$X_{i_1, \ldots, i_p} \cdot X_{j_1, \ldots, j_q} - \sum X_{i'_1, \ldots, i'_p} \cdot X_{j'_1, \ldots, j'_q} = 0 \tag{9.3}$$

と書ける．和は j の添え字の始めから k 個と i の添え字の k 個を，それぞれの順序を保って交換して得られるすべての組に関してとる．

証明 2段旗多様体も，今考えている2次関係式の零点集合も $GL(E)$ の作用で保たれる．零点集合については，補題 9.2 における記述から明らかである．したがって E の基底を都合よくとることができる．例えば部分空間の組 $V \subset W$ が与えられるとき，基底を選んで，後ろから $m-p$ 個の基底ベクトルにより $V = \langle e_{p+1}, \ldots, e_m \rangle$，後ろから $m-q$ 個のベクトルによって $W = \langle e_{q+1}, \ldots, e_m \rangle$ となるようにできる．どちらについても零でないプリュッカー座標はただ一つ，すなわちそれぞれ $x_{1,\ldots,p}$ と $x_{1,\ldots,q}$ である．このとき関係式 (9.3) が成り立つことは明らかである．逆に，もしも $V \not\subset W$ ならば，ある $r \geq 1$ に対して

$$V = \langle e_1, \ldots, e_r, e_{p+r+1}, \ldots, e_m \rangle, \quad W = \langle e_{q+1}, \ldots, e_m \rangle$$

---

[10] 訳注：原著の incidence variety の訳．この多様体を two-step flag variety とも呼ぶ．

となるように基底をとれる．そのとき，2次関係式 (9.3) は $k=1$, $I=(r+1,\ldots,r+p)$, $J=(1,\ldots,q)$ に対しては成り立たないことが計算によりわかる． □

整数の列 $m \geq d_1 > \cdots > d_s \geq 0$ を固定する．**部分旗多様体** $F\ell^{d_1,\ldots,d_s}(E)$ は旗（入れ子構造のある線型部分空間列）の集合

$$\{E_1 \subset E_2 \subset \cdots \subset E_s \subset E : \mathrm{codim}(E_i) = d_i, \quad 1 \leq i \leq s\}$$

と見なせる．これはグラスマン多様体の積 $Gr^{d_1}E \times \cdots \times Gr^{d_s}E$ の部分集合である．したがって，プリュッカー埋め込みによって射影空間の積

$$\prod_{i=1}^{s} \mathbb{P}^*(\wedge^{d_i} E) = \mathbb{P}^*(\wedge^{d_1}E) \times \cdots \times \mathbb{P}^*(\wedge^{d_s}E)$$

の部分集合とみなせる．

命題 9.3 旗多様体 $F\ell^{d_1,\ldots,d_s}(E) \subset \prod_{i=1}^{s} \mathbb{P}^*(\wedge^{d_i}E)$ は $\{d_1,\ldots,d_s\}$ の中の組 $p \geq q$ すべてに対する 2 次関係式 (9.3) の共通零点集合である．これらの関係式は素イデアルを生成し，旗多様体 $F\ell^{d_1,\ldots,d_s}(E)$ の定義イデアルを与える．

証明 補題 9.1 と補題 9.2 からわかるように，旗多様体 $F\ell^{d_1,\ldots,d_s}(E)$ は命題で述べられている 2 次関係式で集合論的[11]には定義されている．一方 §8.4 で見たようにこれらの関係式は多項式環

$$\mathrm{Sym}^\bullet(\wedge^{d_1}E) \otimes \cdots \otimes \mathrm{Sym}^\bullet(\wedge^{d_s}E) = \mathrm{Sym}^\bullet(\wedge^{d_1}E \oplus \cdots \oplus \wedge^{d_s}E)$$
$$= \mathbb{C}[X_{i_1,\ldots,i_p}; 1 \leq i_1 < \cdots < i_p \leq m, \quad p \in \{d_1,\ldots,d_s\}]$$

において素イデアルを生成する．よって，最後の主張はヒルベルトの零点定理から従う． □

この命題の結果，旗多様体 $F\ell^{d_1,\ldots,d_s}(E)$ の多重斉次座標環は §8.4 の環 $S^\bullet(m; d_1,\ldots,d_s)$ と同一視される．なお，命題 9.3 の証明が示すように，旗多様体 $F\ell^{d_1,\ldots,d_s}(E)$ は $k=1$ の場合の 2 次関係式 (9.1) で集合論的には定義される．このことから，ヒルベルトの零点定理によると，すべての 2 次関係式 (9.1) で生成される素イデアルは，$k=1$ に対する 2 次関係式によって生成され

---

[11] 訳注：「集合論的に」は set-theoretically の訳として用いた．多項式環 $\mathbb{C}[X_1,\ldots,X_m]$ の斉次イデアル I に対して，その零点集合が $X \subset \mathbb{P}^{m-1}$ ならば，X は**集合論的に I によって定義されている**という．そのとき，X の定義イデアル $I(X)$ は I を含む斉次イデアルであるが $I(X) = I$ とは限らない．

9.1 旗多様体の射影埋め込み

るイデアルの根基であることがわかる．この2つのイデアルは基礎体の標数が0ならば一致する（§8.3 の演習問題 78）が，正標数においては必ずしもそうではない（[Towber (1979)], [Abeasis (1980)]）．

§8.4 で議論したように，分割 λ の共役が，ある正整数 $a_1, \ldots, a_s$ によって $(d_1^{a_1} \cdots d_s^{a_s})$ という形で書けるとき，$\bigotimes_{i=1}^s \mathrm{Sym}^{a_i}(\bigwedge^{d_i} E) \twoheadrightarrow E^\lambda$ の核空間は旗多様体 $F\ell^{d_1,\ldots,d_s}(E)$ を定義するものと同じ2次関係式により定義される．このことの幾何学的な意味を理解するために，射影幾何学における3つの基本的な構成法を用いる．

(i) ベクトル空間の全射 $V \twoheadrightarrow W$ が与えられると，射影空間の埋め込み $\mathbb{P}^*(W) \to \mathbb{P}^*(V)$ が定まる．W の超平面を V における逆像に対応させるのである．あるいは直線への全射 $W \twoheadrightarrow L$ に対して全射 $V \twoheadrightarrow W \twoheadrightarrow L$ を対応させるといってもよい．

(ii) a 重ヴェロネーゼ埋め込み $\mathbb{P}^*(V) \subset \mathbb{P}^*(\mathrm{Sym}^a V)$ は，全射 $V \twoheadrightarrow L$ の核である超平面を，誘導される全射 $\mathrm{Sym}^a V \twoheadrightarrow \mathrm{Sym}^a L$ の核空間に対応させる．

(iii) **セグレ埋め込み** $\mathbb{P}^*(V_1) \times \cdots \times \mathbb{P}^*(V_s) \subset \mathbb{P}^*(V_1 \otimes \cdots \otimes V_s)$ は，全射 $V_i \twoheadrightarrow L_i$ の核空間たちを，誘導される全射 $V_1 \otimes \cdots \otimes V_s \twoheadrightarrow L_1 \otimes \cdots \otimes L_s$ の核空間に対応させる．

演習問題 86 上記の3つがいずれも閉埋め込みであることを示せ．また，その像の定義方程式を求めよ．

a_i 重ヴェロネーゼ埋め込みの積から埋め込み

$$\mathbb{P}^*(\bigwedge^{d_1} E) \times \cdots \times \mathbb{P}^*(\bigwedge^{d_s} E) \subset$$
$$\mathbb{P}^*(\mathrm{Sym}^{a_1}(\bigwedge^{d_1} E)) \times \cdots \times \mathbb{P}^*(\mathrm{Sym}^{a_s}(\bigwedge^{d_s} E))$$

ができて，さらにセグレ埋め込み

$$\mathbb{P}^*\left(\mathrm{Sym}^{a_1}(\bigwedge^{d_1} E)\right) \times \cdots \times \mathbb{P}^*\left(\mathrm{Sym}^{a_s}(\bigwedge^{d_s} E)\right) \subset \mathbb{P}^*\left(\bigotimes_{i=1}^s \mathrm{Sym}^{a_i}(\bigwedge^{d_i} E)\right)$$

を合成できる．また，全射 $\bigotimes_{i=1}^s \mathrm{Sym}^{a_i}(\bigwedge^{d_i} E) \to E^\lambda$ は埋め込み

$$\mathbb{P}^*(E^\lambda) \subset \mathbb{P}^*\left(\bigotimes_{i=1}^s \mathrm{Sym}^{a_i}(\bigwedge^{d_i} E)\right)$$

を定める.

射影空間の直積 $\prod_{i=1}^{s} \mathbb{P}^*(\mathrm{Sym}^{a_i}(\bigwedge^{d_i} E))$ において旗多様体 $F\ell^{d_1,\ldots,d_s}(E)$ を定義するのと同じ方程式が $\mathbb{P}^*(\bigotimes_{i=1}^{s} \mathrm{Sym}^{a_i}(\bigwedge^{d_i} E))$ において $\mathbb{P}(E^\lambda)$ を定義するという事実は，可換図式

$$
\begin{array}{ccccc}
F\ell^{d_1,\ldots,d_s}(E) & \subset & \prod_{i=1}^{s} Gr^{d_i}(E) & \subset & \prod_{i=1}^{s} \mathbb{P}^*(\bigwedge^{d_i}(E)) \\
 & & & & \cap \\
 & \cap & & & \prod_{i=1}^{s} \mathbb{P}^*(\mathrm{Sym}^{a_i}(\bigwedge^{d_i} E)) \\
 & & & & \cap \\
\mathbb{P}^*(E^\lambda) & & \subset & & \mathbb{P}^*(\bigotimes_{i=1}^{s} \mathrm{Sym}^{a_i}(\bigwedge^{d_i} E))
\end{array}
\quad (9.4)
$$

があることを意味する．実際，この図式は旗多様体 $F\ell^{d_1,\ldots,d_s}(E)$ が射影空間 $\mathbb{P}^*(\bigotimes_{i=1}^{s} \mathrm{Sym}^{a_i}(\bigwedge^{d_i} E))$ 内における $\mathbb{P}^*(E^\lambda)$ と $\prod_{i=1}^{s} \mathbb{P}^*(\bigwedge^{d_i}(E))$ の交わりであることを示す．さらに，これはスキーム論的な交わりになっていることも意味する．すなわち，$F\ell^{d_1,\ldots,d_s}(E)$ の定義イデアルは $\mathbb{P}^*(E^\lambda)$ と $\prod_{i=1}^{s} \mathbb{P}^*(\bigwedge^{d_i}(E))$ の定義イデアルの和である．

9.2 不変式論

第 8 章と同様に $\mathbb{C}[Z] = \mathbb{C}[Z_{1,1},\ldots,Z_{n,m}]$ を $n \times m$ 行列全体の空間上の多項式関数の成す環とする．次の式により，群 $GL_n\mathbb{C}$ が $\mathbb{C}[Z]$ に右から作用する

$$Z_{i,j} \cdot g = \sum_{k=1}^{n} g_{i,k} Z_{k,j}, \quad g = (g_{i,j}) \in GL_n\mathbb{C}.$$

$\mathbb{C}[Z]$ の元を関数とみなすと，この作用は $(f \cdot g)(A) = f(g \cdot A)$ と書ける．ここに A は $n \times m$ 行列で，g は $GL_n\mathbb{C}$ の元，f は $n \times m$ 行列全体の空間上の関数である．以上の設定のもとに，不変式論の基本問題は，行列式の値が 1 の行列が成す部分群 $SL_n\mathbb{C}$ の作用で不変な元の成す環 $\mathbb{C}[Z]^{SL_n\mathbb{C}}$ を記述することである．$[m]$ から任意に $i_1,\ldots,i_n$ を選ぶとき §8.1 で定めた行列式 $D_{i_1,\ldots,i_n}$ は不変元であり，**不変式論の第 1 基本定理**の主張は，これらの行列式が不変式環 $\mathbb{C}[Z]^{SL_n\mathbb{C}}$ を生成することである．同値な言い換えとして，不変式環 $\mathbb{C}[Z]^{SL_n\mathbb{C}}$ は §8.4 で $S^\bullet(m;n)$ と書いた環と同一視できる[12]ともいえる．**不変式論の第 2 基本定理**の主張は，これらの生成元の間のすべての関係式が 2 次関係式によって与えられる

---

[12] 訳注: §8.4 を参照せよ.

ということである．言い換えると次のようになる．

命題 9.4 不変式環 $\mathbb{C}[Z]^{SL_n\mathbb{C}}$ は

$$\mathbb{C}[Z]^{SL_n\mathbb{C}} = \mathbb{C}[D_{i_1,\ldots,i_n}]_{1 \leq i_1 < \cdots < i_n \leq m} = \mathbb{C}[X_{i_1,\ldots,i_n}]/Q$$

と記述される．ただしイデアル Q は (9.3) において $p = q = n$ として得られる関係式で生成される．

証明 §9.1 で議論したように，行列式 $D_{i_1,\ldots,i_n}$ により生成される環はグラスマン多様体 $Gr^n(\mathbb{C}^m) \subset \mathbb{P}^*(\bigwedge^n \mathbb{C}^m)$ の斉次座標環と同型な $S^\bullet(m;n) \cong \mathbb{C}[X_{i_1,\ldots,i_n}]/Q$ と同一視[13]できる．一方，$S^\ell(m;n) = \mathrm{Sym}^\ell(\bigwedge^n \mathbb{C}^m)/Q$ はシューア加群 $E^{(\ell^n)}$ と一致する（§8.4 参照）から

$$\mathbb{C}[D_{i_1,\ldots,i_n}] \cong \bigoplus_{\ell \geq 0} E^{(\ell^n)}$$

である．この同一視によると，左辺の a 次斉次部分の次元は，$\lambda = (\ell^n)$, $\ell \cdot n = a$ とするとき，E^λ の次元 $d_\lambda(m)$ と同じである．定理を証明するためには，次数 a の不変多項式の空間がこれと同じ次元を持つことを示せば十分である．なぜならば，行列式 $D_{i_1,\ldots,i_n}$ によって生成された環は不変式環 $\mathbb{C}[Z]^{SL_n\mathbb{C}}$ の部分空間であるからである．

これを示すために，$GL_n\mathbb{C}$ の表現についてこれまでに得られた知識を用いる．これまでは左作用を考えてきたが，右作用を左作用に変えるには $g \cdot f = f \cdot g^\tau$ つまり $(g \cdot f)(A) = f(g^\tau \cdot A)$（ここに g^τ は g の転置で f は $\mathbb{C}[Z]$ に属す関数）とするだけでよい．$SL_n\mathbb{C}$ に関する不変式環は明らかにこの左作用に関するものと同じである．$V = \mathbb{C}^n$ への，標準的な $GL_n\mathbb{C}$ の作用を考える．そのとき，$\mathbb{C}[Z]$ は対称代数 $\mathrm{Sym}^\bullet(V^{\oplus m})$ と同一視できる．変数 $Z_{i,j}$ は j 番目の V の i 番目の基底ベクトルに対応する．$\mathrm{Sym}^a(V^{\oplus m})$ がどのように $GL_n\mathbb{C}$ の既約表現に分解するかは §8.3 の系 8.12(a) によりわかっている．そのうち $SL_n\mathbb{C}$ の作用で不変な部分空間は $SL_n\mathbb{C}$ の表現として自明な $(\bigwedge^n V)^{\otimes \ell}$ ($\ell \geq 0$) の直和である[14]．そのような既約因子は $a = \ell \cdot n$ のときだけ存在し，次元は $d_\lambda(m)$, $\lambda = (\ell^n)$ である．これで証明は完了した． □

系 9.5 環 $S^\bullet(m;n)$ は一意分解整域である．

---

[13] 訳注：つまり，命題の第 2 の等号はすでに示されている．したがって，第 1 基本定理（命題の第 1 の等号）が示されれば第 2 基本定理も同時に示される．

[14] 訳注：演習問題 71 とその前の段落を参照．$\bigwedge^n V$ は行列式表現 D であり，$SL_n\mathbb{C}$ の表現としては自明である．

証明 $G = SL_n\mathbb{C}$ と書こう．命題 9.4 により，$\mathbb{C}[Z]^G$ が一意分解整域であることを示せばよい．$f \in \mathbb{C}[Z]^G$ が与えられると，多項式環 $\mathbb{C}[Z]$ において $f = \prod f_i^{m_i}$ と既約多項式の積に分解できる．各既約因子 f_i が G の作用で不変であることを示せば十分である．f は不変元であるから，任意の G の元 g は既約因子の集合を（スカラー倍を除いて）置換するはずである．したがって，各 f_i をそのスカラー倍に写す部分群は G において指数有限の閉部分群[15]である．$G = SL_n\mathbb{C}$ は連結なので，その部分群は G と一致する[16]はずである．もしもそうでなければ G は剰余類の交わらない和になってしまうからである．したがって $g \cdot f_i = \chi(g) f_i$ となるゼロでないスカラー $\chi(g)$ が存在する．$g \mapsto \chi(g)$ は G から $\mathbb{C}^*$ への（複素解析的な）準同型である．しかし，すでに示した[17]ように，$SL_n\mathbb{C}$ の自明でない 1 次元表現，すなわち自明でない指標は存在しない．よって χ は恒等的に 1 であり f_i は不変元である． □

同じことが環 $S^\bullet(m; d_1, \ldots, d_s)$ についても成り立つ．その要点を以下の演習問題にまとめておく．その他の性質，例えばこの環がコーエン・マッコーレー的 (Cohen-Macaulay) であることなども，不変式環として実現することによって証明できる（[Kraft (1984)] を参照せよ）．

演習問題 87 $m \geq d_1 > \cdots > d_s \geq 0$ に対して，$n = d_1, V = \mathbb{C}^n$ とする．また，始めから d_i 個の基底ベクトルの張る空間を $V_i \subset V$ とする．$GL(V)$ の部分群 $G(d_1, \ldots, d_s)$ を，各 V_i をそれ自身に写し，各制限 $V_i \to V_i$ の行列式の値が 1 であるものと定義する．(a) $S^\bullet(m; d_1, \ldots, d_s)$ が不変式環 $\mathbb{C}[Z]^{G(d_1, \ldots, d_s)}$ と同型であることを示せ．(b) $S^\bullet(m; d_1, \ldots, d_s)$ が一意分解整域であることを示せ．

この節の残りでは，以上の事実の代数幾何学への応用について概観する．そのために代数幾何学の知識を仮定するが，本書ではその結果を後で用いることはない．

命題 9.4 の 1 つの帰結として $Gr^n E$ の任意の超平面は $\mathbb{P}^\bullet(\bigwedge^n E)$ 上の 1 つの斉

---

[15] 訳注：$f_1, \ldots, f_r$ を相異なる既約因子とするとき G は集合 $\{\mathbb{C}f_1, \ldots, \mathbb{C}f_r\}$ に作用する．各 f_i をそのスカラー倍に写す部分群 H は G の正規部分群であって剰余群 G/H は S_r の部分群と同型である．

[16] 訳注：$GL_m\mathbb{C}$ においてザリスキー位相で閉じた部分群 G（線型代数群と呼ばれる）に対して，単位元を含む既約成分はただ 1 つだけ存在し，それを G° とするとき，G° は G の指数有限の正規部分群を成す．G° は単位元を含む連結成分でもある．また，G の指数有限の部分群 H は G° を含む．したがって，特に G が連結ならば，指数有限の部分群 H は G と一致する．[堀田 (2016)，命題 1.2.1] を参照．

[17] 訳注：演習問題 71 とその前の段落を参照．

次多項式によって定義される．これは次の一般的な事実から従う．

演習問題 88 部分多様体 $X \subset \mathbb{P}^n$ の斉次座標環が一意分解整域であるとする．X の任意の余次元1の部分多様体は周囲空間（ambient space）$\mathbb{P}^n$ の1つの超曲面によって切り取られることを示せ．さらに，この事実から，X が点でなければ X の因子類群は超平面切断（hyperplane section）の類によって生成されて $\mathbb{Z}$ と同型であることを導け．

この事実を用いると，射影空間 $\mathbb{P}(E) = \mathbb{P}^{m-1}$ において，定められた次元 k の部分多様体をパラメーター付けする標準的な方法（ケーリーとセヴェリにまでさかのぼる）が得られる．$k < m-1$ として $n = k+1$ とする．次元 k の多様体 $Z \subset \mathbb{P}(E)$ が与えられたとき，$Gr^n E$ の部分集合 H_Z を

$$H_Z = \{F \in Gr^n E : \mathbb{P}(F) \cap Z \neq \varnothing\}$$

と定義する．

演習問題 89 (a) H_Z は $Gr^n E$ の余次元1の既約部分多様体であることを示せ．(b) $Gr^n E$ との交わりが H_Z であるような $\mathbb{P}^*(\bigwedge^n E)$ の超曲面の次数は Z の $\mathbb{P}(E)$ における**次数**[18]（degree）と等しいことを示せ．

実際，多様体 Z は H_Z によって決まり，したがって埋め込み

$$\{Z \subset \mathbb{P}(E) \text{ は } k \text{ 次元で次数が } d\} \subset \mathbb{P}(A_d) \tag{9.5}$$

が得られる．ここで $A_d = S^d(m;n)$ は $Gr^n E \subset \mathbb{P}^*(\bigwedge^n E)$ の斉次座標環の d 次部分である．A_d には (d^n) 上の $[m]$ に値をとるタブローに対応する基底があることがわかっている．(9.5) の左辺の部分集合の閉包を，次元 k，次数 d のサイクルの成す**チャウ多様体**と呼ぶ．

演習問題 90 $X \subset \mathbb{P}^{n_1} \times \cdots \times \mathbb{P}^{n_r}$ をその多重斉次座標環が一意分解整域である部分多様体とする．(a) X の任意の余次元1の部分多様体は周囲空間の超曲面によって切り取られることを示せ．以下，因子 $\mathbb{P}^{n_i}$ への射影が定値写像で

---

[18] 訳注：埋め込まれた射影多様体 $X \subset \mathbb{P}(E)$ に対して，X の余次元が k ならば，$\mathbb{P}(E)$ の k 次元線型部分多様体 $P \cong \mathbb{P}^k$ を選んで，交わり $X \cap P$ が横断的（付録Bを参照）になるようにできる．そのとき，$X \cap P$ の元の個数 d は P の選び方によらずに決まる．この自然数 d を $X \subset \mathbb{P}(E)$ の**次数**（degree）と呼ぶ（[Hartshorne (1977)], Chap. I, §7 などを参照せよ）．コホモロジー環 $H^\bullet(\mathbb{P}(E))$ において超平面の類を $[H] \in H^1(\mathbb{P}(E))$ とするとき，X の次数が d であることは X が定める基本類 $[X] \in H^k(\mathbb{P}(E))$ が $d \cdot [H]^k$ と一致することと同値である．

ないと仮定する．(b) X の因子類群が $\mathbb{Z}^{\oplus r}$ と同型であり，その基底として各因子の超平面切断の類がとれることを示せ．(c) $F\ell^{d_1,\ldots,d_s}(E)$ の任意の超曲面が $\prod_{i=1}^{s} \mathbb{P}^*(\bigwedge^{d_i}(E))$ の超曲面で切り取られること，および $F\ell^{d_1,\ldots,d_s}(E)$ の因子類群は $m > d_1 > \cdots > d_s > 0$ ならば階数 s の自由加群であることを示せ．

9.3 表現と直線束

等質空間（リー群が推移的に作用する空間）の上の直線束の大域切断として表現を構成する一般的な方法がある．この節の目的は，$G = GL(E)$ に対して，等質空間として部分旗多様体をとり，この方法を具体的に理解することである．完全な証明には代数幾何学の知識が必要である．ただし，結果は本書の他の部分では使わない．

$G = GL(E)$ の任意の既約表現 V に対して，双対空間 V^* への作用が $(g \cdot \varphi)(v) = \varphi(g^{-1} \cdot v)$ ($\varphi \in V^*$, $g \in G$, $v \in V$) により定まり，それが $\mathbb{P}^*(V)$ への作用を引き起こす．V^* の**最低ウェイトベクトル**（lowest weight vector）φ をとる．定義から，それは下三角行列の成す群で保たれるウェイトベクトルである．リー環の作用に対して $E_{i,j}\varphi = 0$ がすべての $i > j$ に対して成り立つベクトルであるとも言い換えられる．ここに $E_{i,j}$ は (i,j) 成分が 1 で他の成分が 0 である行列である．$\mathbb{P}^*(V)$ において φ が定める点を $[\varphi]$ とする．対応する**放物型部分群** P[19] は

$$P = \{g \in G : g \cdot \varphi \in \mathbb{C} \cdot \varphi\} = \{g \in G : g \cdot [\varphi] = [\varphi]\}$$

である．剰余空間 G/P は軌道 $G \cdot [\varphi] \subset \mathbb{P}^*(V)$ と同一視される．一般的な事実として，G/P はコンパクトである．この軌道は $\mathbb{P}^*(V)$ の閉部分多様体である（付録 B の注 3 参照）．G のすべての既約表現がよくわかっているので，これらの事実を以下のように直接的に示すことができる．まず，1 次元表現 M に対して，$\mathbb{P}^*(V)$ と $\mathbb{P}^*(V \otimes M)$ との間の自然な同型があることに注意しよう．ここで，写像は V の 1 次元商 $V \to L$ に対して $V \otimes M$ の商 $V \otimes M \to L \otimes M$ を対応させるものである．§8.2 の定理 8.8 によれば，高々 m 行のヤング図形 λ（m は E の次元）を用いて $V = E^\lambda$ であるとして構わない．

E の基底を選ぶことで，V の基底 $\{e_T\}$，およびその双対基底 $\{e_T^*\}$ が定ま

---

[19] 訳注：$G = GL(E)$ あるいはより一般に線型代数群 (linear algebraic group) G に対して放物型部分群という概念が定義される（線型代数群の教科書として [堀田 (2016)] を挙げる）．放物型部分群 P に対しては，商空間 G/P は自然な射影多様体の構造を持ち，よって古典位相ではコンパクトである．

る．V^* の最低ウェイトベクトルは $T = U(\lambda)$ に対する e_T^* である．ここで $U(\lambda)$ は i 行目がすべて i のタブローである．分割 λ の共役分割 $\tilde{\lambda}$ が $(d_1^{a_1} \cdots d_s^{a_s})$ $(m \geq d_1 > \cdots > d_s \geq 1,\ a_i > 0)$ であるとする．つまり d_i などはヤング図形 λ の列の長さとして現れる自然数であり，a_i は長さ d_i の列の個数である．

演習問題 91 $E_{i,j} \cdot (e_{U(\lambda)}^*) = 0$ が成り立つのは，$i > j$ であるか，または $i < j$ かつ i と j がともにいずれかの区間 $[1, d_s]$, $[d_s + 1, d_{s-1}]$, ..., $[d_2 + 1, d_1]$, $[d_1 + 1, m]$ に属すときであることを示せ．

放物型部分群 P のリー環 $\mathfrak{p}$ は，部分リー環 $\mathfrak{h}$ および，i, j が演習問題 91 と同じ条件を満たすような 1 次元空間 $\mathfrak{g}_{i,j} = \mathbb{C} \cdot E_{i,j}$ たちの和である．そのことから，P は $g = (g_{i,j}) \in GL_m\mathbb{C}$ のうちで，$i < j$ かつ区間 $[i, j-1]$ がある d_k を含むときに $g_{i,j} = 0$ であるものから成る $GL_m\mathbb{C}$ の部分群であることがわかる．言い換えると，P に属す行列は，サイズ $d_s, d_{s-1} - d_s, \ldots, d_1 - d_2$ および $m - d_1$ のブロック分けにおいて，対角を含めて下三角のブロック型の可逆行列である[20]．

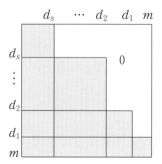

旗 $Z_1 \subset Z_2 \subset \cdots \subset Z_s \subset E$ を
$$Z_i = \langle e_{d_i+1}, e_{d_i+2}, \ldots, e_m \rangle$$
と定義すると，P はこの旗を固定する部分群
$$P = \{g \in GL_m\mathbb{C} : g(Z_i) \subset Z_i \quad (1 \leq i \leq s)\}$$
と一致する．$GL_m\mathbb{C}$ は指定された次元列を持つ旗全体の集合に推移的に作用するので，g が代表する左剰余類 gP を旗 $g \cdot Z_1 \subset g \cdot Z_2 \subset \cdots \subset g \cdot Z_s$ に写す写

---

[20] 原注：読者がリー環よりも群に親しみのあるときは，群の元 $I + E_{i,j}$ を用いてこのことを直接に確かめてみるとよい．なお $E_{i,j}$ はリー環の元である．

像によって G/P は $F\ell^{d_1,\ldots,d_s}(E)$ と同一視される.

$\mathbb{P}^*(E^\lambda)$ における閉軌道がこのような旗多様体のみであるという事実を示そう.まず,そのような閉軌道が下三角行列の成す部分群の作用に関する固定点を1つ持つはずであることに注意しよう(演習問題 105).そのような点は最低ウェイトベクトル $\varphi = e^*_{U(\lambda)}$ により $[\varphi]$ として与えられる点のみなので,考えている閉軌道は $[\varphi]$ を含み,よって $G \cdot [\varphi]$ と一致する.この集合が部分旗多様体 $F\ell^{d_1,\ldots,d_s}(E)$ と同一視されることは上で示した通りである.

演習問題 92 $\mathbb{P}^*(E^\lambda)$ 内における $F\ell^{d_1,\ldots,d_s}(E)$ の上記の実現は §9.1 で与えたものと一致することを示せ.

既約表現 E^λ は旗多様体 G/P 上のある直線束 L^λ の大域切断の空間として実現できる.このことを理解するために,直線束に関する標準的な知識を用いる.射影空間 $\mathbb{P}^*(V)$ 上には超平面直線束(hyperplane line bundle)$\mathcal{O}_V(1)$ が存在[21]する.商直線 $V \to L$ によって定まる $\mathbb{P}^*(V)$ の点において,直線束 $\mathcal{O}_V(1)$ のファイバーは直線 L である.ベクトル空間 V から大域切断(section)の空間 $\Gamma(\mathbb{P}^*(V), \mathcal{O}_V(1))$[22] への自然な写像[23]があり,それは同型である(以下の演習問題 93 を参照).

テンソル積 $\mathcal{O}_V(1)^{\otimes n}$ を $\mathcal{O}_V(n)$ と書く.$\mathbb{P}^*(V)$ の部分多様体 X に対して $\mathcal{O}_V(n)$ を X へ制限[24]して得られる直線束を $\mathcal{O}_X(n)$ とする.V から $\Gamma(X, \mathcal{O}_X(1))$ への,そして $\mathrm{Sym}^n V$ から $\Gamma(X, \mathcal{O}_X(n))$ への自然な写像がある.より一般的に $\prod_{i=1}^{s} \mathbb{P}^*(V_i)$ の部分多様体 X の上には直線束

$$\mathcal{O}_X(a_1, \ldots, a_s) = (\mathrm{pr}_1)^* \mathcal{O}_{V_1}(a_1) \otimes \cdots \otimes (\mathrm{pr}_s)^* \mathcal{O}_{V_s}(a_s)$$

が存在する.ここで pr_i は X から i 番目の因子への射影である.このとき $\mathrm{Sym}^{a_1}(V_1) \otimes \cdots \otimes \mathrm{Sym}^{a_r}(V_r)$ から $\Gamma(X, \mathcal{O}_X(a_1, \ldots, a_r))$ への自然な写像が存在する.

---

[21] 訳注:後で出てくる $\mathcal{O}_X(1)$ という記法に合わせれば $\mathcal{O}_V(1)$ は $\mathcal{O}_{\mathbb{P}^*(V)}(1)$ である.

[22] 訳注:$\pi : \mathcal{O}_V(1) \to \mathbb{P}^*(V)$ を射影とする.**大域切断**とは,写像 $s : \mathbb{P}^*(V) \to \mathcal{O}_V(1)$ のうちで $\pi \circ s = \mathrm{id}_{\mathbb{P}^*(V)}$ を満たすもののことをいう.ここで,写像 s が代数的な正則写像あるいは複素解析的な写像であることを仮定する.実は,この場合,複素解析的な大域切断は代数的な大域切断に限られることが知られている.大域切断全体の集合が成すベクトル空間を $\Gamma(\mathbb{P}^*(V), \mathcal{O}_V(1))$ と表す.

[23] 訳注:$v \in V$ が与えられるとき,商直線 $V \to L$ において $v \in V \to L$ による像を対応させればよい.

[24] 訳注:埋め込み写像 $i : X \to \mathbb{P}^*(V)$ によって $\mathbb{P}^*(V)$ 上の直線束 $\mathcal{L} := \mathcal{O}_X(n)$ を**引き戻す**(pull-back)という操作で X 上の直線束 $i^* \mathcal{L}$ が得られる.$p \in X$ における $i^* \mathcal{L}$ のファイバーは $\mathcal{L}$ の p におけるファイバーと同じである.そのため,$i^* \mathcal{L}$ は $\mathcal{L}$ の**制限**と呼ばれる.記号を省略して $i^* \mathcal{L}$ を単に $\mathcal{L}$ によって表すことが多い.

部分旗多様体 $G/P = F\ell^{d_1,\ldots,d_r}(E)$ の $\mathbb{P}^*(E^\lambda)$ への埋め込みによって，$\mathbb{P}^*(E^\lambda)$ 上の超平面直線束を引き戻して得られる G/P 上の直線束 $\mathcal{O}_{G/P}(1)$ を L^λ と定義する．まず最初に，$G/P = F\ell^{d_1,\ldots,d_r}(E)$ の $\prod_{i=1}^{s} \mathbb{P}(V_i)$ への埋め込みによって定まる $\mathcal{O}_{G/P}(a_1,\ldots,a_s)$ が L^λ と一致することを確認しよう．このことは §9.1 の最後の可換図式 (9.4) と次の演習問題から従う．

演習問題 93 上記の主張を以下を示すことで導け．可換図式 (9.4) を構成するために用いた3種類の基本的な埋め込み (i)-(iii) において超平面直線束の制限が以下のように与えられる．(i) $\mathcal{O}_V(1)$ の制限として $\mathcal{O}_W(1)$ が得られる．(ii) $\mathcal{O}_{\text{Sym}^a V}(1)$ の制限として $\mathcal{O}_V(a)$ が得られる．(iii) $\mathcal{O}_{\otimes V_i}(1)$ の制限として，各 $\mathbb{P}^*(V_i)$ 上の $\mathcal{O}_{V_i}(1)$ の引き戻しのテンソル積 $\mathcal{O}(1,\ldots,1)$ が得られる．

E^λ から $\Gamma(G/P, L^\lambda)$ への自然な写像が同型であることを証明するためには，次の一般的な事実を援用すれば十分である．

演習問題 94 射影多様体 $X \subset \mathbb{P}^*(V)$ の斉次座標環が一意分解整域であると仮定し $L = \mathcal{O}_X(1)$ とする．このとき，自然な写像 $V \to \Gamma(X,L)$ が全射であることを示し，もしも X が $\mathbb{P}^*(V)$ のいかなる超平面にも含まれないならば，この写像が同型であることを示せ．より一般に，X が直積 $\prod_{i=1}^{s}\mathbb{P}^*(V_i)$ の部分多様体であり，その多重斉次座標環が一意分解整域ならば，すべての非負整数 $a_1,\ldots,a_s$ に対して $\otimes_{i=1}^{s}\text{Sym}^{a_i}(V_i)$ から $\Gamma(X, \mathcal{O}_X(a_1,\ldots,a_r))$ への自然な写像が全射であることを示せ．

部分旗多様体 $X = F\ell^{d_1,\ldots,d_s}(E)$ 上には自明束 $E_X = X \times E$ の部分ベクトル束から成る**普遍**（あるいは**トートロジー**）部分ベクトル束の旗が存在する：

$$U_1 \subset U_2 \subset \cdots \subset U_s \subset E_X, \quad \text{rank}(U_i) = m - d_i.$$

旗 $E_1 \subset E_2 \subset \cdots \subset E_s$ に対応する点において，ベクトル束 U_i のファイバーは単に E の部分空間 E_i である．例えば，$X = \mathbb{P}^*(V)$ において，自明束 V_X の普遍部分束による商は $\mathcal{O}(1)$ と一致[25]する．グラスマン多様体 $Gr^n E$ 上では，U を普遍部分束（階数は $m-n$）とすると自然な写像 $\bigwedge^n E \to \bigwedge^n(E/U)$ がある．これは自然な写像 $\bigwedge^n E \to \mathcal{O}(1)$ を $Gr^n E$ の $\mathbb{P}^*(\bigwedge^n E)$ へのプリュッカー埋め込みによって引き戻したものである．以上のことから，$X = F\ell^{d_1,\ldots,d_s}(E)$ 上では

---

[25] 訳注：$\mathbb{P}^*(V) = F\ell^1(V)$ とみるとき $\mathbb{P}^*(V)$ の点は V の超平面 E_1 であり，その点における普遍部分束 U_1 のファイバーは E_1 である．このとき $\mathcal{O}(1)$ のファイバーは E/E_1 である．

$$L^\lambda = \mathcal{O}_X(a_1, \ldots, a_s)$$
$$= \bigwedge^{d_1}(E/U_1)^{\otimes a_1} \otimes \cdots \otimes \bigwedge^{d_s}(E/U_s)^{\otimes a_s} \tag{9.6}$$

が従う．

群論の手法を用いると，この直線束は以下の一般的な構成法で得られる．任意の指標 $\chi: P \to \mathbb{C}^*$ が与えられると，G/P 上の直線束 $L(\chi)$ を以下の商空間として構成できる：

$$L(\chi) = G \times^P \mathbb{C} = (G \times \mathbb{C})/(g \cdot p \times z) \sim (g \times \chi(p)z).$$

ここで $g \in G$, $p \in P$, $z \in \mathbb{C}$ である．$L(\chi)$ から G/P への自然な射影として $(g \times z)$ を g の左剰余類 gP に写す写像がある．第 1 成分への G の左作用を通して G は $L(\chi)$ に作用し，射影はこの作用と可換である．この意味において $L(\chi)$ は G 同変ベクトル束 である．逆に，L が G 同変ベクトル束ならば，L の eP 上のファイバーは P によって固定されるので，P はこのファイバー上に左から作用する．このとき P の元 p はある定数 $\chi(p)$ の掛け算として作用し，$\chi: P \to \mathbb{C}^*$ は準同型（指標）になる．

演習問題 95 χ を G 同変直線束 L から上記のように構成した指標とすると，L は $L(\chi)$ と同型であることを示せ．また $L(\chi)$ から構成した指標が χ と一致することを示せ．

旗多様体 $X = F\ell^{d_1,\ldots,d_r}(E)$ への群 P の作用に関する（一意的な）固定点 x は，始めに与えた旗 $Z_1 \subset \cdots \subset Z_r \subset E$ である（Z_i は後ろから $m - d_i$ 個の基底ベクトルによって張られる空間であった）．直線束 $\bigwedge^{d_i}(E/U_i)$ の x におけるファイバーは直線 $\bigwedge^{d_i}(E/Z_i)$ である．$\bigwedge^{d_i}(E/Z_i)$ における $e_1 \wedge \cdots \wedge e_{d_i}$ の像はこの直線の基底になっている．P の元 p は，このベクトルに p の左上の $d_i \times d_i$ 行列式を掛けることにより作用する．したがって，A_i を $g \in P$ の左上の $d_i \times d_i$ 行列として $\chi(g) = \det(A_i)$ によって P の指標 χ を定めると，$\bigwedge^{d_i}(E/Z_i) = L(\chi)$ が成り立つ．以上のことから

$$L^\lambda = L(\chi_\lambda), \quad \chi_\lambda(g) = \det(A_1)^{a_1} \det(A_2)^{a_2} \cdots \det(A_s)^{a_s}$$

が成り立つ．

直線束 $L(\chi)$ の大域切断は左剰余類 gP を点 $(g \times f(g)) \in G \times \mathbb{C}$ に写すことで得られる．ただし $(g \times f(g)) \sim (g \cdot p \times f(g \cdot p)) \sim (g \times \chi(p) f(g \cdot p))$

が成り立っていなければならない．このように，$L(\chi)$ の大域切断を与えることは，保型的性質（automorphic property）

$$\chi(p)f(g\cdot p) = f(g) \quad (g \in G,\, p \in P), \tag{9.7}$$

あるいはこれと同値な $\chi(p)f(g) = f(g\cdot p^{-1})$ を満たす関数 $f: G \to \mathbb{C}$ を与えることと等価である．大域切断が代数的（つまり X から $L(\chi)$ への代数的正則写像）であるための条件は，対応する関数 f が代数多様体の射であることと同値である．

直線束 L^λ の大域切断の空間を $\Gamma(G/P, L^\lambda)$ と表す．群 G はこの空間に $(g\cdot f)(g_1) = f(g^{-1}\cdot g_1)\,(g, g_1 \in G,\ f \in \Gamma(G/P, L^\lambda))$ によって左から作用する．

命題 9.6 直線束 L^λ の大域切断の空間 $\Gamma(G/P, L^\lambda)$ は G の表現として E^λ と同型である．

証明 射影多様体上の代数的なベクトル束の大域切断の空間が有限次元であるという一般的な事実[26]を用いる．命題を証明するには，$\Gamma(G/P, L^\lambda)$ がウェイト λ の最高ウェイトベクトルをスカラー倍を除いてただ一つ持つことを示せば十分である[27]．最高ウェイトベクトル f は，上三角行列で対角成分が 1 である行列の成す群 U のすべての元 h に対して $f(g\cdot h) = f(g)$ を満たす．B' を G の中で下三角行列の成す部分群とすると，$U\cdot B'$ は G において稠密（dense）である．また B' は放物型部分群 P に含まれる．よって，最高ウェイトベクトルは単位元 $1 \in G$ における値で決定される．したがって，最高ウェイトベクトルの候補は $f(1) = 1$ を満たすベクトルのみである．χ_λ を (9.7) で定めたものとするとき，対応する大域切断は $f(g) = \chi_\lambda(g^{-1})$ により定まる[28]．この大域切断のウェイトは確かに λ である．なぜなら $x = \mathrm{diag}(x_1, \ldots, x_m)$ ならば $(x\cdot f)(1) = f(x^{-1}) = \chi_\lambda(x)f(1) = x_1^{\lambda_1}\cdots x_m^{\lambda_m}\cdot f(1)$ だからである． □

より明示的な同型を以下のように構成することもできる．$\{e^*_\alpha\}$ を $\{e_\alpha\}$ に双対な E^* の基底とし，μ を λ の共役とする．写像 $\bigotimes \bigwedge^{\mu_i} E \to \Gamma(G/P, L^\lambda)$ を

$$\otimes(v_{i,1} \wedge \cdots \wedge v_{i,\mu_i}) \mapsto f, \quad f(g) = \prod \det(e^*_\alpha(g^{-1}\cdot v_{i,\beta}))_{1 \le \alpha, \beta \le \mu_i}$$

により定義する．f が (9.7) を満たすことは簡単に確かめられる．よってこれ

---

[26] 訳注：[上野, 定理 6.21], [Hartshorne (1977), III, Therem 5.2] などを参照．
[27] 訳注：§8.2 の後半を参照．
[28] 原注：この写像 $\chi_\lambda: G \to \mathbb{C}$ は一般には指標ではなく，零点を持つこともある．

は L^λ の大域切断であり，上記の写像は $GL_m\mathbb{C}$ 加群の準同型を定めている．シルヴェスターの補題（補題 8.3）より，この写像は 2 次関係式による商を経由し，したがって E^λ から $\Gamma(G/P, L^\lambda)$ への写像を定める．この写像が零でないことを確認するには，$v_{i,\beta} = e_\beta$ ととることで $f(1) = 1$ となる関数 f が作れることに注意すればよい（大域切断の空間 $\Gamma(G/P, L^\lambda)$ が既約表現であるという先ほどの事実から，この写像は全射であることが従う）．このようにして L^λ と $G/P \subset \mathbb{P}^*(E^\lambda)$ 上の超平面直線束 $\mathcal{O}_{G/P}(1)$ との同一視がまた別な形でできたことになる．

上記と同じ証明の方法で E^λ が L^λ の複素解析的な正則大域切断の空間であることが示される．その際，そのような大域切断の空間が有限次元であるという一般的な事実が用いられる．あるいは，射影多様体上の代数的ベクトル束の複素解析的大域切断は代数的であるという事実を用いてもよい．

a_i が正であるという仮定は必要ない．これまでの議論は $\tilde{\lambda} = (d_1^{a_1} \cdots d_s^{a_s})$ とするとき $m \geq d_1 > \cdots > d_s \geq 0$ かつ a_i が非負整数であれば意味を持つ．例えば，$d_i = m - i + 1$, $1 \leq i \leq s = m + 1$ とすると $F\ell^{(m,m-1,\ldots,1)}$ は**完全旗**が成す多様体である．特に，すべての表現 E^λ が完全旗多様体の上の直線束の大域切断として実現されることがわかる．

9.4 グラスマン多様体上のシューベルト・カルキュラス

ヤング・タブローの理論はグラスマン多様体 $Gr^n E = Gr_r E$ の交叉理論，つまりコホモロジー環を詳しく記述するためにも役に立つ．ここで E を m 次元ベクトル空間とし $r = m - n$ とした．行と列がそれぞれ r および n 以下であるヤング図形 λ と，完全旗

$$F_\bullet : 0 = F_0 \subset F_1 \subset F_2 \subset \cdots \subset F_m = E$$

（F_i は $\dim(F_i) = i$ である部分空間）を 1 つ選んで固定するとき，**シューベルト多様体** $\Omega_\lambda = \Omega_\lambda(F_\bullet)$ は

$$\Omega_\lambda = \Omega_\lambda(F_\bullet) = \{V \in Gr^n E : \dim(V \cap F_{n+i-\lambda_i}) \geq i, \quad 1 \leq i \leq r\}$$

と定義される．もしもすべての i について $\lambda_i = 0$ ならば，V に課される条件は何もなく Ω_λ はグラスマン多様体全体になることに注意しよう．以下で示すように (i) Ω_λ は $Gr^n E$ の既約な閉部分多様体で余次元が $|\lambda|$ である．(ii) $H^{2|\lambda|}(Gr^n E)$ における Ω_λ の類 $\sigma_\lambda = [\Omega_\lambda]$ は，定義に用いた旗 $F_\bullet$ の選び方にはよらない．

(iii) これらの類 σ_λ はグラスマン多様体のコホモロジー環の $\mathbb{Z}$ 上の基底を成す. 実は,これらの類の積はシューア多項式に対して成り立つのと同じ等式

$$\sigma_\lambda \cdot \sigma_\mu = \sum c_{\lambda\mu}^\nu \sigma_\nu \qquad (9.8)$$

を満たす. ここに係数 $c_{\lambda\mu}^\nu$ はリトルウッド・リチャードソン数である. (λ の行が r 個よりも多いか,または列が n 個よりも多いときは σ_λ を 0 と定める.) $\lambda = (k)$ のとき $\Omega_k = \Omega_{(k)}$ は**特殊シューベルト多様体**と呼ばれ,F_{n+1-k} と非自明に交わる空間 V たちから成る. 対応する類 σ_k ($1 \leq k \leq n$) は**特殊シューベルト類**と呼ばれる. (9.8) の特別な場合として**ピエリ公式** (Pieri's formula)

$$\sigma_\lambda \cdot \sigma_k = \sum \sigma_{\lambda'} \qquad (9.9)$$

が知られている. ここで和は λ に k 個の箱を加えて得られる λ' のうちで1つの列には2個以上は加えないものについて関してとる. シューア多項式に対する行列式公式は,特殊シューベルト類を用いてシューベルト類を表す**ジャンベリ公式** (Giambelli's formula)

$$\sigma_\lambda = \det(\sigma_{\lambda_i + j - i})_{1 \leq i, j \leq r} \qquad (9.10)$$

に翻訳される.

この節では,付録 B で議論されるコホモロジーに関する事実を仮定して,上記のことの証明の概略を述べる. 特に,以下の事実を用いる. Y を非特異多様体とする. (i) Y の余次元 d の既約な部分多様体 Z は $H^{2d}(Y)$ にコホモロジー類 $[Z]$ を定める (補題 B.4 参照). (ii) Y が N 次元であれば $H^{2N}(Y) = \mathbb{Z}$ が成り立ち,1点の類が生成元である. (iii) 2つの相補的な次元[29]を持つ Y の部分多様体 Z_1, Z_2 が横断的に t 個の点で交わるとき,それらの類の積は $H^{2N}(Y) = \mathbb{Z}$ における t である. このとき $\langle [Z_1], [Z_2] \rangle = t$ と書く. (iv) Y の閉部分多様体から成る列

$$Y = Y_0 \supset Y_1 \supset \cdots \supset Y_s = \varnothing$$

で,各 $Y_i \setminus Y_{i+1}$ が多様体 $U_{i,j}$ の交わらない和になっており,$U_{i,j}$ がアフィン空間 $\mathbb{C}^{n(i,j)}$ と同型であるようなものが存在すると仮定する. このとき,これらの閉包の類 $[\overline{U}_{i,j}]$ が $H^\bullet(Y)$ の加法的な基底を与える (補題 B.6 参照).

各シューベルト多様体は,与えられた旗に対して,ある「寄り添い方」,つま

---

[29] 訳注: $\dim Z_1 + \dim Z_2 = N = \dim Y$ であることをいう.

り旗の各成分とある一定の次元で交わるような r 次元空間の成す部分集合の閉胞である．条件

$$\dim(V \cap F_k) = i \quad (n+i-\lambda_i \leq k \leq n+i-\lambda_{i+1}, \quad 0 \leq i \leq r)$$

を満たす $Gr^n E$ の元 V 全体が成す部分集合 Ω_λ° を**シューベルト胞体**と定義する．ただし，$i=0$ に対するこの条件は $V \cap F_k = 0$ が $k = n - \lambda_1$ として成り立つことである．

この条件をよりわかりやすく理解するために E の基底 $e_1, \ldots, e_m$ をとって E を $\mathbb{C}^m$ と同一視し，$F_k = \langle e_1, \ldots, e_k \rangle$ とする，つまり基底ベクトルの始めから k 個のベクトルの張る空間ととる．部分集合 Ω_λ° に属する V に対して，$r \times n$ 型のある行簡約階段行列が一意的に定まり，V はその行列の行ベクトルによって張られることがわかる．ここでいう階段行列においては，i 行目の左から $(n+i-\lambda_i)$ 番目には 1 があり，この 1 の右にある i 行目の成分はすべて 0 であり，また，そのような 1 のある列のその他の成分は 0 である．例えば，$r=5, n=7$ であって $\lambda = (5,3,2,2,1)$ とすると，このような階段行列は

$$\begin{bmatrix} * & * & 1 & 0 & 0 & 0 & 0 & 0 & 0 & 0 & 0 & 0 \\ * & * & 0 & * & * & 1 & 0 & 0 & 0 & 0 & 0 & 0 \\ * & * & 0 & * & * & 0 & * & 1 & 0 & 0 & 0 & 0 \\ * & * & 0 & * & * & 0 & * & 0 & 1 & 0 & 0 & 0 \\ * & * & 0 & * & * & 0 & * & 0 & 0 & * & 1 & 0 \end{bmatrix}$$

という形をしている．ここで $*$ で表した成分は任意である．第 i 行には $(n-\lambda_i)$ 個の $*$ があるので，Ω_λ° は $r \cdot n - |\lambda|$ 次元のアフィン空間と同型である．$\lambda = 0$ のときは V は後ろから r 個の基底ベクトルで張られる空間と一致し，$*$ が $Gr^n E$ における点 V の近傍の座標を与える（基底をさまざまに取り替えることでグラスマン多様体に座標近傍系が与えられ，多様体構造が定まる）．

演習問題 96 (a) $Gr^n E$ は部分集合 Ω_λ° たちの交わらない和であることを示せ．(b) Ω_λ° の閉胞は Ω_λ であること，さらに Ω_λ は，$\mu_i \geq \lambda_i$ がすべての i に対して成り立つような μ に対する Ω_μ° たちの交わらない和であることを示せ．(c) $\Omega_\lambda \setminus \Omega_\lambda^\circ$ は，λ に箱を 1 つ加えてできる λ' についての $\Omega_{\lambda'}$ たちの和集合であることを示せ．(d) 類 $[\Omega_\lambda]$ たちが $H^\bullet(Gr^n E)$ の基底を成すことを示せ．

シューベルト多様体の類 $\sigma_\lambda = [\Omega_\lambda]$ は定義に用いた旗 $F_\bullet$ の選び方によらない．それは群 $GL(E)$ が旗全体に推移的に作用することからわかる（演習問題

154). 2つのシューベルト多様体の交叉を調べるためには，反対の旗 $\tilde{F}_\bullet$ を用いるのが便利である．ここで $\tilde{F}_k$ は $E = \mathbb{C}^m$ の後ろから k 個の基底ベクトルによって張られる．旗 $\tilde{F}_\bullet$ によって定まるシューベルト多様体とシューベルト胞体をそれぞれ $\tilde{\Omega}_\lambda$, $\tilde{\Omega}_\lambda^\circ$ と書く．これらに対して，やはり行階段行列によって座標を与えることができる．違うのは，各行が 1 で始まることである．これらの 1 は下から i 行目の右から $(n+i-\lambda_i)$ 番目の位置にある．例えば $r = 5$, $n = 7$, $\lambda = (5, 5, 4, 2)$ ならば行列の形は以下のようである

$$\begin{bmatrix} 1 & * & * & 0 & * & * & 0 & * & 0 & 0 & * & * \\ 0 & 0 & 0 & 1 & * & * & 0 & * & 0 & 0 & * & * \\ 0 & 0 & 0 & 0 & 0 & 0 & 1 & * & 0 & 0 & * & * \\ 0 & 0 & 0 & 0 & 0 & 0 & 0 & 0 & 1 & 0 & * & * \\ 0 & 0 & 0 & 0 & 0 & 0 & 0 & 0 & 0 & 1 & * & * \end{bmatrix}.$$

Ω_λ と $\tilde{\Omega}_\mu$ の交叉を考える際に以下の部分空間を今後よく使う：

$$A_i = F_{n+i-\lambda_i}, \quad B_i = \tilde{F}_{n+i-\mu_i}, \quad C_i = A_i \cap B_{r+1-i}, \quad (1 \leq i \leq r). \tag{9.11}$$

演習問題 97 ベクトル空間 C_i は

$$i + \mu_{r+1-i} \leq j \leq n + i - \lambda_i$$

であるようなベクトル e_j たちによって張られることを示せ．よって，もしも数 $n + 1 - \lambda_i - \mu_{r+1-i}$ が非負ならば $\dim(C_i) = n + 1 - \lambda_i - \mu_{r+1-i}$ であり，負ならば $C_i = 0$ である．

補題 9.7 Ω_λ と $\tilde{\Omega}_\mu$ が交わるならば，すべての $1 \leq i \leq r$ に対して $\lambda_i + \mu_{r+1-i} \leq n$ が成り立つ．

証明 V が Ω_λ と $\tilde{\Omega}_\mu$ の両方に属すとする．そのとき 1 以上 r 以下の任意の i に対して

$$\dim(V \cap A_i) \geq i, \quad \dim(V \cap B_{r+1-i}) \geq r + 1 - i$$

が成り立つ．この 2 つの空間は，r 次元ベクトル空間 V の中にあって，次元の和が $i + (r+1-i) - r = 1$ なので，少なくとも 1 次元の交わりを持つ．特に A_i と B_{r+1-i} の交わりは 1 次元以上である．よって，結論は演習問題 97 からしたがう． □

162　第 9 章　旗多様体

演習問題 98　補題 9.7 の逆を示せ．

　補題 9.7 の不等式をヤング図形を用いて次のように言い換えられる．この不等式は，μ のヤング図形を 180 度回転して $r \times n$ の長方形の右下隅に置くとき，λ のヤング図形と重ならないことと同値である．特に $|\lambda| + |\mu| = r \cdot n$ の場合，シューベルト多様体の交叉は，これらの図形がぴったり合わさって長方形を成すときにだけ空でない．例えば，$r = 5$, $n = 7$, $\lambda = (5, 3, 2, 2, 1)$ および $\mu = (6, 5, 5, 4, 2)$ とするとき，この状況になる:

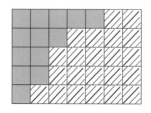

このとき，胞体 Ω_λ° と $\widetilde{\Omega}_\mu^\circ$ は対応する行列内の $*$ によってパラメーター付けられる．つまり

$$\begin{bmatrix} * & * & 1 & 0 & 0 & 0 & 0 & 0 & 0 & 0 & 0 & 0 \\ * & * & 0 & * & * & 1 & 0 & 0 & 0 & 0 & 0 & 0 \\ * & * & 0 & * & * & 0 & * & 1 & 0 & 0 & 0 & 0 \\ * & * & 0 & * & * & 0 & * & 0 & 1 & 0 & 0 & 0 \\ * & * & 0 & * & * & 0 & * & 0 & 0 & * & 1 & 0 \end{bmatrix}$$

と

$$\begin{bmatrix} 0 & 0 & 1 & * & * & 0 & * & 0 & 0 & * & 0 & * \\ 0 & 0 & 0 & 0 & 0 & 1 & * & 0 & 0 & * & 0 & * \\ 0 & 0 & 0 & 0 & 0 & 0 & 0 & 1 & 0 & * & 0 & * \\ 0 & 0 & 0 & 0 & 0 & 0 & 0 & 0 & 1 & * & 0 & * \\ 0 & 0 & 0 & 0 & 0 & 0 & 0 & 0 & 0 & 0 & 1 & * \end{bmatrix}$$

である．この場合，補題 9.7 の証明からわかるように，Ω_λ と $\widetilde{\Omega}_\mu$ がちょうど 1 点，すなわち上記の行列の 1 に対応する基底ベクトルで生成される点で交わる．2 つの行列のすべての $*$ をあわせると，この点におけるグラスマン多様体の近傍の座標になっている．両方のシューベルト多様体に属すための条件はすべての $*$ が零であることなので，2 つのシューベルト多様体は 1 点で横断的に交わってい

ることがわかる．このことから次の**双対定理**[30]が証明される：

$$\sigma_\lambda \cdot \sigma_\mu = \begin{cases} 1 & \text{すべての } 1 \le i \le r \text{ に対して } \lambda_i + \mu_{r+1-i} = n \\ 0 & \text{ある } i \text{ に対して } \lambda_i + \mu_{r+1-i} > n \end{cases}. \quad (9.12)$$

分割 μ を $\mu_i = n - \lambda_{r+1-i}$ により定めるとき，これを λ の**双対**と呼び，σ_μ を σ_λ の**双対シューベルト類**と呼ぶ．

次にピエリの公式 (9.9) を証明する．(9.9) の両辺に対して，$|\mu| = r \cdot n - |\lambda| - k$ を満たすすべての類 σ_μ との交叉数が一致することを示せばよい．λ の図形を $r \times n$ の長方形の左上隅に寄せて置き，μ のほうは 180° 回転して右下隅に置くとき，ピエリの公式は以下の主張と同値である：2 つの図形が重ならず，その隙間にある k 個の箱が 2 個以上同じ列にないときに $\sigma_\mu \cdot \sigma_\lambda \cdot \sigma_k$ は 1 になり，そうでなければ $\sigma_\mu \cdot \sigma_\lambda \cdot \sigma_k$ は 0 である．例えば $r = 5$, $n = 7$, $\lambda = (5, 3, 2, 2, 1)$, $\mu = (5, 5, 4, 2, 0)$ のとき前者が起きる：

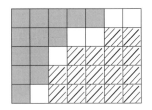

一般に，$|\mu| = r \cdot n - |\lambda| - k$ の下で前者が起きるのは，ちょうど

$$n - \lambda_r \ge \mu_1 \ge n - \lambda_{r-1} \ge \mu_2$$
$$\ge \cdots \ge n - \lambda_1 \ge \mu_r \ge 0 \quad (9.13)$$

のときである．

シューベルト多様体 Ω_λ を定義するために旗 $\{F_k\}$ を用い，$\widetilde{\Omega}_\mu$ の方には反対旗 $\{\widetilde{F}_k\}$ を用いる．また，一般的な線型部分空間 L で次元が $n + 1 - k$ のものを用いて特殊シューベルト多様体 $\Omega_k(L) = \{V : \dim(V \cap L) \ge 1\}$ を定義する．補題 9.7 により，2 つのヤング図形は重ならないと仮定して構わない：すなわち $\lambda_i + \mu_{r+1-i} \le n$ がすべての i について成り立つとしてよい．

ピエリの公式の内容は以下の主張と同じである：上記の 3 つのシューベルト多様体は (9.13) が成り立つときは 1 点で横断的に交わり，そうでないときは $\Omega_\lambda \cap \widetilde{\Omega}_\mu \cap \Omega_k(L)$ は空である．この事実が初等的な線型代数に帰着することを説

---

[30] 訳注：$|\lambda| + |\mu| = r \cdot n$ が成り立つ場合の結果であることに注意．また，右辺の 1 は 1 点に対応するシューベルト類，すなわち $\sigma_{(n^r)}$ を表す．

明しよう．シューベルト多様体 Ω_λ と $\widetilde{\Omega}_\mu$ を上記のような行階段行列でパラメーター付けるとき，まず証明したいのは，Ω_λ と $\widetilde{\Omega}_\mu$ の交わりに含まれる線型空間 V が，2つの階段行列のそれぞれの 1 のある場所の間にのみゼロでない成分を持つような行列の行ベクトルたちによって張られるという事実である．上の例ならば，それは以下の形の行列の行ベクトルから基底が作れるということである：

$$\begin{bmatrix} * & * & * & 0 & 0 & 0 & 0 & 0 & 0 & 0 & 0 & 0 \\ 0 & 0 & 0 & * & * & * & 0 & 0 & 0 & 0 & 0 & 0 \\ 0 & 0 & 0 & 0 & 0 & 0 & * & * & 0 & 0 & 0 & 0 \\ 0 & 0 & 0 & 0 & 0 & 0 & 0 & 0 & * & 0 & 0 & 0 \\ 0 & 0 & 0 & 0 & 0 & 0 & 0 & 0 & 0 & * & * & 0 \end{bmatrix}$$

第 i 行の $*$ で張られる空間は (9.11) で定めた空間 C_i である．条件 (9.13) は各 $*$ が相異なる列にあるという内容である．そのことから，このような姿の零でないベクトルの集合はいつでも 1 次独立であることが保証される．L を一般的な線型部分空間に選ぶとき，上記のようなベクトルの集合から張られる空間が，いつ $\Omega_k(L)$ に属するかを調べることはそれほど難しくない．

ベクトル空間 $C_1, \ldots, C_r$ で生成される $\mathbb{C}^m = E$ の部分空間を C とする．また，$A_0 = 0$ および $B_0 = 0$ とする．

演習問題 99 次を示せ．(a) $C = \bigcap_{i=0}^r (A_i + B_{r-i})$; (b) $\sum_{i=1}^r \dim(C_i) = r + k$; (c) 各 C_i が零空間でなく，かつ和 $C = C_1 + \cdots + C_r$ が直和であることと，条件 (9.13) とは同値である．

補題 9.8 (a) $V \in Gr^n E$ が $\Omega_\lambda \cap \widetilde{\Omega}_\mu$ に属すならば $V \subset C$ である．(b) さらに $C_1, \ldots, C_r$ が 1 次独立[31]ならば，$\dim(V \cap C_i) = 1$ がすべての i に対して成り立ち，$V = V \cap C_1 \oplus \cdots \oplus V \cap C_r$ である．

証明 演習問題 99 の (a) によると，すべての i について $V \subset A_i + B_{r-i}$ を示せばよい．これは $A_i \cap B_{r-i} \neq 0$ のときは明らかである．そのときは $A_i + B_{r-i} = E$ だからである．よって $A_i \cap B_{r-i} = 0$ と仮定してよい．仮定から $\dim(V \cap A_i) \geq i$, $\dim(V \cap B_{r-i}) \geq r-i$ である．$\dim(V) = r$ だから，このことから V は $V \cap A_i$ と $V \cap B_{r-i}$ の直和であることがわかる．それは特に V が $A_i + B_{r-i}$ に含まれることを意味するので (a) が示された．

---

[31] 訳注：$\boldsymbol{v}_i \in C_i$, $1 \leq i \leq r$ に対して $\sum_{i=1}^r \boldsymbol{v}_i = 0$ ならば $\boldsymbol{v}_1 = \cdots = \boldsymbol{v}_r = 0$ が成り立つという意味．

$\dim(V \cap A_i) \geq i$ および $\dim(V \cap B_{r+1-i}) \geq r+1-i$ だから，補題 9.7 の証明と同様に $\dim(C_i) \geq i + (r+1-i) - r = 1$ でなければならない．もしも C_i たちが 1 次独立ならば V は $V \cap C_i$ たちの直和を含む．この直和は r 次元以上なので $V = \bigoplus_{i=1}^{r} V \cap C_i$ であって，各直和因子は 1 次元でなければならない． □

もしも (9.13) が成り立たないならば，演習問題 99 より，C は C_i たちの直和になっておらず C の次元は高々 $r+k-1$ である．この場合，$n+1-k$ 次元の一般の線型空間 L は C と原点においてのみ交わる．そうすると，補題 9.8 (a) より，$\Omega_\lambda \cap \tilde{\Omega}_\mu$ に含まれるいかなる V も $\Omega_k(L)$ には属すことはできない．したがって 3 つのシューベルト多様体の交わり $\Omega_\lambda \cap \tilde{\Omega}_\mu \cap \Omega_k(L)$ は空である．

もしも (9.13) が成り立つならば，$C = \bigoplus_{i=1}^{r} C_i$ である．一般に選んだ L は C と直線 $\mathbb{C} \cdot v$ において交わる．このとき，ゼロでない C_i のベクトル u_i によって $v = u_1 + \cdots + u_r$ と書けるとしてよい．さて V が L と少なくとも直線で交わるという条件と，V が C に含まれるという条件から，V はベクトル v を含まねばならない．$V = \bigoplus V \cap C_i$ なので各 u_i は V に含まれているはずであり，したがって V は $u_1, \ldots, u_r$ で張られる空間と一致する．このことは，いま考えている 3 つのシューベルト多様体の交わりが 1 点であることを示している．さらに，開シューベルト多様体がアフィン空間と同一視できることを使って局所的な計算をすると，この交わりが横断的であることが示される．これでピエリ公式の証明が完了した（別な証明が 10 章で与えられる）．

さて，ここで Λ を対称関数環としよう．ヤング図形 λ が r 行以下かつ n 列以下のときシューア関数 s_λ を σ_λ に写し，そうでないときに 0 に写すことによって，加法的な写像 $\Lambda \to H^*(Gr^n(\mathbb{C}^m))$ を定める．ピエリ公式および，Λ がシューア多項式 $s_{(k)} = h_k$ によって環として生成されるという事実から，これが環準同型であることがすぐにわかる．すると公式 (9.8), (9.10) は自動的に従う．同じ形の公式が Λ において成り立つからである．

演習問題 100 $\mathbb{C}^m$ 内の r 次元空間のうちで，$r \cdot (m-r)$ 個の一般の $m-r$ 次元空間と交わるものの個数は

$$\frac{(r \cdot (m-r))! \cdot (r-1)! \cdot (r-2)! \cdot \cdots \cdot 1!}{(m-1)! \cdot (m-2)! \cdot \ldots (m-r)!}$$

であることを示せ．

演習問題 101 多様体 Ω_λ はヤング図形 λ の外隅であるような (i, λ_i) に対する条件 $\dim(V \cap F_{n+i-\lambda_i}) \geq i$ によって定義されることを示せ．また，これらの条件

はどれも省けないことを示せ.

演習問題 102　$\mu = (1^k)$, $1 \leq k \leq r$ のとき, シューベルト多様体 Ω_μ は $\dim(V \cap F_{n+k-1}) \geq k$ を満たす空間 V から成る. $\sigma_{1^k} \cdot \sigma_\lambda = \sum \sigma_{\lambda'}$ を示せ. ただし和に現れる λ' は λ に k 個の箱を加えて得られるもののうちで, 各行に 2 個以上は加えないもののすべてについてとる.

演習問題 103　$V \subset E$ に対して $E^* \to V^*$ の核空間を対応させることによって定まる $Gr^n(E)$ から $Gr^r(E^*)$ への写像が同型であることを示せ. これを**双対同型**と呼ぶ. この同型はシューベルト多様体 Ω_λ を $\Omega_{\tilde{\lambda}}$ に写すことを示せ.

演習問題 104　(a) $H^*(Gr^n(\mathbb{C}^m))$ は, 不定元 $\sigma_1, \ldots, \sigma_n$ により生成される $\mathbb{Z}$ 上の多項式環 (σ_i を i 次とする) を, $r+1 \leq p \leq m$ なる p についての p 次の行列式 $\det(\sigma_{1+j-i})_{1 \leq i \leq p}$ が生成するイデアルによる剰余環と同型であることを示せ. ただし $\sigma_0 = 1$ とし $i < 0$ または $i > n$ のときは $\sigma_i = 0$ とする. (b) 単項式 $\sigma_1^{a_1} \cdots \sigma_n^{a_n}$ で $a_1 + 2a_2 + \cdots + na_n \leq r$ を満たすものの集合は $H^*(Gr^n(\mathbb{C}^m))$ において 1 次独立であることを示せ.

次の章では旗多様体の交叉環を記述する. それは固定された完全旗に対する「寄り添い方」によって定まるある部分集合の閉包から成る基底を持つ. しかしながら, 一般には (9.8) のような明示的な公式は知られていない.

第10章 シューベルト多様体とシューベルト多項式

 この章では，まず完全旗多様体におけるシューベルト多様体を記述する．完全旗多様体 $F\ell(E) = F\ell(\mathbb{C}^m) = F\ell(m) = F\ell^{(m,m-1,\ldots,1)}(\mathbb{C}^m)$ とは，$\dim(E_i) = i$ を満たす旗 $E_\bullet = (E_1 \subset \ldots \subset E_m = E = \mathbb{C}^m)$ を点として，それら全体から成る集合である．また，ラスクー・シュッツェンベルジェのシューベルト多項式を定義する．シューベルト多様体とシューベルト多項式は，いずれも対称群 S_m に属する置換 w で添字付けられる．シューベルト多項式の変数に，旗多様体のコホモロジーにおける基本的な類を代入すると，対応するシューベルト多様体の類が得られる．この章では付録Bの結果を自由に用いる．

10.1 トーラス作用の固定点

 射影空間 $\mathbb{P}^r$ への乗法群 $T = \mathbb{C}^*$ の作用を
$$t \cdot [x_0 : x_1 : \cdots : x_r] = [t^{a_0}x_0 : t^{a_1}x_1 : \cdots : t^{a_r}x_r]$$
により定めよう．ここで $a_0, a_1, \ldots, a_r$ は整数である．a_i として現れる各整数 a に対して，$a_i \neq a$ を満たすような i ごとに方程式 $X_i = 0$ を課すことで決まる $\mathbb{P}^r$ の線型部分空間を L_a とする．この作用に関する固定点集合は，このような L_a の交わらない和であることが容易に確かめられる．例えば a_i が相異なるならば，固定点集合は有限であり $r+1$ 個の点 $[1:0:\cdots:0]$, $[0:1:\cdots:0]$, $\ldots$, $[0:0:\cdots:1]$ である．

 もしも $Z \subset \mathbb{P}^r$ が代数的集合であって，$T = \mathbb{C}^*$ の $\mathbb{P}^r$ への作用が Z をそれ自身に写すならば，T の Z への作用の固定点集合 Z^T は Z と $(\mathbb{P}^r)^T$ の共通部分である：

168　第10章　シューベルト多様体とシューベルト多項式

$$Z^T = \bigsqcup Z \cap L_a.$$

補題 10.1　もしも Z が空でなければ Z^T は空でない．

証明　Z の任意の点 $x = [x_0 : \cdots : x_r]$ をとる．a を $x_i \neq 0$ である a_i の最小値とする．$a_i = a$ ならば $y_i = x_i$ とおき，$a_i \neq a$ ならば $y_i = 0$ とおいて $y = [y_0 : \cdots : y_r]$ とする．このとき，点

$$t \cdot x = [t^{a_0} x_0 : \cdots : t^{a_r} x_r] = [t^{a_0 - a} x_0 : \cdots : t^{a_r - a} x_r]$$

は t が 0 に近づくとき y に近づく．Z は T の作用で保たれるので，$t \cdot x$ は Z に属す．Z は $\mathbb{P}^r$ における閉集合なので，極限点 y も Z に属す．このとき y は $Z \cap L_a \subset Z^T$ に属す． □

この結果は m 次元トーラス $T = (\mathbb{C}^*)^m$ に一般化される．$t = (t_1, \ldots, t_m) \in T$ および m 個の整数の組 $\boldsymbol{a} = (a_1, \ldots, a_m)$ に対して，$t^{\boldsymbol{a}} = t_1^{a_1} \cdots t_m^{a_m}$ と書く．T が $\mathbb{P}^r$ に，ある m 組 $\boldsymbol{a}(0), \ldots, \boldsymbol{a}(r)$ によって

$$t \cdot [x_0 : \cdots : x_r] = [t^{\boldsymbol{a}(0)} x_0 : \cdots : t^{\boldsymbol{a}(r)} x_r] \tag{10.1}$$

という規則で作用するとする．固定点集合は線型部分空間 L_a の交わらない和になる．ここで，$\boldsymbol{a}$ が集合 $\{\boldsymbol{a}(0), \ldots, \boldsymbol{a}(r)\}$ の元であるとき，L_a は $\boldsymbol{a}(i) \neq \boldsymbol{a}$ を満たす i によって方程式 $X_i = 0$ で定義される．このことは，直接示すこともできるし，1次元トーラスの場合の議論を T の中の m 個の各成分 $\mathbb{C}^* = 1 \times 1 \times \cdots \times \mathbb{C}^* \times 1 \times \cdots \times 1$ に対して用いて帰納的に示すこともできる．

命題 10.2　$Z \subset \mathbb{P}^r$ が閉集合で T によってそれ自身に写されるとき，固定点集合 Z^T は $Z \cap L_a$ の交わらない和である．Z が空でなければ Z^T は空でない．

証明　最後の主張は m に関する帰納法で示せる（$m = 1$ のときは前の補題である）．$T' = \mathbb{C}^* \times \cdots \times \mathbb{C}^* \times 1 \subset T$ とすると，$Z^{T'}$ は帰納法により空でない．$\mathbb{C}^* = 1 \times 1 \times \cdots \times \mathbb{C}^* \subset T$ とすると $Z^T = (Z^{T'})^{\mathbb{C}^*}$ であるが，これは $m = 1$ の場合から空でない． □

第8章で議論した一般的な事実[1]によると，T の任意の線型代数的な作用がベク

---

[1] 訳注：§8.2 参照．トーラス $T = (\mathbb{C}^*)^m$ が有限次元ベクトル空間 V に有理的に作用するとき，ウェイト分解 $V = \bigoplus_\alpha V_\alpha$ ができる（定理C.7参照）．ここで，作用が有理的であるとは $G \times V \to V$ が代数多様体としての正則写像であることを意味する．

トル空間 V の上にあるとき，$\mathbb{P}(V)$ への T の作用が (10.1) のように表されるような基底がとれる．これはつまり，対角化可能行列の可換な集合が同時対角化されるということである．命題 10.2 はボレルの固定点定理[2]「連結で可解な線型代数群が射影多様体に作用するとき固定点が存在する」の特別な場合である．本書ではこれほど一般的な定理を必要とはしない．しかし以下の特別な場合は初等的に理解できる．

演習問題 105 V を $G = GL_m(\mathbb{C})$ の有理的な表現とし，B を G における上三角行列の成す部分群とする．(a) 各 V_i が B によって保たれるような部分空間の列 $V_1 \subset V_2 \subset \cdots \subset V_r = V$ $(\dim V_i = i)$ が存在することを示せ．(b) $\mathbb{P}(V)$ の代数的集合 Z が B によってそれ自身に写されるとき，B により固定される Z の点 P が存在することを導け．

命題 10.2 を $GL_m(\mathbb{C})$ 内の対角行列の成す群 $T = (\mathbb{C}^*)^m$ と $\mathbb{C}^m$ 内の完全旗の成す多様体 $Z = F\ell(m)$ に適用する．Z を射影空間 $\mathbb{P}^r$ にどう埋め込むかについてはすでに考察した：

$$F\ell(m) \subset \prod_{d=1}^{m} Gr^d(\mathbb{C}^m) \subset \prod_{d=1}^{m} \mathbb{P}^*(\bigwedge^d \mathbb{C}^m) \subset \mathbb{P}^*(\bigotimes_{d=1}^{m} \bigwedge^d \mathbb{C}^m) = \mathbb{P}^r.$$

$GL_m(\mathbb{C})$ の $\mathbb{C}^m$ への自然な作用はこれらの多様体それぞれの上への作用を引き起こす．適当な座標をとるとこの作用が (10.1) のようになることは容易に確かめられる．実際，$e_1, \ldots, e_m$ を $\mathbb{C}^m$ の標準基底とすると，$\bigwedge^d \mathbb{C}^m$ は $e_{i_1} \wedge \cdots \wedge e_{i_d}$ $(1 \leq i_1 < \cdots < i_d \leq m)$ から成る基底を持ち，$t = (t_1, \ldots, t_m)$ に対して

$$t \cdot (e_{i_1} \wedge \cdots \wedge e_{i_d}) = t_{i_1} \cdot \cdots \cdot t_{i_d} e_{i_1} \wedge \cdots \wedge e_{i_d}$$

が成り立つ．$\mathbb{P}^r = \mathbb{P}^*(\bigotimes_{d=1}^{m} \bigwedge^d \mathbb{C}^m)$ の座標はこのような基底ベクトルの積に対応するので，主張は明らかである．

補題 10.3 T の $F\ell(m)$ への作用の固定点集合は，w が S_m の元を動くときの $m!$ 個の旗

$$\langle e_{w(1)} \rangle \subset \langle e_{w(1)}, e_{w(2)} \rangle \subset \cdots \subset \langle e_{w(1)}, e_{w(2)}, \ldots, e_{w(m)} \rangle = \mathbb{C}^m$$

全体と一致する．

---

[2] 訳注：[堀田 (2016), 第 11 章] 参照．

証明 これは直接計算による. 旗 $E_1 \subset \cdots \subset E_m = \mathbb{C}^m$ が T によって固定されるとする. E_1 がベクトル $v = \lambda_1 e_1 + \cdots + \lambda_m e_m$ によって張られるとする. $(t_1, \ldots, t_m)v = t_1\lambda_1 e_1 + \cdots + t_m\lambda_m e_m$ なので, 直線 E_1 が T により固定されるのはちょうど 1 つの係数 λ_p が 0 でないときのみであって, そのとき $E_1 = \langle e_p \rangle$ である. E_2 は $\langle e_p, v \rangle$ である. ここに $v = \sum_{q \neq p} \lambda_q e_q$ は 0 でないスカラーを除いて一意的である. したがって E_2 は v がただ一つの 0 でない係数 λ_q を持つとき T により固定され, ある $q \neq p$ により $E_2 = \langle e_p, e_q \rangle$ となる. これを続けると, この旗が基底ベクトルの置換によって与えられることがわかる. □

補題 10.3 における旗を $x(w) \in F\ell(m)$ と書く.

10.2 旗多様体におけるシューベルト多様体

旗 $F_1 \subset F_2 \subset \cdots \subset F_m = E$ を固定する. E に基底を与えて $\mathbb{C}^m$ と同一視するとき, その基底の始めの q 個の元が張る空間 $F_q = \langle e_1, \ldots, e_q \rangle$ をとる. 置換 $w \in S_m$ に対して, **シューベルト胞体** $X_w^\circ \subset F\ell(m) = F\ell(E)$ が集合として次の式

$$X_w^\circ = \left\{ E_\bullet \in F\ell(E) : \dim(E_p \cap F_q) = \#\{i \leq p : w(i) \leq q\} \right.$$
$$\left. \text{が } 1 \leq p, q \leq m \text{ に対して成り立つ} \right\}$$

で定まる. X_w° は前節で定めた点 $x(w)$ を含むことに注意しておく. X_w° とアフィン空間 $\mathbb{C}^{\ell(w)}$ との同型を $x(w)$ が原点に対応するように構成しよう. ここで $\ell(w)$ は w の転倒の個数

$$\ell(w) = \#\{i < j : w(i) > w(j)\}$$

であり, w の**長さ**と呼ばれる. この同型は, 各々の旗 $E_\bullet$ に対して一意的に行簡約行列を定め, その初めの p 個の行が E_p を張るように作る. 第 p 行の第 $w(p)$ 列に 1 があり, この 1 の右はすべて 0 である. また, これらの 1 の下は成分がすべて 0 である. 例えば S_6 の $w = 426135$ に対して, ここでいう行簡約行列は

10.2 旗多様体におけるシューベルト多様体

$$\begin{bmatrix} * & * & * & 1 & 0 & 0 \\ * & 1 & 0 & 0 & 0 & 0 \\ * & 0 & * & 0 & * & 1 \\ 1 & 0 & 0 & 0 & 0 & 0 \\ 0 & 0 & 1 & 0 & 0 & 0 \\ 0 & 0 & 0 & 0 & 1 & 0 \end{bmatrix}$$

という形をしている．ただし * は任意の複素数を表す．ここで $\ell(w) = 7$ なので $X_w^\circ \cong \mathbb{C}^7$ が成り立つ．7 つの星印がこの同型を与える．

実際 $F\ell(m)$ の点 $x(w)$ の開近傍 U_w で $\mathbb{C}^n$ と同型なものがとれる．ここに

$$n = m(m-1)/2 = \dim F\ell(m)$$

は旗多様体の次元である．$(p, w(p))$ の位置に 1 があって，その下が 0 であるような行列の集合を考える．U_w に属す旗 $E_\bullet$ の p 次元成分 E_p はそのような行列の初めの p 個の行ベクトルによって張られる．上記の例では，U_{426135} は次の行列の星印によって $\mathbb{C}^{15}$ と同一視される：

$$\begin{bmatrix} * & * & * & 1 & * & * \\ * & 1 & * & 0 & * & * \\ * & 0 & * & 0 & * & 1 \\ 1 & 0 & * & 0 & * & 0 \\ 0 & 0 & 1 & 0 & * & 0 \\ 0 & 0 & 0 & 0 & 1 & 0 \end{bmatrix}$$

演習問題 106 U_w が $F\ell(m)$ において開集合であることを確かめ，$\mathbb{C}^n \to U_w \subset F\ell(m)$ が開埋め込みであることを示せ．

演習問題 107 $1 \leq i \leq m-1$ に対して $s_i = (i, i+1)$ とおくと，$w \cdot s_i$ は w から i 番目と $i+1$ 番目にある値を交換することで得られる．$w(i) > w(i+1)$ ならば $\ell(w \cdot s_i) = \ell(w) - 1$ が成り立ち，$w(i) < w(i+1)$ ならば $\ell(w \cdot s_i) = \ell(w) + 1$ が成り立つことを示せ．このことから $\ell(w)$ が $w = s_{i_1} \cdots s_{i_\ell}$ と書ける最小の ℓ であることを導け．

以上の記述から X_w° は U_w の閉部分多様体であることがわかる．$X_w^\circ \subset U_w$ は $\mathbb{C}^n$ に座標部分空間として含まれる $\mathbb{C}^{\ell(w)}$ と同型である．

演習問題 108 (a) 任意の旗 $E_\bullet$ と $1 \leq i \leq m$ に対して $[m]$ の部分集合 $\mathscr{S}_i$ を $\mathscr{S}_i = \{j : E_i \cap F_j \neq E_i \cap F_{j-1}\}$ と定義する. $\mathscr{S}_1 \subset \mathscr{S}_2 \subset \cdots \subset \mathscr{S}_m$ が成り立つこと,および $\mathscr{S}_i$ の元の個数が i であることを示せ. $E_\bullet$ が X_w° に属するのは,$\mathscr{S}_i = \{w(1), \ldots, w(i)\}$ がすべての i に対して成り立つとき,かつそのときに限ることを示せ.

(b) S_m の置換 w に対して,$j < w(i)$ および $i < w^{-1}(j)$ を満たす 1 から m までの整数の組 (i, j) から成る集合を**ダイアグラム** $D(w)$ と呼ぶ. X_w° は,$v_i = e_{w(i)} + \sum a_{ij} e_j$ (和は $(i,j) \in D(w)$ についてとる) という形の E の元 $v_1, \ldots, v_m$ によって $E_k = \langle v_1, \ldots, v_k \rangle$ $(1 \leq k \leq m)$ と表せる旗 $E_\bullet$ 全体から成ることを示せ.

以下では,**双対シューベルト胞体** Ω_w° も用いる.この場合は,行簡約行列として 1 が $(p, w(p))$ の位置にあって,これらの 1 の下と左の成分がすべてゼロであるようなものを考える. Ω_w° は,このような行簡約行列の初めの p 個の行ベクトルによって E_p が張られる旗 $E_\bullet$ 全体から成る. $\tilde{F}_q$ を $E = \mathbb{C}^m$ の部分空間で後ろから q 個の基底ベクトルで張られるものとすると

$$\Omega_w^\circ = \{E_\bullet \in F\ell(m) :$$
$$\dim(E_p \cap \tilde{F}_q) = \#\{i \leq p : w(i) \geq m + 1 - q\}, \; \forall p, q\}$$

である.

例えば Ω_{426135}° は行列

$$\begin{bmatrix} 0 & 0 & 0 & 1 & * & * \\ 0 & 1 & * & 0 & * & * \\ 0 & 0 & 0 & 0 & 0 & 1 \\ 1 & 0 & * & 0 & * & 0 \\ 0 & 0 & 1 & 0 & * & 0 \\ 0 & 0 & 0 & 0 & 1 & 0 \end{bmatrix}$$

によって表される. $\Omega_w^\circ \cong \mathbb{C}^{n-\ell(w)}$ であり,これが U_w において閉であることがわかる.さらに,§9.4 のように U_w の中で X_w° と Ω_w° が点 $x(w)$ で横断的に交わることもわかる.

任意の旗は,それから一意的に定まる行階段行列で決定されるので,旗多様体 $F\ell(m)$ は,S_m に属する置換 w ごとに定まるシューベルト胞体 X_w° の交わらない和である.これらのシューベルト胞体は上三角行列の群 $B \subset GL_n(\mathbb{C})$ の軌道と

一致する．同様に，双対胞体 Ω_w° は下三角行列の群 B' の軌道である．

シューベルト多様体 X_w は胞体 X_w° の閉包として定義される．同様に，Ω_w を Ω_w° の閉包として定義する．これらは $F\ell(m)$ の既約な閉部分多様体であって，次元がそれぞれ $\ell(w)$ および $n - \ell(w)$ である．B は X_w° に作用するので，作用の連続性からその閉包 X_w にも作用する．特に X_w は，X_w° およびいくつかの次元の小さい胞体 X_v° ($\ell(v) < \ell(w)$) の和集合である．この後，§10.5 ではどのような v がこの分解に現れるかを記述し，シューベルト多様体の別な記述を与える．

命題 10.4 u, v を S_m の置換とする．もしも X_u が Ω_v と交わるならば，$\ell(v) \leq \ell(u)$ であり，等号は $u = v$ のときのみ成立する．多様体 X_w と Ω_w は 1 点 $x(w)$ で横断的に交わる．

証明 X_u は B の作用で，Ω_v は B' の作用で保たれるので，交わり $Z = X_u \cap \Omega_v$ はトーラス $T = B \cap B'$ の作用で保たれる．前節の固定点定理（命題 10.2）より Z はある点 $x(w)$ を含むはずである．$x(w)$ は X_u に属すから $X_w^\circ = B \cdot x(w) \subset X_u$ である．だから $\ell(w) \leq \ell(v)$ であり，等号は $w = u$ のときのみ成り立つ．同様に $\Omega_w^\circ = B' \cdot x(w) \subset \Omega_v$ は $\ell(w) \geq \ell(v)$ を意味し，等号は $w = v$ のときのみ成り立つ．したがって $\ell(v) \leq \ell(w) \leq \ell(u)$ が成り立ち，$u = w = v$ でない限り $\ell(v) < \ell(u)$ である．これで最初の主張が証明された．

$X_w \setminus X_w^\circ$ は $\ell(v) < \ell(w)$ であるようないくつかの X_v° の和集合なので，$X_w \setminus X_w^\circ$ は Ω_w と交わることはできない．同様に $\Omega_w \setminus \Omega_w^\circ$ は X_w と交わることはない．したがって $X_w \cap \Omega_w = X_w^\circ \cap \Omega_w^\circ$ であり，すでにみたようにこれらの胞体は点 $x(w)$ で横断的に交わる． $\square$

$1 \leq d \leq n = m(m-1)/2$ に対して，$Z_d \subset F\ell(m)$ を $\ell(w) \leq d$ であるような X_w° の和集合とする．これまでにわかったことから，Z_d は $\ell(w) \leq d$ を満たす X_w の和集合なので $F\ell(m)$ の閉集合である．さらに，$Z_d \setminus Z_{d-1}$ は胞体 X_w°（それぞれ $\mathbb{C}^d$ と同型）の交わらない和である．一般的な事実（付録 B の補題 B.6 参照）によると，これらの胞体の閉包が $F\ell(m)$ の整数係数コホモロジー群 の基底を与える．この場合，$\ell(w) = d$ を満たす w に関する多様体 X_w の類 $[X_w]$ たちが $\mathbb{Z}$ 上のコホモロジー群 $H^{2n-2\ell(w)}(F\ell(m))$ の基底を与えるという事実は以下のように直接示すこともできる．以下の命題 10.6 によると，$H^*(F\ell(m))$ は階数 $m!$ の $\mathbb{Z}$ 上の自由加群であり，奇数次の群 $H^{2d+1}(F\ell(m))$

は消えている．交叉形式[3]は双線型写像

$$H^{2d}(F\ell(m)) \times H^{2n-2d}(F\ell(m)) \to H^{2n}(F\ell(m)) = \mathbb{Z}, \quad \alpha \times \beta \mapsto \langle \alpha, \beta \rangle$$

である．これが完全なペアリングであることは，$F\ell(m)$ が向き付け可能なコンパクトな実 $2n$ 次元多様体であって，そのホモロジー群がねじれ元を持たないという事実から従う．この場合は，以下のように直接確かめることもできる．このペアリングは，相補的な次元を持つ2つの部分多様体に対して，もしも多様体が交わらなければ値が 0 であり，もしも 1 点で横断的に交わるならば値が 1 であるという性質[4]を持つ．命題 10.4 により，u, v が長さ d の置換を動くとき

$$\langle [\Omega_v], [X_u] \rangle = \delta_{uv} \tag{10.2}$$

が成り立つ．このことから $\{[X_u] : u \in S_m\}$ が 1 次独立であることが従う．これらの類は $m!$ 個あるので，これらが有理係数コホモロジーの基底を与える．しかし，もしもコホモロジー類が $[X_u]$ の有理係数 1 次結合として表されると，式 (10.2) はその係数が整数であることを意味する．このことは，$\{[X_u] : \ell(u) = d\}$ が $H^{2n-2d}(F\ell(m))$ の基底をなし，$\{[\Omega_v] : \ell(v) = d\}$ が $H^{2d}(F\ell(m))$ の双対基底を成すことを示している．

S_m の元で $1 \leq i \leq m$ に対して i を $m+1-i$ に写すものを $w_\circ$ と書く．

補題 10.5 S_m の任意の元 w に対して $[\Omega_w] = [X_{w^\vee}]$ である．ただし $w^\vee = w_\circ \cdot w$，つまり $w^\vee(i) = m+1-w(i)$ $(1 \leq i \leq m)$ とした．

証明 $\widetilde{F}_\bullet$ を $\widetilde{F}_p$ が後ろから p 個の基底ベクトルが張るとして $\widetilde{F}_p$ から成る旗とし，それに対するシューベルト多様体を $X_w(\widetilde{F}_\bullet)$ と書くと，定義からすぐに $\Omega_w = X_{w^\vee}(\widetilde{F}_\bullet)$ がわかる．したがって，補題の結論は一般的な事実，すなわち任意の v に対して $X_v(\widetilde{F}_\bullet)$ と $X_v(F_\bullet)$ が同じコホモロジー類を定めるということから従う．§9.4 と同様に（演習問題 154 を用いて），連結な群 $GL(E)$ が旗全体に推移的に作用しているからである． □

---

[3] 訳注: $\alpha \in H^{2d}(F\ell(m))$, $\beta \in H^{2n-2d}(F\ell(m))$ に対して $\langle \alpha, \beta \rangle = \int_{F\ell(m)} \alpha \cdot \beta$ と定義される．1 点集合 pt への写像 $F\ell(m) \to pt$ の押し出し射を $\int_{F\ell(m)}$ と書いた．$F\ell(m)$ は連結なので $H^{2n}(F\ell(m)) \cong H_0(F\ell(m))$ は 1 点の類 $[pt]$ により生成される自由加群である．写像 $\int_{F\ell(m)}$ は $k \cdot [pt] \mapsto k$ と一致する．

[4] 訳注: §B.1 において交叉形式 $H^{2d}(F\ell(m)) \times H^{2n-2d}(F\ell(m)) \to \mathbb{Z}$ は部分多様体の基本類に対して定義されて交点数と関連付けられている．

S_m の各元 w に対して，**シューベルト類** σ_w を $H^{2\ell(w)}(F\ell(m))$ の元として

$$\sigma_w = [\Omega_w] = [X_{w^\vee}] = [X_{w_\circ \cdot w}]$$

と定義する．(10.2) と補題 10.5 から

$$\langle \sigma_u, \sigma_{v^\vee} \rangle = \langle \sigma_u, \sigma_{w_\circ \cdot v} \rangle = \delta_{uv} \tag{10.3}$$

である．

旗多様体 $F\ell(m)$ のコホモロジー環を多項式環の剰余環として表示しよう．この環は $H^2(F\ell(m))$ に属する基礎類[5] $x_1, \ldots, x_m$ によって生成され，これらの変数の基本対称式によって関係式が生成される．このことを理解するには，射影束とチャーン類の言葉を用いるのがわかりやすい．$X = F\ell(m)$ の上には階数 m の自明束 E_X の部分ベクトル束から成る**普遍的な旗**，あるいは**トートロジー的な旗**

$$0 = U_0 \subset U_1 \subset U_2 \subset \cdots \subset U_{m-1} \subset U_m = E_X$$

がある．旗 $E_\bullet$ に対応する X の点において，ベクトル束 U_i のファイバーはベクトル空間 E_i である．このとき，直線束 U_i/U_{i-1} の第 1 チャーン類はコホモロジー環を生成する．より正確に述べるために

$$L_i = U_i/U_{i-1}, \quad x_i = -c_1(L_i), \quad 1 \le i \le m \tag{10.4}$$

とする．この直線束 L_i は §9.3 で指標を用いて構成した束 $L(\chi)$ と同一視できる．実際，B を G 内の上三角行列全体とするとき，$L_i = L(\chi_i)$ である．ここに $\chi_i : B \to \mathbb{C}^*$ は $g \in B$ に対して，その行列表示における i 番目の対角成分を対応させる指標である．実際，B の X における固定点 x は，i 番目の成分が E の基底ベクトルの始めの i 個によって張られる旗なので x における L_i のファイバーは e_i の像 (ただし B の元 g に対して $\chi_i(g)$ が掛けられる) により張られる．したがって $x_i = -c_1(L(\chi_i)) = c_1(L(\chi_i^{-1}))$ である．

これらの類は $H^2(X)$ に属するシューベルト類 σ_w と密接に関係している．実際，$1 \le i \le m-1$ に対して $\sigma_{s_i} = x_1 + \cdots + x_i$ が成り立つ．ここに s_i は i と $i+1$ の互換である．これは基礎類 x_i の別な定義として用いることもできる：$1 \le i \le m-1$ に対して $x_i = \sigma_{s_i} - \sigma_{s_{i-1}}$，そして $x_m = -\sigma_{s_{m-1}}$ とするのである．

---

[5] 訳注：原著には basic classes とあるが，一般に用いられる術語ではない．基本的な類というくらいの意味であろう．決まった訳語はないと思われるので基礎類とした．

命題 10.6 $X = F\ell(m)$ のコホモロジー環は基礎類 $x_1, \ldots, x_m$ によって生成され，これらは関係式 $e_i(x_1, \ldots, x_m) = 0$ ($1 \leq i \leq m$) に従う．言い換えると

$$R(m) = \mathbb{Z}[X_1, \ldots, X_m]/(e_1(X_1, \ldots, X_m), \ldots, e_m(X_1, \ldots, X_m))$$

とするとき $H^*(X) = R(m)$ である．さらに，類 $x_1^{i_1} \cdot x_2^{i_2} \cdots x_m^{i_m}$ で指数が $i_j \leq m - j$ を満たすものは，$H^*(F\ell(m))$ の $\mathbb{Z}$ 上の基底を成す．

証明 射影束とチャーン類に関する基本的な事実を用いる（§B.4 参照）．V を多様体 Y 上の階数 r のベクトル束とし，$\rho : \mathbb{P}(V) \to Y$ を対応する射影束とする．Y の点の上のファイバーは，V のファイバーの原点を通る直線全体の成す射影空間である．$\mathbb{P}(V)$ 上にはトートロジー直線束 $L \subset \rho^*(V)$ がある．$\zeta = -c_1(L)$ とする．このとき，$H^*(Y)$ の元 $a_1, \ldots, a_r$ が一意的に存在して

$$H^*(\mathbb{P}(V)) = H^*(Y)[\zeta]/(\zeta^r + a_1 \zeta^{r-1} + \cdots + a_r)$$

が成り立つ．実際，a_i は第 i チャーン類 $c_i(V)$ であって $H^{2i}(Y)$ に属す．類 $1, \zeta, \ldots, \zeta^{r-1}$ は $H^*(\mathbb{P}(V))$ の $H^*(Y)$ 上の基底を成す．

旗多様体 $X = F\ell(m)$ は射影束の列によって構成できる．射影空間 $\mathbb{P}(E)$ 上にはトートロジー直線束 $U_1 \subset E$ がある（ここではベクトル束の引き戻しの記号を省略する）．$\mathbb{P}(E)$ 上には階数 $m-1$ の束 E/U_1 があり，$\mathbb{P}(E/U_1) \to \mathbb{P}(E)$ が構成できる．$\mathbb{P}(E/U_1)$ 上のトートロジー直線束は，$U_1 \subset U_2 \subset E$ を満たすようなある階数 2 の束 U_2 を用いて U_2/U_1 と表せる．さらに $\mathbb{P}(E/U_2)$ 上にはトートロジー直線束 U_3/U_2 がある．このようにして，トートロジー直線束 U_{m-1}/U_{m-2} を持つ旗多様体 $\mathbb{P}(E/U_{m-2})$ に到達する．射影束に関して前の段落で述べたことから $x_1^{i_1} \cdot x_2^{i_2} \cdots x_m^{i_m}$ ($i_j \leq m-j$) が $H^*(F\ell(m))$ の加法的な基底を成す．

X 上のベクトル束 E_X には，隣接する商が L_i であるような部分束の旗があるのでホイットニーの和公式より E_X の第 i チャーン類は $c_1(L_1), \ldots, c_1(L_m)$ の i 次基本対称式である（補題 B.7 参照）．E_X は自明束なのでそのチャーン類は消える．このことから $1 \leq i \leq m$ に対して $e_i(x_1, \ldots, x_m) = 0$ が従う．

$R(m)$ を命題で定義された $\mathbb{Z}$ 代数であるとする．自然な全射

$$R(m) \twoheadrightarrow H^*(F\ell(m)), \quad X_i \mapsto x_i, \quad 1 \leq i \leq m$$

がある．この写像が同型であることを示すためには，類 $X_1^{i_1} \cdot X_2^{i_2} \cdots X_m^{i_m}$ ($i_j \leq m-j$) が $R(m)$ を $\mathbb{Z}$ 上生成することを示せば十分である．これは対称多

項式に関する純粋に代数的な事実である．証明において x_i は X_i の $R(m)$ における像（剰余類）であるとする．環 $R(m)[t]$ において等式

$$\prod_{i=1}^{p} \frac{1}{1-x_i t} = \prod_{i=p+1}^{m} (1-x_i t) \tag{10.5}$$

が成り立つ．これは

$$\prod_{i=1}^{m}(1-x_i t) = 1 - e_1 t + e_2 t^2 - \cdots + (-1)^m e_m t^m = 1$$

から従う．(10.5) の左辺は $\sum_{i \geq 0} h_i(x_1, \ldots, x_p) t^p$ である．t^i の係数を比較することにより $h_i(x_1, \ldots, x_p) = 0$ が $i > m-p$ に対して成り立つことがわかる．特に，式

$$h_{m-p+1}(x_1, \ldots, x_p) = x_p^{m-p+1} + \cdots = 0, \quad 1 \leq p \leq m \tag{10.6}$$

を用いて p について逆向きの帰納法を用いると，上で述べた単項式たちが $R(m)$ を $\mathbb{Z}$ 加群として生成することがわかる[6]． □

この章のひとつの目的は「ジャンベリ公式」を見つけること，つまり「幾何学的」な基底 σ_w ($w \in S_m$) を「代数的」な基底 $x_1^{i_1} \cdot x_2^{i_2} \cdot \cdots \cdot x_m^{i_m}$ ($i_j \leq m-j$) を用いて表すことである．この問題に対して——シューベルト多項式——と呼ばれる普遍的な解答を与えようというのである．

10.3　シューベルト多様体どうしの関係

自然な埋め込み $\iota : F\ell(m) \hookrightarrow F\ell(m+1)$ がある．それは $E = \mathbb{C}^m$ 内の旗 $E_\bullet$ を，次で定まる $E' = E \oplus \mathbb{C} = \mathbb{C}^{m+1}$ 内の旗に写すことで定まる：

$$E_1 \oplus 0 \subset E_2 \oplus 0 \subset \cdots \subset E_{m-1} \oplus 0 \subset E_m \oplus 0 = E \oplus 0 \subset E' = E \oplus \mathbb{C}.$$

この写像は閉埋め込みである．実際 $F\ell(m)$ を，m 番目の成分が $E \oplus 0$ であるような E' 内の旗の集合と同一視できる．この定義からすぐにわかるように，S_m の各元 w に対して，ι は $F\ell(m)$ のシューベルト胞体 X_w° を $F\ell(m+1)$ においてやはり X_w° と書かれるシューベルト胞体の上に同型に写す．以後，S_m を通常

---

[6] 訳注：関係式 (10.6) の $\cdots$ に現れる単項式 $x_1^{i_1} \cdot x_2^{i_2} \cdot \cdots \cdot x_p^{i_p}$ は条件 $i_j \leq m-j$ ($1 \leq i \leq p$) を満たすことに注意する．任意の多項式が与えられたとき，p が大きい方からこの関係式を用いて書き換えてゆくと，番号の大きい方の変数から順にべき指数を必要なだけ下げることができる．

のように S_{m+1} の中で $m+1$ を固定する部分群とみなす．$F\ell(m)$ は $F\ell(m+1)$ において閉であるから $\iota(X_w)$ は $F\ell(m+1)$ において w に対応するシューベルト多様体である．

ι は共変な準同型

$$\iota_* : H_{2d}(F\ell(m)) \to H_{2d}(F\ell(m+1))$$

を引き起こし，これは $F\ell(m)$ の閉部分多様体 Z に対して $\iota_*[Z] = [\iota(Z)]$ という性質[7]を満たす．ポアンカレ双対によりホモロジー群をコホモロジー群と同一視すると，$F\ell(m)$ の $F\ell(m+1)$ における余次元が m なので，ι_* は $H^{2r}(F\ell(m))$ を $H^{2r+2m}(F\ell(m+1))$ に写す．一方，反変な準同型

$$\iota^* : H^{2d}(F\ell(m+1)) \to H^{2d}(F\ell(m))$$

もある．これらの準同型は射影公式：$\iota_*(\iota^*(\alpha) \cdot \beta) = \alpha \cdot \iota_*(\beta)$ により関係している．ここで $\alpha \in H^\cdot(F\ell(m))$，$\beta \in H^\cdot(F\ell(m+1))$ である．複数の m について $F\ell(m)$ を同時に考える際，$w \in S_m$ に対して，$H^\cdot(F\ell(m))$ の元 σ_w を $\sigma_w^{(m)}$ と書こう．

補題 10.7 $w \in S_m$ に対して $H^{2\ell(w)}(F\ell(m+1))$ から $H^{2\ell(w)}(F\ell(m))$ への準同型 ι^* は $\sigma_w^{(m+1)}$ を $\sigma_w^{(m)}$ に写す．

証明 射影公式[8]より $v \in S_m$ に対して

$$\langle \iota^*(\sigma_w^{(m+1)}), [X_v] \rangle = \langle \sigma_w^{(m+1)}, \iota_*[X_v] \rangle = \langle \sigma_w^{(m+1)}, [\iota(X_v)] \rangle$$

が従う．$\iota(X_v)$ は v に対応する $F\ell(m+1)$ のシューベルト多様体なので (10.2) ($F\ell(m+1)$ に適用する) から，右辺が $v = w$ のとき 1 でそれ以外のときに 0 であることが従う．しかし $\sigma_w^{(m)}$ はすべての $v \in S_m$ に対して $\langle \sigma_w^{(m)}, [X_v] \rangle = \delta_{wv}$ を満たす唯一の $H^{2\ell(w)}(F\ell(m))$ の元であることがわかっている．したがって $\iota^*(\sigma_w^{(m+1)}) = \sigma_w^{(m)}$． □

$F\ell(E')$ 上のトートロジー的ベクトル束の旗は ι によって $F\ell(E)$ 上のベクト

---

[7] 訳注：閉埋め込みは固有射であり，像の上への同型（したがってもちろん双有理）なので (B.7) より従う．

[8] 訳注：$\alpha \in H^\cdot(F\ell(m))$，$\beta \in H^\cdot(F\ell(m+1))$ とするとき $\langle \iota^*\alpha, \beta \rangle = \langle \alpha, \iota_*\beta \rangle$ が成り立つ．実際，$\int_{F\ell(m)} = \int_{F\ell(m+1)} \circ \iota_*$ なので $\langle \iota^*\alpha, \beta \rangle = \int_{F\ell(m)} \iota^*\alpha \cdot \beta = \int_{F\ell(m+1)} \iota_*(\iota^*\alpha \cdot \beta) = \int_{F\ell(m+1)} \alpha \cdot \iota_*\beta = \langle \alpha, \iota_*\beta \rangle$．なお $f : F\ell(m) \to \{\text{pt}\}$ による押し出し射を $\int_{F\ell(m)}$ と書いた．これを次数準同型 (§B.1) と呼ぶ．

ル束の旗 $U_1 \subset \cdots \subset U_m = E \subset E \oplus \mathbb{C}$ に引き戻される．よって $x_1, \ldots, x_{m+1}$ を $F\ell(m+1)$ 上の基礎類とし，$x_1, \ldots, x_m$ を $F\ell(m)$ の基礎類とするとき

$$\iota^*(x_i) = x_i \quad (1 \leq i \leq m), \quad \iota^*(x_{m+1}) = 0$$

が成り立つ．別な言い方をすると，命題 10.6 で定義した環 $R(m)$ に対し，$R(m+1)$ から $R(m)$ への写像を $1 \leq i \leq m$ に対して $X_i \mapsto X_i$ とし $X_{m+1} \mapsto 0$ と定めるとき図式

$$\begin{array}{ccc} R(m+1) & \to & H^*(F\ell(m+1)) \\ \downarrow & & \downarrow \iota^* \\ R(m) & \longrightarrow & H^*(F\ell(m)) \end{array}$$

は可換である．

P を $\mathbb{Z}[X_1, \ldots, X_m]$ に属す多項式とするとき，1 から $m-1$ のすべての i に対して $s_i(P)$ を P において X_i と X_{i+1} を交換して得られる多項式を表すものとする．[Bernstein, Gelfand and Gelfand (1973)] と [Demazure (1974)] に従って，多項式環 $\mathbb{Z}[X_1, \ldots, X_m]$ 上の $\mathbb{Z}$ 線型な**差分商作用素** ∂_i を

$$\partial_i(P) = \frac{P - s_i(P)}{X_i - X_{i+1}}, \quad 1 \leq i \leq m-1 \tag{10.7}$$

により定義する．多項式 $P - s_i(P)$ が $X_i - X_{i+1}$ で割り切れることに注意すると，結果はいつも多項式であることがわかる．P が d 次斉次ならば $\partial_i(P)$ は $(d-1)$ 次斉次であって，$\partial_i(P)$ はいつでも X_i と X_{i+1} に関して対称である．定義から，$\partial_i(P) = 0$ が成り立つのは $s_i(P) = P$ が成り立つこと，すなわち P が X_i と X_{i+1} に関して対称であることと同値である．特に $\partial_i(\partial_i(P)) = 0$ がすべての P に対して成り立つ．また，定義から，多項式 P, Q に対して

$$\begin{aligned} \partial_i(P \cdot Q) &= \frac{PQ - s_i(P)s_i(Q)}{X_i - X_{i+1}} \\ &= \frac{(P - s_i(P))Q + s_i(P)(Q - s_i(Q))}{X_i - X_{i+1}} \\ &= \partial_i(P) \cdot Q + s_i(P) \cdot \partial_i(Q) \end{aligned} \tag{10.8}$$

が成り立つ．特に Q が X_i と X_{i+1} に関して対称ならば $\partial_i(P \cdot Q) = \partial_i(P) \cdot Q$ が成り立つ．(10.8) から ∂_i は基本対称式で生成されるイデアルをそれ自身の中に写す．したがって ∂_i は商環 $R(m)$ 上の作用素を誘導する．それをそのまま同じ記号 ∂_i で表す．

この作用素の多項式環上，および $R(m)$ 上の作用に関する初等的に示せる事

実を以下の 3 つの補題で示す.

補題 10.8 P を $\mathbb{Z}[X_1, \ldots, X_m]$ に属する多項式とする. $1 \leq k \leq m-1$ とする. $\{1, \ldots, k\}$ から $p_1, \ldots, p_r$ を任意に選んだときに $\partial_{p_r} \circ \cdots \circ \partial_{p_1}(P)$ が $\mathbb{Z}[X_1, \ldots, X_k]$ に属し, さらに, $p_i = k$ となる i があれば $\partial_{p_r} \circ \cdots \circ \partial_{p_1}(P) = 0$ が成り立つとする. このとき, $I = (i_1, \ldots, i_k)$ $(i_j \leq k-j)$ に関する和として $P = \sum a_I X^I$ と書ける.

証明 ∂_p の定義より, 基本的な等式

$$\partial_p(X_p^a X_{p+1}^b) = \begin{cases} X_p^{a-1} X_{p+1}^b + X_p^{a-2} X_{p+1}^{b+1} + \cdots + X_{p+1}^b X_{p+1}^{a-1} & a > b \text{ のとき} \\ 0 & a = b \text{ のとき} \\ -X_p^a X_{p+1}^{b-1} - X_p^{a+1} X_{p+1}^{b-2} - \cdots - X_{p+1}^{b-1} X_{p+1}^a & a < b \text{ のとき} \end{cases} \quad (10.9)$$

が得られる. $I = (i_1, \ldots, i_k)$ $(i_j \leq k-j, 1 \leq j \leq k)$ に対する X^I で張られる $\mathbb{Z}[X_1, \ldots, X_k]$ の $\mathbb{Z}$ 部分加群を M とする. (10.9) により ∂_p は M をそれ自身に写すことがわかる. P の次数に関する帰納法によって, もしも $\partial_p(P)$ が $1 \leq p \leq k$ に対して M に属し, $\partial_k(P) = 0$ ならば, P が M に属すことを示せば十分である. $P = \sum a_I X^I$ と書き, P が M に属さないと仮定する. p を, 零でない a_I について $I = (i_1, \ldots, i_k)$, $i_p > k-p$ を満たすような最大の添え字とする. a を, そのような I に現れる i_p のなかで最大であるとする. b を, $i_p = a$ となるような i_{p+1} のなかで最大であるとする. $p = k$ ならば $\partial_p(P) = 0$ であり, 矛盾である. そうでないと, (10.9) から $\partial_p(P)$ には零でない項 $a_J X^J$ で

$$J = (i_1, \ldots, i_{p-1}, b, a-1, i_{p+2}, \ldots, i_k)$$

という形のものがある. これは $\partial_p(P)$ が M に属すという仮定に反する. □

補題 10.9 $P \in R(m)$ とし $P = \sum a_I x^I$ と書く. 和は $i_j \leq m-j$ がすべての j に対して成り立つような $I = (i_1, \ldots, i_m)$ に関してとる. 整数 $k < m$ であって, $k < i < m$ を満たすすべての i に対して $\partial_i P = 0$ が $R(m)$ で成り立つものが存在すると仮定する. このとき, ある $j > k$ に対して $i_j > 0$ を満たすすべての I について $a_I = 0$ が成り立つ[9].

---

[9] 訳注:つまり P は $x_1, \ldots, x_k$ の多項式として表せる.

証明 k に関して逆向きの帰納法を用いる．$k = m - 1$ のときは自明である．$k \leq m - 1$ を満たすある k に対して主張が成立すると仮定し，$k - 1$ に対して証明する．帰納法の仮定から，一意的な表示

$$P = \sum_{p=0}^{m-k} Q_p x_k^p$$

がある．ここに Q_p は $J = (i_1, \ldots, i_{k-1})$, $i_j \leq m - j$ という形の J についての単項式 x^J の1次結合である．ここで次が成り立つ：

$$0 = \partial_k(P) = \sum_{p=1}^{m-k} Q_p(x_k^{p-1} + x_k^{p-2} x_{k+1} + \cdots + x_{k+1}^{p-1}).$$

この展開に現れる単項式 $x_1^{i_1} \cdot x_2^{i_2} \cdots x_{k-1}^{i_{k-1}} x_k^s x_{k+1}^t$ の集合は，s と t が高々 $m-k-1$ なので，$R(m)$ において1次独立である．このことから $p > 0$ に対して $Q_p = 0$ が従う．よって望む結果 $P = Q_0$ が得られた． □

$i \leq m - 1$ に対して，∂_i が上で定義された $R(m+1)$ から $R(m)$ への準同型と可換であることは，やはり定義から従う．

補題 10.10 ある $N \geq k \geq 0$, および $d \geq 0$ に対して，すべての $m \geq N$ ごとに $R(m)$ の d 次斉次元 $P^{(m)}$ が与えられていて以下を満たすとする．

(1) 任意の $m \geq N$ に対して，$R(m+1)$ から $R(m)$ への自然な写像により $P^{(m+1)}$ が $P^{(m)}$ に写される．

(2) 任意の $i > k$, $m \geq N$ に対して $\partial_i(P^{(m)}) = 0$ が成り立つ．

このとき，多項式 $P \in \mathbb{Z}[X_1, \ldots, X_k]$ であってすべての $m \geq N$ に対して，$\mathbb{Z}[X_1, \ldots, X_k]$ から $R(m)$ への自然な写像で $P^{(m)}$ に写されるようなものが一意的に存在する．

証明 補題 10.9 により，各 $P^{(m)}$ に対しては一意的な表示 $P^{(m)} = \sum a_I x^I$, $I = (i_1, \ldots, i_k)$ で，すべての j について $i_j \leq m - j$ で $\sum i_j = d$ を満たすものがある．$i_j \leq d$ であるから，$m \geq d + k$ ならば，$i_j \leq m - j$ という条件は自動的に成り立つ[10]．したがって $m \geq d + k$, $m \geq N$ ならば，$P^{(m+1)}$ が $P^{(m)}$ に写されるという条件は，$P^{(m)}$ と $P^{(m+1)}$ が $x_1, \ldots, x_k$ の多項式として完全に同じ表示を持つことを意味する．その多項式を P とするとこれが求める一意的な表示である． □

---

[10] 訳注：つまり $P^{(m)}$ には $x_1, \ldots, x_k$ の任意の d 次単項式が現れ得る．

各 $R(m)$ を $H^{\cdot}(F\ell(m))$ と同一視するとき類 $\sigma_w^{(m)}$ は補題 10.10 の条件 (1) を満たす. 実際, もしも w が S_k に属するならば, $N=k$ ととることができる. 以下の命題は, これらの類が, 同じ k に対して条件 (2) を満たすことを示す. このことから, $\mathbb{Z}[X_1, \ldots, X_k]$ の中に, 任意の $m \geq k$ に対して, $H^{2\ell(w)}(F\ell(m))$ の元 $\sigma_w^{(m)}$ に写されるような多項式が一意的に存在することがわかる. これらの多項式はシューベルト多項式と呼ばれる.

命題 10.11 $w \in S_m$ とし $1 \leq i \leq m-1$ とする. w の i 番目と $i+1$ 番目の値を交換して得られるものを $w' = w \cdot s_i$ とする.
(1) $w(i) > w(i+1)$ ならば $\partial_i(\sigma_w) = \sigma_{w'}$ である.
(2) $w(i) < w(i+1)$ ならば $\partial_i(\sigma_w) = 0$ である.

適当な $\mathbb{P}^1$ 束を構成することによってこの命題の証明を行う. i を固定し, Y を i 次元以外の部分空間から成る旗

$$0 \subset E_1 \subset \cdots \subset E_{i-1} \subset E_{i+1} \subset \cdots \subset E_m = E = \mathbb{C}^m$$

の全体が成す部分旗多様体とする. i 番目の成分を除くことによって $X = F\ell(m)$ から Y への射影 f ができる. Y の上には自明束 $E = E_Y$ のトートロジー的な部分束の旗

$$T_1 \subset \cdots \subset T_{i-1} \subset T_{i+1} \subset \cdots \subset T_m = E$$

がある. 射影 f によって X は Y 上の $\mathbb{P}^1$ 束になる. つまり $U = T_{i+1}/T_{i-1}$ とすると X は $\mathbb{P}(U)$ とみなせる. ファイバー積 $Z = X \times_Y X$ は, すべての $j \neq i$ について $E_j = E'_j$ であるような旗の組 $(E_\bullet, E'_\bullet)$ から成る. p_1, p_2 を Z から X への 2 つの射影とすると, そのどちらによっても Z は X 上の $\mathbb{P}^1$ 束になっている.

命題 10.11 は以下の 2 つの補題から従う. 以下の補題においては代数多様体の間の**双有理**射の概念が必要である. それは, 代数多様体の射 $\pi : V \to W$ に対して W の空でないザリスキー開集合 U があって $\pi^{-1}(U)$ から U への写像が同型[11]となることである.

補題 10.12 (1) $w(i) < w(i+1)$ ならば, $p_2^{-1}(X_w)$ は p_1 によって $X_{w'}$ の上に双有理に写される. ここで $w' = w \cdot s_i$ である.
(2) $w(i) > w(i+1)$ ならば, $p_2^{-1}(X_w)$ は p_1 によって X_w の中に写される.

---

[11] 原注: 今我々が考えているように, 標数が零の場合には, $\pi^{-1}(U) \to U$ が全単射であるような U を見つけることができれば十分である. 実際, そのとき, より小さな U に制限したものが同型になる.

証明 X の中の旗 $E'_\bullet$ に対して，$p_2^{-1}(E'_\bullet)$ は $E_j = E'_j$ がすべての $j \neq i$ に対して成り立つような旗 $E_\bullet$ の集合と同一視できる．$E'_\bullet$ が X°_w に属すと仮定し，$v_1, \ldots, v_m$ を $v_1, \ldots, v_k$ が E'_k を張るようなベクトルだとする．これらは，前に述べたような行簡約型に選ぶならば一意的である．旗 $E_\bullet$ が $p_2^{-1}(E'_\bullet)$ に属すのは，それが $E'_\bullet$ であるか，もしくはあるスカラー t によって

$$v_1, \ldots, v_{i-1}, t \cdot v_i + v_{i+1}, v_i, v_{i+2}, \ldots, v_m$$

で張られる旗 $E'_\bullet(t)$ となるときである（実際，これらの旗はファイバーにおいてアフィン直線をなし，点 $E'_\bullet$ とあわせて，射影直線を成す）．

いま，$w(i) > w(i+1)$ ならば，シューベルト胞体の定義から，これらの旗 $E'_\bullet(t)$ は X°_w に属す．したがって p_1 は $p_2^{-1}(X^\circ_w)$ を X_w の中に写す．そして閉包をとることによって，(2) の主張が従う．

$w(i) < w(i+1)$ ならば，今度は，上記の $E'_\bullet(t)$ は $X^\circ_{w'}$ に属す．実際，簡単にわかるように，$X^\circ_{w'}$ に属すすべての旗は，一意的なスカラー t と X°_w に属す一意的な旗 $E'_\bullet$ を用いて $E'_\bullet(t)$ の形になる．したがって，Δ によって $X \times_Y X$ の対角集合（X と同型）を表すとき，p_1 は $p_2^{-1}(X^\circ_w) \setminus \Delta$ を $X^\circ_{w'}$ の上に全射に写す（実際，これが同型であることは，$X^\circ_{w'}$ をアフィン空間と同一視することで確認できる）．主張 (1) は閉包をとることで従う． □

コホモロジー群上の引き戻し写像と押し出し写像に関する一般的な事実を用いる．それらは付録 B の (B.1)-(B.8) および §B.4 の補題 B.9 として述べられている．既に X を射影 f によって Y 上の $\mathbb{P}^1$ 束 $\mathbb{P}(U)$ として実現したことを思い出す．L を X 上の U の引き戻しのトートロジー直線束として $x = -c_1(L)$ とすると，$H^*(X)$ の各元を $H^*(Y)$ の一意的な元 α, β を用いて $\alpha x + \beta$ という形に書ける（(B.34) 参照）．射影公式より，補題 B.9 を用いて押し出し f_* を

$$f_*(\alpha x + \beta) = \alpha \tag{10.10}$$

と完全に書き表すことができる[12]．

さて $Z = X \times_Y X$ であり p_1, p_2 は X への射影である．合成 $p_{1*} \circ p_2^*$: $H^*(X) \to H^*(Z) \to H^*(X)$ は

$$(p_{1*} \circ p_2^*)(\alpha x + \beta) = \alpha \quad (\alpha, \beta \in H^*(Y)) \tag{10.11}$$

---

[12] 訳注：$\alpha, \beta \in H^*(Y)$ に対して $f^*\alpha = \alpha$, $f^*\beta = \beta$ などと引き戻しの記号を省略している．$f_*(f^*\alpha \cdot x + f^*\beta) = \alpha \cdot f_*(x) + \beta \cdot f_*(1) = \alpha$.

によって決まる．これは，$p_1: Z \to X$ がベクトル束 $p_2^*(U)$ の射影束である $\mathbb{P}^1$ 束[13]であり，そのトートロジー直線束の第 1 チャーン類が $p_2^*(-x)$ であることから従う．このとき，γ を $H^{\cdot}(Y)$ からとるとき $p_2^*(\gamma) = p_1^*(\gamma)$ が成り立つ（$f \circ p_2 = f \circ p_1$ だから）という事実および (10.10) から (10.11) が従う．

補題 10.13 $X = F\ell(m)$ として，$H^{\cdot}(X)$ を $R(m)$ と同一視するとき合成 $p_{1*} \circ p_2^*: H^{2d}(X) \to H^{2d}(Z) \to H^{2d-2}(X)$ は作用素 ∂_i と一致する．

証明 x_i と x_{i+1} が最後の 2 つになるように変数の順序を変えて命題 10.6 を適用すると，$H^{\cdot}(X) = R(m)$ の任意の元を $\alpha x_i + \beta$ の形に書けることがわかる．ただし α, β は $m - 2$ 個の変数 x_j ($j \neq i, i+1$) の多項式である．このとき ∂_i の定義から $\partial_i(\alpha x_i + \beta) = \alpha$ を得る．

他の x_j は Y 上の類 $-c_1(T_j/T_{j-1})$ から来ているので，α, β は $H^{\cdot}(Y)$ の類から来ている．$x = -c_1(U_i/U_{i-1}) = x_i$ であるから，式 (10.11) は $(p_{1*} \circ p_2^*)(\alpha x_i + \beta) = \alpha$ を意味する．以上で $\partial_i = p_{1*} \circ p_2^*$ の証明が完了した． □

命題 10.11 の証明

$\sigma_w = [X_{w^\vee}]$ であったことを思い出そう．ここで $w^\vee = w_\circ \cdot w$ である．$w(i) > w(i+1)$ が成り立つのは $w^\vee(i) < w^\vee(i+1)$ が成り立つことと同じであることに注意しよう．これから $p_2^*(\sigma_w) = [p_2^{-1}(X_{w^\vee})]$ が従う ((B.8) 参照)．補題 10.12 から，$w(i) > w(i+1)$ ならば p_1 は $p_2^{-1}(X_{w^\vee})$ を $X_{w^\vee \cdot s_i}$ の上に双有理に写し，$w(i) < w(i+1)$ ならば p_1 は $p_2^{-1}(X_{w^\vee})$ を小さな多様体 $X_{w^\vee}$ の中に写す．したがって（§B.1 の (B.7) より）

$$(p_1)_*([p_2^*(X_{w^\vee})]) = \begin{cases} [X_{w^\vee \cdot s_i}] & w(i) > w(i+1) \text{ のとき} \\ 0 & w(i) < w(i+1) \text{ のとき} \end{cases}$$

である．しかし $w^\vee \cdot s_i = w_\circ \cdot w \cdot s_i = (w \cdot s_i)^\vee$ なので，これは $w(i) > w(i+1)$ ならば $p_{1*}(p_2^*(\sigma_w)) = \sigma_{w \cdot s_i}$ であり，そうでなければ $p_{1*}(p_2^*(\sigma_w)) = 0$ であることを意味している．補題 10.13 を適用するとこの式は命題 10.11 の主張になる． □

---

[13] 訳注：$E_\bullet \in X$ とするとき，ファイバー $p_1^{-1}(E_\bullet)$ は $\{(E_\bullet, E'_\bullet) \in Z \mid E_{i-1} \subset E'_i \subset E_{i+1}\}$ なので $\mathbb{P}(E_{i+1}/E_{i-1}) \cong \mathbb{P}^1$ と同一視できる．一方 p_2^*U の $(E_\bullet, E'_\bullet) \in Z$ におけるファイバーは $E_{i+1}'/E_{i-1}' = E_{i+1}/E_{i-1} \cong \mathbb{C}^2$ である．

10.4 シューベルト多項式

置換 w が S_k に属すとすると,すべての $m \geq k$ に対して $R(m) = H^*(F\ell(m))$ の元 $\sigma_w^{(m)}$ が定まる.補題 10.7 と命題 10.11(2) より,これらの類は補題 10.10 の性質を満たす ($N = k$, $d = \ell(w)$ とする).したがって,$\mathbb{Z}[X_1, \ldots, X_k]$ に属す $\ell(w)$ 次斉次多項式 $\mathfrak{S}_w = \mathfrak{S}_w(X_1, \ldots, X_k)$ であって,すべての $m \geq k$ に対して $H^{2\ell(w)}(F\ell(m))$ の $\sigma_w^{(m)}$ に写されるものが一意的に存在する.この多項式は w に対応する**シューベルト多項式**と呼ばれる.

命題 10.14 (1) 任意の i に対して $\partial_i(\mathfrak{S}_w) = \mathfrak{S}_{ws_i}$ が $w(i) > w(i+1)$ のとき成り立ち,$\partial_i(\mathfrak{S}_w) = 0$ が $w(i) < w(i+1)$ のとき成り立つ.
(2) $w \in S_k$ に対して $\mathfrak{S}_w = \sum a_I X^I$ と書ける.ここに和は $I = (i_1, \ldots, i_k)$ であって $i_j \leq k - j$ がすべての j に対して成り立つものに渡る.

証明 (1) 任意の $m \geq k$ と $m > i$ に対して,∂_i の定義からわかるように,$\partial_i(\mathfrak{S}_w)$ が $R(m) = H^*(F\ell(m))$ の中の $\partial_i(\sigma_w)$ に写される.命題 10.11 により,この類は $w(i) > w(i+1)$ ならば $\sigma_{w \cdot s_i}$ であり,$w(i) < w(i+1)$ ならば 0 である.したがって,$\partial_i(\mathfrak{S}_w)$ と,$\mathfrak{S}_{w \cdot s_i}$ あるいは 0 は,すべての大きな m について同じ類に写される.すると補題 10.10 を再び用いると,これらが一致することがわかる.

(2) $w \in S_k$ ならば,$i < k$ に対して $w \cdot s_i$ が S_k に属すことと,$\partial_k(\mathfrak{S}_w) = 0$ が (1) によりに成り立つことに注意して (1) と補題 10.8 を適用すればよい. □

ところで,シューベルト多項式をここまでひとつも計算していない.定義から明らかな唯一のものは恒等置換 $w = 12\cdots m$ に対応するものだけである.この場合,$H^0(F\ell(m))$ における像は $F\ell(m)$ の類になるべきなので $\mathfrak{S}_w = 1$ である.命題 10.14 から,すべてのシューベルト多項式を計算するアルゴリズムができる.例えば,1 次のもの $\mathfrak{S}_{s_i}$ は,$\partial_i(\mathfrak{S}_{s_i}) = 1$,そして $j \neq i$ に対して $\partial_j(\mathfrak{S}_{s_i}) = 0$ という性質を持つ.実際

$$\mathfrak{S}_{s_i} = X_1 + X_2 + \cdots + X_i$$

である.すべての $j \neq i$ に対して X_j と X_{j+1} に関して対称な斉次 1 次の多項式はこれの定数倍だけであり,X_i の係数は 1 でなければならない.これから,同様にして 2 次のシューベルト多項式なども計算できる.しかし,十分に大きい長さを持つ置換のシューベルト多項式に ∂_i を作用させることによって,より短い

置換に対する公式を直接的に計算することができる．そのために，次の補題を必要とする．

補題 10.15 S_m において最大の長さを持つ置換 $w_\circ = m\,m-1\cdots 21$ に対して
$$\mathfrak{S}_{w_\circ} = X_1^{m-1} \cdot X_2^{m-2} \cdot \cdots \cdot X_{m-2}^2 \cdot X_{m-1}$$
である．

証明 長さが $n = \ell(w_\circ) = m(m-1)/2$ であり，条件を満たす単項式はただ1つ，すなわちこの補題に現れたものだけしかない．命題 10.14(2) により $\mathfrak{S}_{w_\circ}$ はこの単項式のスカラー倍でなければならない．$w_\circ$ は恒等置換に右から互換の積

$$(s_1 \cdot s_2 \cdot \cdots \cdot s_{m-1})(s_1 \cdot s_2 \cdot \cdots \cdot s_{m-2}) \cdot \cdots \cdot (s_1 s_2) s_1 \tag{10.12}$$

を掛けたものである．対応する作用素の列をこの単項式に作用させると，すぐにそれが 1 になることがわかる．命題 10.14(1) によると，同じ作用素が $\mathfrak{S}_{w_\circ}$ を 1 に写すので，$\mathfrak{S}_{w_\circ}$ はこの単項式と等しい．□

これから，任意のシューベルト多項式を計算するアルゴリズムが得られる．与えられた S_m の元を $w = w_\circ \cdot s_{i_1} \cdot s_{i_2} \cdot \cdots \cdot s_{i_r}$ と書く．ただし $\ell(w_\circ \cdot s_{i_1} \cdot s_{i_2} \cdot \cdots \cdot s_{i_r}) = n - p\,(1 \leq p \leq r)$ が成り立つようにする．そのとき次が成り立つ：

$$\mathfrak{S}_w = \partial_{i_r} \circ \cdots \circ \partial_{i_2} \circ \partial_{i_1}(X_1^{m-1} \cdot X_2^{m-2} \cdot \cdots \cdot X_{m-2}^2 \cdot X_{m-1}).$$

すでに証明したこと[14]から，この多項式は隣接互換の列の選び方にはよらないし，m の選び方にさえもよらない．一般的に，左側が大きい 2 つの隣り合った数を交換できる．例えば $w = 41352$ のシューベルト多項式を実際に計算してみよう．$w_\circ = 54321$ から初めて，最初の 2 の文字を交換して

$$\mathfrak{S}_{45321} = \partial_1(X_1^4 X_2^3 X_3^2 X_4) = X_1^3 X_2^3 X_3^2 X_4$$

となる．次に 4 番目と 5 番目を交換して

$$\mathfrak{S}_{45312} = \partial_4(X_1^3 X_2^3 X_3^2 X_4) = X_1^3 X_2^3 X_3^2.$$

3 番目と 4 番目を交換して

$$\mathfrak{S}_{45132} = \partial_3(X_1^3 X_2^3 X_3^2) = X_1^3 X_2^3 X_3 + X_1^3 X_2^3 X_4.$$

---

[14] 訳注：$\mathfrak{S}_w \in \mathbb{Z}[X_1, X_2, \ldots]$ が $w \in S_\infty$ に対して定義されているということ．

2番目と3番目を交換して

$$\mathfrak{S}_{41532} = \partial_2(X_1^3 X_2^3 X_3 + X_1^3 X_2^3 X_4)$$
$$= X_1^3 X_2^2 X_3 + X_1^3 X_2 X_3^2 + X_1^3 X_2^2 X_4 + X_1^3 X_2 X_3 X_4 + X_1^3 X_3^2 X_4$$

そして3番めと4番目を再び交換して

$$\mathfrak{S}_{41352} = \partial_3(\mathfrak{S}_{41532})$$
$$= X_3^3 X_2^2 + X_1^3 X_2 X_3 + X_1^3 X_2 X_4 - X_1^3 X_2^2 + X_1^3 X_3 X_4$$
$$= X_1^3 X_2 X_3 + X_1^3 X_2 X_4 + X_1^3 X_3 X_4$$

他の別な方法でも同じ結果に至る．例えば $\partial_3 \circ \partial_2 \circ \partial_3 \circ \partial_4 \circ \partial_1$ の代わりに $\partial_2 \circ \partial_3 \circ \partial_2 \circ \partial_1 \circ \partial_4$ や $\partial_2 \circ \partial_3 \circ \partial_4 \circ \partial_2 \circ \partial_1$ でもよい．

演習問題 109 $\mathfrak{S}_{21543}$ を計算し，$X_1^2 X_2 X_3$ の係数が2であることを示せ．

シューベルト多項式を展開するとき，単項式 X^I の係数は非負であることが知られている（[Macdonald (1991a), 4.17] 参照）．係数の組合せ的公式もある（[Billey, Jockusch and Stanley (1993)]）が，不思議さはいまだに残る[15]．

任意の $w \in S_\infty = \bigcup S_m$ に対して，多項式 $\mathfrak{S}_w$ が定義される．すでにみたように $\mathfrak{S}_w$ は $w(i) > w(i+1)$ がすべての $i \geq k$ に対して成り立つときに，またそのときに限り $\mathbb{Z}[X_1, \ldots, X_k]$ に属す．

命題 10.16 S_∞ の置換 w が，$i \geq k$ について $w(i) < w(i+1)$ が成り立つようなもの全体を動くとき，シューベルト多項式 $\mathfrak{S}_w$ は $\mathbb{Z}[X_1, \ldots, X_k]$ の加法的な基底を成す．

証明 d 次の多項式 $P \in \mathbb{Z}[X_1, \ldots, X_k]$ が与えられたとき，$m \geq d+k$ を選び，$R(m)$ の中で $P = \sum_w a_w \mathfrak{S}_w$ と書く．この等式の両辺に現れるすべての単項式は X^I, $I = (i_1, \ldots, i_k)$, $i_j \leq m-j$ の形であって，これらは $R(m)$ において1次独立なので，これは多項式としての等式である．$i \geq k$ に対しては，$0 = \partial_i(p) = \sum_w a_w \partial_i \mathfrak{S}_w = \sum_w a_w \mathfrak{S}_{w \cdot s_i}$ である．最後の和は $w(i) > w(i+1)$ を満たす w のみについてとる．これらの $\mathfrak{S}_{w \cdot s_i}$ は $R(m)$ において1次独立なので，$w(i) > w(i+1)$ ならば $a_w = 0$ である． □

S_∞ の置換 w に対して，$\mathbb{Z}[X_1, X_2, \ldots]$ 上の作用素 ∂_w を $w = s_{i_1} \cdot s_{i_2} \cdot \cdots \cdot s_{i_\ell}$,

---

[15] 訳注：シューベルト多項式の組合せ公式に関してはその後も多くの研究がある．A. Knutson and E. Miller, Gröbner geometry of Schubert polynomials, Ann. Math. **161** (2005), 1245-1318 などを参照せよ．

$\ell = \ell(w)$ と書いて（w の**簡約表示**と呼ぶ），$\partial_w = \partial_{i_1} \cdots \partial_{i_\ell}$ として定める．命題 10.14 により $\ell(v \cdot w^{-1}) = \ell(v) - \ell(w)$ のとき $\partial_w(\mathfrak{S}_v) = \mathfrak{S}_{v \cdot w^{-1}}$ が成り立ち，そうでないとき $\partial_w(\mathfrak{S}_v) = 0$ である．この等式は w が互換の積としてどのように表されるかにはよらないものであるため，命題 10.16 により，作用素 ∂_w は w の簡約表示にはよらない[16]ことが従う．同様の議論で，

$$\partial_{u \cdot v} = \begin{cases} \partial_u \circ \partial_v & \ell(u \cdot v) = \ell(u) + \ell(v) \\ 0 & \text{それ以外} \end{cases} \tag{10.13}$$

が成り立つことがわかる．

次の演習問題は §10.6 で用いられる．

演習問題 110 $w(1) > w(2) > \cdots > w(d)$ かつすべての $i \geq d$ について $w(i) < w(i+1)$ であるとき，$\mathfrak{S}_w = X_1^{w(1)-1} X_2^{w(2)-1} \cdots X_d^{w(d)-1}$ であることを示せ．

演習問題 111 T を $[k]$ の任意の部分集合とする．$i \notin T$ のとき $w(i) < w(i+1)$ であるような S_k の置換 w に対するシューベルト多項式 $\mathfrak{S}_w$ は $\mathbb{Z}[X_1, \ldots, X_k]$ の多項式のうちで，すべての T の元 i に対して X_i と X_{i+1} に関して対称なもの全体の成す空間の基底を成すことを示せ．

S_3, S_4 に属す置換に対してすべてのシューベルト多項式を求めてみることは有用な演習問題である．解答については [Macdonald (1991a), p.63] を参照のこと．

10.5 ブリュア順序

この節の目的は，どのような置換の組 u, v に対して，X_u が X_v に含まれるのか，すなわち X_u° が X_v° の閉包に含まれるかを記述することである．S_m の元 w と，すべての $1 \leq p, q \leq n$ に対して

$$r_w(p, q) := \#\{i \leq p : w(i) \leq q\}$$

と定義する．**ブリュア順序**（"$\leq$" と書く）について，まず最初に組合せ的な定

---

[16] 訳注：∂_w が w の簡約表示にはよらないことを示すには，$\partial_i \partial_{i+1} \partial_i = \partial_{i+1} \partial_i \partial_{i+1}$ ($i \geq 1$), $\partial_i \partial_j = \partial_j \partial_i = 0$ ($|i-j| \geq 2$) という関係式（組紐関係式）を用いることもできる．ここでは，シューベルト多項式の性質を用いている．特に，命題 10.16 から $\mathfrak{S}_w$ ($w \in S_\infty$) が $\mathbb{Z}[X_1, X_2, \ldots]$ の基底を成すことを用いた．

10.5 ブリュア順序 **189**

義を与えよう．$u \leq v$ が成り立つのは $r_u \geq r_v$ であること，すなわち $r_u(p,q) \geq r_v(p,q)$ がすべての p と q について成り立つことと定義する．

補題 10.17 $u \leq v$, $u \neq v$ とする．j を $u(j) \neq v(j)$ である最初の値とする．すると $v(j) > u(j)$ である．k を j よりも大きい整数のうちで $v(j) > v(k) \geq u(j)$ を満たす最小のものであるとする．そこで $v' = v \cdot (j,k)$ とおく．つまり v の j 番目の値と k 番目の値を交換する．このとき $u \leq v' \leq v$ が成り立つ．

証明 $v' \leq v$ は定義から明らかである．$u \leq v'$，つまり $r_u \geq r_{v'}$ を示す必要がある．j を補題の主張の中のように固定し，任意の S_m の元 w と，任意の $p \geq j$ および q に対して

$$\tilde{r}_w(p,q) = \#\{i \in [j,p] : w(i) \leq q\}$$

と定義する．u と v' は $i < j$ である i に対しては値が同じなので，$\tilde{r}_u \geq \tilde{r}_{v'}$ を示せば十分である．

まず $p \notin [j,k)$ に対しては，明らかに $\tilde{r}_{v'}(p,q) = \tilde{r}_v(p,q)$ である．これから，$\tilde{r}_u(p,q) \geq \tilde{r}_v(p,q) = \tilde{r}_{v'}(p,q)$ が従う．したがって $j \leq p < k$ を仮定してかまわない．もしも $q \notin [v(k), v(j))$ ならば，$\tilde{r}_{v'}(p,q) = \tilde{r}_v(p,q)$ もまた明白であり，よって $v(k) \leq q < v(j)$ を仮定してかまわない．そのような p と q に対しては，$\tilde{r}_{v'}(p,q) = \tilde{r}_v(p,q) + 1$ であって，よって $\tilde{r}_u(p,q) > \tilde{r}_v(p,q)$ を示せば十分である．いま，$q \geq u(j)$ なので，j は以下の左辺には寄与するが右辺には寄与せず

$$\tilde{r}_u(p,q) > \tilde{r}_u(p, u(j) - 1)$$

である．仮定より，

$$\tilde{r}_u(p, u(j) - 1) \geq \tilde{r}_v(p, u(j) - 1)$$

である．そして，$v(j), v(j+1), \ldots, v(p)$ は $[u(j), q] \subset [u(j), v(j)]$ に含まれることはないので

$$\tilde{r}_v(p, u(j) - 1) = \tilde{r}_v(p, q)$$

である．これらを合わせると欲しい不等式 $\tilde{r}_u(p,q) > \tilde{r}_v(p,q)$ が得られる． □

$j < k$ かつ $v(j) > v(k)$ であれば，定義から $v' = v \cdot (j,k)$ はブリュア順序で明らかに v 以下である．もし，さらに，v と v' が補題 10.17 のようであれば，

$\ell(v') = \ell(v) - 1$ を満たす.$v > u$ が成り立つ場合には,補題 10.17 の手続きによって,v から次々にブリュア順序で大きくなり,長さが 1 ずつ増えて u に至るような列を構成する自然な方法が得られる.実際には,この方法は任意の v, u に対しても実行可能で,もしもこの列が u に到達しなければ u はブリュア順序で v 以下ではないとわかる.例えば $u = 428361795$ と $v = 679251834$ とする.このアルゴリズムで構成される列は以下である:

$$v = 6\underline{79}251834 \mapsto \underline{5}7926183\underline{4} \mapsto \underline{4}79261835$$
$$\mapsto 4\underline{29}761835 \mapsto 428\underline{7}6193\underline{5} \mapsto 428671935$$
$$\mapsto 42837196\underline{5} \mapsto 42836197\underline{5} \mapsto 428361795 = u$$

同様に,同じ v で $u = 428671953$ とすると,同じ列が得られて 2 行目の最後で $u \not\leq v$ がわかる.

系 10.18 u, v を S_m の元とする.列 $(j_1, k_1), \ldots, (j_r, k_r)$ (すべての i について $j_i < k_i$) があり,$v_0 = v$ および $v_i = v \cdot (j_1, k_1) \cdots (j_i, k_i)$ とするとき,$v_{i-1}(j_i) > v_{i-1}(k_i)$ $(1 \leq i \leq r)$ および $v_r = u$ が成り立つならば $u \leq v$ が成り立つ.また,$u \leq v$ が成り立つのはこのような列が存在するときに限る.

演習問題 112 $u \leq v$ が成り立つことは $1 \leq p \leq m$ に対して,集合 $\{u(1), \ldots, u(p)\}$ と $\{v(1), \ldots, v(p)\}$ を増加するように並べ替えたときに,第 1 の列の各項が第 2 の列の対応する項以下であることと同値であることを示せ.

以下の演習問題は,ここでは必要ないが,この節で与えたブリュア順序がシュヴァレーによる標準的な定義と同値であることを示している.

演習問題 113 (a) $u(k) < u(k+1)$ と $v(k) < v(k+1)$ であるとする.$u \leq v \iff u \cdot s_k \leq v \cdot s_k$ を示せ.(b) $\ell = \ell(v)$,$d = \ell - \ell(u)$ とおく.このとき次を示せ:$u \leq v \iff \{s_1, \ldots, s_{m-1}\}$ の元 ℓ 個の積として v を表したとき[17]に,それから d 項を取り除くことによって u が得られる.

命題 10.19 S_m の元 u, v に対して,以下は同値である.
(i) $u \leq v$
(ii) $X_u \subset X_v$
(iii) $\Omega_u \supset \Omega_v$.

---
[17] 訳注:つまり v の簡約表示を選ぶ.

10.5 ブリュア順序   **191**

証明 (i)⟹(ii) を証明しよう. $u \leq v$ ならば, $j < k$, $v(j) > v(k)$ を満たすような j, k によって $u = v \cdot (j, k)$ が成り立つと仮定してよい. X_u と X_v はボレル部分群 B で保たれるので $x(u)$ が X_v に属することを示せば十分である. $t \neq 0$ に対し, ベクトルの列 $f_1, \ldots, f_m$ を, $i \neq j, k$ に対しては $f_i = e_{v(i)}$ とし, そして

$$f_j = e_{v(j)} + \frac{1}{t} e_{v(k)}, \quad f_k = e_{v(k)}$$

と定める. これらのベクトルの列によって順に生成される旗を $E_\bullet(t)$ とする. 同じことだが

$$f_j = e_{v(k)} + t e_{v(j)} = e_{u(j)} + t e_{u(k)}, \quad f_k = e_{v(j)} = e_{u(k)}$$

ととることもできる. 第1の形から各 $E_\bullet(t)$ が X_v° に属することがわかり, 第2の形から $t \to 0$ の極限が $x(u)$ であることがわかる. (旗多様体の位相は射影空間への埋め込みによって誘導されるので, これはプリュッカー座標を用いて計算することで検証される.) これで (i)⟹(ii) の証明が終わった.

$F\ell(m)$ の旗 $E_\bullet$ のうちで $\dim(E_p \cap F_q) \geq r_w(p, q)$ がすべての p, q に対して成り立つもの全体の集合を一時的に $\mathfrak{X}_w$ と表すことにする. これは, 局所的には, いくつかの小行列式が零とすることで定義されているから, $F\ell(m)$ の閉部分多様体である. 明らかに $X_w^\circ \subset \mathfrak{X}_w$ である. X_w° は不等式において等号が成り立つような部分集合であるからである. よって $X_w \subset \mathfrak{X}_w$ が従う. (ii)⟹(i) を示すには, $u \not\leq v$ であれば $X_u^\circ \cap \mathfrak{X}_v = \emptyset$ であることを示せば十分である. 実際, p, q を $r_u(p, q) < r_v(p, q)$ であるように選ぶと, 定義から X_u° のどの点も $\mathfrak{X}_v$ に属することはない. これは確かに $X_u \not\subset X_v$ を意味する. さらに, このことは, すべての w に対して $X_w = \mathfrak{X}_w$ であることを示している.

最後に (ii)⟺(iii) を示す. $\Omega_w = X_{w_\circ \cdot w}(\widetilde{F}_\bullet)$ であるので, 示すべきことは $u \leq v \iff w_\circ \cdot u \geq w_\circ \cdot v$ と同値である. このことは

$$r_{w_\circ w}(p, q) = \#\{i \leq p : m + 1 - w(i) \leq q\}$$
$$= p - \#\{i \leq p : w(i) \leq m - q\}$$
$$= p - r_w(p, m - q)$$

であるから, 定義から明らかである. □

証明の系 10.20 シューベルト多様体 X_w は, すべての p, q について

192   第10章　シューベルト多様体とシューベルト多項式

$$\dim(E_p \cap F_q) \geq r_w(p,q)$$

を満たす旗 $E_\bullet$ 全体から成る．

演習問題 114 T を $[m]$ の部分集合で，$p \notin T$ に対して $w(p) > w(p+1)$ が成り立つものとする．すべての p,q に対して $\dim(E_p \cap F_q) \geq r_w(p,q)$ であるという条件が，$p \in T$ と任意の q に対する同様の条件から従うことを示せ．

　旗多様体の多重斉次座標環において X_w を定義する素イデアルが，いくつかの斉次座標によって生成されるという事実がある．多重斉次座標 X_I は $[m]$ の部分集合 I に対応している．X_w の素イデアルは，以下の条件を満たす I に対する X_I によって生成される：$I = \{i_1 < \cdots < i_d\}$ として，$K_d(w) = \{k_1 < \cdots < k_d\}$ を集合 $\{w(n+1-d), \ldots, w(n)\}$ の元を昇順に並べたものとするとき，ある j に対して $i_j < k_j$ が成り立つ．

演習問題 115 J_w を前の段落で述べた X_I で生成されるイデアルとする．(a) X_w は J_w の零点集合であることを示せ．(b) A を $m \times m$ 行列であって，その成分 $A_{i,j}$ が $j < m+1-w(i)$ または $i > w^{-1}(m+1-j)$ ならば 0 で，そうでなければ不定元であるものとする．多項式環 $\mathbb{C}[\{X_I\}]$ から $\mathbb{C}[\{A_{i,j}\}]$ への環準同型写像を，座標 X_I ($I = \{i_1 < \cdots < i_d\}$) を A の最初の d 個の行と $i_1, \ldots, i_d$ に対応する列に関する小行列式へと送ることで定める．この写像の核が X_w の定義イデアルと一致することを示せ．

　さらに，斉次座標環 $\mathbb{C}[X_I]/I(X_w) = \mathbb{C}[\{X_I\}]/J_w$ の加法的な基底を与えることもできる．それは $[m]$ に値を持つヤング・タブロー T のうちで $w_-(T) \geq w_\circ \cdot w$ が成り立つものに対応する e_T たちの像である．ここで $w_-(T)$ は左鍵多項式 $K_-(T)$（付録 A の §A.5 の最後）から得られる置換である．

　旗多様体そのものの座標環の性質について，表現論を使って初等的な証明を与えることができた[18]わけだが，いまここで述べたシューベルト多様体に対する性質は，例えば J_w が $I(X_w)$ と一致することなども含めて，そのような初等的な証明は知られていない．これらはラクシュミバイ，ムスリ，セシャドリによって展開された標準単項式理論（[Lakshmibai and Seshadri (1986)]）の他に [Ramanathan (1987)] を参照）[19]から引き出すことができる．

---

[18] 訳注：§9.2 において，旗多様体の多重斉次座標環と同型である $S^\bullet(m; d_1, \ldots, d_s)$ が一意分解整域であることなどを示したことを指している．

[19] 原注：ライナーとシモゾノは新しいプレプリント [Reiner and Shimozono (1995)] で初等的な証明を与えた．

第4章のロビンソン対応も旗多様体の幾何学に現れる．u をベクトル空間 E のべき単自己同型とすると，u は E の次元 m の分割 λ を定める．ここで λ の各部分は u のジョルダン・ブロックの大きさである．$E_\bullet$ が u によって固定される完全旗[20]であるとする．すると，u の E_i への制限 $\lambda^{(i)}$ が入れ子式になっている，つまり $\lambda^{(1)} \subset \cdots \subset \lambda^{(m)} = \lambda$ が成り立つことをみるのは難しくない．したがって $E_\bullet$ は λ の上の標準タブローを定める．歪ヤング図形 $\lambda^{(i)}/\lambda^{(i-1)}$ の箱に i を置くのである．[Steinberg (1988)] は，一般的な旗 $F_\bullet$ が形 λ の標準タブロー P を決め，一般的な旗 $E_\bullet$ が形 λ の標準タブロー Q を決めるならば，組 (P, Q) がロビンソン対応で定まる置換 w が $E_\bullet$ の $F_\bullet$ に対する「寄り添い具合」を記述していることを示した．つまり $E_p \cap F_q$ の次元は $r_w(p, q) = \#\{i \leq p : w(i) \leq q\}$ と一致する．

10.6　グラスマン多様体への応用

旗多様体の幾何学をグラスマン多様体の幾何学に関係付けるために，より自明でないシューベルト多項式を計算する必要がある．そのために次の補題を必要とする（[Macdonald (1991a)] を参照）．

補題 10.21 S_m の元 $w_\circ = m\ m-1 \cdots 2\ 1$ に対して
$$\partial_{w_\circ} = \frac{1}{\Delta} \sum_{w \in S_m} \mathrm{sgn}(w) w$$
が成り立つ．ここで $\Delta = \prod_{i<j}(X_i - X_j)$ である．

証明 $u = w_\circ$ とおく．$\partial_i = (X_i - X_{i+1})^{-1} \cdot (1 - s_i)$ と書く．ここで s_i は多項式に X_i と X_{i+1} を交換するように作用する．このような作用素の合成は有理関数を係数とする対称群の元 w の線型結合として書ける．$\partial_u = \sum R_w w$, $R_w \in \mathbb{C}(X_1, \ldots, X_m)$ と書く．(10.13) から $\partial_v \circ \partial_u = 0$ がすべての $v \in S_m$ に対して成り立つ．v に対して $v \circ \partial_u = \partial_u$ が成り立つ．このことから $v(R_w) = R_{v \cdot w}$ がすべての w, v に対して成り立つ．よって $R_u = \mathrm{sgn}(u) \Delta^{-1}$ を示せば十分である．(10.12) の分解を用いて
$$\partial_u = (\partial_1 \partial_2 \cdots \partial_{m-1})(\partial_1 \partial_2 \cdots \partial_{m-2}) \cdots (\partial_1 \partial_2) \partial_1$$
を得る．これから u の係数を拾うのは一本道の計算である．実行するには次の

---

[20] 訳注：そのような旗の全体，すなわち u によって固定される旗の成す $F\ell(m)$ の部分多様体は Springer ファイバーと呼ばれる（[堀田, §8] を参照）．

等式が使える：$t_i = (X_i - X_{i+1})^{-1} \cdot s_i$ とおくと $1 \leq p \leq e < m$ に対して
$$t_{e-p} \cdot t_{e-p+1} \cdot \cdots \cdot t_e \cdot \prod_{1 \leq i < j \leq e} (X_i - X_j)^{-1}$$
$$= \prod_{\substack{1 \leq i < j \leq e+1 \\ j \neq e-p}} (X_i - X_j)^{-1} \cdot (s_{e-p} \cdot s_{e-p+1} \cdot \cdots \cdot s_e).$$

この等式は p に関する帰納法により容易に証明される．R_u に対する表示はこれから従う． □

これにより，シューベルト多項式の一部は第4章，第6章で扱ったシューア多項式と一致することを示すことができる．

命題 10.22 $w(i) < w(i+1)$ が $i \neq r$ に対して成り立つならば $\mathfrak{S}_w = s_\lambda(X_1, \ldots, X_r)$ が成り立つ．ただし $\lambda = (w(r) - r, w(r-1) - (r-1), \ldots, w(2) - 2, w(1) - 1)$ である．

証明 $u = w_\circ^{(r)} = r\,r-1\cdots 21$ とし，$w' = w \cdot u$ とおく．すると w の最初の r 個の成分が降順になる．演習問題 110 によると
$$\mathfrak{S}_{w'} = X_1^{w(r)-1} X_2^{w(2)-1} \cdot \cdots \cdot X_r^{w(1)-1} \tag{10.14}$$
$$= X_1^{\lambda_1 + r - 1} X_2^{\lambda_2 + r - 2} \cdot \cdots \cdot X_r^{\lambda_r}. \tag{10.15}$$

いま $\mathfrak{S}_w = \partial_u(\mathfrak{S}_{w'})$ なので結論は補題 10.21 とシューア多項式のヤコビ・トゥルーディ公式から従う． □

m 次元のベクトル空間 E と，1 と m の間の任意の r に対して，旗多様体から E の r 次元部分空間が成すグラスマン多様体への自然な射影 $\rho: F\ell(m) \to Gr_r E$ がある．それは旗 $E_\bullet$ を r 次元の項 E_r に対応させる．基底を選んで E を $\mathbb{C}^m$ と同一視しよう．$m - r \geq \lambda_1 \geq \cdots \geq \lambda_r \geq 0$ を満たす任意の分割 λ に対して，§9.4 でシューベルト多様体 $\Omega_\lambda \subset Gr_r E = Gr^{m-r} E$ を定義した．

命題 10.23 命題 10.22 のように λ と w が関係しているとき
$$\rho^{-1}(\Omega_\lambda) = \Omega_w, \quad \text{したがって } \rho^*(\sigma_\lambda) = \sigma_w$$
が $H^{2\ell(w)}(F\ell(m))$ において成り立つ．

証明 系 10.20 より Ω_w は $\dim(E_s \cap \widetilde{F}_t) \geq \#\{i \leq s : w(i) \geq m + 1 - t\}$ がすべての s, t に対して成り立つような旗 $E_\bullet$ 全体から成る．演習問題 114 により，この $\dim(E_r \cap \widetilde{F}_t) \geq \#\{i \leq r : w(i) \geq m + 1 - t\}$ がすべての t について成り

10.6 グラスマン多様体への応用   **195**

立つとしても同じである。しかし $i \leq r$ に対しては $w(i) = \lambda_{r+1-i} + i$ なので

$$\#\{i \leq r : w(i) \geq m+1-t\} = \#\{i \leq r : \lambda_{r+1-i} + i \geq m+1-t\}$$
$$= \#\{i \leq r : \lambda_i + r + 1 - i \geq m+1-t\}$$
$$= \#\{i \leq r : \lambda_i \geq m-r+i-t\}$$

となる。$t = m - r + i - \lambda_i$ に対してはこの数は i である。よって Ω_w は $\dim(E_r \cap \tilde{F}_{m-r+i-\lambda_i}) \geq i$ が $1 \leq i \leq r$ に対して成り立つ旗 $E_\bullet$ 全体から成る。一方、Ω_λ は同じ条件で定まる r 次元空間 E_r 全体から成る。これは $\rho^{-1}(\Omega_\lambda) = \Omega_w$ を意味する。

Ω_λ は $Gr_r E$ の既約部分多様体であることがわかっている。ρ は射影束の列の射影の合成[21]なので $\rho^{-1}(\Omega_\lambda)$ は $F\ell(m)$ の既約部分多様体である。だから §B.1 の (B.8) より、$\rho^*([\Omega_\lambda]) = [\rho^{-1}(\Omega_\lambda)]$ である。$\rho^{-1}(\Omega_\lambda) = \Omega_w$ であることがわかっているので $\rho^*([\Omega_\lambda]) = [\Omega_w]$ すなわち $\rho^*(\sigma_\lambda) = \sigma_w$ が成り立つ。 □

命題 10.22, 10.23 を用いることで、§9.4 で証明した事実を再度導くことができる。引き戻し ρ^* は、束の射影の合成なので単射である。したがって σ_λ は $H^{2|\lambda|}(Gr_r E)$ のなかで $H^{2|\lambda|}(F\ell(m))$ への引き戻しがシューベルト多項式になる唯一の類である。これから σ_λ のジャンベリ公式、ピエリ公式、また一般のこれらの類の積の公式が形式的に従う。

演習問題 116 $F\ell(m)$ の余次元 d の任意の既約な部分多様体 Z に対して、長さ d の S_m の置換全体に渡る和 $[Z] = \sum a_w [\Omega_w]$ であって係数 a_w が非負整数であるという等式が成立することを示せ。S_m の任意の u, v に対して、等式 $[\Omega_u] \cdot [\Omega_v] = \sum c_{u,v}^w [\Omega_w]$ であって和が S_m の元 w であって $\ell(w) = \ell(u) + \ell(v)$ を満たすものがあること、そして係数 $c_{u,v}^w$ が非負整数であることを示せ。

この演習問題によって、等式

$$\mathfrak{S}_u \cdot \mathfrak{S}_v = \sum c_{u,v}^w \mathfrak{S}_w$$

が成り立つ[22]ことがわかる。ここで和は S_m の元 w であって $\ell(w) = \ell(u) + \ell(v)$ を満たすものについてとり、係数 $c_{u,v}^w$ は非負整数である。これらの係数を計算するアルゴリズムは存在するが、これらの数に対する組合せ的な公式(シューア

---

[21] 訳注: $F_\bullet \in F\ell(m)$ の成分 F_i ($i \neq d$) を適当な順序で1つずつ忘れてゆくことにより ρ は射影束の射影の合成とみなせる。
[22] 訳注: この等式は $R(m)$ におけるものと理解するべきである。多項式の等式としては、一般には右辺に S_m 以外の元に対応するシューベルト多項式も現れる可能性がある。

多項式に対するリトルウッド・リチャードソン規則のような) がいまだに知られていないことは注目に値する.実際,係数が非負であるという事実に対して,知られている証明は旗多様体の幾何学を用いるものだけである.

明示的な公式が知られている場合としてピエリの公式の類似である**モンクの公式** (Monk's formula) が知られている.これは 1 次のシューベルト多項式 $\mathfrak{S}_{s_r} = X_1 + \cdots + X_r$ と任意のシューベルト多項式 $\mathfrak{S}_w$ ($w \in S_m$) の積を与える.モンクの公式は

$$\mathfrak{S}_{s_r} \cdot \mathfrak{S}_w = \sum \mathfrak{S}_v \tag{10.16}$$

と書かれ,和は w から $1 \leq p \leq r$, $r < q \leq m$ を満たす組 p と q の組の値を交換することによって得られる v についてとる.ただし $w(p) < w(q)$ であって区間 (p, q) に属すどの i についても $w(i)$ は区間 $(w(p), w(q))$ に属さないという条件を課す.(このような v は,ある $p \leq r$ および $q > r$ の互換 t によって $v = w \cdot t$ という形の v で $\ell(w \cdot t) = \ell(w) + 1$ を満たすものといっても同じである.) これは §9.4 で与えたのと同様に幾何学的な議論で証明できる ([Monk (1959)] 参照).モンクの公式は

$$X_r \cdot \mathfrak{S}_w = \sum \mathfrak{S}_{w'} - \sum \mathfrak{S}_{w''} \tag{10.17}$$

と書くこともできる.第 1 の和は,$r < q$ かつ $w(r) < w(q)$ であって,$i \in (r, q)$ ならば $w(i) \notin (w(r), w(q))$ を満たす位置 r と q を交換して w から得られる w' についてとり,第 2 の和は,$p < r$ かつ $w(p) < w(r)$ であって,$i \in (p, r)$ ならば $w(i) \notin (w(p), w(r))$ を満たす位置 r と p の交換して w から得られる w'' についてとる.この等式は w の長さに関する帰納法で,両辺の差がすべての $\partial_i (1 \leq i \leq m)$ で消されることを示すことで証明される.より簡潔な証明については [Macdonald (1991b), 4.15] を参照せよ.一般化については [Sottile (1996)] を参照せよ.

この節の結果は,グラスマン多様体から一般の部分旗多様体 $X' = F\ell_{r_1,\ldots,r_s}(E)$ に一般化される.これは $V_1 \subset \cdots \subset V_s \subset E$ かつ $\dim(V_i) = r_i$ である旗全体の集合,あるいは同じことだが $d_i = m - r_i$ として $X' = F\ell^{d_1,\ldots,d_s}(E)$ である.自然な射影 $\rho : F\ell(E) \to X'$ があり,引き戻し ρ^* によって X' のコホモロジーを $F\ell(E)$ のコホモロジーに埋め込むことができる.S_m の元 w のうちで $w(p) > w(p+1)$ ($p \notin \{r_1, \ldots, r_s\}$) を満たすものに対して,シューベルト多様体 X'_w が定まる.X'_w は定められた次元を持つ旗でのうちで,条件 $\dim(V_p \cap F_q) \geq r_w(r_p, q)$ が $1 \leq p \leq s$, $1 \leq q \leq m$ に対し

て成り立つものの集合として定義される．演習問題 114 により $\rho^{-1}(X'_w) = X_w$ である．同様に，$p \notin \{r_1, \ldots, r_s\}$ に対して $w(p) < w(p+1)$ のとき，Ω'_w を

$$\dim(V_p \cap F_q) \geq \#\{i \leq r_p : w(i) \geq m+1-q\}$$

と定義すると，$\rho^{-1}(\Omega'_w) = \Omega_w$ が成り立つ．このことからこのシューベルト多様体の類 $[\Omega'_w]$ は $H^{2\ell(w)}(X')$ の中でシューベルト多項式 $\mathfrak{S}_w(x_1, \ldots, x_m)$ と一致することが従う．このような w に対しては，そのシューベルト多項式は $i \notin \{r_1, \ldots, r_s\}$ に対して x_i と x_{i+1} に関して対称であることに注意しよう．だから，変数の集合[23]

$$\{x_1, \ldots, x_{r_1}\}, \{x_{r_1+1}, \ldots, x_{r_2}\}, \ldots, \{x_{r_s+1}, \ldots, x_m\}$$

の基本対称関数によって書かれる．これらの基本対称関数は対応する束 $U_1, U_2/U_1, \ldots, E_{X'}/U_s$ の双対束のチャーン類である．ここで U_i は X' 上の階数 r_i の普遍部分束である．特に，このことは $\mathfrak{S}_w(x_1, \ldots, x_m)$ を X' 上のコホモロジー類としてどのように表示できるかを示している．実際，W を s_i ($i \notin \{r_1, \ldots, r_s\}$) によって生成される S_m の部分群とするとき，$H^*(X') = H^*(F\ell(E))^W$ は W によって不変部分環である．

　この章の結果および一部の方法を一般化して，ベクトル空間 E を底空間上のベクトル束に置き換えることができる．このような議論は [Fulton (1992)] に見出せる．そのような一般化には，ベクトル束の間の写像の退化軌跡（degeneracy loci）に対する公式が含まれる．

　基礎体 $\mathbb{C}$ を一般の正標数の体に置き換えると表現論は変更されるが，幾何学については任意の体で何の変更もなく正しいということを改めて強調しておく．唯一必要な変更は，ホモロジー理論ではなくて，有理同値に基づく他の理論（[Fulton (1984)]）を用いなければならないことである．

　我々が用いた $x_i = -c_1(U_i/U_{i-1})$ ではなくて，別な流儀として（[Fulton (1992)] で採用された）$x_i = c_1(U_{m+1-i}/U_{m-i})$ もあることに注意しておこう．この記号を採用すると，下三角行列の成す群の指標 χ_i を i 番目の対角成分の値で与えられるものとするとき，$x_i = c_1(L(\chi_i))$ が成り立つ．もしも ω_i を左上の $i \times i$ 行列の行列式（i 番目の基本ウェイトに対応する）とすると，$c_i(L(\omega_i)) = x_1 + \cdots + x_i$ はシューベルト多項式 $\mathfrak{S}_{s_i}$ である．しかし，この流儀では，シューベルト多様体を記述する行列は反転し，1 が第 p 行において

---

[23] 訳注：原著では最後の集合は $\{x_{r_s+1}, \ldots, x_{r_m}\}$ とあるが誤植であり $\{x_{r_s+1}, \ldots, x_m\}$ が正しい．なお，実際には変数 $x_{r_s+1}, \ldots, x_m$ は $\mathfrak{S}_w(x_1, \ldots, x_m)$ には現れない．

右から $w(p)$ のところに現れる. この 2 つの流儀がどちらもあり得るという事実は**双対同型** $\varphi: F\ell(E) \to F\ell(E^*)$ により理解される. E の中の旗 $E_\bullet$ を双対な旗 $E'^*_\bullet$, すなわち E^* から E^*_{m-i} への自然な射影の核を E'_i とする旗に対応させることでこの写像は得られる. $F\ell(E)$ 上の束 U_i/U_{i-1} はこの同型により $F\ell(E^*)$ 上の U_{m+1-i}/U_{m-i} に対応する. このことから上記の x_i の変化が理解できる.

演習問題 117 ある旗に関する $F\ell(E)$ の中のシューベルト多様体 X_w は $F\ell(E^*)$ の中の双対な旗に関する $X_{w_\circ \cdot w \cdot w_\circ}$ に対応することを示せ. また Ω_w は $\Omega_{w_\circ \cdot w \cdot w_\circ}$ に対応することを示せ.

付録A　組合せ論的変奏

この付録では，第I部で取り扱った主題（テーマ）を発展させた様々な変奏（バリエーション）[1]のうちいくつかを扱う．あるものはタブローの積の別の定義方法について，またあるものはリトルウッド・リチャードソン対応の新しいバージョンについて，さらにあるものは，第I部で扱った概念の「双対」版について論ずる．本書で扱う多彩な技法や結果を関連づけ，タブローの組合せ論の豊かさ（この誘惑に少なくとも筆者は抗えない）を解説するために，この内容を含めた．読者は第I部の演習問題を解く際に，本付録の内容を用いるとよい．

この付録では §4.2 で定義した「方位」記法を用いる．

A.1　反転アルファベットと双対タブロー

第一に考える操作は，ワードを，反転アルファベットのワードに置き換えるというものである．これは「双対性 (duality)」という用語で呼ぶのに一番ふさわしい操作であろう．タブローの側から見ると，対応する操作は「脱出 (evacuation)」とも呼ばれる，逆スライドを用いて定義される操作である．

任意のアルファベット[2] $\mathcal{A}$ に対し，**反転アルファベット** (opposite alphabet) $\mathcal{A}^*$ を，$\mathcal{A}$ の順序を反転させた全順序集合とする．$\mathcal{A}$ の文字 x に対応する $\mathcal{A}^*$ の文字を x^* と書く．定義より $x < y \iff x^* > y^*$ である（よく用いられるアルファベット $\mathcal{A} = [m]$ に対しては，a^* を $m+1-a$ と同一視することで，$\mathcal{A}^*$ を $[m]$ と同一視することができる）．アルファベット $\mathcal{A}$ 上のワード $w = x_1 x_2 \cdots x_r$ に対して

---

[1] 訳注：音楽用語の主題と変奏 (theme and variations) と掛かっている．
[2] 訳注：全順序集合のことであった．

$$w^* = x_r^* \cdots x_2^* x_1^*$$

とおく．これにより，$\mathcal{A}$ のワードたちと $\mathcal{A}^*$ のワードたちの間の反同型が定まる：$(u \cdot v)^* = v^* \cdot u^*$．アルファベット $(\mathcal{A}^*)^*$ と $\mathcal{A}$ を同一視すると $(w^*)^* = w$ が成り立つ．反転された順序においても §2.1 の基本クヌース同値関係は保たれる：$w_1 \equiv w_2 \iff w_1^* \equiv w_2^*$．これを確認するにはクヌース変換に着目すればよい．例えば，$x \leq y < z$ のときの関係 $xzy \equiv zxy$ は反同型により $y^* z^* x^* \equiv y^* x^* z^*$ に写されるが，これは順序 $z^* < y^* \leq x^*$ のもとでのクヌース変換に他ならない．もう一つのクヌース変換についても，対称性よりすぐに確かめられる．

アルファベット $\mathcal{A}$ 上の任意のタブロー T に対し，シュッツェンベルジェのスライド操作を用いて，$\mathcal{A}^*$ 上の**双対タブロー** (dual tableau) T^* を定義しよう．T の左上の角の文字 x を取り除き，残った歪タブローに対してスライドを施す．これにより，T から箱が一つ取り除かれたタブロー ΔT が得られる．箱が取り除かれた場所に，文字 x^* の入った箱を置く．例えば T を §1.1 のタブローとすると，

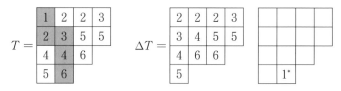

となる．ΔT に同様の操作を行うと，より小さいタブロー $\Delta^2 T$ を得る．ΔT の左上の箱に入っている文字が y のとき，$\Delta^2 T$ の箱が取り除かれた場所に y^* を置く．この操作をすべての箱が取り除かれるまで行うと，T のヤング図形は，T の反転文字で埋め尽くされる．これを T^* と書く．例えば，簡単な操作で次が得られる．

$$T = \begin{array}{|c|c|c|c|} \hline 1 & 2 & 2 & 3 \\ \hline 2 & 3 & 5 & 5 \\ \hline 4 & 4 & 6 \\ \cline{1-3} 5 & 6 \\ \cline{1-2} \end{array} \quad \rightsquigarrow \quad T^* = \begin{array}{|c|c|c|c|} \hline 6^* & 6^* & 5^* & 4^* \\ \hline 5^* & 5^* & 4^* & 2^* \\ \hline 3^* & 3^* & 2^* \\ \cline{1-3} 2^* & 1^* \\ \cline{1-2} \end{array}$$

T から T^* を得る操作を**脱出操作**と呼ぶ．

定理 A.1（双対性定理） (1) T^* は T と同じ形のタブローである．

(2) $(T^*)^* = T$

(3) $w(T^*) \equiv w(T)^*$.

(4) 2 行配列 $\omega = \begin{pmatrix} u_1 & u_2 & \cdots & u_r \\ v_1 & v_2 & \cdots & v_r \end{pmatrix}$ がタブロー対 (P, Q) に対応しているとき, 2 行配列 $\omega^* = \begin{pmatrix} u_1^* & u_2^* & \cdots & u_r^* \\ v_1^* & v_2^* & \cdots & v_r^* \end{pmatrix}$ はタブロー対 (P^*, Q^*) に対応する.

証明 与えられたタブロー T に対し $\mathcal{A}^*$ 上のタブロー $T^\vee$ を, そのワード $w(T^\vee)$ が $w(T)^*$ とクヌース同値であるような唯一のタブローとする. $(w^*)^* = w$ から $(T^\vee)^\vee = T$ はすぐに従う. よって, $T^\vee = T^*$ を証明すれば, 定理の (1),(2),(3) は示される. まず最初に $T^\vee$ と T が同じ形をしていることを示そう. そのためには, §3.1 の記号で

$$L(w^*, k) = L(w, k)$$

という等式が, すべてのワード w と整数 k について成り立っていることを確認すればよい. というのも, これらの数からタブローの形は決まってしまうからである. 定義から, この等式が正しいことはすぐにわかる. なぜなら, w の中の k 個の互いに素な非減少数列と, w^* の中の k 個の互いに素な非減少数列は, 反転文字を後ろから読むことで一対一に対応するからである.

次に, 箱の個数に関する数学的帰納法で $T^\vee = T^*$ を証明しよう. T の左上に入っている文字を x とし, T に属するが ΔT には属さない唯一の箱を B とする. x^* の入った箱 B を $(\Delta T)^*$ に付け加えることで T^* は得られる. 帰納法の仮定より, $(\Delta T)^* = (\Delta T)^\vee$ である. $T^\vee$ と T^* の形が同じことはすでに示しているので, x^* の入った箱を $(\Delta T)^\vee$ に付け加えることで $T^\vee$ が得られることを示せば十分である. ワード $w(T)$ の中で最小の文字を x とし (同じ文字同士は, 左のものが小さいとするのがいつもの約束である),

$$w(T) = \alpha \cdot x \cdot \beta$$

とおく. α は T の第 1 行よりも下の部分のワードであり, β は第 1 行の左端以外の部分のワードである. §2.1 の命題 2.3 と定義より

$$w(\Delta T) \equiv \alpha \cdot \beta, \quad w((\Delta T)^\vee) \equiv \beta^* \cdot \alpha^*, \quad w(T^\vee) \equiv \beta^* \cdot x^* \cdot \alpha^*$$

が成り立つ. 標準的な行バンプを用い, ワード $\beta^* \cdot x^* \cdot \alpha^*$ から $T^\vee$ を作る様子を観察しよう. 初めに β^* から行を一つ作り, x^* を最初の行の終わりに置く. α^* のすべての文字は x^* よりも真に小さいことから, α^* の文字たちの居場所は x^* に関わりなく決まっていく. この結果, $(\Delta T)^\vee$ (これはワード $\beta^* \cdot \alpha^*$ から得られ

る）と同じタブローに，一つだけ x^* を付け加えたものが得られる．これが示したいことであった．

　（4）を示す．配列 ω の各列が辞書式順序に並んでいると仮定して構わない．配列 ω^* の各列を辞書式順序に並べたものは

$$\begin{pmatrix} u_r^* \cdots u_1^* \\ v_r^* \cdots v_1^* \end{pmatrix}$$

である．下の行のワードに対応するタブローは P^* である．従って，あるタブロー Y が存在して，ω^* はタブロー対 (P^*, Y) に対応する．ω の行の上下を入れ換えた配列に対して同様のことを考えると，あるタブロー Z が存在して，

$$\begin{pmatrix} v_1^* \cdots v_r^* \\ u_1^* \cdots u_r^* \end{pmatrix}$$

は (Q^*, Z) に対応することがわかる．§4.1 の対称性定理を ω^* に適用すると $(Q^*, Z) = (Y, P^*)$ を得る．特に，$Y = Q^*$ である． □

　タブロー，もしくはプラクティックモノイド $M(\mathcal{A})$ の用語でいうと，写像 $T \mapsto T^*$ は，$w \mapsto w^*$ により定まる $M(\mathcal{A})$ から $M(\mathcal{A}^*)$ への反同型である．これまで別の手法で示したいくつかの事柄を，双対性を利用して証明することもできる．たとえば §5.1 で与えられた集合 $\mathcal{T}(\lambda, \mu, V)$ と $\mathcal{T}(\mu, \lambda, V^*)$ の間の全単射は，対 $[T, U]$ を $[U^*, T^*]$ に写すことで与えられる．ここから，リトルウッド・リチャードソン数の等式 $c_{\mu\lambda}^{\nu} = c_{\lambda\mu}^{\nu}$ が得られる．

演習問題 118 T を形 $\lambda = (\lambda_1 \geq \cdots \geq \lambda_k > 0)$ のタブローとし，$w(T) = v_1 \ldots v_n$ とする．このとき，辞書式順序に並んだ 2 行配列

$$\begin{pmatrix} 1\,1 \cdots\, 2 \cdots k \\ v_n^* \quad \cdots \quad v_1^* \end{pmatrix}$$

で，1 行目に 1 が λ_1 個，2 が λ_2 個，$\ldots$，k が λ_k 個並んだものは，RSK 対応によってタブロー対 $(T^*, U(\lambda))$ に対応することを示せ．ここで $U(\lambda)$ は §5.2 で定めたタブローである．

A.2　列の挿入アルゴリズム

　列挿入（column-insertion）または**列バンプ**（column bumping）と呼ばれ

る，第 1 章の行挿入と「双対」な操作が存在する．正整数 x とタブロー T をとる．T の最初の列の一番下に，x の入った新しい箱を置くことが可能ならば，つまり x が T の最初の列のすべての成分より真に大きければ，それを行う．そうでなければ，その列の x 以上の成分のうち一番高い位置の（つまり最小の）数字を，x がバンプする．バンプされた数字は次の列に進み，もし可能ならばその列の一番下に入る．そうでなければ，上のルールに従い数字をバンプする．この操作は，バンプされた数字が次の列の一番下に配置されるか，もしくは次の列の唯一の数字になるまで続く．このようにして得られるタブローを $x \to T$ と書く．以前見たように，バンプ操作はジグザグの道を歩みながら右に向かい，決して下には進まない．得られるタブローは必ずもととは別のものになる．行挿入のときと同様，付け加わった箱の位置がわかればこの操作を逆にたどることもできる．以下の例は，タブローに 3 を列挿入する様子を表している．

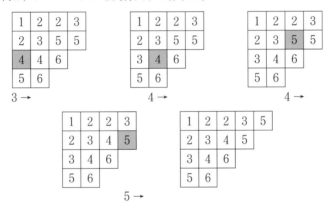

演習問題 119 u と v を非増加なワードとすると，$u \cdot x' \cdot v$ というワードで表現される列への x の列挿入は，記号的に

$$x \cdot (u \cdot x' \cdot v) \rightsquigarrow u \cdot x \cdot v \cdot x', \quad (u > x' \geq x > v \text{ のとき})$$

と表せることを示せ[3]．この変形は，第 2 章のクヌース変換 (K'') と (K') の組合せで与えられることを示せ．特に，$x \cdot (u \cdot x' \cdot v)$ と $u \cdot x \cdot v \cdot x'$ はクヌース同値である．

§2.3 で定義した T の列ワードを $w_{\mathrm{col}}(T)$ とするとき，この演習問題の結果か

---

[3] 訳注：§2.1 の記号と比較せよ．

ら $w_{\mathrm{col}}(x \to T) \equiv x \cdot w_{\mathrm{col}}(T)$ が従う．これにより，二つのタブローの積 $T \cdot U$ を計算する新しい方法が与えられる．まず，T のワードとクヌース同値な任意のワード $w = y_1 \cdots y_t$ をとる．例えば，$w = w(T)$ または $w = w_{\mathrm{col}}(T)$ などととると，$T \cdot U$ は U に $y_t, \ldots, y_1$ を列挿入することで得られる．すなわち，

$$T \cdot U = y_1 \to (y_2 \to (\cdots (y_{t-1} \to (y_t \to T)) \cdots))$$

が成り立つ．実際，これまでの議論によれば，右辺のワードは $w(T) \cdot w(U)$ とクヌース同値であるが，ワードのクヌース同値類によってタブローは一意的に定まるため，確かにこの等式は成立する．

特に，T が数字 y の入ったただ一つの箱から成る場合，$T \cdot U$ は U に y を列挿入したものになる．積の結合性（$\boxed{y} \cdot T) \cdot \boxed{x} = \boxed{y} \cdot (T \cdot \boxed{x})$）より，行挿入と列挿入は可換であることがわかる．すなわち，

$$(y \to T) \leftarrow x \;=\; y \to (T \leftarrow x)$$

がすべてのタブロー T とワード x, y に対して成立する．これは積の結合性の特別な場合であり，場合分けを用いた議論により直接証明することができる（これは，積の結合性のもともとの証明でもある）．

演習問題 120（列バンプ補題） タブロー T に x を列挿入して得られるタブロー $x \to T$ に，x' を列挿入する．このとき 2 つのバンプルート R と R'，および 2 つの新しい箱 B と B' が得られたとする．$x < x'$ ならば R' は R の真に下にあり，B' は B の Sw 方向[4]にあることを示せ．$x \geq x'$ ならば R' は R の弱く上にあり，B' は B の nE 方向にあることを示せ．

列バンプは，辞書式順序配列 $\begin{pmatrix} u_1 & u_2 & \cdots & u_r \\ v_1 & v_2 & \cdots & v_r \end{pmatrix}$ に対応するタブロー対 (P, Q) を得るための双対的な手順を与える．$\boxed{v_r}$ に対し，$v_{r-1}, \ldots, v_1$ を順に列挿入するとタブロー P が得られる．特に，P_k を

$$P_k = v_k \to (v_{k+1} \to \cdots \to (v_{r-1} \to \boxed{v_r}) \cdots)$$

と定めることにすると $P = P_1$ が成り立つ．このとき，各ステップで新しい箱が一つ追加される．Q を作るには，$Q_r = \boxed{u_r}$ から出発して $u_{r-1}, \ldots, u_1$ を順に**スライド配置**する．つまり，P_k に属するが P_{k+1} に属さない箱の位置から始め

---

[4] 訳注：Sw は Southwest のこと．nE は northEast のこと．これらの用語の意味は §4.2 を参照．

た逆スライドを Q_{k+1} に施し，左上隅に生じる空き箱に u_k を入れて得られるタブローを Q_k とする．例えば配列 $\begin{pmatrix} 1 & 1 & 2 & 2 & 3 \\ 2 & 2 & 1 & 2 & 1 \end{pmatrix}$ に対して，以下のようなタブロー対 $(P_5, Q_5), \ldots, (P_1, Q_1)$ が得られる．

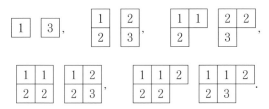

実際，最終的に得られるタブロー対 (P_1, Q_1) は，RSK 対応，もしくは行列と玉の構成で得られるものと一致する．すなわち，以下の命題が成り立つ．

命題 A.2 $\begin{pmatrix} u_1 & u_2 & \cdots & u_r \\ v_1 & v_2 & \cdots & v_r \end{pmatrix}$ を辞書式順序配列とする．列挿入 $v_1 \to (\cdots \to (v_{r-1} \to \boxed{v_r})\cdots)$ と，$u_r, \ldots, u_1$ のスライド配置を順に繰り返して得られるタブロー対 (P, Q) は，RSK 対応で与えられるタブロー対と一致する．

証明 (P, Q) を RSK 対応で与えられるタブロー対とし，(P_1, Q_1) を上の手続きで得られるタブロー対とする．$P_1 = P$ であることは確認したので，残るは $Q_1 = Q$ の証明である．r に関する帰納法を用いて証明する．帰納法の仮定より，RSK 対応によって (P_2, Q_2) は配列 $\begin{pmatrix} u_2 & \cdots & u_r \\ v_2 & \cdots & v_r \end{pmatrix}$ と対応する．前節の記号を用いると，Q_1 は $Q_2 = \Delta(Q_1)$ を満たし，左上隅の成分が u_1 のタブローである．Q が同様の性質を持つことを示せば十分である．RSK 対応の最初のステップをみれば，Q の左上隅に u_1 が配置されることはわかる．等式 $\Delta(Q) = Q_2$ は，配列 $\begin{pmatrix} u_2 & \cdots & u_r \\ v_2 & \cdots & v_r \end{pmatrix}$ とタブロー $T = \boxed{v_1}$ に対し，第 5 章の命題 5.1 を適用すれば得られる． □

演習問題 121 2 行配列のどの列から始めても，以下のようにして RSK 対応が得られることを示せ．タブロー対 ($\boxed{v_k}$, $\boxed{u_k}$) から始める．配列の k 列目から続けて右か左に動いていき，配列の中身がすべて尽きるまで操作を続ける．右に進む際は，左側のタブローに 2 行目の数字を行挿入し，それに応じて右側のタブローに 1 行目の数字の配置を行う．左に進む際は，左側のタブローに 2 行目の数字を列挿入し，それに応じて右側のタブローに 2 行目の数字のスライド配置を行う．

演習問題 122 任意のタブロー T と文字 $v_1, \ldots, v_r$ に対して，列挿入

$$v_r \to \cdots \to v_1 \to T$$

の過程で現れる新しい箱たちの位置が，行挿入

$$T^* \leftarrow v_1^* \leftarrow \cdots \leftarrow v_r^*$$

の過程で現れる新しい箱たちの位置と一致することを示せ．

演習問題 123 $w = v_1 \cdots v_r$ をどの 2 つの文字も同じでないワードとする．$w^{\mathrm{rev}} = v_r \cdots v_1$ とするとき，$Q(w^{\mathrm{rev}})$ と $Q(w^*)$ は互いに共役なタブローであることを示せ．

演習問題 124 任意のヤング図形 λ に対して，各行（もしくは各列）の成分が連続する整数であるような標準タブローを $Q_{\mathrm{row}}(\lambda)$（もしくは $Q_{\mathrm{col}}(\lambda)$）とする．
(a) λ 上の任意のタブロー P に対し，ロビンソン・シェンステッド対応によってワード $w_{\mathrm{col}}(P)$ がタブロー対 $(P, Q_{\mathrm{col}}(\lambda))$ に対応することを示せ．
(b) n 個の箱を持つ任意の標準タブロー Q に対して，双対 Q^* をとり，$[n]^*$ から $[n]$ への同一視を施したものを $S(Q)$ とする．RSK 対応によって，ワード $w_{\mathrm{row}}(P)$ がタブロー対 $(P, S(Q_{\mathrm{row}}(\lambda)))$ に対応することを示せ．

タブロー T の成分がすべて相異なるとき，転置 T^{t} もまたタブローとなることに注意しよう．

演習問題 125 タブロー T の成分がすべて相異なるとき，$(T^{\mathrm{t}})^* = (T^*)^{\mathrm{t}}$ を示せ．

演習問題 126 双対性を用いて，以下のトーマス対応 [Thomas (1978)] を証明せよ．これは $\mathcal{T}(\lambda, \mu, V_\circ)$ と，形が ν/μ で中身が λ のリトルウッド・リチャードソン歪タブローの集合との対応である．与えられた $\mathcal{T}(\lambda, \mu, V_\circ)$ の元 $[T, U]$ とワード $w(T) = v_1 \cdots v_n$ に対し，U に $v_n, \ldots, v_1$ を順に列挿入することで $V_\circ$ に到達するタブローの列を得る．ν/μ に対し，新しい箱が現れた順に λ_1 個の 1，λ_2 個の 2，… を入れる．得られる図形が，形が ν/μ で内容が λ のリトルウッド・リチャードソン歪タブロー S となっていること，およびこれは上記の方法で一意的に得られることを示せ．

A.3　形変化とリトルウッド・リチャードソン対応

　この節では，ワードの用語でいえばクヌース同値の双対にあたる概念について議論する．タブローの用語でいうと，ジュ・ドゥ・タカンによって形がどう変化するかを調べることに相当する．この概念を用いると，第5章のリトルウッド・リチャードソン対応を具体的に記述できる．

　S を ν/λ 上の歪タブローとするとき，ジュ・ドゥ・タカンによって S を整化するやり方は何通りも存在する．n を λ の箱の個数とするとき，ジュ・ドゥ・タカンは，内隅を選ぶ操作を n 回繰り返すことに他ならない．選んだ内隅を n から順に 1 まで番号付けすれば，λ 上の標準タブロー $J_\circ$ が一つ得られる．逆に λ 上のすべての標準タブローはジュ・ドゥ・タカンを一つ定める．λ 上の標準タブロー $J_\circ$ に対し，最初のスライドで箱 B_1 が ν/λ の外隅から取り除かれ，次のスライドで箱 B_2 が取り除かれ，…，B_n が取り除かれるまで操作は続く．ここで，形が ν/λ の2つの歪タブロー S と S' が $J_\circ$ **に則して同じ形変化をする** (have the same shape change by $J_\circ$) とは，$J_\circ$ の定めるジュ・ドゥ・タカンによって同じ箱 $B_1,\ldots,B_n$ たちが同じ順番で取り除かれることをいう．例えば，

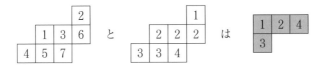

に則して同じ形変化をする．実際，

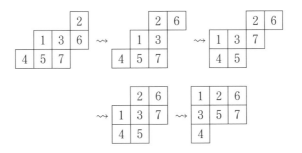

および

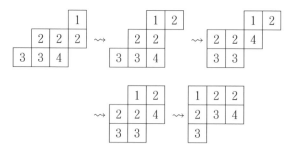

である．これらのタブローが，以下の標準タブローに則したジュ・ドゥ・タカンに関しても同じ形変化をすることを確かめてみてほしい．

これは一般的な事実であることを後に証明する．すなわち，**あるジュ・ドゥ・タカンに則して同じ形変化をする歪タブローは，すべてのジュ・ドゥ・タカンに則して同じ形変化をする**．より一般に，同じ形の 2 つの歪タブローが**形同値** (shape equivalent) であるとは，一方に適用可能なすべてのスライド，逆スライドの列がもう一方にも適用可能であり，その形変化が一致することをいう．

第 5 章で，整化が $U_\circ$ であるような ν/λ 上の歪タブローの総数は，$U_\circ$ の形 μ にのみ依存することを示した．また §5.1 の命題 5.2 で，μ 上の任意のタブロー $U_\circ$ と ν 上の任意のタブロー $V_\circ$ に対し，整化が $U_\circ$ であるような ν/λ 上の歪タブローの集合 $\mathcal{S}(\nu/\lambda, U_\circ)$ と，$T \cdot U = V_\circ$ を満たす λ 上のタブロー T と μ 上のタブロー U の組 $[T, U]$ の集合 $\mathcal{T}(\lambda, \mu, V_\circ)$ の間に，一対一対応があることを示した．ν/λ 上の 2 つの歪タブロー S と S' が $V_\circ$ に則して **LR 対応**（**リトルウッド・リチャードソン対応**）(L-R correspond by $V_\circ$) するとは，両者の整化の形がともに μ であり，上の対応によって同じ $\mathcal{T}(\lambda, \mu, V_\circ)$ の元を与えることを言う．すなわち，両者が以下の対応によって写り合うことをいう．

$$S \in \mathcal{S}(\nu/\lambda, \mathrm{Rect}(S)) \leftrightarrow \mathcal{T}(\lambda, \mu, V_\circ) \leftrightarrow \mathcal{S}(\nu/\lambda, \mathrm{Rect}(S')) \ni S'$$

この対応は $V_\circ$ の選び方に依存しないということを後に示す．同じ形の 2 つの歪タブローがすべての $V_\circ$ に則して LR 対応するとき，**LR 同値** (L-R equivalence) であるという．上の例で，$\nu = (4, 4, 3)$ 上の勝手なタブロー $V_\circ$ をとり，S と S' が LR 対応することを確かめてみるとよい．

歪タブローを比較する第三の手段として，両者のワードを比べる方法がある．

歪タブロー S の行ワード $w(S)$ とは，行ごとに左から右，下から上の順に S の成分を読んで得られる文字列のことであった．RSK 対応によって，ワード w はタブロー対 $(P, Q) = (P(w), Q(w))$ であって，Q が標準タブローであるようなものと対応する．$w = w(S)$ のとき，$P(w)$ は S の整化となる．2 つのワード w と w' が $Q(w) = Q(w')$ を満たすとき，**Q 同値**であるという．$P(w) = P(w')$ であることと，w と w' がクヌース同値であることが必要十分であることはすでに述べた．このことから，Q 同値のことを**双対クヌース同値** (dual Knuth equivalence) ということがある．2 つの歪タブローの行ワードが Q 同値であるとき，この歪タブローたちも **Q 同値**と呼ばれる．

定理 A.3（形変化定理） S_1 と S_2 を ν/λ 上の歪タブローとする．以下の条件は互いに同値である．

(i) S_1 と S_2 は，あるジュ・ドゥ・タカンに則して同じ形変化をする．
(ii) S_1 と S_2 は形同値．
(iii) S_1 と S_2 は，ν 上のあるタブロー $V_\circ$ に則して LR 対応する．
(iv) S_1 と S_2 は LR 同値．
(v) S_1 と S_2 は Q 同値．

この定理の証明を与えるために，いくつかの準備が必要である．初めに，ワードが置換であるときに Q 同値関係を考察する．ワードのクヌース同値とは，片方からもう一方へ基本クヌース変形を繰り返して変形できることを意味した．その双対は以下で与えられる．$w = x_1 \cdots x_r$ の**基本双対クヌース変換** (elementary dual Knuth transformation) とは，$x_i = k$ と $x_j = k+1$ の間に $k-1$ か $k+2$ のうち少なくとも一方が存在するときに，x_i と x_j を交換することである．例えば，$w = 3\,1\,5\,2\,4\,6$ を出発点として

$$3\,1\,\underline{5}\,2\,\dot{4}\,\underline{6} \mapsto 3\,\dot{1}\,\underline{6}\,2\,4\,\underline{5} \mapsto 2\,1\,\underline{6}\,3\,\dot{4}\,\underline{5}$$
$$\mapsto 2\,1\,\underline{5}\,\dot{3}\,4\,\underline{6} \mapsto \underline{2}\,\dot{1}\,4\,\underline{3}\,5\,6 \mapsto 3\,1\,4\,2\,5\,6$$

などは基本双対クヌース変換である．この例では，点のついた数字があることで，下線を引いた数字を交換できる．

補題 A.4 w と w' を置換とする．$Q(w) = Q(w')$ であることと，w と w' が有限回の基本双対クヌース変換で互いに写り合うことは同値である．

証明 対称性定理より $Q(w) = P(w^{-1})$ が成り立つ．w の基本双対クヌース変

換が w^{-1} の基本クヌース変換にぴったり一致するので，主張は従う． □

補題 A.5 S_1 と S_2 を，同じ形の Q 同値な歪タブローとする．内隅または外隅を一つとり両者にスライドを施すことで，歪タブロー S_1' と S_2' を得たとする．このとき S_1' と S_2' は，同じ形の Q 同値な歪タブローである．

証明 まず，どちらの歪タブローにも 1 から n までの数が割り振られていると仮定する．このとき，これらのワードは置換である．このような歪タブローのワードに基本双対クヌース変換を施すと，同じ形の歪タブローのワードが得られる．というのも，$x-1$ または $x+2$ が x と $x+1$ の間に入っているときは，自動的に x と $x+1$ は S の同じ行にも列にも存在しないため，両者を入れ替えても歪タブローのままだからである．したがって補題 A.4 より，S_2 は基本双対クヌース変換 1 回で S_1 から得られると仮定してよい．

内隅を一つ固定して S_1 と S_2 にスライドを施す．ほとんどの場合，S_1 と S_2 を通過する穴掘りルートは完全に一致し，S_1 から S_2 を得る際に基本双対クヌース変換で交換した 2 つの数を，S_1' についても交換することで S_2' が得られる．両者のルートが異なる唯一の可能性は，変換される二つの成分 x と y が隣り合う行と列に入っていて，かつスライドが以下の灰色の箱に到達した場合である：

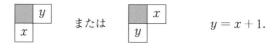

灰色の箱に $x-1$ が入っている場合はこの場所にスライドは到達しないので，起こりうるのは以下の図で示した場合で，かつ $z = y+1$ のときである．上の 2 つのタブローに関するスライドは，次の図のような経過をたどる：

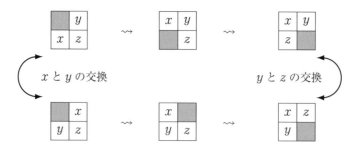

これ以降，両者のスライドは一致する．得られるタブローの中では，y と z の交換が許されることに注意しよう．なぜならば，行ワードにおいて y と z の間に両者より 1 つ小さい数 x が挟まれているからである．このことから，S_1' と S_2' は

同じ形を持ち，一回の変換で互いに写り合うことが示される．この証明を逆にたどることで，逆スライドについても同様のことがわかる．

一般の場合には，置換によって文字を入れ換える方法をとる．同じ文字が現れた場合は左側の文字の方が小さいと約束することで，ワード内の文字に線形順序を定める．この線形順序に従い，w の文字を順に置き換えて得られる置換を $w^\#$ とする．例えば，$w = 213211$ に対して $w^\# = 416523$ である．行バンプによる $Q(w)$ の定義より，$Q(w^\#) = Q(w)^\#$ が成り立つ．歪タブロー S のワードに対して同じ操作を行うことで，S と同じ形の歪タブロー $S^\#$ であって，のすべての成分が相異なり，$w(S^\#) = w(S)^\#$ を満たすものが得られる．与えられた内隅から始めたスライド一回，もしくは与えられた外隅から始めた逆スライド一回で S から得られる歪タブローを S' とするとき，$(S')^\# = (S^\#)'$ が成り立つ．というのも，スライド操作のルールでは，同じ成分が 2 つある場合は左側にあるものをより小さいとみなすからである．以上の事実により，S_1 と S_2 をそれぞれ $S_1^\#$ と $S_2^\#$ に置き換えることで，前半の場合に帰着することができる． □

いよいよ形変化定理の証明に戻ろう．(ii)⇒(i) と (iv)⇒(iii) は自明である．補題 A.5 より (v)⇒(ii) が従う．再び補題 A.5 より，(i)⇒(v) を示すには，同じ形のタブローがすべて Q 同値であることを確かめればよい．この事実は，タブローの成分を下から順に行バンプするという Q の定義に従い，新しい箱が現れる場所をみていけば確認される（§A.2 の演習問題 124 も見よ）．以上により (i) と (ii) と (v) の同値性は示された．

第 5 章で，ν/λ 上の歪タブロー S と $\mathcal{T}(\lambda, \mu, V_\circ)$ の元 $[T, U]$ の間の対応が，以下の処方箋で与えられたことを思い出そう．あるアルファベットに属する文字が入った λ 上の任意のタブロー $T_\circ$ に対して，タブロー対 $(T, T_\circ)$ および $(U, \text{Rect}(S))$ に対応する辞書式順序配列をとる：

$$(T, T_\circ) \leftrightarrow \begin{pmatrix} s_1 \cdots s_n \\ t_1 \cdots t_n \end{pmatrix}, \quad (U, \text{Rect}(S)) \leftrightarrow \begin{pmatrix} u_1 \cdots u_m \\ v_1 \cdots v_m \end{pmatrix}.$$

ここで，$T_\circ$ の文字の属するアルファベットは，S の文字よりも順序が若いと約束する．互いに対応している S と $[T, U]$ をとった場合，これらを結合した配列はタブロー対 $(V_\circ, (T_\circ)_S)$ と対応するのであった：

$$(V_\circ, (T_\circ)_S) \leftrightarrow \begin{pmatrix} s_1 \cdots s_n \ u_1 \cdots u_m \\ t_1 \cdots t_n \ v_1 \cdots v_m \end{pmatrix}.$$

ここで $(T_\circ)_S$ は、λ への制限が $T_\circ$、ν/λ への制限が S となるような ν 上のタブローである。§A.2 の命題 A.2 より、これは、U への列挿入

$$t_1 \to \cdots \to t_n \to U$$

に応じて $\mathrm{Rect}(S)$ への $s_n, \ldots, s_1$ のスライド配置を行うと $(T_\circ)_S$ が得られることを意味する。以上から S と S' が $V_\circ = T \cdot U$ に則して LR 同値であることと、$\mathrm{Rect}(S)$ への $s_n, \ldots, s_1$ のスライド配置の結果が $(T_\circ)_S$ であり、かつ $\mathrm{Rect}(S')$ への $s_n, \ldots, s_1$ のスライド配置の結果が $(T_\circ)_{S'}$ であることが同値である。特に、S_1 と S_2 が $V_\circ$ に則して LR 同値であるならば、あるジュ・ドゥ・タカンによって同じ形変化をすることがわかる。よって (iii)⇒(i) が証明された。また、すべてのジュ・ドゥ・タカンによって同じ形変化をする 2 つの歪タブローが $V_\circ$ に則して LR 同値であることも、上の議論より示される。よって (ii)⇒(iii)。以上より定理の証明が終わった。 □

以下の演習問題は、与えられたワード w と Q 同値な逆格子ワードがただ一つ存在することを述べている。以下、これを $w^\natural$ と書く。

演習問題 127 任意のワード w と Q 同値な逆格子ワードがただ一つ存在することを、w と、$U(w^\natural) = Q(w^*)$ を満たすワード $w^\natural$ が Q 同値であることを示すことで証明せよ。ここで、$U(w^\natural)$ は逆格子ワードから §5.3 の方法で定まる標準タブロー、w^* は w の双対ワードとする。

形変化定理から、μ 上の任意のタブロー $U_\circ$ と $U'_\circ$ に対して、$\mathcal{S}(\nu/\lambda, U_\circ)$ と $\mathcal{S}(\nu/\lambda, U'_\circ)$ の間の標準的な対応が存在することがわかる。特に $U'_\circ$ を $U(\mu)$ ととると、与えられた整化を持つ ν/λ 上の歪タブローと、同じ形のリトルウッド・リチャードソン歪タブローとの間の標準的な対応が与えられる。歪タブロー S に対して、対応するリトルウッド・リチャードソン歪タブローを $S^\natural$ と書く。

演習問題 128 $S^\natural$ のワードは、等式 $U(w(S^\natural)) = Q(w(S)^*)$ により定まることを示せ。ここで $U(w(S^\natural))$ は、演習問題 127 の標準タブローである。また、同じ形のタブロー S と S' が形変化定理によって対応することと、$S^\natural = (S')^\natural$ が成り立つことが同値であることを示せ。

演習問題 129 ワード w に、$U(w^\natural) = Q(w^*)$ で定まる逆格子ワード $w^\natural$ を対応させる写像を考える。$(w^\natural)^\natural = w^\natural$ を示し、w が逆格子ワードであることと $w = w^\natural$ であることが同値であることを示せ。対応 $w \mapsto w^\natural$ が、与えられたクヌ

ース同値類から，$P(w)$ の形 μ を内容とする逆格子ワードの集合への一対一対応を与えることを示せ．w と $w^{\sharp}$ は，同じ形の歪タブローのワードであることを示せ．すなわち任意の歪ヤング図形に対して，w がその形の歪タブローのワードであることと，$w^{\sharp}$ がそうであることは同値である．

ロビンソンは，与えられたワード $w = v_1 \cdots v_n$ から逆格子ワードを得る処方箋を与えた（[Thomas (1978)] がその拡張をした）．$1 \le i \le n$ に対して**指数** (index) $I(i)$ を，$v_i = 1$ ならば $I(i) = 0$，そうでなければ

$$I(i) = \#\{j \ge i\,;\, v_j = v_i\} - \#\{j \ge i\,;\, v_j = v_i - 1\}$$

と定める．ワードが逆格子ワードであることと，すべての i に対し $I(i) \le 0$ であることは同値である．任意の整数 k に対して $J(k)$ を，$v_i = k$ を満たす i の指数 $I(i)$ のうち最大のものとする．**可能な指し手** (permissible move) を以下のように定める．$J(k)$ が正であるような k を選び，$v_i = k$ かつ $I(i) = J(k)$ をみたす最大の i をとり，v_i を $v_i - 1$ に取り換える．例えば $w = 233122$ に対し，次は可能な指し手の例である．

$$2331\dot{2}2 \mapsto 2\dot{3}311\dot{2} \mapsto 22311\dot{2}$$
$$\mapsto 22\dot{3}111 \mapsto 222111$$

点のついた数字は，各ステップにおいて変更できる数字を表している．

演習問題 130 可能な指し手により w から w' が得られるとき，$Q(w') = Q(w)$ を示せ．また，w が歪タブローの行ワードであるとき，w' も同じ形の歪タブローの行ワードであることを示せ．

トーマスは，どのように可能な指し手を選んでも w が逆格子ワードに到達すること，および，得られるワードと到達するまでの指し手の回数は，指し手の選び方によらないことを証明した．実際，以下が成り立つ．

系 A.6 与えられた任意のワード $w = v_1 \cdots v_n$ に対して，λ を $P(w)$ の形とし，$N = \sum v_i - \sum k\lambda_k$ とおく．どのように可能な指し手を選んでも，N ステップ後には w は逆格子ワード $w^{\sharp}$ に到達する．

特にこの方法から，与えられた歪タブローに対応するリトルウッド・リチャードソン歪タブローを見つける新たな手順が得られる．同じ形の2つの歪タブローが形変化定理の条件を満たすことと，両者のワードに上の手続きを行って得られ

る逆格子ワードが一致することは同値である．系の証明をするには，可能な指し手1回につきワード内の数字の総和が1だけ減ること，$U(w^{\sharp})$ の形 λ に対して成分の総和が $\sum k\lambda_k$ であること，および，形変形定理と前の演習問題を用いればよい．

形変形定理より，ν 上の任意のタブロー $V_{\circ}$ と $V'_{\circ}$ に対して，$\mathcal{T}(\lambda, \mu, V_{\circ})$ と $\mathcal{T}(\lambda, \mu, V'_{\circ})$ の間にも標準的な対応が存在することが従う．この対応は，§5.1の命題5.2を用い，μ 上の任意のタブロー $U_{\circ}$ に対する $\mathcal{S}(\nu/\lambda, U_{\circ})$ を経由することで定義される：

$$\mathcal{T}(\lambda, \mu, V_{\circ}) \leftrightarrow \mathcal{S}(\nu/\lambda, U_{\circ}) \leftrightarrow \mathcal{T}(\lambda, \mu, V'_{\circ}).$$

演習問題131 $[T, U]$ と $[T', U']$ が上記の意味で対応することと，$w(U)$ とクヌース同値なワード $w = v_1 \cdots v_m$，および $w(U')$ とクヌース同値なワード $w' = v'_1 \cdots v'_m$ が存在し，$Q(w) = Q(w')$ を満たし，かつ2つの行バンプ

$$T \leftarrow v_1 \leftarrow \cdots \leftarrow v_m, \quad T' \leftarrow v'_1 \leftarrow \cdots \leftarrow v'_m$$

により現れる新しい箱の位置と順番が一致することが同値であることを示せ．特に，対応 $\mathcal{T}(\lambda, \mu, V_{\circ}) \leftrightarrow \mathcal{T}(\lambda, \mu, V'_{\circ})$ は $U_{\circ}$ の取り方によらない．

演習問題132 前の演習問題を用いて，$[T, U]$ と $[T', U']$ が対応することと，$[U^*, T^*]$ と $[U'^*, T'^*]$ が対応することが同値であることを示せ．

演習問題133 リトルウッド・リチャードソン対応が推移律を満たすことを確かめよ．つまり，同じ形の3つの歪タブローに対して，S と S' が対応し，S' と S'' が対応するとき，S と S'' も対応することを示せ．同じことが，$[T, U]$, $[T', U']$, $[T'', U'']$ に対しても言える．

次に，ν/λ 上の歪タブローと，共役な形 $\tilde{\nu}/\tilde{\lambda}$ 上の歪タブローとの関係について考えよう．相異なる数字が入っている歪タブローに対しては，転置をとる対応 $S \mapsto S^{\tau}$ が存在する．λ 上の標準タブロー $J_{\circ}$ の定める S のジュ・ドゥ・タカンに対して，$J_{\circ}^{\tau}$ の定める S^{τ} のジュ・ドゥ・タカンも存在する．共役な歪タブローの形変化は，もとの歪タブローの形変化の共役とぴったり一致する．一方，同じ数字が複数入っている歪タブローについては，共役がもはや歪タブローではないかも知れない．しかしこのときも，形変化の共役を用いて歪タブローの対応を作ることができる．ν/λ 上の歪タブローが $\tilde{\nu}/\tilde{\lambda}$ 上の歪タブローと**共役形同値** (conjugate shape equivalent) であるとは，一方のすべてのスライド，逆スラ

イドの列が，もう一方のスライド，逆スライドの列の共役と一致することを言う．

リトルウッド・リチャードソン対応を用いて，ν/λ 上の歪タブローと $\tilde{\nu}/\tilde{\lambda}$ 上の歪タブローを対応させることも可能である．λ 上の標準タブロー $T_\circ$ を選んでおく．μ 上のタブロー $U_\circ$ と $\tilde{\mu}$ 上のタブロー $U'_\circ$ に対して，一対一対応

$$\mathcal{S}(\nu/\lambda, U_\circ) \leftrightarrow \mathcal{S}(\nu/\lambda, T_\circ) \leftrightarrow \mathcal{S}(\tilde{\nu}/\tilde{\lambda}, T_\circ^\tau) \leftrightarrow \mathcal{S}(\tilde{\nu}/\tilde{\lambda}, U'_\circ)$$

が存在する．一つ目と最後の対応は形変化定理から与えられる．二つ目の対応は相異なる数字が入っている歪タブローの転置によって与えられる．ν/λ 上の歪タブローと $\tilde{\nu}/\tilde{\lambda}$ 上の歪タブローが $T_\circ$ **に則して LR 対応** (L-R correspond by $T_\circ$) するとは，上の対応によって両者が対応することである．また，**共役 LR 同値** (conjugate L-R equivalent) であるとは，すべての $T_\circ$ に則して LR 対応することである．

ワードの挿入を用いて，互いに共役な形の 2 つの歪タブローが対応するか否か判定する計算方法がある．まず，m 個の箱を持つ ν/λ に対して置換 $\sigma = \sigma_{\nu/\lambda} \in S_m$ を次のように定める．歪ヤング図形に行番号付け（行ごとに左から右，下から上に向かう番号付け）と，列番号付け（列ごとに下から上，左から右に向かう番号付け）を行い，行番号付けで数 j が入る箱に，列番号付けでは数 k が入るとき，$\sigma_{\nu/\lambda}(j) = k$ と定める．例えば，$\nu = (5, 5, 4, 1)$, $\lambda = (3, 2, 1)$ のとき

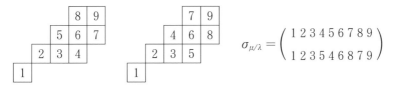

となる．相異なる $1, \ldots, m$ による番号付け T と任意の $\sigma \in S_n$ に対して，i を $\sigma(i)$ に入れ換えて得られる番号付けを $\sigma(T)$ とする．

系 A.7 ν/λ 上の歪タブロー S と $\tilde{\nu}/\tilde{\lambda}$ 上の歪タブロー S' に対して，以下はすべて同値である．

(i) S と S' は，あるジュ・ドゥ・タカンに則して共役な形変化をする．
(ii) S と S' は共役形同値である．
(iii) S と S' は，λ 上のある標準タブロー $T_\circ$ に則して LR 対応する．
(iv) S と S' は共役 LR 同値である．

(v) $\sigma_{\nu/\lambda}(Q(w(S)))$ と $Q(w(S')^*)$ は，互いに共役な標準タブローである．

　特に，与えられた歪ヤング図形上のリトルウッド・リチャードソン歪タブローたちと，それに共役な歪ヤング図形上のそれらとの間の全単射が得られる．そのような対応は [Hanlon and Sundaram (1992)] によって与えられた．その対応と条件 (v) が等価であることが簡単に確かめられる．よってハンロンたちの結果はこの系から従う．

演習問題 134　上の例の歪ヤング図形に対して，形が ν/λ で中身が $\mu = (4,3,2)$ のリトルウッド・リチャードソン歪タブローを 3 つ見つけ，それらに対応する，形が $\tilde{\nu}/\tilde{\lambda}$ で中身が $\tilde{\mu} = (3,3,2,1)$ のリトルウッド・リチャードソン歪タブローを 3 つ見つけよ．

(系 A.7 の証明)　(i),(ii),(iii),(iv) の同値性は形変形定理から従う．(v) との同値性を示すには，整化が標準タブローであるような歪タブローを考えれば十分である．この場合，(i)-(iv) は形変化定理の単なる共役から説明できる．したがって，そのような歪タブロー S に対して

$$Q(w(S^\tau)^*)^\tau = \sigma_{\nu/\lambda}(Q(w(S)))$$

を証明すればよい．§A.2 の演習問題 123 より，左辺は $Q(w(S^\tau)^{\mathrm{rev}})$ である．$w(S^\tau)^{\mathrm{rev}} = w_{\mathrm{col}}(S)$ であるから，

$$Q(w_{\mathrm{col}}(S)) = \sigma_{\nu/\lambda}(Q(w(S)))$$

を示せばよいことになる．$\sigma = \sigma_{\nu/\lambda}$ の定義より，$w_{\mathrm{col}}(S) = v_1 \cdots v_m$ とすると $w(S) = v_{\sigma(1)} \cdots v_{\sigma(m)}$ が成り立つ．$w_{\mathrm{col}}(S)$ と $w(S)$ が K' 同値であることは §2.3 で示した．よって上の等式は次の補題より従う．　□

補題 A.8　$w = v_1 \cdots v_m$ を置換とする．$\sigma \in S_m$ に対し，$w' = v_{\sigma(1)} \cdots v_{\sigma(m)}$ とおく．w' と w が K' 同値ならば，$Q(w) = \sigma(Q(w'))$ が成り立つ．

証明　K' 同値は基本 K' 変換の合成で与えられるので，w から，$v_i < v_{i-1} \leq v_{i+1}$ を満たす文字 v_i と v_{i+1} の入れ換えによって w' が得られる場合に証明すれば十分である．それには，w と w' に関する行バンプを考えればよい．$P = P(v_1 \ldots v_{i-1})$ とおき，行バンプ

$$(P \leftarrow v_i) \leftarrow v_{i+1} \quad \text{および} \quad (P \leftarrow v_{i+1}) \leftarrow v_i$$

を考える．$v_1\cdots v_{i-1}\cdot v_i\cdot v_{i+1}$ と $v_1\cdots v_{i-1}\cdot v_{i+1}\cdot v_i$ はクヌース同値なので，付け加わる 2 つの箱の位置は同じであるが，行バンプの補題よりその順番は逆である．これ以降の行バンプは両者とも同じなので，$Q(w)$ と $Q(w')$ は i と $i+1$ の入れ換えによって互いに入れ換わる． □

A.4　RSK 対応のバリエーション

　行列や 2 行配列に対し，RSK 対応のように行バンプや列バンプを組み合わせてタブロー対を作る方法はいくつか考えられる．「行列と玉の構成」における行列の向きを変えてみたり，玉の番号付けのルールを変えてみたりすることで，これらのバリエーションを作り出すことができる．

A.4.1　バージュ対応

　第 4 章では，非負の成分を持つ行列 A と，同じ形のタブローの対 (P,Q) の間の RSK 対応を 3 つのやり方で実現した[5]．A に対応する辞書式配列を $\begin{pmatrix} u_1 & u_2 & \cdots & u_r \\ v_1 & v_2 & \cdots & v_r \end{pmatrix}$ とするとき，次の 3 つの方法で (P,Q) を作ることができる．

(1a) 行バンプ $v_1 \leftarrow v_2 \leftarrow \cdots \leftarrow v_r$ と，$u_1, \ldots, u_r$ の配置を行う．
(2a) 列バンプ $v_1 \rightarrow \cdots \rightarrow v_{r-1} \rightarrow v_r$ と，$u_r, \ldots, u_1$ のスライド配置を行う．
(3a) nw 順序の行列と玉の構成を行う．

nw（northwest）順序とは，行列の中に存在する玉それぞれに，それ自身より（広い意味で）北西に位置するすべての玉に付けられた数字の最大値より，1 だけ大きい数を付けることを指す．

　仮に「行バンプ＋スライド配置」の組合せや「列バンプ＋配置」の組合せを試した場合，得られる対のうち 2 つ目の図形は一般にはタブローにならない．しかし，2 行配列に関する順序関係を別のものに取り替えることで，2 行配列と，同じ形のタブロー対との間の対応関係が作れる．この 2 つの新しい操作で得られるタブロー対は一致する．このタブロー対は，行列と玉の構成の別バージョンを使って与えることもできる．

　配列に対しここで用いる順序は，**反辞書式順序**（antilexicographic ordering）とでも呼べるような，次のようなものである

---

[5] 訳注：第 4 章で扱ったのは下の (1a) と (3a)．

$$u_i > u_{i+1} \quad \text{または,} \quad u_i = u_{i+1} \text{ かつ } v_i \leq v_{i+1}.$$

この順序を採用すると，次のいずれの手順からも同じ形のタブローの対 (R, S) を作ることができて，両者は一致する．この対応を**バージュ対応**（Burge correspondence）という．

(1b) 列バンプ $v_1 \to \cdots \to v_r$ と，$u_r, \ldots, u_1$ の配置を行う．

(2b) 行バンプ $v_1 \leftarrow \cdots \leftarrow v_r$ と，$u_1, \ldots, u_r$ のスライド配置を行う．

例えば，配列 $\begin{pmatrix} 3 & 3 & 3 & 2 & 2 & 1 & 1 & 1 \\ 1 & 2 & 3 & 2 & 3 & 1 & 2 & 2 \end{pmatrix}$ に上の操作のどちらを施してもタブロー対

$$R = \begin{array}{|c|c|c|c|c|} \hline 1 & 1 & 2 & 2 & 2 \\ \hline 2 & 3 \\ \cline{1-2} 3 \\ \cline{1-1} \end{array} \qquad S = \begin{array}{|c|c|c|c|c|} \hline 1 & 1 & 1 & 3 & 3 \\ \hline 2 & 2 \\ \cline{1-2} 3 \\ \cline{1-1} \end{array}$$

が得られる．さらに，配列に対応する行列を A とすると

(3b) NW 順序による行列と玉の構成

を定義できる．この操作では行列の成分 t を，対応する箱の中の，南西から北東へ向かう対角線上に並ぶ t 個の玉に置き換える．玉につける数は，その玉の NW 方向，すなわちその玉より真に上の行，かつ真に左の列に存在するすべての数の最大値より 1 だけ大きい数である．こうして得られる行列を $A^{(1)}$ とする．このような順番付けは，**強い**（strong）順番付けと呼んでもよいであろう（この意味で，§4.2 の順番付けを**弱い**（weak）順番付けと呼ぶことにする）．次に例を挙げる．

$$A = \begin{bmatrix} 1 & 2 & 0 \\ 0 & 1 & 1 \\ 1 & 1 & 1 \end{bmatrix} \qquad A^{(1)} =$$

R と S の第 1 列に入る数字は $A^{(1)}$ から読み取ることができる．R（または S）

A.4 RSK 対応のバリエーション   **219**

の第 1 列の第 k 成分は，数 k を含む $A^{(1)}$ の列のうち最も左に位置するものの列番号（または，$A^{(1)}$ の行のうち最も上に位置するものの行番号）である．$A^{(1)}$ において，同じ数 k の付けられた玉たちは，（弱い）南西から北東方向に向かって一意的に順序付けることができる．第 4 章の行列と玉の構成と同じく，連続する玉 1 組に対し，行は南西の玉と等しく，列は北東の玉と等しい場所に玉を一つ入れる．こうして並べた玉たちに，$A^{(1)}$ に対し行ったのと同じ方法で番号を付け直すことで $A^{(2)}$ が得られる．$A^{(1)}$ から R と S の第 1 列を読み取ったのと同じ方法で，$A^{(2)}$ から第 2 列を読み取る．以後，この操作を繰り返す．今の例では，$A^{(1)}$ 以降の行列は次のようになる．

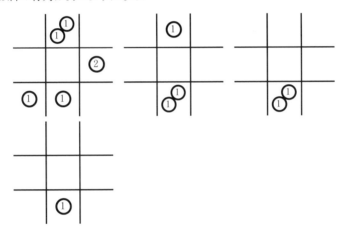

ここからタブロー対

$$R = \begin{array}{|c|c|c|c|c|} \hline 1 & 1 & 2 & 2 & 2 \\ \hline 2 & 3 \\ \cline{1-2} 3 \\ \cline{1-1} \end{array} \qquad S = \begin{array}{|c|c|c|c|c|} \hline 1 & 1 & 1 & 3 & 3 \\ \hline 2 & 2 \\ \cline{1-2} 3 \\ \cline{1-1} \end{array}$$

が読み取れる．

命題 A.9 与えられた行列に対して，(1b), (2b), (3b) の操作で得られるタブロー対はすべて一致する．これは行列（もしくは配列）と，同じ形のタブロー対の間の一対一対応を与える．

RSK の定理における条件 (i)-(iii) の類似がバージ対応に対しても成り立つ．

証明 (1b) と (2b) に対する証明は (1a) と (2a) の証明と類似の方法で与えるこ

とができるが，次の事実からも導ける：与えられた配列が反辞書式順序ならば，$\begin{pmatrix} u_r & \cdots & u_1 \\ v_r^* & \cdots & v_1^* \end{pmatrix}$ は辞書式順序配列であり，行バンプ $v_r^* \leftarrow \cdots \leftarrow v_1^*$ によって現れる箱の場所と順番は，列バンプ $v_r \rightarrow \cdots \rightarrow v_1$ で得られるものと一致する (§A.2 の演習問題 122 を見よ). したがって，新しい箱が現れる場所に $u_r, \ldots, u_1$ を順に配置していくとタブローが得られる．元の配列から (1b) の方法で得られるタブロー対を (R, S) とすると，配列 $\begin{pmatrix} u_r & \cdots & u_1 \\ v_r^* & \cdots & v_1^* \end{pmatrix}$ に RSK 対応を施して得られるタブロー対は (R^*, S) となる．(1a) と (2a) の結果は一致するため，列バンプ $v_r^* \rightarrow \cdots \rightarrow v_1^*$ と $u_1, \ldots, u_r$ のスライド配置の組合せでも (R^*, S) が得られるが，同じ理由からこれは，(2b) からも (R, S) が得られることを意味する．

次に，新しい行列と玉の構成からも同じタブロー対が得られることを示そう．証明は第 4 章のものとほとんど同じなので，ここでは両者の異なる点を指摘するだけにする．A の**最後尾**とは，ゼロでない一番下の行の中で，ゼロでない最初の成分の位置 (x, y) のことを指す．このとき $\begin{pmatrix} x \\ y \end{pmatrix}$ は，反辞書的順序配列の最初の列 $\begin{pmatrix} u_1 \\ v_1 \end{pmatrix}$ と一致する．A の (x, y) 成分を 1 だけ減らした行列を $A_\circ$ とする．また，A に (3b) を施して得られる玉入り行列を $A^{(1)}$ とするとき，$A^{(1)}$ の (i, j) 成分の玉の個数を (i, j) 成分とする行列を $A^\flat$ とする．$R = R(A)$, $S = S(A)$ をこの操作で得られるタブローの対とする．§4.2 と同様に，以下を証明すれば十分である．

主張 $R(A) = y \rightarrow R(A_\circ)$ である．また $S(A)$ は，$S(A_\circ)$ の新しい箱に x を配置することで得られる．

$A^{(1)}$ に入っているが $A_\circ^{(1)}$ には入っていない唯一の玉の番号を k とする．他に番号 k の玉が無い場合，$A^\flat = (A_\circ)^\flat$，および $u_1 > u_2$, $v_1 > v_2$ が成り立つ．したがって，列バンプ $y \rightarrow R(A_\circ)$ により y は第 1 列の一番下に置かれ，$S(A)$ は $S(A_\circ)$ の第 1 列の一番下に x を配置することで得られる．よって主張は明らかである．他に番号 k の玉がある場合，そのような玉の場所 (x', y') のうち，$x' \leq x$ を最大に，$y' \geq y$ を最小にするものをとる．この場合，$y \rightarrow R(A_\circ)$ により y' が第 1 列よりバンプされる．$A^\flat$ の最後尾が (x, y') あることと，$(A^\flat)_\circ = (A_\circ)^\flat$ であることから，$R(A^\flat) = y' \rightarrow R((A_\circ)^\flat)$ であること，および，$S(A^\flat)$ にはあるが $S((A_\circ)^\flat)$ にはない箱の位置が新しい箱の位置と一致することがわかる．証明は，数学的帰納法により完了する． □

行列と玉の構成は明らかに対称性を持つ．つまり，A が (R, S) と対応するな

らば，転置 A^τ は (S, R) と対応する．このことから以下の対称性定理が示される．

定理 A.10（対称性定理（b）） $\begin{pmatrix} u_1 & u_2 & \cdots & u_r \\ v_1 & v_2 & \cdots & v_r \end{pmatrix}$ を反辞書式順序に並び換えた配列がバージュ対応によってタブロー対 (R, S) に対応するとき，$\begin{pmatrix} v_1 & v_2 & \cdots & v_r \\ u_1 & u_2 & \cdots & u_r \end{pmatrix}$ を反辞書式順序に並び換えた配列はタブロー対 (S, R) に対応する．

したがって，対称行列は $R = S$ なる対 (R, S) に対応する．単に，対称行列はタブロー R に対応するといってもよいだろう．

演習問題 135 対称行列 A がタブロー R に対応しているとする．A の対角成分のうち奇数であるものの個数と，A^b の対角成分のうち奇数であるものの個数の和は，R の第 1 列の長さと等しいことを示せ．このことを用いて，A の対角成分のうち奇数であるものの個数は，ヤング図形 R の長さが奇数の行の数と一致することを示せ．

バージュ対応は以下のような双対性も持つ：

定理 A.11（双対性定理（b）） 2 行配列 $\begin{pmatrix} u_1 & u_2 & \cdots & u_r \\ v_1 & v_2 & \cdots & v_r \end{pmatrix}$ がタブロー対 (R, S) に対応するとき，2 行配列 $\begin{pmatrix} u_r^* & \cdots & u_1^* \\ v_r^* & \cdots & v_1^* \end{pmatrix}$ はタブロー対 (R^*, S^*) に対応する．

証明 (1b) の操作を施すと，上の配列はある X に対し (R^*, X) に対応することがわかる．対称性定理（b）A.10 より $X = S^*$ である． □

A.4.2 行列の他の隅

これまでの議論で 2 種類の行列と玉の構成を得ることができたが，いずれの場合も左上隅からの順序を用いて玉に番号を付けた．他の 3 つの隅からの順序を採用すると何が起こるかを問うのは，自然なことであろう．例えば，南西から北東に向かった弱い順序により玉の番号を定め，第 1 のタブローの第 1 行第 k 成分に，数 k を含む最も左の列の列番号を，第 2 のタブローの第 1 行第 k 成分に，数 k を含む最も下の行の行番号を入れる（下からの行数，もしくは右からの列数を数えるときは，双対の数字 $1^*, 2^*, \ldots$ を入れる）．例えば，先ほどの A を使ってこの操作を行うと

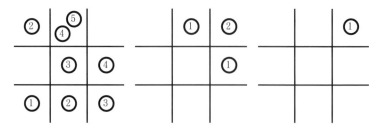

を得る. 対応するタブロー対は,

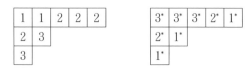

である. 同じことだが, 配列 $\begin{pmatrix} u_1^* & \cdots & u_r^* \\ v_1 & \cdots & v_r \end{pmatrix}$ を辞書式順序に並べて RSK 対応を実行すると, このタブロー対が得られる. この方法で得られる第 1 のタブローはバージ対応の R と一致しており, 第 2 のタブローはバージ対応の S の双対 S^* と一致することに注意しよう. 実際, どの隅からの順序をとるか, 強い順序, 弱い順序のどちらにするかで計 8 通りの可能性が存在するが, 得られるタブローは, 第 1 のものは P, R, P^*, R^* のいずれか, 第 2 のものは Q, S, Q^*, S^* のいずれかとなることが示される. さらに, P, P^* の相棒は Q, Q^* のいずれか, R, R^* の相棒は S, S^* のいずれかということもわかる. 考えられるすべてのパターンは, 以下の定理で与えられる.

定理 A.12 辞書式順序配列と弱い順序を用いて得られるタブロー対の組合せは, 以下の 4 つである.

$$\begin{pmatrix} u \\ v \end{pmatrix} \text{nw} \searrow (P, Q); \qquad \begin{pmatrix} u^* \\ v \end{pmatrix} \text{sw} \nearrow (R, S^*);$$
$$\begin{pmatrix} u^* \\ v^* \end{pmatrix} \text{se} \nwarrow (P^*, Q^*); \qquad \begin{pmatrix} u \\ v^* \end{pmatrix} \text{ne} \swarrow (R^*, S).$$

反辞書式順序配列と強い順序を用いて得られるタブロー対の組合せは, 以下の 4 つである.

$\begin{pmatrix} u \\ v \end{pmatrix}$ NW $\searrow (R, S);$ $\quad$ $\begin{pmatrix} u^* \\ v \end{pmatrix}$ SW $\nearrow (P, Q^*);$

$\begin{pmatrix} u^* \\ v^* \end{pmatrix}$ SE $\nwarrow (R^*, S^*);$ $\quad$ $\begin{pmatrix} u \\ v^* \end{pmatrix}$ NE $\swarrow (P^*, Q).$

　第1のグループと第2のグループは, P と R, Q と S の入れ換えになっていることに気付くであろう. これら8つの対応は, いずれも2行配列の1行目を優先した（反）辞書式順序を用いている. 2行目を優先した順序を用い, 矢印の向きを反対にし, 各タブロー対における2つのタブローを入れ換えることで, さらに8つの対応が作られることが対称性定理より従う.

証明 $\begin{pmatrix} u_1 & u_2 & \cdots & u_r \\ v_1 & v_2 & \cdots & v_r \end{pmatrix}$ を行列 A に対応する辞書式順序配列とし, この配列から RSK 対応により得られるタブロー対を (P, Q) とする. 行列の南東隅からの順序を用いることは, 辞書式順序配列 $\begin{pmatrix} u_r^* & \cdots & u_1^* \\ v_r^* & \cdots & v_1^* \end{pmatrix}$ の RSK 対応を考えることに相当するが, 双対性定理（定理 A.1）より, ここから得られるタブロー対は (P^*, Q^*) である. §A.4.1 の命題 A.9 の証明より, 反辞書式順序配列 $\begin{pmatrix} u_r & \cdots & u_1 \\ v_r^* & \cdots & v_1^* \end{pmatrix}$ からは対 (P^*, Q) が得られることがわかる. 定義より, このタブロー対は定理の主張第2グループの $\swarrow$ の場合に対応する. 同様に, 反辞書式順序配列 $\begin{pmatrix} u_1^* & \cdots & u_r^* \\ v_1 & \cdots & v_r \end{pmatrix}$ は, 双対性定理 (b)（定理 A.11）より対 (P, Q^*) に対応する. 残りの4つの場合も, 同様の議論で証明される. $\square$

　これら2種類の対応により, タブロー対とタブロー対の間の一対一対応 $(P, Q) \mapsto (R, S)$ が定まる. ここで, R と P, S と Q に現れる数字の個数は同じである. このタブロー対どうしの全単射, および対応する行列の間の全単射は, 興味深い研究対象であろう.

A.4.3 0 と 1 の行列

　辞書式順序配列 $\begin{pmatrix} u_1 & u_2 & \cdots & u_r \\ v_1 & v_2 & \cdots & v_r \end{pmatrix}$ に対して, 列バンプ $v_r \to \cdots \to v_1$ と $u_1, \ldots, u_r$ の配置で何が起こるであろうか. u_i によるヤング図形の番号付けは, 行に関しても列に関しても非減少であるが, 一般にはタブローにならない. 例えば,

$$\begin{pmatrix} 1 & 1 \\ 1 & 2 \end{pmatrix} \longleftrightarrow \boxed{\begin{array}{|c|c|} \hline 1 & 1 \\ \hline 2 & \\ \hline \end{array}} = \boxed{\begin{array}{|c|c|} \hline 1 & \\ \hline 1 & \\ \hline \end{array}} \qquad \begin{pmatrix} 1 & 1 & 1 \\ 1 & 2 & 2 \end{pmatrix} \longleftrightarrow \boxed{\begin{array}{|c|c|} \hline 1 & 2 \\ \hline 2 & \\ \hline \end{array}} \boxed{\begin{array}{|c|c|} \hline 1 & 1 \\ \hline 1 & \\ \hline \end{array}}$$

である．しかし，どの組 $\begin{pmatrix} x \\ y \end{pmatrix}$ も配列の中に2回以上現れないときは，2つ目の図形の番号は行に関して単調増加する．これを共役と取り換えることで，互いに共役な形を持つタブローの対（共役タブロー対）$\{\widetilde{P}, \widetilde{Q}\}$ を得る．同じことであるが，列バンプ $v_r \to \cdots \to v_1$ で現れた新しい箱と共役な位置に $u_1, \ldots, u_r$ を順に配置するといってもよい．この操作を**共役配置**（conjugate placing）と呼ぶことにしよう．上の操作を一言で言えば次のようになる：

(1c) 列バンプ $v_r \to \cdots \to v_1$ と，$u_1, \ldots, u_r$ の共役配置を行う．

例えば，配列 $\begin{pmatrix} 1 & 1 & 2 & 2 & 3 & 3 \\ 2 & 3 & 1 & 3 & 1 & 3 \end{pmatrix}$ からタブロー対

$$\widetilde{P} = \begin{array}{|c|c|c|} \hline 1 & 1 & 2 \\ \hline 3 & 3 & 3 \\ \hline \end{array} \qquad \widetilde{Q} = \begin{array}{|c|c|} \hline 1 & 1 \\ \hline 2 & 2 \\ \hline 3 & 3 \\ \hline \end{array}$$

が得られる．同じ組を2つ以上持たない配列は，0と1のみを成分に持つ行列 $A = (a(i,j))$ と対応する．配列が $\begin{pmatrix} i \\ j \end{pmatrix}$ を含むときに $a(i,j) = 1$ となる．

命題 A.13（クヌース） 上の対応は，0と1のみを成分に持つ行列（もしくは繰り返しのない配列）と，共役タブロー対 $\{\widetilde{P}, \widetilde{Q}\}$ の間の一対一対応を与える．

証明 第4章のRSK対応に関する証明で，行バンプを列バンプに入れ換えれば証明となる．例えば，$i < k$ かつ $u_i = u_k$ ならば $v_i < \cdots < v_k$ であるが，列バンプの補題より k 番目の新しい箱は，i 番目の箱の真に下，弱く左に位置する．共役ヤング図形の中で，u_k は u_i の真に右にあるため，同じ列に同じ数は含まれないことがわかる． □

A の第 k 行の数の和は，$\widetilde{Q}$ に k が現れる回数と等しく，第 k 列の数の和は $\widetilde{P}$ に k が現れる回数と等しい．このことから，第4章と同様に次の恒等式が証明される．

系 A.14（リトルウッド） $\prod_{i=1}^{n} \prod_{j=1}^{m} (1 + x_i y_j) = \sum_{\lambda} s_{\lambda}(x_1, \ldots, x_n) s_{\widetilde{\lambda}}(y_1, \ldots, y_m)$
が成り立つ．和は，高々 n 本の行，m 本の列を持つすべての λ についてとる．

演習問題 136 0と1を成分に持つ $m \times n$ 行列であって，各行の和は $\lambda_1, \ldots, \lambda_m$，

各列の和は $\mu_1, \ldots, \mu_n$ であるものの総数は，$\sum_\nu K_{\nu\lambda} K_{\tilde{\nu}\mu}$ であることを示せ．

演習問題 137 ゲールとレーザーによる以下の定理を証明せよ：同じ整数の分割 λ と μ に対して以下は同値である．

(a) 0 と 1 を成分に持つ行列であって，各行の和は $\lambda_1, \ldots, \lambda_m$，各列の和は $\mu_1, \ldots, \mu_n$ であるものが存在する．
(b) $\lambda \trianglelefteq \tilde{\mu}$．
(c) $\mu \trianglelefteq \tilde{\lambda}$．

RSK 対応と同様，この対応に対してももう一つの共役タブロー対 $\{\tilde{R}, \tilde{S}\}$ を求める手法や，対称性定理，双対性定理，行列と玉の構成などが存在する．これまでやってきたことを少し変えるだけなので，証明の概略は手短に述べるだけにして，結果のみを紹介しよう．与えられた辞書式順序配列に対して，

(2c) 行バンプ $v_r \leftarrow \cdots \leftarrow v_1$ と，$u_r, \ldots, u_1$ の共役スライド配置を行う．

という操作を定義する．共役スライド配置とは，行バンプの各ステップで生まれる新しい箱の位置の共役な場所から，スライド配置を始めることである．

「northWest」順序による行列と玉の構成も存在する．これまでのように，行列の (i, j) の位置に $a(i, j)$ 個の玉を入れ，上左隅から順に玉に番号を付けていくが，ただし番号は，玉の northWest 方向（弱く上，かつ強く左）に存在する他のすべての玉の数の最大値より 1 だけ大きいものを付ける．この玉入り行列を $A^{(1)}$ とおく．$\tilde{P}$ の第 1 列の第 k 成分は，番号 k を含む $A^{(1)}$ の列のうち一番左にあるものの列番号，$\tilde{Q}$ の第 1 行第 k 成分は，番号 k の玉を含む一番上の行の行番号とする．例えば，配列 $\begin{pmatrix} 1 & 1 & 2 & 2 & 3 & 3 \\ 2 & 3 & 1 & 3 & 1 & 3 \end{pmatrix}$ に対して，

$$A = \begin{bmatrix} 0 & 1 & 1 \\ 1 & 0 & 1 \\ 1 & 0 & 1 \end{bmatrix} \qquad A^{(1)} = $$

である．対応する $\tilde{P}$ の第 1 列は $\boxed{\begin{smallmatrix}1\\3\end{smallmatrix}}$，$\tilde{Q}$ の第 1 行は $\boxed{1}\,\boxed{1}$ である．これまでの場合と同様に，同じ数のついた $A^{(1)}$ 内の玉の組を用いて新しい行列 $A^\flat$ を定

める.この行列 $A^{\flat}$ の各地点には高々一つの玉が配置される.この操作を繰り返すことで玉入り行列の列 $A^{(2)}, A^{(3)}, \ldots$ を作り,$\widetilde{P}$ と $\widetilde{Q}$ を読み取ることができる.この例では,この操作を繰り返すことで

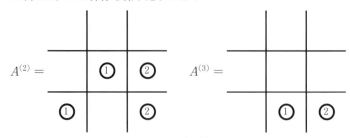

が得られ,ここから読み取れるタブロー $\widetilde{P}, \widetilde{Q}$ は先ほどのものと一致する.この操作を

(3c) nW 順序を用いた行列と玉の構成

と呼ぶ.

命題 A.15 (1c),(2c),(3c) によって得られる共役タブロー対 $\{\widetilde{P}, \widetilde{Q}\}$ はすべて一致する.

0 と 1 を成分に持つ行列と,共役タブロー対 $\{\widetilde{R}, \widetilde{S}\}$ の間の対応はこの他に 3 つ存在する.反辞書式順序配列 $\begin{pmatrix} u_1 & u_2 & \cdots & u_r \\ v_1 & v_2 & \cdots & v_r \end{pmatrix}$ をとる.これは $u_i \geq u_{i+1}$ を満たし,かつ $u_i = u_{i+1}$ ならば $v_i < v_{i+1}$ を満たすのであった.以下の 3 つの方法で対応が定まる:

(1d) 行バンプ $v_r \leftarrow \cdots \leftarrow v_1$ と,$u_r, \ldots, u_1$ の共役配置を行う.
(2d) 列バンプ $v_r \to \cdots \to v_1$ と,$u_1, \ldots, u_r$ の共役スライド配置を行う.
(3d) Nw 順序を用いた行列と玉の構成.

ただし,この行列と玉の構成は,これまでの構成における列の役割と行の役割を交換して定義する;ここでは,玉につけられている番号は,$\widetilde{R}$ の行に入る数字と,$\widetilde{S}$ の列に入る数字を定めるために用いる.

命題 A.16 (1d),(2d),(3d) によって得られる共役タブロー対 $\{\widetilde{R}, \widetilde{S}\}$ はすべて一致する.この対応は,0 と 1 を成分に持つ行列と共役タブロー対の間の一対一対応を与える.

A.4 RSK 対応のバリエーション　　227

この場合にも，次のような性質が成立する．

定理 A.17（対称性定理） $\{\widetilde{P}, \widetilde{Q}\}$ と $\{\widetilde{R}, \widetilde{S}\}$ を，行列 A に上の 2 種類の操作を施して得られる 2 つの共役タブロー対とする．このとき，転置行列 A^τ に対応する 2 つの共役タブロー対は，それぞれ $\{\widetilde{S}, \widetilde{R}\}$ と $\{\widetilde{Q}, \widetilde{P}\}$ である．

この対称性定理においては，二種類の操作の入れ換えと，対の中のタブローの入れ換えの両方が起こることに注意しよう．配列 $\binom{u}{v}$ が前者の操作によって $\{\widetilde{P}, \widetilde{Q}\}$，後者の操作によって $\{\widetilde{R}, \widetilde{S}\}$ と対応するとき，配列 $\binom{v}{u}$ は前者の操作によって $\{\widetilde{S}, \widetilde{R}\}$，後者の操作によって $\{\widetilde{Q}, \widetilde{P}\}$ と対応する．

定理 A.18 辞書式順序配列と，列に対して強い順序，行に対して弱い順序を用いて得られる共役タブロー対の組合せは，以下の 4 つである．

$$\binom{u}{v} \text{nW} \searrow \{\widetilde{P}, \widetilde{Q}\}; \qquad \binom{u^*}{v} \text{sW} \nearrow \{\widetilde{R}, \widetilde{S^*}\};$$

$$\binom{u^*}{v^*} \text{sE} \nwarrow \{\widetilde{P^*}, \widetilde{Q^*}\}; \qquad \binom{u}{v^*} \text{nE} \swarrow \{\widetilde{R^*}, \widetilde{S}\}.$$

反辞書式順序配列と，列に対して弱い順序，行に対して強い順序を用いて得られる共役タブロー対の組合せは，以下の 4 つである．

$$\binom{u}{v} \text{Nw} \searrow \{\widetilde{R}, \widetilde{S}\}; \qquad \binom{u^*}{v} \text{Sw} \nearrow \{\widetilde{P}, \widetilde{Q^*}\};$$

$$\binom{u^*}{v^*} \text{Se} \nwarrow \{\widetilde{R^*}, \widetilde{S^*}\}; \qquad \binom{u}{v^*} \text{Ne} \swarrow \{\widetilde{P^*}, \widetilde{Q}\}.$$

これらの間の関係は，定理 A.12 のものと完全に同じである．証明も同様で，各タブロー対の一つ目の図形を直接計算すると，もう一方の図形は対称性定理によりどうなるべきか決まる．特に，以下が成り立つ：

定理 A.19（双対性定理） 辞書式順序配列 $\binom{u_1 \, u_2 \, \cdots \, u_r}{v_1 \, v_2 \, \cdots \, v_r}$ が共役タブロー対 $\{\widetilde{P}, \widetilde{Q}\}$ に対応しているとき，反辞書式順序配列 $\binom{u_r^* \, \cdots \, u_1^*}{v_r^* \, \cdots \, v_1^*}$ は $\{\widetilde{P^*}, \widetilde{Q^*}\}$ に対応する．辞書式順序配列 $\binom{u_1 \, u_2 \, \cdots \, u_r}{v_1 \, v_2 \, \cdots \, v_r}$ が共役タブロー対 $\{\widetilde{R}, \widetilde{S}\}$ に対応しているとき，反辞書式順序配列 $\binom{u_r^* \, \cdots \, u_1^*}{v_r^* \, \cdots \, v_1^*}$ は $\{\widetilde{R^*}, \widetilde{S^*}\}$ に対応する．

2 行配列 $\begin{pmatrix} u_1 & u_2 & \cdots & u_r \\ v_1 & v_2 & \cdots & v_r \end{pmatrix}$ の 1 行目の成分，もしくは 2 行目の成分に重複がない場合，4 つの構成法をすべて用いて，タブロー対 (P, Q), (R, S) と，共役タブロー対 $\{\widetilde{P}, \widetilde{Q}\}$, $\{\widetilde{R}, \widetilde{S}\}$ の 4 対が得られる．

命題 A.20 (1) $u_1, \ldots, u_r$ が相異なる場合，$\widetilde{P} = R$, $\widetilde{Q} = S^\tau$, $\widetilde{R} = P$, $\widetilde{S} = Q^\tau$ が成り立つ．したがって，得られる 4 対は

$$(P, Q), (R, S), \{R, S^\tau\}, \{P, Q^\tau\}.$$

(2) $v_1, \ldots, v_r$ が相異なる場合，得られる 4 対は

$$(P, Q), (R, S), \{P^\tau, Q\}, \{R^\tau, S\}.$$

(3) $u_1, \ldots, u_r$ が相異なり，$v_1, \ldots, v_r$ が相異なる場合，得られる 4 対は

$$(P, Q), (P^\tau, Q^\tau), \{P^\tau, Q\}, \{P, Q^\tau\}.$$

証明 (1) は定義より簡単に証明できる．(2) は対称性から，(3) は (1) と (2) の組合せから得られる． □

例えばワード $w = v_1 \cdots v_r$，もしくは 2 行配列 $\begin{pmatrix} 1 & \cdots & r \\ v_1 & \cdots & v_r \end{pmatrix}$ がタブロー対 (P, Q), $P = P(w)$, $Q = Q(w)$ と対応しているとき，$w^{\text{rev}} = v_r \cdots v_1$ とすれば，$R = P(w^{\text{rev}})$, $S = Q((w^*)^{\text{rev}})$ が成立する．残りのタブローは (1) により与えられる．w が置換のときは $Q = P(w^{-1})$ が成り立つ．残りのタブローは (3) により与えられる．

演習問題 138 本問では命題 A.13 の仮定と記法を用いる．T を任意のタブローとする．列挿入 $v_r \to \cdots \to v_1 \to T$ の各ステップで，新しい箱の位置と共役の場所に $u_1, \ldots, u_r$ を順に配置する．この操作によって，$\text{Rect}(X) = \widetilde{Q}$ を満たす歪タブロー X が得られることを示せ．

演習問題 139 本問では命題 A.16 の仮定と記法を用いる．T を任意のタブローとする．行挿入 $T \leftarrow v_r \leftarrow \cdots \leftarrow v_1$ の各ステップで，新しい箱の位置と共役の場所に $u_r, \ldots, u_1$ を順に配置する．この操作によって，$\text{Rect}(Y) = \widetilde{S}$ を満たす歪タブロー Y が得られることを示せ．

演習問題 140 (a) 辞書式順序配置 $\begin{pmatrix} u_1 & u_2 & \cdots & u_r \\ v_1 & v_2 & \cdots & v_r \end{pmatrix}$ が RSK 対応によってタブロー対 (P, Q) に対応すると仮定する．$(T, T_\circ)$ を，$T_\circ$ の各成分が各 u_i より大き

いような任意のタブロー対とする．列バンプ $v_1 \to \cdots \to v_r \to T$ を行い，新しくできる箱の位置から始めた逆スライドを $T_\circ$ に施し，左上に生まれる空き箱に $u_r, \ldots, u_1$ を順に入れることで，$T_\circ$ に $u_r, \ldots, u_1$ をスライド配置する．完成した図形の中の $u_1, \ldots, u_r$ の成す部分タブローが，Q と一致することを示せ．
(b) §A.4 で紹介した他の 3 つの操作について同様の主張を述べ，その証明を与えよ．

演習問題 141 (a) 前の演習問題と同じ仮定のもと，行バンプ $T \leftarrow v_1 \leftarrow \cdots \leftarrow v_r$ を行い，新しくできる箱の位置から始めた逆スライドを $T_\circ$ に施し，左上に生まれる空き箱に $u_1^*, \ldots, u_r^*$ を順に入れることで，$T_\circ$ に $u_1^*, \ldots, u_r^*$ をスライド配置する．ただし文字 u_i^* は，$T_\circ$ のあらゆる成分よりも小さいとみなす．完成する図形は，小さい方から r 番目までの成分の成す部分タブローが Q^* と一致するようなタブローであることを示せ．
(b) §A.4 で紹介した他の 3 つの操作について同様の主張を述べ，証明を与えよ．

演習問題 142 配列 $\begin{pmatrix} u_1 & u_2 & \cdots & u_r \\ v_1 & v_2 & \cdots & v_r \end{pmatrix}$ の各行各列の成分はそれぞれ相異なり，RSK 対応によってタブロー対 (P, Q) に対応すると仮定する．このとき，配列 $\begin{pmatrix} u_1^* & \cdots & u_r^* \\ v_1 & \cdots & v_r \end{pmatrix}$ は RSK 対応によってタブロー対 $(P^\tau, (Q^\tau)^*) = (P^\tau, (Q^*)^\tau)$ と対応することを示せ．

配列の各行のアルファベットは $[r]$ であるとし，a^* と $r+1-a$ を同一視して反転アルファベット $[r]^*$ と $[r]$ を同一視する．各 $1 \leq i \leq r$ に対し $u_i = i$ とおくと，配列 $\begin{pmatrix} u_1^* & \cdots & u_r^* \\ v_1 & \cdots & v_r \end{pmatrix}$ は反転ワード w^{rev} に対応する配列である．これによって以下が得られる．

系 A.21 w を置換とし，$P = P(w)$，$Q = Q(w)$ とおく．このとき，
$$P(w^{\mathrm{rev}}) = P^\tau \quad と \quad Q(w^{\mathrm{rev}})^\tau = (Q^*)^\tau = (Q^\tau)^*$$
が成り立つ．

演習問題 143 同じ形の 2 つの歪タブローについて，行ワードが Q 同値であることと列ワードが Q 同値であることは必要十分であることを示せ．

演習問題 144 対応 (b), (c), (d) に関する §A.2 の演習問題 121 の類似の主張を記述し，その証明を与えよ．

A.5 鍵

第5章のアイデアを応用して，与えられたタブローの「左鍵」，「右鍵」を構成することができる．これは，旗多様体上の直線束の切断の空間の標準基底を組合せ論的に解析するために [Lascoux and Schützenberger (1990)] で導入された概念である（[Fulton and Lascoux (1994)] も見よ）．その定義は以下の事実に基づく：

命題 A.22 T をタブローとする．列の長さの組合せが T のものと一致する歪ヤング図形を ν/λ とする．このとき ν/λ 上の歪タブロー S であって，整化が T であるものがただ一つ存在する．

証明 §5.1 の系 5.3 で述べたように，このような歪タブローの数は T の形 μ にのみ依存する．したがって，特別なタブロー $T = U(\mu)$ に対して証明を行えば十分である．この場合，S は各列の第 i 成分が i であるような歪タブローでなければならない．実際，S には μ_1 個の1があり，かつちょうど μ_1 本の列があるので，S が歪タブローとなるためには各列の一番上は1が入らなければならない．次に，S には μ_2 個の2があり，かつ長さ2以上の列がちょうど μ_2 本あるので，各列の上から二番目の箱には2が入らなければならない．すべての成分について同様のことがいえる．このような S はただ一つである（μ/λ が歪ヤング図形である事実から，各行の成分が非減少であり，S が歪タブローであることが保証される）． □

この証明より，S の成分はその形の列の長さ（の並び方）にのみ依存することがわかる．与えられた列の長さに対し，隣り合う2列の1番上の箱の高さが揃っている（左の列が長いとき）か，1番下の箱の高さが揃っている（右の列が長いとき）か，列の長さが等しいときはその両方を仮定することで，最もコンパクトな形の S を指定することができる；同じ列の長さを持つ別の歪タブローに対応する S は，各列を引き延ばすことで得られる．例えば

$$T = \begin{array}{|c|c|c|c|} \hline 1 & 1 & 2 & 2 \\ \hline 2 & 3 & 3 \\ \cline{1-3} 4 \\ \cline{1-1} \end{array}$$

に対し，列の長さが $(2, 3, 2, 1)$ で整化が T となる歪タブローのうち，もっともコンパクトな S と，そうでないものの一つ S' を以下に示す．

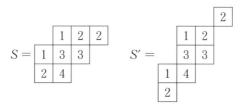

T が2本の列のみから成るときは，T から S を求めることは容易である．実際，第2列の一番下の場所に関する逆スライドを行えばよい．例えば，

1	2
3	4
4	
5	

この操作，およびその逆操作（1列目の1番上の箱から始めるスライド）のことを，**基本移動** (elementary move) と呼ぶ．連続する2列に対し基本移動を繰り返し用いることで，与えられた列の長さ，与えられた整化を持つ歪タブローが見つかる．一般に歪タブロー S が**率直** (frank) であるとは，その列の長さが，その整化の列の長さの並び換えとなっていることをいう：S の整化を T とすると，S は同じ形の歪タブローで整化が T となる唯一のものである．コンパクトな形の率直な歪タブローに基本移動を施したものは，再び率直な歪タブローになる．

T の列の長さの並び換え方を一つ指定すると，対応する率直な歪タブロー S の各列は一意的に決まる．より強く，以下が成り立つ．

系 A.23 S の左端の列（もしくは右端の列）は，その列の長さのみに依存する．

証明 左端の列（および右端の列）の長さが S と等しいすべての（コンパクトな形の）歪タブローは，S に，その列を巻き込まないような基本移動を施すことで得られる． □

T のある列の長さ c に対して，右端の列（もしくは左端の列）の長さが c であるような系 A.23 の歪タブローの，その列に含まれる成分から成る集合を $\mathcal{L}_c$（もしくは $\mathcal{R}_c$）とする．

系 A.24 $c < d$ のとき，$\mathcal{L}_c \subset \mathcal{L}_d$ および $\mathcal{R}_c \subset \mathcal{R}_d$ が成り立つ．

証明 左端から2つの列の長さがそれぞれ c と d の歪タブロー S で，整化が T であるものに対して基本移動を施す．左端の2つの列に対する基本移動では，1列目の1番上の箱からスライドが始まり，2列目の成分のいくつかが1列目に入る．したがって $\mathcal{L}_d$ は $\mathcal{L}_c$ を含む．右端の列についても同様の議論が成り立つ． □

入れ子になった集合族 $\{\mathcal{L}_c\}$, $\{\mathcal{R}_c\}$ を，それぞれ T の**左鍵**，**右鍵**という．T と同じ形をしたタブローであって，長さ c の列に $\mathcal{L}_c$ (もしくは $\mathcal{R}_c$) の元を昇順に入れたものを $K_-(T)$ (もしくは $K_+(T)$) とする．たとえば，T をこの節の初めで与えたタブローとするとき，基本移動を何回か施してその鍵を作ると

$$T = \begin{array}{|c|c|c|c|} \hline 1 & 1 & 2 & 2 \\ \hline 2 & 3 & 3 \\ \cline{1-3} 4 \\ \cline{1-1} \end{array} \qquad K_-(T) = \begin{array}{|c|c|c|c|} \hline 1 & 1 & 1 & 1 \\ \hline 2 & 2 & 2 \\ \cline{1-3} 4 \\ \cline{1-1} \end{array} \qquad K_+(T) = \begin{array}{|c|c|c|c|} \hline 2 & 2 & 2 & 2 \\ \hline 3 & 3 & 3 \\ \cline{1-3} 4 \\ \cline{1-1} \end{array}$$

となる．

演習問題 145 率直な歪タブローを縦線でいくつかの歪タブローに分割したとき，それぞれの歪タブローもまた率直であることを示せ．

演習問題 146 T と U をタブローとする．以下が同値であることを示せ．
(1) $T * U$ は率直．
(2) $K_+(T)$ の任意の列 t と $K_-(U)$ の任意の列 u に対して，$t * u$ は率直．
(3) $K_+(T) * K_-(U)$ は率直．

列 t, u について，$t * u$ が率直であることと，2列を上辺もしくは下辺で揃えて並べたものが歪タブローとなることが，同値であることに注意せよ．

演習問題 147 T のある列の長さ c に対し，T の上から c 行目までの部分の一番右端の成分たちを，下から上に向かって順番に番号付けする．これらを用いた反転行バンプ (もしくは反転列バンプ) を順に行うとき，$\mathcal{R}_c$ の元 (もしくは $\mathcal{L}_c$ の元) がバンプされることを示せ．

$[m]$ の部分集合の列 $\mathcal{S}_1 \subset \mathcal{S}_2 \subset \cdots \subset \mathcal{S}_r$ は，置換群 S_m の元を一つ定める．その置換のワードは，$\mathcal{S}_1$ の元を昇順に並べ，次に $\mathcal{S}_2 \setminus \mathcal{S}_1$ の元を昇順に並べ，…を繰り返し，最後に $[m] \setminus \mathcal{S}_r$ の元を昇順に並べたものである．タブロー T から定まる鍵 $\{\mathcal{L}_c\}$, $\{\mathcal{R}_c\}$ に対して，これらの置換を $w_-(T)$,

$w_+(T)$ と書く.上の例では,$w_-(T) = 1\,2\,4\,3$,$w_+(T) = 2\,3\,4\,1$ である.これらの置換は,標準単項式の理論で重要な役割を果たす(§10.5 および [Fulton and Lascoux (1994)] を見よ).

付録B　代数多様体のトポロジーについて

　この付録では，複素代数多様体のコホモロジーおよびホモロジーに関して本書で用いてきた基本的な事実，その中でも特に部分代数多様体の類を構成することについて議論する．初期のトポロジーの発展の中で，特にポアンカレやレフシェッツの仕事において，このような類を構成することはひとつの主要な動機であったにもかかわらず，およそ一世紀を経た今も，学生が代数的トポロジーの教科書からこのような基本的な事実を引き出すことは非常に難しい．直観的な方法でこれを示そうとするならば，代数多様体が，その特異部分が部分複体であるように三角形分割可能だという事実から出発することもできる．そのとき，適切に向き付きられた最高次の単体の和がサイクルであり，望む部分多様体の類はそのホモロジー類である．この議論を厳密化して，必要な基本的性質を証明することは，実行可能ではあるが非常に骨が折れる．

　この困難を避け，コンパクトでない周囲空間でも望む性質を得る手段として，ボレル・ムーア・ホモロジーが考えられる．この方法は，はじめは [Borel and Haefliger (1961)] により，また [Iversen (1986)] によってさらに詳しく実行された．しかし，この手法は層のコホモロジーと層の双対性に基礎を置いている．この付録では，これとは異なるが同等な定式化を，特異ホモロジーの標準的な事実[1]だけを用いて与える（これは [Fulton and MacPherson (1981)] による一般的な構成を簡略化したものである．いくつかの技術的な結果は [Dold (1980)] にも見られる）．この手法では相対コホモロジーとベクトル束のトム（Thom）類の基本的な性質を用いる．これらの性質は例えば [Greenberg and Harper (1981)], [Dold (1980)], [Spanier (1966)] に見出せる．また，可微分多様体の基本的な性質，管状

---

[1] 訳注：日本語で読める教科書として [中岡] を挙げておく．

近傍の存在，1 の分割など，[Guillemin and Pollack (1974)] あるいは [Lang (1985)] などに書かれている事実を用いる．

最初の節 §B.1 で，この本の中で用いてきた複素代数多様体のトポロジーに関する事実や性質を列挙する．これらについて議論することがこの付録の目的である．読者がこれらの位相幾何学的事実を認めることに抵抗がないならば，この節を公理的に使用してもよい（例えばコホモロジー群をチャウ群に変えても同じ公理が成り立つ．実はそちらの方が証明が簡単である箇所も多い）．§B.2, B.3 ではこれらの事実や性質が証明される．最後の節ではチャーン類と射影束について論じる．

この付録では**代数多様体**は既約であると仮定し，**可微分多様体**は連結であること（および第 2 可算公理を満たすこと），あるいは，同じ次元の連結な可微分多様体の有限個の交わらない和であることを仮定する．

B.1 基本的な事実

任意の位相空間 X には特異ホモロジー群 $H_i X$ および特異コホモロジー群 $H^i X$ と呼ばれる加法群が定義される（本書では常に整数を係数とする）．ただし i は非負整数である．特異コホモロジー群の直和 $H^* X = \oplus H^i X$ には積演算 $H^i X \otimes H^j X \to H^{i+j} X$ があり，それにより $H^* X$ は結合的で単位元 1 を持つ環になる．積をカップ積 $\alpha \otimes \beta \mapsto \alpha \cup \beta$ の記号あるいはドットを用いて $\alpha \cdot \beta$ と書く．$H^* X$ の積は $\alpha \in H^i X$, $\beta \in H^j X$ のとき $\alpha \cup \beta = (-1)^{ij} \beta \cup \alpha$ という規則 (skew-commutative) を満たす．ホモロジー群の直和 $H_* X = \oplus H_i X$ には，**キャップ積** $H^i X \otimes H_j X \to H_{j-i} X$, $\alpha \otimes \beta \mapsto \alpha \cap \beta$ によってコホモロジー環上の左加群の構造が定まる．

連続写像 $f: X \to Y$ が与えられると，任意の i に対して**引き戻し射**

$$f^*: H^i Y \to H^i X \tag{B.1}$$

と**押し出し射**

$$f_*: H_i X \to H_i Y \tag{B.2}$$

が定まる．これらはどちらも関手的である．つまり連続写像 $g: Y \to Z$ がさらに与えられたとき $(g \circ f)_* = g_* \circ f_*$ および $(g \circ f)^* = f^* \circ g^*$ が成り立つ．引き戻しは環準同型写像である．また，**射影公式** (projection formula)

$$f_*(f^*(\alpha) \cap \beta) = \alpha \cap f_*(\beta) \quad (\alpha \in H^i Y, \ \beta \in H_j X) \tag{B.3}$$

が成り立つ.

n 次元の非特異な複素射影代数多様体 X はコンパクトで向き付けられた $2n$ 次元の実可微分多様体である.このことから,最高次のホモロジー群 $H_{2n}X$ は $\mathbb{Z}$ と同型であることが従う.その自然な生成元[2]を $[X]$ と書いて X の**基本類**と呼ぶ.**ポアンカレ双対写像**

$$H^i X \to H_{2n-i} X, \quad \alpha \mapsto \alpha \cap [X] \tag{B.4}$$

は基本類とのキャップ積により定義される同型写像である ([Greenberg and Harper (1981)], [Dold (1980)], [Spanier (1966)]).この同型を使ってホモロジー群とコホモロジー群を同一視することができる.特に,X, Y がそれぞれ n, m 次元の非特異な射影的代数多様体であるとし,f が X から Y への代数的正則写像であるとすると,コホモロジー群における押し出し射である**ギシン射**が定義される:

$$f_* : H^i X = H_{2n-i} X \to H_{2n-i} Y = H^{2m-2n+i} Y. \tag{B.5}$$

言い換えると $\alpha \in H^i X$ に対し

$$f_*(\alpha) \cap [Y] = f_*(\alpha \cap [X])$$

によって $f_*(\alpha) \in H^{2m-2n+i}Y$ が定まる(右辺の f_* はホモロジー群の押し出し射である).この記法を用いると,射影公式 (B.3) は

$$f_*(f^*(\alpha) \cdot \beta) = \alpha \cdot f_*(\beta) \quad (\alpha \in H^i Y, \ \beta \in H^j X) \tag{B.6}$$

と表される.このことは次のように示される:

$$f_*(f^*(\alpha) \cdot \beta) \cap [Y] = f_*((f^*(\alpha) \cup \beta) \cap [X]) = f_*(f^*(\alpha) \cap (\beta \cap [X]))$$
$$= \alpha \cap f_*(\beta \cap [X]) = (\alpha \cdot f_*(\beta)) \cap [Y].$$

これから示したい基礎事項の 1 つは,V を非特異な射影代数多様体 X の k 次元既約閉部分多様体とするとき,$H_{2k}X$ には V の**基本類** $[V]$ が定まることである.したがってポアンカレ双対により,同じく $[V]$ と書かれるコホモロジー類が $H^{2n-2k}X = H^{2c}X$(c は V の X における余次元)の中に定まる.

---

[2] 訳注:$\mathbb{Z}$ と抽象的に同型であるだけではなく,複素構造から定まる向きと整合的な生成元が唯 1 つ定まる.

基本類に関する事実をいくつか述べておく.まず,f を X から Y への正則写像とするとき,代数幾何学の基本的事実として $f(V)$ は Y の既約閉部分多様体[3]であり,その次元は高々 k であることが知られている.さらにもしその次元が k ならば,$f(V)$ のザリスキー開集合 U が存在して V から $f(V)$ への写像は $f^{-1}(U) \cap V$ から U への有限被覆を与える.つまり,$f^{-1}(U) \cap V$ は有限個の開集合 U_α の交わらない和であって,各 U_α は f によって U に同型に写される.この被覆の枚数,すなわち U_α の個数は V の $f(V)$ 上の**次数**と呼ばれる.このとき次が成り立つ:

$$f_*(V) = \begin{cases} 0 & \dim(f(V)) < \dim(V) \text{ のとき} \\ d[f(V)] & V \text{ の } f(V) \text{ 上の次数が } d \text{ のとき}. \end{cases} \quad (\text{B.7})$$

この本において上の事実を実際に用いるのは,f が V を次元の低い多様体に写すか,あるいは $f(V)$ 上に**双有理的**に写す(すなわち $f(V)$ の V 上の次数が 1 である)ことが明らかな場合である.上で述べた代数幾何学的な事実の一般的な証明は [Shafarevich (1977), II.5] を参照のこと.

f を X から 1 点集合 Y への定値写像とすると $H_0 X$ から $H_0 Y = \mathbb{Z}$ への写像 f_* は,X が弧状連結であるならば同型である.この写像は**次数準同型**と呼ばれ X の任意の点 x が定める類 $[x]$ を 1 に写す.

ここで f が X から Y への**滑らかな射**[4](smooth morphism)であるとする.我々が用いるのは X が Y 上の**ファイバー束**であるとき,すなわち非特異射影多様体 F と,ザリスキー開集合 U_α による Y の被覆があり,$f^{-1}(U_\alpha) \cong U_\alpha \times F$ が成り立ち,かつ f が $U_\alpha \times F$ から U_α への射影と一致するときである.このとき V が Y の部分多様体ならば $f^{-1}(V)$ は X の部分多様体(局所的には Y において V を定める方程式を引き戻して定まる)である.このとき

$$[f^*(V)] = [f^{-1}(V)] \quad (\text{B.8})$$

が成り立つ.

V と W が非特異射影多様体 X の部分多様体であるとし,交叉 $V \cap W$ が既約部分多様体 $Z_1, \ldots, Z_r$ の和集合であるとする.この交叉が**適切 (proper)** であ

---

[3] 訳注:$f(V)$ が閉集合であることについては以下のように示される.代数多様体 X が**完備** (complete) であるとは,任意の代数多様体 Y に対して $X \times Y \mapsto Y$ ($(x,y) \mapsto y$) が閉写像(任意の閉集合の像が閉集合)であることをいう.射影多様体は完備である ([Hartshorne (1977), II, Theorem 4.9]).X が完備代数多様体ならば正則写像 $f: X \to Y$ による像 $f(X)$ は Y の閉集合である.なぜなら,f のグラフ $\Gamma_f = \{(x, f(x)) \in X \times Y\} \subset X \times Y$ は閉集合であり,Γ_f の射影 $X \times Y \to Y$ による像は $f(X)$ と一致するからである.

[4] 訳注:定義は [Hartshorne (1977), III, §10] などを参照.

るとする．すなわち各 Z_i の X における余次元が V の余次元と W の余次元の和であるとする．さらに，V と W が**横断的に交わる**としよう．すなわち，各 Z_i のあるザリスキー開集合内の各点 z に対して，V と W の z での接空間が Z_i の接空間において，次のように「横断的に」交わるとする：

$$T_z Z_i = T_z V \cap T_z W \subset T_z X.$$

このとき

$$[V] \cdot [W] = [Z_1] + \cdots + [Z_r] \tag{B.9}$$

が成り立つ．V と W が相補的な次元を持つときは $[V] \cdot [W]$ は $H_0 X = \mathbb{Z}$ における類であり，その次数は $\langle [V], [W] \rangle$ と書かれる．これを V と W の**交叉数**と呼ぶ．V と W が r 個の点で横断的に交われば $\langle [V], [W] \rangle = r$ である．この交叉数を $([V] \cdot [W])$ と書くこともある．または記号の濫用により単に $[V] \cdot [W]$ とも書く．

一般に，交叉が適切であれば，各成分 Z_i に**交叉重複度**と呼ばれる正整数 m_i を割り当てて $[V] \cdot [W] = \sum m_i [Z_i]$ が成り立つようにできる（後の (B.31) を参照）．ただし，本書ではこの一般化は必要ではない．

次のような重要な事実がある：非特異射影多様体 X に閉部分多様体によるフィルター付け $X = X_s \supset X_{s-1} \supset \cdots \supset X_0 = \emptyset$ があって $X_i \setminus X_{i+1}$ がアフィン空間 $\mathbb{C}^{n(i,j)}$ と同型な多様体 $U_{i,j}$ の交わらない和であるとき，これらの多様体の閉包の類 $[\overline{U}_{i,j}]$ は H^*X の $\mathbb{Z}$ 上の基底を成す．

最後にベクトル束のチャーン類に関して必要な基本事項を述べる．ベクトル束は代数的なもののみを考える．それは，局所的に $U_\alpha \times \mathbb{A}^e \to U_\alpha$ という形をしたファイバー束 $E \to X$ であり，$U_\alpha \cap U_\beta$ において座標変換が $U_\alpha \cap U_\beta$ から $GL_e(\mathbb{C})$ への射によって与えられるものである．まずはじめに，非特異射影多様体 X 上の直線束 L に対しては**第 1 チャーン類** $c_1(L)$ が $H^2(X)$ に定まる．以下のような基本的な性質がある：

$$c_1(f^*(L)) = f^*(c_1(L)), \tag{B.10}$$

$$c_1(L \otimes M) = c_1(L) + c_1(M), \tag{B.11}$$

$$c_1(L) = [D] \quad (L \cong \mathcal{O}(D) \text{ のとき}). \tag{B.12}$$

ここで $f : Y \to X$ は射，L, M は X 上の直線束，D は X の既約な超曲面とする．等式 $L = \mathcal{O}(D)$ は，零点集合が X の部分多様体として D と一致するような L の大域切断 s があることを意味する．より一般に，直線束 L の任意の

有理的大域切断 s から因子 $D = \sum n_i D_i$ が定まる．ここで D_i は既約な超曲面であり n_i は s が D_i に沿って消える位数を表す．このとき，$L \cong \mathcal{O}(D)$ および $c_1(L) = \sum n_i [D_i]$ が $H^2(X)$ において成り立つ．ただし，本書ではこの一般化は必要ではない．(B.10), (B.11), (B.12) のいずれからも，L が自明束ならば $c_1(L) = 0$ であることが従う．

階数 e のベクトル束 E に対して $H^{2i}(X)$ の元である**チャーン類** $c_i(E)$ が定まる．ただし $c_0(E) = 1$ かつ $i < 0$, $i > e$ に対して $c_i(E) = 0$ が成り立つ．これらは直線束の場合と同様の関手的性質

$$c_i(f^*(E)) = f^*(c_i(E)) \tag{B.13}$$

をみたす．もう1つの基本的な性質は**ホイットニー（Whitney）の公式**である．E' を E の部分束とし $E'' = E/E'$ とおくと次が成り立つ：

$$c_k(E) = \sum_{i+j=k} c_i(E') \cdot c_j(E''). \tag{B.14}$$

B.2　ボレル・ムーア・ホモロジー

位相空間 X と，その任意の部分空間 Y に対して定まる相対特異コホモロジー群 $H^i(X, Y)$ の基本的な性質を用いる．典型的なトポロジーの状況とは対照的に，Y が X の開部分集合である場合にのみこれを用いる．相対特異コホモロジー群は，X 上の特異余鎖（特異鎖群上の $\mathbb{Z}$ 値関数）のうちで Y 内の鎖上で消えるものが成す複体 $C^*(X, Y)$ のコホモロジーとして定義される．定義からわかるように $Z \subset Y \subset X$ のとき自然な長完全列

$$\begin{aligned}\cdots &\to H^i(X, Y) \to H^i(X, Z) \to H^i(Y, Z) \\ &\to H^{i+1}(X, Y) \to H^{i+1}(X, Z) \to H^{i+1}(Y, Z) \to \cdots\end{aligned} \tag{B.15}$$

が存在する．

Y, Z が X の開集合ならばカップ積

$$H^i(X, Y) \times H^j(X, Z) \to H^{i+j}(X, Y \cup Z) \tag{B.16}$$

が定義される．これは結合的で $H^*(X)$ と同様の交換規則を満たす（マイヤー・ヴィートリスの性質を用いることにより，$H^i(X, Y \cup Z)$ が，Y あるいは Z の上で消える X 上の余鎖の成す複体のコホモロジーであることがわかる）．

標準的な**切除原理**が成り立つ：Y が X の開集合のとき，A が Y に含まれる

X の閉集合ならば，自然な写像

$$H^i(X, Y) \to H^i(X \setminus A, Y \setminus A) \quad \text{は同型である．} \tag{B.17}$$

E を位相空間 X 上の向き付けられた階数 r の実ベクトル束とすると，**トム類** γ_E が $H^r(E, E \setminus \{0\})$ の元として定まる[5]．ここに $\{0\} \subset E$ は零切断の像を表す．これは以下の性質を持つ: X の任意の閉集合 A に対して写像

$$H^i(X, X \setminus A) \to H^{i+r}(E, E \setminus A), \quad \alpha \mapsto \pi^*(\alpha) \cup \gamma_E \tag{B.18}$$

は同型である．ここに A は零切断で埋め込むことによって E の部分空間であると見なしている．また π は E から X への射影である．

M を可微分多様体 N の閉部分多様体とし，それぞれの次元を m, n とする．このとき M 上のベクトル束の完全列

$$0 \to T_M \to T_N|_M \to E \to 0$$

が定まる．ここに $T_M, T|_N$ はそれぞれ M, N の接束である．定義により，E は M の N における**法束** (normal bundle) である．M と N の向き付けが与えられると，この完全列から E の向き付けが定まる．E が向き付けられると，M の閉集合 A に対して，標準的な同型

$$H^i(M, M \setminus A) \cong H^{i+n-m}(N, N \setminus A) \tag{B.19}$$

が定まる．これは次のように定義される．M の N における管状近傍 U を選ぶと，法束 E と U は微分同相である ([Guillemin and Pollack (1974)], [Lang (1985)] を参照)．このとき次が成り立つ:

$$H^i(M, M \setminus A) \cong H^{i+n-m}(E, E \setminus A) \cong H^{i+n-m}(U, U \setminus A)$$
$$\cong H^{i+n-m}(N, N \setminus A).$$

ここで最初の同型はトム同型，2 つ目は E と U の同型，最後は $N \setminus U$ による切除を用いた．この同型は管状近傍の選び方にはよらない．

ユークリッド空間 $\mathbb{R}^n$ の閉集合として埋め込めるような位相空間 X に対して，**ボレル・ムーア・ホモロジー群** $\overline{H}_i X$ を

$$\overline{H}_i X = H^{n-i}(\mathbb{R}^n, \mathbb{R}^n \setminus X) \tag{B.20}$$

---

[5] 訳注: [中岡, 4.4. A]

と定義する.

補題 B.1 $\overline{H}_i X$ の定義はユークリッド空間への埋め込みに依存しない.

証明 $\varphi: X \to \mathbb{R}^n, \phi: X \to \mathbb{R}^m$ を 2 つの閉埋め込みとする. $H^{n-i}(\mathbb{R}^n, \mathbb{R}^n \setminus X_\varphi)$ から $H^{n-i}(\mathbb{R}^m, \mathbb{R}^m \setminus X_\phi)$ への同型を構成しよう. ここで X_φ, X_ϕ は φ, ϕ の像である. 射影 $\mathbb{R}^n \times \mathbb{R}^m \to \mathbb{R}^n$ は向き付けられた自明なベクトル束とみなせるのでトム同型 (B.18) は

$$H^{n-i}(\mathbb{R}^n, \mathbb{R}^n \setminus X_\varphi) \cong H^{n+m-i}(\mathbb{R}^n \times \mathbb{R}^m, \mathbb{R}^n \times \mathbb{R}^n \setminus X_{(\varphi, 0)}) \qquad (B.21)$$

である. ここで $(\varphi, 0): X \to \mathbb{R}^n \times \mathbb{R}^m$ を x を $(\varphi(x), 0)$ に写す閉埋め込み写像とする.

ティーツェの拡張定理 (Tietze extension theorem) ([James (1978), 11.7] 参照) によれば, 連続写像 $\widetilde{\phi}: \mathbb{R}^n \to \mathbb{R}^m$ であって $\widetilde{\phi} \circ \varphi = \phi$ となるものが存在する. 写像 $\vartheta: \mathbb{R}^n \times \mathbb{R}^m \to \mathbb{R}^n \times \mathbb{R}^m$ を $v \in \mathbb{R}^n$, $w \in \mathbb{R}^m$ に対して $\vartheta(v \times w) = v \times (w - \widetilde{\phi}(v))$ によって定める. このとき $\vartheta \circ (\varphi, \phi) = (\varphi, 0)$ である. ただし (φ, ϕ) は x を $\varphi(x) \times \phi(x)$ に写す X の $\mathbb{R}^n \times \mathbb{R}^m$ への閉埋め込みである. ϑ は $X_{(\varphi, \phi)}$ を $X_{(\varphi, 0)}$ 上に写す位相同型なので, 同型

$$\vartheta^*: H^{n+m-i}(\mathbb{R}^n \times \mathbb{R}^m, \mathbb{R}^n \times \mathbb{R}^m \setminus X_{(\varphi, 0)})$$
$$\xrightarrow{\cong} H^{n+m-i}(\mathbb{R}^n \times \mathbb{R}^m, \mathbb{R}^n \times \mathbb{R}^m \setminus X_{(\varphi, \phi)}) \qquad (B.22)$$

が得られる. ϑ^* は ϕ の拡張 $\widetilde{\phi}$ の選び方にはよらない. なぜなら別な拡張 $\widetilde{\phi}'$ をとると $\vartheta_t(v \times w) = v \times (w - t \cdot \widetilde{\phi}(v) - (1-t) \cdot \widetilde{\phi}'(v))$ が一方から他方へのホモトピーを与えるからである. (B.21) と (B.22) の合成は同型

$$H^{n-i}(\mathbb{R}^n, \mathbb{R}^n \setminus X_\varphi) \cong H^{n+m-i}(\mathbb{R}^n \times \mathbb{R}^m, \mathbb{R}^n \times \mathbb{R}^m \setminus X_{(\varphi, \phi)}) \qquad (B.23)$$

である.

$\mathbb{R}^n$ と $\mathbb{R}^m$ の役割を入れ替えて, 同様の同型

$$H^{m-i}(\mathbb{R}^m, \mathbb{R}^m \setminus X_\phi) \cong H^{m+n-i}(\mathbb{R}^m \times \mathbb{R}^n, \mathbb{R}^m \times \mathbb{R}^n \setminus X_{(\phi, \varphi)}) \qquad (B.24)$$

を得る.

証明を完了させるために (B.23) と (B.24) それぞれの右辺の間の同型を構成しよう. $\tau: \mathbb{R}^m \times \mathbb{R}^n \to \mathbb{R}^n \times \mathbb{R}^m$ を, 順序を逆転することによって定まる位相同型 $\tau(v \times w) = w \times v$ とする. τ は mn が偶数か奇数かに応じて向きを保つか逆にすること, および τ が $X_{(\phi, \varphi)}$ を $X_{(\varphi, \phi)}$ の上に写すことに注意しよう. このと

き $(-1)^{nm}\cdot \tau$ は同型

$$H^{n+m-i}(\mathbb{R}^n\times\mathbb{R}^m, \mathbb{R}^n\times\mathbb{R}^m\setminus X_{(\varphi,\phi)})$$
$$\xrightarrow{\cong} H^{m+n-i}(\mathbb{R}^m\times\mathbb{R}^n, \mathbb{R}^m\times\mathbb{R}^n\setminus X_{(\phi,\varphi)}) \quad (\text{B.25})$$

を与える. □

演習問題 148 $\phi = \varphi$ ならば証明で構成した写像が恒等写像であることを示せ. 証明で構成した同型が以下の意味で整合的であることを示せ：$X \subset \mathbb{R}^p$ を第3の埋め込みとしたとき図式

$$H^{n-i}(\mathbb{R}^n, \mathbb{R}^n\setminus X) \longrightarrow H^{m-i}(\mathbb{R}^m, \mathbb{R}^m\setminus X)$$
$$\searrow \qquad \swarrow$$
$$H^{p-i}(\mathbb{R}^p, \mathbb{R}^p\setminus X)$$

は可換である.

実際には, さらに次のことが成り立つ.

補題 B.2 X が向き付けられた可微分多様体 M に閉集合として埋め込まれているとき, 以下の同型が存在する.

$$\overline{H}_i X \cong H^{m-i}(M, M\setminus X)$$

ただし $m = \dim(M)$ である.

証明 任意の多様体 M はユークリッド空間 $\mathbb{R}^n$ の閉部分多様体として埋め込める. このとき (B.19) の同型は同型

$$H^{m-i}(M, M\setminus X) \cong H^{n-i}(\mathbb{R}^n, \mathbb{R}^n\setminus X) = \overline{H}_i X$$

を与える. □

演習問題 149 X が他の n 次元多様体 N に閉集合として埋め込まれるとき, 自然な同型 $H^{m-i}(M, M\setminus X) \cong H^{n-i}(N, N\setminus X)$ が存在すること, およびこの同型は演習問題 149 と同様の意味で整合的であることを示せ.

向き付けられた n 次元の多様体 M に対して, そのボレル・ムーア・ホモロジー群はそれ自身への埋め込みを用いて計算できる：

$$\overline{H}_i M = H^{n-i}(M, M\setminus M) = H^{n-i}M. \quad (\text{B.26})$$

特に, $i>n$ ならば $\overline{H}_i M = 0$ であること, および $\overline{H}_n M = H^0 M$ は M の連結成分ごとにひとつの生成元を持つ自由 $\mathbb{Z}$ 加群であることがわかる. M がコンパクトであれば, ポアンカレ双対性 $H^{n-i}M \cong H_i M$ によりボレル・ムーア・ホモロジーは通常のホモロジーと同じであることががわかる. より一般的に X がコンパクトで局所可縮であり, 向き付けられた多様体 M に埋め込めるならば, アレキサンダー・レフシェツ双対性 $H^{n-i}(M, M\setminus X) \cong H_i X$ ([Spanier (1966), Lemma 6.10.14]) によりボレル・ムーア・ホモロジーと X の特異ホモロジーは一致する. ただし, この一般的な事実は本書では必要ではない.

通常の特異ホモロジー群と違ってボレル・ムーア・ホモロジー群 $\overline{H}_i$ は任意の連続写像に対して共変的というわけではない. しかしながら, $f:X\to Y$ が**固有な連続写像**, すなわち Y の任意のコンパクト部分集合の逆像が X においてコンパクトであるとすると, 押し出し射 $f_*:\overline{H}_i X \to \overline{H}_i Y$ が存在する. これは以下のように構成される: f は固有なので, $(f,\varphi):X\to Y\times I^n$ が閉埋め込みになるような $\varphi:X\to I^n\subset \mathbb{R}^n$ を満たす射が存在する. ここで $I\subset \mathbb{R}$ は内点として 0 を含む閉区間である. Y の $\mathbb{R}^m$ への任意の閉埋め込みを選ぶと, 閉埋め込み $X\subset Y\times I^n\subset \mathbb{R}^m\times \mathbb{R}^n$ が定まる. $\overline{H}_i X = H^{m+n-i}(\mathbb{R}^m\times \mathbb{R}^n, \mathbb{R}^m\times \mathbb{R}^n \setminus X)$ から $\overline{H}_i Y = H^{m-i}(\mathbb{R}^m, \mathbb{R}^m\setminus Y)$ への同型を作る必要がある. これは制限写像

$$H^{m+n-i}(\mathbb{R}^m\times \mathbb{R}^n, \mathbb{R}^m\times \mathbb{R}^n\setminus X)$$
$$\to H^{m+n-i}(\mathbb{R}^m\times \mathbb{R}^n, \mathbb{R}^m\times \mathbb{R}^n\setminus Y\times I^n) \quad (B.27)$$

と以下の二つの同型写像の逆との合成である. 1つ目は

$$H^{m+n-i}(\mathbb{R}^m\times \mathbb{R}^n, \mathbb{R}^m\times \mathbb{R}^n\setminus Y\times \{0\})$$
$$\to H^{m+n-i}(\mathbb{R}^m\times \mathbb{R}^n, \mathbb{R}^m\times \mathbb{R}^n\setminus Y\times I^n) \quad (B.28)$$

であり, 2つ目は自明束 $\mathbb{R}^m\times \mathbb{R}^n \to \mathbb{R}^m$ のトム同型 (B.18)

$$H^{m-i}(\mathbb{R}^m, \mathbb{R}^m\setminus Y) \to H^{m+n-i}(\mathbb{R}^m\times \mathbb{R}^n, \mathbb{R}^m\times \mathbb{R}^n\setminus Y\times \{0\}) \quad (B.29)$$

である. (B.28) が同型であることは, B が空間 A において開, $U'\subset U\subset A$ が開, かつ $U'\subset U$ および $U'\cap B\subset U\cap B$ が変位レトラクトならば, 制限写像 $H^j(A, B\cup U)\to H^j(A, B\cup U')$ が同型であるという一般的な事実から従う. この事実はマイヤー・ヴィートリスの完全系列の簡単な結論である. (B.28) を導くには $B=\mathbb{R}^m\times \mathbb{R}^n\setminus Y\times \mathbb{R}^n$, $A=\mathbb{R}^m\times \mathbb{R}^n$, $U'=\mathbb{R}^m\times \mathbb{R}^n\setminus \mathbb{R}^m\times I^n$ および $U=\mathbb{R}^m\times \mathbb{R}^n\setminus \mathbb{R}^m\times \{0\}$ とすればよい.

演習問題 150　f_* は構成の中で用いた選択に依存しないことを示せ．押し出し射が関手的であること，つまり $g: Y \to Z$ もまた固有写像ならば $(g \circ f)_* = g_* \circ f_*$ が成り立つことを示せ．

　U をユークリッド空間（あるいは可微分多様体）に閉埋め込みできる空間 X の開集合とする．このとき U についてもまたそのような埋め込みができる．実際，X が向き付けられた n 次元可微分多様体 M の閉集合ならば，Y を X における U の補集合とすると，U は向き付けられた多様体 $M° = M \setminus Y$ の閉集合である．このことから，$\overline{H}_i X$ から $\overline{H}_i U$ への**制限写像**が定まる．実際，この写像はコホモロジーの制限写像

$$\overline{H}_i X = H^{n-i}(M, M \setminus X) \to H^{n-i}(M°, M° \setminus U) = \overline{H}_i U \quad (B.30)$$

として定義される．

演習問題 151　上記の制限写像が，その構成の中で選択した対象に依存せずに定義できていることを示せ．またこれが関手的であることを示せ：つまり $U' \subset U \subset X$ が開集合ならば $\overline{H}_i X$ から $\overline{H}_i U'$ への制限は $\overline{H}_i X$ から $\overline{H}_i U$ と，$\overline{H}_i U$ から $\overline{H}_i U'$ への制限の合成であることを示せ．

補題 B.3　U が X の開集合，Y を X における U の補集合とするとき長完全列

$$\cdots \to \overline{H}_i Y \to \overline{H}_i X \to \overline{H}_i U \to \overline{H}_{i-1} Y \to \overline{H}_{i-1} X$$
$$\to \overline{H}_{i-1} U \to \cdots$$

が存在する．

証明　M を上記の構成のように選ぶと，これは 3 つ組 $M \setminus X \subset M \setminus Y \subset M$ の (B.15) の長完全列である．　□

演習問題 152　上記の列の写像は M への埋め込みの選び方によらないことを示せ．$f: X' \to X$ が固有写像で $U' = f^{-1}(U)$，$Y' = f^{-1}(Y)$ とすると図式

$$\begin{array}{ccccccccccc}
\cdots & \to & \overline{H}_i Y' & \to & \overline{H}_i X' & \to & \overline{H}_i U' & \to & \overline{H}_{i-1} Y' & \to & \overline{H}_{i-1} X' & \to & \cdots \\
& & \downarrow & & \downarrow & & \downarrow & & \downarrow & & \downarrow & & \\
\cdots & \to & \overline{H}_i Y & \to & \overline{H}_i X & \to & \overline{H}_i U & \to & \overline{H}_{i-1} Y & \to & \overline{H}_{i-1} X & \to & \cdots
\end{array}$$

は可換である．ここで縦の写像は固有押し出し射である．

演習問題 153　X が有限個の開集合 X_α の交わらない和であるとき $\overline{H}_i X$ は

$\overline{H}_i X_\alpha$ の直和であることを示せ.

B.3 部分多様体の基本類

補題 B.4 V を非特異代数多様体の代数的部分集合とし, V の次元を k とする. このとき $i > 2k$ に対して $\overline{H}_i V = 0$ であり, $\overline{H}_{2k} V$ は V の各 k 次元既約成分に対応する生成元を持つ自由アーベル群である.

証明 V が非特異かつ純 k 次元である場合を最初に考える. この場合は V は向き付けられた実 $2k$ 次元多様体であって, 結論は (B.26) と演習問題 153 から従う. V が非特異なので連結成分は既約成分と一致することに注意しよう. このことは, 既約な多様体は連結であることと, 2個以上の既約成分の交わりに属す点は特異点であるという事実から従う.

一般の場合の証明は k に関する帰納法による. 次元が k よりも小さい V の閉部分多様体 Z で, $V \setminus Z$ が非特異かつ純 k 次元であるようなものがある. 実際, Z として, 次元が k より小さいすべての既約成分と, V の特異点集合の和集合をとることができる. このとき, 帰納法の仮定より $i > 2k - 2$ に対して $\overline{H}_i Z = 0$ が成り立つ. また上で議論した非特異の場合により $\overline{H}_i (V \setminus Z) = 0$ が $i > 2k$ に対して成り立つ. すると, 補題 B.3 の完全系列によって $i > 2k$ に対して $\overline{H}_i V = 0$ であることがしたがい, 完全系列

$$0 = \overline{H}_{2k} Z \to \overline{H}_{2k} V \to \overline{H}_{2k}(V \setminus Z) \to \overline{H}_{2k-1} Z = 0$$

が得られる. したがって $\overline{H}_{2k} V \cong \overline{H}_{2k}(V \setminus Z)$ である. これは, $V \setminus Z$ の各既約成分に対応する元によって生成される自由加群である. この生成元の集合は V の k 次元既約成分たちの制限とちょうど一致する. □

ここで, V を非特異射影的多様体 X の既約閉部分多様体であるとしよう. V が k 次元ならば $\overline{H}_{2k} V = \mathbb{Z}$ は標準的な生成元を持ち, V の X への閉埋め込みは押し出し射

$$\overline{H}_{2k} V \to \overline{H}_{2k} X = H^{2n-2k} X = H^{2c} X$$

を定める. ここで n は X の次元であり, $c = n - k$ は V の余次元である. $\overline{H}_{2k} V$ の生成元の $H^{2c} X$ における像は V の X における**基本類**と呼ばれ $[V]$ で表される.

次に (B.7) を証明しよう. 可換図式

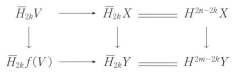

がある．ここで $k = \dim(V)$, $n = \dim(X)$, $m = \dim(Y)$ である．$\dim(f(V)) < k$ ならば $f_*[V] = 0$ となるという事実は補題 B.4 より従う．$\dim(f(V)) = k$ と仮定し，$f(V)$ の開集合 U を $f^{-1}(U) \cap V \to U$ が次数 d の被覆空間であるようにとる．U を $f(V)$ の非特異部分に含まれるような小さい開球でおきかえて，被覆空間が自明であると仮定してよい．そのとき $f^{-1}(U) \cap V$ は d 個の開集合 U_α の交わらない和になっていて，それぞれが U の上に同型に写される．可換図式（演習問題 152 を見よ）

$$\begin{array}{ccccc} \overline{H}_{2k}V & \longrightarrow & \overline{H}_{2k}(f^{-1}(U) \cap V) & = & \bigoplus \overline{H}_{2k}(U_\alpha) \\ \downarrow & & \downarrow & & \\ \overline{H}_{2k}f(V) & \longrightarrow & \overline{H}_{2k}U. & & \end{array}$$

がある．各制限写像 $\overline{H}_{2k}V \to \overline{H}_{2k}(U_\alpha)$ は生成元を生成元に写す．同様に，制限写像 $\overline{H}_{2k}f(V) \to \overline{H}_{2k}(U)$ と同型 $\overline{H}_{2k}(U_\alpha) \to \overline{H}_{2k}(U)$ についても，生成元は生成元に写される．このことから，$\overline{H}_{2k}V$ の生成元は $\overline{H}_{2k}f(V)$ の生成元の d 倍に写される．これで (B.7) の証明は完了する．

(B.8) と (B.9) を証明するために，ボレル・ムーア・ホモロジーの制限写像によって小さな開集合に局所化することができる利点を再び用いる．実際，非特異多様体 X の任意の既約閉部分多様体 V に対し，**精密類** (refined class) η_V を相対コホモロジー群 $H^{2n-2k}(X, X \setminus V) = H^{2c}(X, X \setminus V)$ の中に定義できることを用いて証明を実行する．ここに $k = \dim(V)$, $n = \dim(X)$ であり $c = n-k$ は余次元である．この類は，$\overline{H}_{2k}V = \mathbb{Z}$ の標準的生成元を補題 B.2 の同型

$$\overline{H}_{2k}V \cong H^{2n-2k}(X, X \setminus V) = H^{2c}(X, X \setminus V)$$

によって写すことにより得られる．この類には，X がコンパクトならば η_V の $H^{2n-2k}(X)$ における像は V の基本類 $[V]$ であるという性質がある．定義からただちに従う重要な性質のひとつは，X° を V と交わる X の任意の開集合とし，$V^\circ = V \cap X^\circ$ とおくとき，精密類 η_V が $H^{2c}(X, X \setminus V)$ から $H^{2c}(X^\circ, X^\circ \setminus V^\circ)$ への制限写像により η_{V° に写されることである．これらの相対コホモロジー群はいずれも $\mathbb{Z}$ と同型で，しかもこれらの制限写像は同型であることに注意すると，このような制限写像で情報が失われない．また，定義により，$X = E$ を V 上の

階数 c の複素ベクトル束とし，V を零切断として X に埋め込むとき η_V はトム類 γ_E と一致する[6]．

さて (B.8) を証明しよう．実際にはもう少し強いことを証明する．

補題 B.5 $f : X \to Y$ を非特異な多様体の間の写像とし，V を Y の既約部分多様体で余次元が c であるとする．さらに $W = f^{-1}(V)$ が X の既約部分多様体で余次元が c であるとし，以下が成り立つとする：V のある非特異点の近傍 U が存在して $V \cap U$ は関数 $h_1, \ldots, h_c$ で定義された非特異部分多様体であり，また $W \cap f^{-1}(U)$ は $h_1 \circ f, \ldots, h_c \circ f$ で定義された $f^{-1}(U)$ の非特異部分多様体である．このとき $f^*(\eta_V) = \eta_W$ が成り立つ．ここで f^* は $H^{2c}(Y, Y \setminus V)$ から $H^{2c}(X, X \setminus W)$ への引き戻しである．

証明 ここで考えている相対コホモロジー類はそれぞれ η_V, η_W で生成されるので $f^*(\eta_V) = d\eta_W$ となる整数 d がある．目標は $d = 1$ を示すことである．前の段落での議論により，Y を V と交わるような開集合 $Y°$ に取り替えて，X を $f^{-1}(Y°)$ の開集合 $X°$ で W と交わるものに取り替えてよい．仮定の U を $Y°$ ととることで，$Y = E$ が V 上の自明なベクトル束の場合に帰着できる．そのとき，V は零切断によって埋め込み，X を引き戻し束 g^*E とする．ただし，g は f によって誘導される W から V への射であり，W は g^*E の零切断である．このとき，等式 $\eta_W = f^*(\eta_V)$ は g^*E のトム類が E のトム類の引き戻しであるという基本的な事実である． □

この補題の証明からわかるように，Y において局所的に V を切り出す関数 $h_1, \ldots, h_c$ はあるザリスキー近傍 U の上の代数的な正則関数でも古典位相に関する近傍 U の上の複素解析的関数でも構わない．

次に，非特異コンパクト多様体 X の二つの部分多様体 V, W の交叉とそれらの基本類の積との関係を考察しよう．$a = \dim(V)$, $b = \dim(W)$ そして $n = \dim(X)$ とおく．精密類 η_V, η_W はそれぞれ相対コホモロジー類 $H^{2n-2a}(X, X \setminus V)$, $H^{2n-2b}(X, X \setminus W)$ の元である．これらのカップ積は

$$H^{4n-2a-2b}(X, (X \setminus V) \cup (X \setminus W))$$
$$= H^{4n-2a-2b}(X, X \setminus (V \cap W)) = \overline{H}_{2a+2b-2n}(V \cap W)$$

---

[6] 訳注：V は非特異であるとしてよい（非特異部分に制限してもよいから）．このとき補題 B.2 の同型 $\overline{H}_{2k}V \cong H^{2c}(E, E \setminus V)$ がある．一方，トム同型 $H^0V \to H^{2c}(E, E \setminus V)$ ($\alpha \mapsto \pi^*(\alpha) \cup \gamma_E$) により $1 \in H^0V$ は γ_E に対応する．$[V] \in \overline{H}_{2k}V$ は $1 \in H^0V$ と対応するから $\eta_V = \gamma_E$ が成り立つ．

の元である．交叉が適切ならば，すなわち $V \cap W$ の既約成分 Z_i の次元が $a+b-n$ ならば，この群は η_{Z_i} を生成元とする自由アーベル群である．したがって

$$\eta_V \cup \eta_W = m_1 \eta_{Z_1} + m_2 \eta_{Z_2} + \cdots + m_r \eta_{Z_r} \tag{B.31}$$

を満たす整数 $m_1, \ldots, m_r$ が一意的に定まる．この係数 m_i を X 内の V と W の交わりにおける Z_i の**交叉重複度**の定義として採用できる．この整数は代数幾何学的に構成されたものと一致する（[Fulton (1984)] 参照）．(B.9) を示すために我々が必要とする事実は，$Z = Z_i$ における交叉が横断的ならば係数 m_i が 1 であることである．

精密類の構成から，(B.31) は X の開集合 U への制限と整合的である（精密類の構成に X のコンパクト性は必要ないことに注意しよう）．特に，V と W が横断的に交わるような Z の点の近傍に制限すれば，U を $\mathbb{C}^n$ の開球と正則同型であって，$V \cap U$ と $W \cap U$ が $Z \cap U$ で横断的に交わる座標部分空間になるようにとれる．したがって特に，X が多様体 Z 上の 2 つのベクトル束の直和であって，V, W がそれぞれの零切断である場合に帰着できる．その場合，結局，主張は 2 つのベクトル束の直和のトム類がそれぞれのトム類の積である，ということである．

補題 B.6 代数多様体 X の閉集合の列 $X = X_s \supset \cdots \supset X_0 = \emptyset$ があって，各 $X_i \setminus X_{i-1}$ がアフィン多様体 $\mathbb{C}^{n(i,j)}$ と同型な多様体 $U_{i,j}$ の交わらない和であるとする．このとき，これらの多様体の閉包の類 $[\overline{U}_{i,j}]$ はボレル・ムーア・ホモロジー群 $\overline{H}_*(X)$ の $\mathbb{Z}$ 上の加法的な基底を成す．

証明 まず，$\overline{H}_i(\mathbb{C}^m) = \mathbb{Z}$ が $i = 2m$ のときに成り立ち，それ以外は $\overline{H}_i(\mathbb{C}^m) = 0$ であることが，同型 $\overline{H}_i(\mathbb{C}^m) \cong H^{2m-i}(\mathbb{C}^m)$ からわかる．p に関する帰納法を用いて，$i \leq p$ を満たす類 $[\overline{U}_{i,j}]$ が $\overline{H}_*(X_p)$ の基底を与えることを示す．この結果が $p-1$ に対して成立すると仮定すると，k が奇数のときに $\overline{H}_k(X_{p-1})$ および $\overline{H}_k(U_{i,j})$ が消えることから，補題 B.3 によって $\overline{H}_k(X_p) = 0$ がすべての奇数 k について成り立ち，完全系列

$$0 \to \overline{H}_{2i}(X_{p-1}) \to \overline{H}_{2i}(X_p) \to \oplus \overline{H}_{2i}(U_{p,j}) \to 0$$

が得られる．類 $[\overline{U}_{p,j}] \in \overline{H}_*(X_p)$ が $\oplus \overline{H}_*(U_{p,j})$ の基底に写される．このことから，帰納法の仮定により $\overline{H}_*(X_p)$ は $i \leq p$ に対する類 $[\overline{U}_{p,j}]$ を基底とする自由加群である． $\square$

演習問題 154 連結な位相群 G が空間 X に連続写像 $G \times X \to X$ によって作用するとき，$H^i X$ および $H_i X$ に誘導される作用は自明であることを示せ．X が非特異射影多様体ならば $[g \cdot V] = g_*[V] = [V]$ が任意の $g \in G$ と X の部分多様体 V に対して成り立つことを示せ．

演習問題 155 $s: \mathbb{P}^n \times \mathbb{P}^m \to \mathbb{P}^{nm+n+m}$ をセグレ埋め込みとする．$s^*([H]) = [H_1 \times \mathbb{P}^m] + [\mathbb{P}^n \times H_2]$ を示せ．ここに H, H_1, H_2 はそれぞれ $\mathbb{P}^{nm+n+m}$，$\mathbb{P}^n$，および $\mathbb{P}^m$ の超平面である．

B.4 チャーン類

$L \to X$ を複素直線束とすると，そのトム類 γ_L は $H^2(L, L \setminus X)$ の元である．第 1 チャーン類 $c_1(L)$ は，π^* による $H^2(L)$ への引き戻しが γ_L の $H^2(L)$ における像と一致するような $H^2(X)$ の元として定義することができる．式 (B.10) はトム類が引き戻しと整合的であるという事実から従う．

(B.12) を証明するため，補題 B.5 を適用する．写像として L の大域切断 $s: X \to L$ をとり，部分多様体として零切断により L に埋め込んだ X をとる．このときに，$D = s^{-1}(X)$ であって s が D を切り出すという仮定は補題 B.5 の仮定が満たされることを意味する．このことから $s^*(\gamma_L) = \eta_D$ が従う．よって $c_1(L) = s^*(\pi^*(c_1(L))) = [D]$ が成り立つ[7]．

(B.12) の特別な場合として，$\mathcal{O}(1)$ を射影空間 $\mathbb{P}(V)$ のトートロジー直線束の双対とするとき，$c_1(\mathcal{O}(1))$ は超平面の類である．この事実は，V^* の零でないベクトルが $\mathcal{O}(1)$ の大域切断を与えること，そしてそのベクトルが定める $\mathbb{P}(V)$ の超平面の上においてその大域切断がちょうど消えることから従う．超平面の類は以下の意味で普遍的な第 1 チャーン類である．多様体（あるいはパラコンパクト空間）X 上のどのような直線束 L に対しても，連続写像 $f: X \to \mathbb{P}^n$ が存在して $L \cong f^*(\mathcal{O}(1))$ が成り立つ．このことは，L の有限個の連続大域切断 $s_0, \ldots, s_n$ で，X の各点において少なくとも一つが消えないようなものが存在するという事実から従う．このとき写像 f は $f(x) = [s_0(x) : \cdots : s_n(x)]$ により与えられる．より内在的な述べ方をすると，これらの大域切断は自明束 $\mathbb{C}_X^{n+1} = V_X^*$ から

---

[7] 訳注：$\eta_D \in H^2(X, X \setminus D)$ は制限写像により $[D] \in H^2(X)$ に写される．一方，$\eta_L \in H^2(L, L \setminus X)$ は $\pi^*(c_1(L)) \in H^2(X)$ に制限される．s^* が制限写像と可換であることを用いている．

L への全射[8]を与え，この全射が，$\mathbb{P}^n$ 上の標準的な全射[9] $\mathbb{C}^{n+1}_{\mathbb{P}^n} = V^*_{\mathbb{P}^n} \to \mathcal{O}(1)$ の引き戻しと一致する．つまり

$$\begin{array}{ccc} f^*\mathbb{C}^{n+1}_{\mathbb{P}^n} & \longrightarrow & f^*\mathcal{O}(1) \\ \| & & \| \\ \mathbb{C}^{n+1}_X & \longrightarrow & L \end{array}$$

を満たすように写像 f は定まっている．

このような考察を用いて (B.11) を証明できる．X 上に直線束 L, M が与えられたとき，$f: X \to \mathbb{P}^n$ と $g: Y \to \mathbb{P}^m$ を $L = f^*(\mathcal{O}(1))$ であり $M = g^*(\mathcal{O}(1))$ であるような写像とする．$h: X \to \mathbb{P}^{nm+n+m}$ を $(f, g): X \to \mathbb{P}^n \times \mathbb{P}^m$ とセグレ埋め込み s の合成とする．このとき $L \otimes M$ は $h^*(\mathcal{O}(1))$ と同型であることが §9.3 の演習 93 より従う．演習 155 を使うと，次式を得る：

$$c_1(L \otimes M) = h^*([H]) = (f, g)^*([H_1 \times \mathbb{P}^m] + [\mathbb{P}^n \times H_2])$$
$$= f^*([H_1]) + g^*([H_2]) = c_1(L) + c_1(M).$$

X 上の任意の階数 e のベクトル束 E に対してチャーン類を定義するために，グロタンディーク (Grothendieck) に従って，ベクトル束 E の射影束 $p: \mathbb{P}(E) \to X$ を考えよう．ここで $\mathbb{P}(E)$ は点 $x \in X$ 上のファイバーが $\mathbb{P}(E_x) \cong \mathbb{P}^{e-1}$ であるファイバー束のことである．$\mathbb{P}(E)$ 上にはトートロジー完全系列

$$0 \to L \to p^*(E) \to Q \to 0 \tag{B.32}$$

がある．ここに L はトートロジー直線束[10]であり，$\mathcal{O}(1) = L^\vee$ はその双対束[11]である．$\zeta = c_1(\mathcal{O}(1)) = -c_1(L)$ とする ((B.11) より)．E を自明化する開集合 U に ζ を引き戻すと，$\mathbb{P}(E|_U) = U \times \mathbb{P}^{e-1}$ において $U \times H$ の類と一致す

---

[8] 訳注：L の大域切断 $s_i (0 \leq i \leq n)$ が与えられると，ベクトル束の写像 $u: \mathbb{C}^{n+1}_X \to L$ が，$(x, c_0, \ldots, c_n) \in X \times \mathbb{C}^{n+1} \mapsto (x, \sum_i c_i s_i(x)) \in L$ に写すことにより定まる．X の各点 x において $s_i(x)$ の少なくとも 1 つは消えないと仮定するとき，写像 u は全射である．

[9] 訳注：ここでは $V^* = \mathbb{C}^{n+1}$ をファイバーに持つ $\mathbb{P}(V) = \mathbb{P}^n$ 上の自明束を $\mathbb{C}^{n+1}_{\mathbb{P}^n}$ と書いている．$p \in \mathbb{P}(V)$ として，$\mathscr{L}_p \subset V$ を p に対応する V 内の直線とするとき，$\mathbb{C}^{n+1}_{\mathbb{P}^n}$ の p 上のファイバーの元 $\phi \in V^*$ に対して $\mathscr{L}_p$ への制限 $\phi|_{\mathscr{L}_p} \in \mathscr{L}_p^*$ は $\mathcal{O}(1)$ の p におけるファイバーの元である．こうしてベクトル束の写像 $\mathbb{C}^{n+1}_{\mathbb{P}^n} \to \mathcal{O}(1)$ が得られる．

[10] 訳注：$y \in \mathbb{P}(E)$ に対応する $\mathbb{P}(E_{p(y)})$ の点，すなわち $E_{p(y)}$ の内の直線を $L_{p(y)}$ とするとき，直線束 L の y におけるファイバーは $L_{p(y)} \subset E_{p(y)} = (p^*E)_y$ である．なお，商束 Q はこの完全列で定義される．すなわち y におけるファイバーは $E_{p(y)}/L_{p(y)}$ である．

[11] 訳注：特に X が 1 点のときは E は e 次元ベクトル空間であり $\mathbb{P}(E)$ は射影空間である．$\mathbb{P}(E) \cong \mathbb{P}^{e-1}$ のトートロジー部分束 L の双対束 $L^\vee$ は §9.3 で定義した超平面直線束 $\mathcal{O}_{\mathbb{P}(E)}(1) = \mathcal{O}_E(1)$ と同じものである．実際，$\mathbb{P}(E)$ の点 y が直線 $M \subset E$ に対応しているとすると，1 次元商空間 $E^* \to M^*$ が定まり，$\mathcal{O}_E(1)$ の y 上のファイバーは M^* である．

る ($H \subset \mathbb{P}^{e-1}$ は超平面). $H^*(\mathbb{P}(E))$ を p^* を通して H^*X 加群とみなすと，基底 $1, \zeta, \zeta^2, \ldots, \zeta^{e-1}$ を持つ自由加群である．このことはマイヤー・ヴィートリス完全列を用いた簡単な議論によって示せる[12]．したがって，以下を満たす類 $a_i \in H^{2i}X$ ($1 \leq i \leq e$) が一意的に定まる：

$$\zeta^e + p^*(a_1) \cdot \zeta^{e-1} + \cdots + p^*(a_{e-1}) \cdot \zeta + p^*(a_e) = 0. \qquad (B.33)$$

（これは $H^{2e}(\mathbb{P}(E))$ における等式．）言い換えると，

$$H^*(\mathbb{P}(E)) = H^*X[T]/(T^e + a_1 \cdot T^{e-1} + \cdots + a_{e-1} \cdot T + a_e) \qquad (B.34)$$

が成り立つ（ここでは引き戻しの記号は省略した）．ここで T は ζ に対応している．このとき，類 a_i を第 i チャーン類 $c_i(E)$ であると定義する．また $c_0(E)$ を 1 とし，$i < 0$ または $i > e$ ならば $c_i(E) = 0$ と定める．$e = 1$ のときは $\mathbb{P}(E) = X$, $L = E$ であって，よって $\zeta = c_1(E^\vee) = -c_1(E)$ であることに注意しよう．このことから一般の階数における定義が直線束の場合と一致することがわかる．

チャーン類の自然性 (B.13) は，上記の定義と $\mathbb{P}(f^*(E)) = Y \times_X \mathbb{P}(E)$ (X 上のファイバー積) であること，および $\mathbb{P}(f^*(E))$ 上のトートロジー直線束が $\mathbb{P}(E)$ 上のトートロジー直線束の引き戻しであることから従う．

完全列 (B.32) の各項と $\mathcal{O}(1) = L^\vee$ とのテンソル積をとると，ベクトル束 $p^*(E) \otimes \mathcal{O}(1)$ が自明な部分直線束 $L \otimes \mathcal{O}(1) = L \otimes L^\vee = \mathcal{O}$ を持つことがわかる．このことは，この直線束が，いたるところ消えない大域切断を持つことと同じである．このことを次の補題で用いる．この補題はホイットニーの公式 (B.14) を示す際の鍵になる．

補題 B.7 ベクトル束 E が直線束 $L_1, \ldots, L_e$ の直和であるならば $c_i(E)$ は $c_1(L_1), \ldots, c_1(L_e)$ の i 次基本対称式である．

証明 $\mathbb{P}(E)$ 上において $p^*(E) \otimes \mathcal{O}(1) = \bigoplus p^*(L_i) \otimes \mathcal{O}(1)$ はいたるところ消えない大域切断 $s = \oplus_i s_i$ を持つ．U_i を s_i が消えないような集合とする．$p^*(L_i) \otimes \mathcal{O}(1)$ の U_i への制限は自明な直線束なのでその 1 次チャーン類は $H^2(U_i)$ において消える．このことは，ある類 $\alpha_i \in H^2(\mathbb{P}(E), U_i)$ であってその $H^2(\mathbb{P}(E))$ における像が $c_1(p^*(L_i) \otimes \mathcal{O}(1)) = p^*(c_1(L_i)) + \zeta$ であるものが存在することを意味する．$\mathbb{P}(E) = U_1 \cup \cdots \cup U_e$ なので，カップ積 $\alpha_1 \cup \cdots \cup \alpha_e$

---

[12] 訳注：Leray-Hirsch の定理（[中岡, 4.3. B] 参照）から従う．．

は $H^{2e}(\mathbb{P}(E), U_1 \cup \cdots \cup U_e)$ において消える．したがって

$$(p^*(c_1(L_1)) + \zeta) \cdot (p^*(c_1(L_2)) + \zeta) \cdots (p^*(c_1(L_e)) + \zeta) = 0$$

となる．ここで a_i を $c_1(L_1), \ldots, c_1(L_e)$ の i 次基本対称式とすると $\zeta^e + p^*(a_1) \cdot \zeta^{e-1} + \cdots + p^*(a_{e-1}) \cdot \zeta + p^*(a_e) = 0$ が成り立つ．よって主張はチャーン類の定義から従う． □

この補題を使ってホイットニーの公式を示すために，以下の**分裂原理**を用いる．

補題 B.8 X 上のベクトル束 E が与えられるとき，ある多様体 X' と写像 $f: X' \to X$ であって，$f^*: H^*(X) \to H^*(X')$ が単射であり，かつ $f^*(E)$ が直線束の直和に分解するものが存在する．

証明 $H^*(\mathbb{P}(E))$ の H^*X 代数としての表示からわかるように，引き戻し $p^*: H^*X \to H^*(\mathbb{P}(E))$ は単射である．$\mathbb{P}(E)$ 上において引き戻し $p^*(E)$ は直線束 L を部分束として含んでいる．E のエルミート計量を選ぶことにより，E の L に対する直交補空間 E_1 をとることができて $p^*(E) = L \oplus E_1$ と書ける．階数に関する帰納法により，引き戻したときに E_1 を直線束の直和に分解するような多様体 X' と写像 $X' \to \mathbb{P}(E)$ であってコホモロジーに単射を引き起こすものがある．このとき合成写像 $X' \to \mathbb{P}(E) \to X$ は求める写像である．実際，X' として E の完全旗束[13]をとることができる． □

さて，ここまでくるとホイットニーの公式 (B.14) を証明することはやさしい．前の補題の証明と同様に，計量を用いて，$E = E' \oplus E''$ と直和分解できる．分裂原理を用いて E', E'' のそれぞれが直線束の直和であると仮定してよい．すると結論は補題 B.7 からすぐに得られる．特に E が自明束ならば $i \neq 0$ に対して $c_i(E) = 0$ である．

演習問題 156 (i) 階数 e のベクトル束 E に対して $c_1(\wedge^e E) = c_1(E)$ が成り立つことを示せ．(ii) E を階数 e のベクトル束とし，L を直線束とするとき

$$c_p(E \times L) = \sum_{i=0}^{p} \binom{e-i}{p-i} c_i(E) \cdot c_1(L)^{p-i}$$

---

[13] 訳注：E の完全旗束 $F\ell(E) \to X$ は $x \in X$ におけるファイバーが $F\ell(E_x)$ であるファイバー束のこと．

を示せ．

本文では，次の事実を階数が 2 の場合に用いた．

補題 B.9 E を非特異射影多様体 Y 上の階数 e のベクトル束とする．$X = \mathbb{P}(E)$ を射影束とし $p: X \to Y$ をその射影とする．$L \subset p^*(E)$ をトートロジー直線束とし，$x = -c_1(L) \in H^2(X)$ とする．このとき
$$p_*(x^{e-1}) = 1$$
が $H^0(Y)$ において成り立つ．

証明 基本的な考え方は p のファイバーに制限することである．ファイバーは射影空間なのでなにもかも計算できる．そしてコホモロジーの一般的な性質を用いるのである．まず Y が 1 点集合の場合を考えよう．このとき $X = \mathbb{P}^{e-1}$ である．この場合は，前節で見たように，x は超平面の類である．したがって x^{e-1} は $e-1$ 枚の一般的な超平面の交わりの類，すなわち 1 点の類である．一般の Y の場合は 任意の点 $y \in Y$ をとり $F = p^{-1}(y)$ を y 上のファイバーとする．このファイバーは射影空間であって x の F 上への制限は F 上のトートロジー直線束 $\mathcal{O}_F(1)$ の類である．上記の Y が 1 点の場合の考察と，F の X への埋め込み $i: F \hookrightarrow X$ に対する射影公式を用いると，
$$\langle x^{e-1}, [F] \rangle_X = \langle x^{e-1}, i_*(1) \rangle_X = \langle i^*(x^{e-1}), 1 \rangle_F = 1$$
が得られる．

ここで $H^0(Y) = \mathbb{Z}$ であることから，ある整数 d を用いて $p_*(x^{e-1}) = d \cdot 1$ と書く．すると
$$\begin{aligned} 1 = \langle x^{e-1}, [F] \rangle_X &= \langle x^{e-1}, p^*([y]) \rangle_X \\ &= \langle p_*(x^{e-1}), [y] \rangle_Y = d \cdot \langle 1, [y] \rangle_Y = d \end{aligned}$$
となって，望み通り $d = 1$ が得られる． □

次の演習問題で扱うのは代数多様体に対するボレル・ムーア・ホモロジーのより簡単な定義である．ここで用いた定義との同値性を証明するか，あるいはこうして定義したものが望む性質を満たすことを証明するためには，いくらかの知識，例えば代数多様体が三角形分割可能であることなどが必要である．

演習問題 157 X を代数多様体とし，$X^+ = X \cup \{\cdot\}$ を 1 点コンパクト化とす

る.
$$\overline{H}_i X \cong H_i(X^+, \{\cdot\}) = \tilde{H}_i(X^+/\{\cdot\})$$
を示せ.ここで真ん中のホモロジー群は対の特異ホモロジー群であり右は被約特異ホモロジー群である.

付録C　表現論の基礎事項

本文で用いられた表現論に関する事項の背景として，第7章で用いられる有限群の表現論に関する基礎事項，§8.2 および §10.1 で用いられるトーラスの表現に関する結果，およびワイルのユニタリートリックについて述べる．

C.1　有限群の表現論

有限群の表現に関する基礎事項を述べる．詳しくは［セール］，［岡田］，［堀田 (1988)］などを参照のこと．

G を有限群とし，K を体とする[1]．K 上の有限次元ベクトル空間 V と群準同型写像 $\rho: G \to GL(V)$ が与えられたとき，(ρ, V) を G の有限次元**表現**という．つまり，$g, h \in G$ とするとき

$$\rho(gh)v = \rho(g)\rho(h)v \quad (v \in V)$$

が成り立つということである．本書では有限次元表現のみを扱い，それを単に表現と呼ぶ．V の基底を選んで $GL(V)$ を $GL_n(K)$ と同一視すれば $\rho(g)$ は n 次の正則行列である．本書では ρ という記号を省略し，単に V に G が（線型に）作用すると述べて $\rho(g)v\,(g \in G, v \in V)$ を $g \cdot v$ などと記すことが多い．

$K[G]$ を G の群環とする．それは K 係数の 1 次結合 $\sum_{g \in G} x_g \cdot g$ 全体の集合に，G の積から自然に定まる乗法を入れて得られる K 代数である．(ρ, V) を G の表現とするとき，$\sum_{g \in G} x_g \cdot g \in K[G], v \in V$ に対して

$$\Big(\sum_{g \in G} x_g \cdot g\Big) \cdot v = \sum_{g \in G} x_g \cdot \rho(g)v$$

---

[1] 本書では主に $K = \mathbb{C}$ の場合を扱っている．

と定めることにより V は左 $K[G]$ 加群になる．逆に K 上有限次元のベクトル空間 V が左 $K[G]$ 加群の構造を持てば $\rho(g) \cdot v = g \cdot v$ ($g \in G$, $v \in V$) により G の表現ができる．このような左 $K[G]$ 加群と G の表現を同一視する．

(ρ, V), (ρ', V') を G の表現とするとき，線型写像 $\Phi : V \to V'$ であって

$$\Phi(\rho(g)v) = \rho'(g)(\Phi(v)) \quad (g \in G, v \in V)$$

を満たすものを**表現の準同型**と呼ぶ．可換図式

$$\begin{CD} V @>\Phi>> V' \\ @V\rho(g)VV @VV\rho(g)V \\ V @>>\Phi> V' \end{CD}$$

により表すこともできる．Φ は $K[G]$ 加群としての準同型を与える．表現の準同型 $\Phi : V \to V'$ であって線型同型であるものが存在するとき (ρ, V) と (ρ', V') は**同値**な表現であるという．このことは，Φ が $K[G]$ 加群としての同型であることと同じである．V と V' が同型（同値な表現）であるとき $V \cong V'$ と書く．

(ρ, V) を G の表現とするとき，$K[G]$ 加群としての部分加群 W を V の**部分表現**と呼ぶ．これは W が G の作用で保たれること，すなわち $g \in G, w \in W$ に対して $\rho(g)w \in W$ が成り立つことを意味する．このとき $(\rho|_W, W)$ は G の表現である．$W = \{0\}$ および $W = V$ は明らかに部分表現である．これらを**自明な部分表現**と呼ぶ．表現 $V \neq 0$ に自明な部分表現以外の部分表現が存在しないとき V は**既約表現**であるという．

定理 C.1 (完全可約性) 体 K の標数が 0 であると仮定する．V を G の K 上の有限次元表現とし，W を V の部分表現とする．V の部分表現 W' であって $V = W \oplus W'$ が成り立つようなものが存在する．

系 C.2 K, G, V を定理 C.1 と同様とする．互いに同値でない既約表現 $V_1, \ldots, V_r$ および自然数 $m_1, \ldots, m_r$ が存在して

$$V \cong V_1^{\oplus m_1} \oplus \cdots \oplus V_r^{\oplus m_r} \tag{C.1}$$

が成り立つ．

以下，K の標数を 0 と仮定する．(ρ, V) を G の表現とするとき K に値をとる G 上の関数

$$\chi_V(g) = \mathrm{Trace}(\rho(g): V \to V) \quad (g \in G) \tag{C.2}$$

を考える.これを表現 V の**指標** (character) と呼ぶ.明らかに

$$\chi_{V \oplus W} = \chi_V + \chi_W$$

が成り立つ.よって (C.1) が成り立つならば

$$\chi_V = \sum_{i=1}^{r} m_r \cdot \chi_{V_i}$$

となる.

命題 C.3 互いに同値でない既約表現 $V_1, \ldots, V_r$ に対して $\chi_{V_1}, \ldots, \chi_{V_r}$ は K 上 1 次独立である.

互いに同型でない既約表現のリストがわかって,それぞれの指標が計算できたとする.一般の表現 V の指標を既約表現の指標の 1 次結合として表すことができたならば,V は同型を除いて特定できたことになる.したがって

- 互いに同値でない既約表現の全リストを作る.
- 各既約表現の指標を計算する.

という問題が基本的である.

第 1 の問題についても指標が役に立つ.トレースの性質 $\mathrm{Trace}(ab) = \mathrm{Trace}(ba)$ から,指標は

$$\chi_V(hgh^{-1}) = \chi_V(g) \quad (g, h \in G)$$

という性質を持つ.$1 \in G$ を単位元とするとき $\chi_V(1) = \dim V$ が成り立つことに注意しよう.一般に,G 上の K 値関数 φ は

$$\varphi(hgh^{-1}) = \varphi(g) \quad (g, h \in G)$$

を満たすとき**類関数**であるという.G 上の類関数全体の空間を $\mathcal{C}_K(G)$ で表す.$C \subset G$ を共役類とするとき $\delta_C \in \mathcal{C}_K(G)$ を $g \in C$ ならば 1,$g \notin C$ ならば 0 とすることによって定める.C が G の共役類全体を動くとき,δ_C たちは明らかに $\mathcal{C}_K(G)$ の K 上の基底を成す.このことと,命題 C.3 から,G の互いに同値でない表現の個数は有限であって G の共役類の個数以下であることがわかる.$\mathcal{C}_K(G)$ 上の内積を

$$\langle \varphi, \phi \rangle = \frac{1}{\#G} \sum_{g \in G} \varphi(g) \phi(g^{-1}) \tag{C.3}$$

により定める.

定理 C.4 $V_1, \ldots, V_r$ を G の互いに同値でない既約表現の全体とする. χ_{V_i} ($1 \le i \le r$) は類関数の空間 $\mathcal{C}_K(G)$ の正規直交基底を成す.

特に, G の既約表現の同値類の個数は G の共役類の個数と一致する. また, 既約表現 V_i が V の既約分解に現れる回数 m_i (V_i の**重複度**) は $m_i = \langle \chi_V, \chi_{V_i} \rangle$ と計算できる. G の既約表現の指標たちが生成する $\mathcal{C}_K(G)$ の部分 $\mathbb{Z}$ 加群を $\mathcal{C}_K(G)_\mathbb{Z}$ で表す. $\mathcal{C}_K(G)_\mathbb{Z}$ は既約表現の指標を基底とする自由 $\mathbb{Z}$ 加群である. $\mathcal{C}_K(G)_\mathbb{Z}$ は G の表現のグロタンディーク群と同一視できる.

$K[G]$ を G の表現とみなすことができる. これを**正則表現**と呼ぶ. 正則表現の指標は簡単にわかる:

$$\chi_{K[G]}(g) = \begin{cases} \#G & (g=1) \\ 0 & (g \ne 1) \end{cases}.$$

命題 C.5 V を G の既約表現とする. 正則表現における V の重複度は $\dim V$ と一致する. したがって $V_1, \ldots, V_r$ を G の互いに同値でない既約表現の全体とすると

$$\#G = \sum_{i=1}^{r} (\dim_K V_i)^2 \tag{C.4}$$

が成り立つ.

証明 重複度については $\langle \chi_V, \chi_{K[G]} \rangle = \frac{1}{\#G} \chi_V(1) \chi_{K[G]}(1) = \chi_V(1) = \dim V$ よりわかる. $\chi_{K[G]} = \sum_{i=1}^{r} \dim V_i \cdot \chi_{V_i}$ なので等式 (C.4) は

$$\#G = \dim K[G] = \chi_{K[G]}(1) = \sum_{i=1}^{r} \dim V_i \cdot \chi_{V_i}(1) = \sum_{i=1}^{r} (\dim V_i)^2$$

と導かれる. □

G を有限群, H をその部分群とする. $K[G], K[H]$ をそれぞれ G, H の群環とする. H の表現 (ρ, V) に対して

$$\mathrm{Ind}_H^G(V) = K[G] \otimes_{K[H]} V$$

とおく. これを V を G に**誘導**して得られる表現と呼ぶ. 例えば, 部分群 $\{1\} \subset$

G の自明表現 $\mathbb{I}$ の G への誘導 $\mathrm{Ind}_{\{1\}}^G(\mathbb{I})$ は G の正則表現である.

命題 C.6 誘導表現 $W = \mathrm{Ind}_H^G(V)$ の指標は

$$\chi_W(g) = \frac{1}{\#H} \sum_{h \in G} \chi_V(h^{-1}gh) \quad (g \in G) \tag{C.5}$$

により与えられる. ただし $\chi_V(x)$ は $x \notin H$ のときは 0 とする.

第 2 の問題, すなわち既約表現の指標を計算することは, 個々の群の個性に応じて様々な手法を駆使して実行されてきた. なお, K の標数が 0 でない場合はモジュラー表現論と呼ばれる. 完全可約性が一般には成り立たず, 異なる取り扱いが必要である.

C.2 トーラスの表現

$T = (\mathbb{C}^\times)^n$ を代数的トーラスとする. 座標環 $\mathbb{C}[T]$ はローラン多項式環 $\mathbb{C}[X_1^{\pm 1}, \ldots, X_n^{\pm 1}]$ である. $\chi : T \to \mathbb{C}^\times$ を有理指標とする. すなわち χ は群準同型であって代数多様体としての射であるとする. このとき χ は $m = (m_1, \ldots, m_n) \in \mathbb{Z}^n$ によって

$$\chi(a_1, \ldots, a_n) = a_1^{m_1} \cdots a_n^{m_n}$$

という形で与えられる. つまり, このとき χ は T 上の関数として $X_1^{m_1} \cdots X_n^{m_n}$ と一致する. したがって, 有理指標の全体 $X^*(T)$ は座標環 $\mathbb{C}[T]$ の $\mathbb{C}$ 上の基底を成していることがわかる. (ρ, V) を T の有理表現とするとき $\chi \in X^*(T)$ に対して

$$V_\chi = \{v \in V \mid \rho(g)v = \chi(g)v \, (g \in T)\}$$

とおく. これをウェイト χ のウェイト空間と呼ぶ.

定理 C.7 T の（有限次元）有理表現 V はウェイト空間の直和である.

証明 $\rho : T \to GL(V)$ を有理表現とする. ρ は T 上定義された $GL(V)$ に値をとる正則関数なので

$$\rho(g) = \sum_{\chi \in X^*(T)} \chi(g) A_\chi, \quad A_\chi \in \mathrm{End}_\mathbb{C}(V)$$

と書ける. 有限個の χ を除いて $A_\chi = 0$ である. $\rho(gh) = \rho(g)\rho(h)$ より

$$\sum_{\chi \in X^{\cdot}(T)} \chi(gh) A_\chi = \left(\sum_{\chi \in X^{\cdot}(T)} \chi(g) A_\chi \right) \cdot \left(\sum_{\phi \in X^{\cdot}(T)} \phi(h) A_\phi \right)$$
$$= \sum_{\chi, \phi \in X^{\cdot}(T)} \chi(g) \phi(h) A_\chi A_\phi$$

が従う.デデキントの定理(以下の補題 C.8)を $T \times T$ に適用することにより $A_\chi A_\phi = \delta_{\chi, \phi} A_\chi$ が従う.また g を単位元にすることで $1 = \sum_\chi A_\chi$ も成り立つ. $V_\chi = \mathrm{Im}(A_\chi)$ が成り立つことを示そう. $v \in V_\chi$ ならば $v = A_\chi(u) \, (u \in V)$ と書けるので, $g \in T$ に対して

$$\rho(g)v = \sum_{\phi \in X^{\cdot}(T)} \phi(g) A_\phi A_\chi(u)$$
$$= \sum_{\phi \in X^{\cdot}(T)} \phi(g) \delta_{\phi, \chi} A_\chi(u)$$
$$= \chi(g) A_\chi(u)$$
$$= \chi(g) v$$

が従う.また,任意の v は $v = \sum_\chi A_\chi(v)$(有限和)と書けるから $v \in \bigoplus_\chi V_\chi$ である. □

補題 C.8(デデキントの定理) K を体, G を群とする. G から $K^\times$ への群準同型(G の指標)から成る集合は G 上の K 値関数の成す K 上のベクトル空間の中で 1 次独立である.

証明 背理法を用いる.補題が成り立たないと仮定すると,相異なる指標 $\chi_1, \ldots, \chi_r$ であって非自明な線型関係

$$\sum_{i=1}^{r} c_i \chi_i = 0$$

を持つものがある.そのような関係式のうちで r が最小であるものをとる.ここで

$$\sum_{i=1}^{r} c_i \chi_i(g) \chi_i(h) = \sum_{i=1}^{r} c_i \chi_i(gh) = 0$$

から

$$\chi_1(g) \sum_{i=1}^{r} c_i \chi_i(h) = 0$$

を引いて $\sum_{i=2}^{r} c_i (\chi_i(g) - \chi_1(g)) \chi_i(h) = 0$ が得られるから g を固定して h の関数とみなすと

$$\sum_{i=2}^{r} c_i(\chi_i(g) - \chi_1(g))\chi_i = 0$$

となる. $\chi_1 \neq \chi_2$ なので $\chi_1(g) \neq \chi_2(g)$ となる $g \in G$ がある. これは r の最小性に反する. よって補題が証明された. □

C.3 ワイルのユニタリートリック

定理 C.9 $G = GL_m(\mathbb{C})$ の有理表現は完全可約である.

証明 W を V の部分表現とする. 全射線型写像 $\pi : V \twoheadrightarrow W$ を任意に選び, これをコンパクト群 $U(m)$ 上で積分[2]することで平均化する. つまり

$$\tilde{\pi}(v) = \int_{U(m)} g^{-1} \cdot \pi(gv) dg \quad (v \in V)$$

とする. このとき, 任意の $h \in U(m)$ に対して

$$\begin{aligned}
\tilde{\pi}(hv) &= \int_{U(m)} g^{-1} \cdot \pi(ghv) dg \\
&= \int_{U(m)} h(gh)^{-1} \cdot \pi(ghv) dg \\
&= h \int_{U(m)} (gh)^{-1} \cdot \pi(ghv) dg \\
&= h\tilde{\pi}(v)
\end{aligned}$$

となり $\tilde{\pi}$ が $U(m)$ の表現としての準同型であることがわかる. 最後の等号において, g が $U(m)$ 全体を動くときに, gh も $U(m)$ 全体を動くため, 積分の値が変わらない（積分の不変性）ことを用いた.

したがって $\mathrm{Ker}(\tilde{\pi})$ は $U(m)$ の表現としての部分表現である. 一方, W が部分表現であることから $w \in W$ ならば $\pi(gw) = gw$ であるので $\tilde{\pi}|_W = \mathrm{id}_W$ が成り立つことがわかる（積分は $\int_{U(m)} v dg = v$ となるように正規化されているとする）. するとこのとき $V = \mathrm{Ker}(\tilde{\pi}) \oplus W$ が成り立つ. リー代数を用いた議論（p.124）により $\mathrm{Ker}(\tilde{\pi})$ が $GL_m(\mathbb{C})$ の表現としての部分表現であることが示せる. □

---

[2] コンパクト群 G 上の積分が存在して, 連続関数 φ に対して
$$\int_G \varphi(gh) dg = \int_G \varphi(hg) dg = \int_G \varphi(g^{-1}) dg = \int_G \varphi(g) dg$$
および $\int_G 1 dg = 1$ が成り立つ.

解答

読者が本書で議論している概念をさらに深められるよう参考文献が引用されているが，完璧さは求めていない．もっと知りたい，あるいは原著出典を追いたい人はこれらの文献の中の参考文献一覧を使うとよい．

1章の演習問題の解答

基本操作については [Schensted (1961)]，[Knuth (1970)]，[Knuth (1973)]，[Schützenberger (1963)]，[Schützenberger (1977)]，[Lascoux and Schützenberger (1981)]，[Thomas (1976)] や [Thomas (1978)] を参照のこと．本書では歪タブローは主に通常のタブローを研究する道具として使ってきたが，定理のほとんどはそのまま歪タブローに拡張できる．[Sagan abd Stanley (1990)] とそこに記載されている文献を参照．

解答1 先ほど U の中身を T に行挿入して得られた結果と同じ．

解答2 次の歪タブロー $T*U*V$ から始める．まず T の上かつ U の左にある長方形内の箱をスライドして $(T\cdot U)*V$ を作る．そして他の箱をスライドして $(T\cdot U)\cdot V$ を作る．同様に，初めに V の左かつ U の上にある箱をスライドして $T*(U\cdot V)$ を作り，そして $T\cdot(U\cdot V)$ を作る．

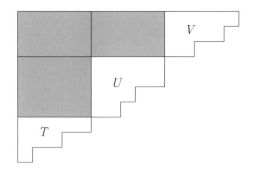

2章の演習問題の解答

行挿入のアルゴリズムを使うとタブローからモノイドが作れるという事実はクヌースが [Knuth (1970)] で指摘した．このことはラスクーとシュッツェンベルジェが発展させ，「プラクティック・モノイド」という名前を作った．文献 [Lascoux and Schützenberger (1981)] には，異なった表現もあるが本書で証明した結果がすべて載っている．

解答3 (2.5) の答えは，すべての $i \geq 0$ に対し，条件 $\mu_1 \geq \cdots \geq \mu_\ell \geq 0$ と $\sum \mu_i = \sum \lambda_i + p$ の下で $\lambda_i + 1 \geq \nu_i \geq \lambda_i$，である．

解答4 初めの i 行に入り得る数字を考えよ．

解答5 双対的に，T の右上のフックを剥がせばよい．

3章の演習問題の解答

この章の基本文献は [Schensted (1961)] である．増加列と減少列の構造の一般的な解析は [Green (1980)]，[Green (1991)] を参照．

解答6 これらの数が基本操作で不変なことを示し，ワードのタブローの場合に詳しく調べよ．

解答7 タブローを長方形 $m \times n$ の形のものと比較せよ．

解答8 $w = 412563$．

4章の演習問題の解答

RSK 対応について，ロビンソンが [Robinson (1938)]，そして後に独立に

シェンステッドが [Schensted (1961)] 置換の場合の対応を与えた．さらに
シェンステッドは対応を任意のワードに拡張した．置換の場合の対称性定理
は [Schützenberger (1977)] に書かれている．クヌースは，任意の二行配列
または行列の場合に対応を一般化した [Knuth (1970)]．一般的な対称性定理
は [Knuth (1970)] で定式化されたが，そこに書かれた証明にはなかなか難し
い「暫しの考察」がある．[Knuth (1973)] では，表を用いて対応を作るアル
ゴリズム的な手続きが与えられている．演習問題 20-23 は [Knuth (1973)] の
§5.2.4 による．本書で与えた行列と玉の方法と同様の構成法は，スタンレー
(Stanley) とフォーミン (Fomin) によって独立に発見され，[Roby (1991)]
で発展した．命題 4.8 の証明は [Knuth (1970)] による．この対応を明示
するには [Knuth (1970)] と [Bender and Knuth (1972)] を参照．スタン
レーの公式 (4.10) の組合せ的証明は [Remmel and Whitney (1983)] と
[Krattenthaler (1998)] で与えている．

解答 9 確認せよ．

解答 10 確認せよ．

解答 11 $P =$
1	1	1	1	2	2	3
2	2	2
3

$Q =$
1	1	1	1	2	3	3
2	2	2
3

解答 12 $A^{(1)}$ の対角部分に k-玉があれば，この玉は A のトレースに 1 を寄与するが $A^{(2)}$ の対角には玉を加えない．一方 $A^{(1)}$ の対角部分に k-玉がなければ，A のトレースに 0 を寄与するが $A^{(2)}$ の対角に玉が 1 つ加えられる．帰納法により A^p のトレースは P の偶数列の個数なので，A のトレースは奇数行の個数である．

解答 13 この演習問題のすぐ前に書かれているのが求める行列である．

解答 14 対合は，異なる $[n]$ の元 a_i と b_i を用いて，各組内の順序と組の並ぶ順序の任意性を除いて一意的に $(a_1b_1) \cdot (a_2b_2) \cdot \cdots \cdot (a_kb_k)$ と表される．したがって，k つの組で表される対合の個数は $n!/(n-2k)! \cdot 2^k \cdot k!$ となり，式が証明される．

実際，$\sum_{k=0}^{[n/2]} \dfrac{n!}{(n-2k)! \cdot 2^k k!}$ は関数 $\exp(z + z^2/2)$ の z^n の係数に $n!$ を掛けたものになる．漸近公式は [Knuth (1973)] の §5.1.4 に書かれている．f^λ の和と $(f^\lambda)^2$ の和に関する簡単な公式はあるが，3 乗以上の和に関する同様な式は知られていない．$\sum_{\lambda \vdash n} (f^\lambda)^3$ の漸近的評価だけでもわかれば有用であることが，

[Diaconis (1988)] で指摘されている.

解答 15 $[k+r-1]$ の部分集合 $\{b_1 < b_2 < \cdots < b_{k-1}\}$ それぞれについて, $b_0 = 0$ かつ $b_k = k+r$ とおき, $a_i = b_i - b_{i-1} - 1$ として $(a_1, \ldots, a_k)$ を作る.

解答 16 これは RSK 対応とコストカ数の定義から直接得られる.

解答 17 行数に関する帰納法を用いて, 1 行目の箱のフック長の積が

$$\frac{\ell_1!}{(\ell_1 - \ell_k) \cdot (\ell_1 - \ell_{k-1}) \cdots (\ell_1 - \ell_2)}$$

となることを示せば十分で, これは簡単である. 1 番目の箱のフック長を ℓ_1 とすると 2 番目は $\ell_1 - 1$, という具合に λ_k 番目のフック長 $\ell_1 - \lambda_k + 1$ までくる. $\lambda_k < \lambda_{k-1}$ ならば, その次の列は 1 つ短くなるので次の箱のフック長は $\ell_1 - \lambda_k - 1$ となる. これが $(\ell_1 - \lambda_k)$ の欠ける理由で, 上の式の分母第 1 項である. 一般に

$$\lambda_k = \lambda_{k-1} = \cdots = \lambda_{k-p} < \lambda_{k-p-1}$$

のとき, その次のフック長は $\ell_1 - \lambda_{k-p} - 1$ で, これが $(\ell_1 - \ell_k) \cdots (\ell_1 - \ell_{k-p})$ の欠落に対応し, それが分母に現れている. という具合に, 行に沿って進むと列が短くなる毎に分母に項が現れる.

解答 18 問題中最後の恒等式から 2 番目の式を導出するには, $x_i = \ell_i$ かつ $t = -1$ とおき

$$\ell_1 + \cdots \ell_k - \binom{k}{2} = \lambda_1 + \cdots + \lambda_k = n$$

に留意する. 最後の恒等式を証明するには, 左辺が変数 $x_1, \ldots, x_k$ について反対称という事実から, 左辺が $\Delta(x_1, \ldots, x_k)$ で割り切れることを用いると, 次数の考察から両辺の比は $k+1$ 変数の斉次線型多項式である. $t = 0$ のとき両辺は明らかに等しいので, t の係数を見つけるためには両辺がゼロでない値になる 1 つの場合を計算すれば十分である. 例えば $t = 1$ かつ $x_i = k - i$ とおける. 参考文献は [Knuth (1973)] の §5.1.4.

解答 19 演習問題 17 の式で $n = k$ とおいたものを適用し, さらに (4.4) を用いる.

解答 20 第 3 章の結果によって, この置換は所定の形 λ を持つ標準タブローの対 (P, Q) に対応する. (b) の例については, 答えは

$$(f^{(15,4,1,1)})^2 + (f^{(15,3,2,1)})^2 + (f^{(15,2,2,2)})^2$$

で，フック長公式を用いると

$$361,760^2 + 587,860^2 + 186,200^2 = 511,120,117,200$$

となる.

解答 21 対応するタブロー組 (P, Q) は m 個と $n-m$ 個の箱を含む 2 行から成る. P には $2m - n - 1$ 通り，そして Q には $f^{(m,n-m)}$ 通りの選び方がある. 参考文献は [Schensted (1961)].

解答 22 左辺は，積 $\prod_{i=1}^{m} x_i^{a(i,i)} \prod_{i<j}(x_i x_j)^{a(i,j)}$ を $m \times m$ の非負整数対称行列 A について足し上げた和であり，右辺は $[m]$ 上のタブロー P についてすべての x^P を足し上げた和である. そのような A と (P,P) の間の対応を適用する. 参考文献は [Bender and Knuth (1972)], [Stanley (1971)], [Stanley (1983)].

解答 23 非負整数対称行列 A であって i または j が S の元でないときは $a(i,j) = 0$ となるすべてのものについて $t^{ia(i,j)}$ を足し上げた和と，与式とを比較せよ. べきの部分を対角項の和 $\sum_i ia(i,i)$ と非対角項の和 $\sum_{i<j}(i+j)a(i,j)$ として書き直せ. この種の他の公式については [Bender and Knuth (1972)] を参照.

解答 24 それらは対 (T, U) で U が標準タブローのものに対応する.

解答 25 行バンプ補題より，符号が $+$ になるのは Q 内で $i+1$ が i の上または同じ行かつ右の列にあるときで，$-$ になるのは $i+1$ が i の下の行かつ左または同じ列にあるときである. 参考文献は [Schützenberger (1977)].

5 章の演習問題の解答

リトルウッド・リチャードソン規則には今やたくさんの証明があり，その多くはお互いに，そして本書の証明とも密接に関係している. [Remmel and Whitney (1984)], [Thomas (1978)], [White(1981)] そして [Zelevinsky (1981)] を参照のこと. 他のアプローチについては [Fomin and Greene (1993)], [Macdonald (1979)], [Lascoux and Schützenberger (1985)], [Bergeron and Garsia (1990)] そして [Van der Jeugt and Fack (1991)] を参照. 3 つ以上のシューア多項式の積への一般化については [Benkart, Sottile and Stroomer (1996)] を参照. [Littelmann (1994)] では一般の半単純リー環の表現への一般化を論じている.

解答 26 $T(\lambda, \mu, U(\nu))$ を見て補題 5.9 を用いよ.

解答 27 整化が $U(\mu)$ になるただ一つの ν/λ 上の歪タブローでは，i 行目の数字

はすべて i である.

解答 28 方程式 $T \cdot U = U(\nu)$ から U は $U(\mu)$ になるしかない.

解答 29 ν 上のタブローで中身が $1 < \cdots < k < \bar{1} < \cdots < \bar{\ell}$ のものは, ある $\lambda \subseteq \nu$ 上のタブローで中身が $\{1, \ldots, k\}$ から成るものと ν/λ 上の歪タブローで中身が $\{\bar{1}, \ldots, \bar{\ell}\}$ から成るものと同じである.

解答 30 f^μ 個の可能な整化のそれぞれについて $c_{\lambda\mu}^\nu$ 個ずつある.

解答 31 (a) (歪) タブローのワードの定義から, s を上下列に持つ置換はまさしく $\nu(s)/\lambda(s)$ 上の中身 $(1, \ldots, 1)$ の歪タブローのワードである. あとは前問を適用する. (b) $\nu(s)/\lambda(s)$ 上と $\nu(t)/\lambda(t)$ 上の歪タブローの組でその整化が同じ形をした標準タブローになるものの個数が (b) の和である. そのような整化はロビンソン対応によって望むような置換に対応する. (c) フック長公式とリトルウッド・リチャードソン規則を使う. 参考文献は [Foulkes (1976)].

マクマホンは以下のことを証明している ([Stanley (1986), p.69] を参照せよ). s の中で記号 $-$ が現れる位置を $s_1, \ldots, s_k$ ($1 \leq s_1 < \ldots < s_k \leq n-1$) とすると, この s を上下列に持つ置換の個数は

$$n! \cdot \det[1/(s_{j+1} - s_i)!] = \det\left[\binom{n - s_i}{s_{j+1} - s_i}\right]$$

と表せる[1]. ただし行列式は $0 \leq i, j \leq k$ にわたってとり, $s_0 = 0$, $s_{k+1} = n$ とおく.

解答 32 計算問題.

解答 33 標準タブローと逆格子ワードの間の対応を, フック長公式とともに用いる. 参考文献は [Knuth (1973)].

解答 34 総数を数えるには前問を参照. 参考文献は [Knuth (1973)]. もう一つの対応 $T \longleftrightarrow (P, Q)$ を得るには, P と S を設問通りにとり, 一方 $Q = Q(w(S))$ を $w(S)$ の挿入タブローにとればよい.

解答 35 (a) 整化すると中身が r のタブロー $K_{\mu r}$ 個それぞれになる歪タブローが $c_{\lambda\mu}^\nu$ 個ずつある. (b) ν 上のタブローで r_1 個の 1, ..., r_p 個の p と s_1 個の $\bar{1}$, ..., s_q 個の $\bar{q}$ から成るものすべてを考える. ただし $1 < \cdots < p < \bar{1} < \cdots < \bar{q}$.

解答 36 設問のようなワードは形 ν のタブローの組 (P, Q) に対応する. ただし Q は標準タブロー, P は λ の形をした $P(u_\circ)$ と整化が $P(v_\circ)$ になる ν/λ 上の歪タブローから成るものである. 参考文献は [Lascoux (1980)].

---

[1] 訳注: この式の左辺では $s_{j+1} - s_i < 0$ のとき $1/(s_{j+1} - s_i)! = 0$ と置く必要がある. なお, 引用されている文献 [Stanley (1986)] の該当箇所には記述が見当たらない.

6章の演習問題の解答

対称関数環のきちんとした取り扱いに関しては [Macdonald (1979)] を，対称関数とタブローのつながりについては [Stanley (1971)] を参照のこと．演習問題 40 の式のタブロー論的証明は [Bender and Knuth (1972)] に書かれている．一般化されたヤコビ・トゥルーディ公式の，タブローを用いた素晴らしい証明は [Wachs (1985)] で与えられた．ヤコビ・トゥルーディ公式の他の一般化については [Pragacz (1991)]，[Pragacz and Thorup (1992)] を参照されたい．

解答 37 簡単な方法は，母関数 $E(t) = \prod(1 + x_i t) = \sum e_p t^p$ と式

$$E'(t)/E(t) = \frac{d}{dt}\log(E(t)) = \sum \frac{d}{dt}\log(1 + x_i t)$$

を使うことである．同様に 2 番目の式には $H(t) = \prod(1 - x_i t)^{-1} = \sum h_p t^p$ を使う．

解答 38 式 (6.9) は $h_p(x) = t_{(p)}$ を意味するので，関数 t_λ は $s_\lambda(x)$ と同じ 2.2 節の式 (2.6) を満たす．コストカ数行列 $K_{\lambda\mu}$ の可逆性から，すべての λ について $s_\lambda(x) = t_\lambda$ が成り立つ．式 (6.10) を示すため，$a^{(p)}(\ell_2, \ldots, \ell_m)$ を $a(\ell_1, \ldots, \ell_m)$ のような行列式で，ただし ℓ_2 から ℓ_m までのべきと $m-1$ 個の変数 $x_1, \ldots, x_{p-1}, x_{p+1}, \ldots, x_m$ だけを使うものとする．行列式を 1 行目で展開すると，

$$a(\ell_1, \ldots, \ell_m) = \sum_{p=1}^{m} (-1)^{p+1} (x_p)^{\ell_p} \cdot a^{(p)}(\ell_2, \ldots, \ell_m)$$

である．変数の個数に関する帰納法を用いると (6.10) 左辺は次のようになる．

$$\sum_{p=1}^{m} (-1)^{p+1} (x_p)^{\ell_p} \cdot (1 - x_p)^{-1} \cdot a^{(p)}(\ell_2, \ldots, \ell_m) \prod_{i \neq p}(1 - x_i)^{-1}$$
$$= \sum_{p=1}^{m} (-1)^{p+1} \sum (x_p)^{n_1} \cdot a^{(p)}(n_2, \ldots, n_m)$$
$$= \sum a(n_1, n_2, \ldots, n_m),$$

ただし和は $n_1 \geq \ell_1$ かつ $n_2 \geq \ell_2 > \cdots > n_m \geq \ell_m$ の全体でとる．あとは $n_2 \geq \ell_1$ の項が打消し合うことを示せば十分だが，これは行列式の交代性から従う．つまり $a(n, n, n_3, \ldots, n_m) = 0$ かつ

$$a(n_1, n_2, n_3, \ldots, n_m) + a(n_2, n_1, n_3, \ldots, n_m) = 0.$$

解答 39 設問の最後の式で行列式をとり (6.8) を用いると，式 (6.6) が得られる．$\lambda = (0, \ldots, 0)$ のときは，行列式をとると

$$\det\bigl[(-1)^{m-i}e_{m-i}^{(j)}\bigr]_{1\le i,j\le m}=\det\bigl[(x_j)^{m-i}\bigr]_{1\le i,j\le m}$$

となることに注意.

解答 40 1 番目の式は，展開式

$$\det\bigl[h_{\lambda_i+j-i}(x)\bigr]_{1\le i,j\le m}=\sum_{\sigma\in S_m}\mathrm{sgn}(\sigma)h_{\lambda_1+\sigma(1)-1}(x)\cdots h_{\lambda_m+\sigma(m)-m}$$

と 2.2 節の式 (2.8) から従う．式 (6.7) は，同じ式で λ を共役にしたものに同値である．

解答 41 式 (6.8) の分子がファンデルモンド行列式になる．

解答 42 $(x^p-1)/(x^q-1)\to p/q$ に留意しながら，前問の式で極限 $x\to 1$ を計算する（あるいは $x-1$ の適当なべきで割る）．$d_\lambda(m)=s_\lambda(1,\ldots,1)$ なので，得られた式が 4.3 節の公式 (4.10) に一致することは 4.3 の演習問題 17 を使うと分かる．

解答 43 [Macdonald (1979)] の §I.5 を見よ.

解答 44 証明は [Fulton (1984)] の補題 A.9.2 にある．本問の式はセルゲーフ (Sergeev) とプラガック (Pragacz) によるヤコビ・トゥルーディ公式の一般化である．これを含む超対称多項式の基本性質については [Pragacz and Thorup (1992)] を参照のこと.

7 章の演習問題の解答

有限群の複素表現に関する参考文献は数多くあるが，その一つに [Fulton and Harris (1991)] が挙げられる．対称群の表現については, [James (1978)], [James and Kerber (1981)](広範な参考文献リストが付いている), [Peel (1975)], [Carter and Lusztig (1974)](有限標数への拡張に詳しい), [Sagan (1991)](標準タブローとの関係に関する入門的なテキスト), [Robinson (1961)] が挙げられる．種々の応用については [Diaconis (1988)] を見よ．本書 §7.4 の加群 $\widetilde{M}^\lambda$ は, [James and Kerber (1981)], p.318 の加群（ここでは列タブロイドが向き付けされていない）と同型である．ただし，この同型は非標準的である.

解答 46

(a) $R(T)$ と $C(T)$ が S_n の部分群であることと，等式 $\mathrm{sgn}(q_1\cdot q_2)=\mathrm{sgn}(q_1)\mathrm{sgn}(q_2)$ より従う．

(b) 部分群 $G \subset S_n$ の元を G の 2 元の積として表す方法は, $\#G$ 通り存在する. この事実から従う.

解答 47 n 個の整数を, 1 つの要素を持つ部分集合 m_1 個, 2 つの要素を持つ部分集合 m_2 個, ... に分割する方法は $n!/(\prod(r!)^{m_r} \cdot \prod m_r!)$ 通りである. 各部分集合ごとに, サイクルの選び方は $r!/r$ 通りあるので, この数を乗すると求める値になる.

解答 48 $C(\sigma \cdot T) = \sigma \cdot C(T) \cdot \sigma^{-1}$ (§7.1 の式 (7.1)) および $\mathrm{sgn}(\sigma \cdot q \cdot \sigma^{-1}) = \mathrm{sgn}(q)$ より, $v_{\sigma \cdot T} = \sum_{q \in C(T)} \mathrm{sgn}(q)\{\sigma \cdot q \cdot T\} = \sigma \cdot v_T$.

解答 49 $M^{(n)}$ が自明表現であることと, $M^{(1^n)}$ が正則表現であることに注意する.

解答 50 m に関する帰納法.

解答 51 ヤコビ・トゥルーディの公式を用いる.

解答 52 多項式
$$\sum_{\sigma \in S_k} \mathrm{sgn}(\sigma) x_1^{\sigma(1)-1} \cdots x_k^{\sigma(k)-1} (x_1 + \cdots + x_k)^n$$
に含まれる $x_1^{\ell_1} \cdots x_k^{\ell_k}$ の項の係数は $n!/\prod(\ell_i!)$ と $\det(\frac{\ell_i!}{(\ell_i - j + 1)!})_{i,j} = \prod(\ell_i - \ell_j)$ の積となることを用いる. 詳細は, [Fulton and Harris (1991)] の §4.1 を見よ.

解答 53 $\mathbb{U}_n = \mathbb{C} \cdot u$ と書く. 台が λ の標準タブロー T を一つ選び, M^{λ} から $S^{\lambda} \otimes \mathbb{U}$ への写像であって, $\{\sigma \cdot T\}$ を $\sigma \cdot (v_T \otimes u)$ へ送るようなものを考える. これが表現の間の射を矛盾なく定めることと, $v_{T'}$ が $\#R(T) \cdot (v_T \otimes u)$ に写されることを確かめよ. この事実により, この射の S^{λ} への制限は 0 でない. [James (1978)] と比較せよ.

解答 54 同型 $M^{\lambda} \cong A \cdot a_T$ は, σ が $S_n/R(T)$ の完全代表系を走るときの $\sigma \cdot a_T$ たちによって $A \cdot a_T$ が生成されることと, これらが一次独立であることから従う. この同型は $v_T = b_T \cdot \{T\}$ を $b_T \cdot a_T = c_T$ に写すので, $S^{\lambda} = A \cdot v_T$ の像は $A \cdot c_T$.

解答 55 σ が $S_n/R(T)$ の完全代表系を動くとき, 和 $x = \sum_{\sigma} \sum_{p \in R(T)} x_{\sigma,p} \sigma p$ がこの写像の核に入ることと, $\sum_p x_{\sigma,p}$ がすべての σ に対して 0 となることは同値. このとき $x = \sum_{\sigma,p} x_{\sigma,p} \sigma(p-1)$. 第 2 の主張は, 任意の $p \in R(T)$ を, $R(T)$ に属する互換の積 $p = p_1 \cdots p_r$ と表すとき, $p - 1 = \sum_i (p_1 \cdots p_{i-1})(p_i - 1)$ であることから従う.

解答 56

(a) $M^{(n-1,1)} = \mathbb{C}^n$ であることと,$M^{(n-1,1)} = S^{(n-1,1)} \oplus \mathbb{I}_n$(ヤングの規則)であることから従う.

(b) V_n を S_{n-1} に制限した表現は V_{n-1} と自明表現の直和になることに注意すると,$\bigwedge^p(V_n)$ の S_{n-1} への制限は $\bigwedge^p(V_{n-1}) \oplus \bigwedge^{p-1}(V_{n-1})$ となる.

解答 57 §7.2 の議論をまねればよい.

解答 58

(b) §6.1 の式 (6.5) を用いればよい.

(c) σ が $S_n/C(T)$ の完全代表系を動くとき,$x = \sum_{\sigma} \sum_{q \in C(T)} \mathrm{sgn}(q) x_{\sigma,q} \sigma q$ がこの写像の核に入ることと,$\sum_q x_{\sigma,q} = 0$ が全ての σ に対して成り立つことは同値.このとき $x = \sum_{\sigma,q} \mathrm{sgn}(q) x_{\sigma,q} \sigma(q - \mathrm{sgn}(q) \cdot 1)$.第 2 の主張は,任意の $q \in C(T)$ を $C(T)$ に属する互換の積 $q = q_1 \cdots q_r$ と表すとき,$q - \mathrm{sgn}(q) \cdot 1 = \sum_i (-1)^{i-1}(q_1 \cdots q_{i-1})(q_i + 1)$ であることから従う.

解答 60 第 $(j+1)$ 行の空でない部分集合 Y に対して,$\tilde{\gamma}_Y(T) = \sum\{S\}$ と定める.ここで和は,Y の部分集合 Z と,同数の要素を持つ第 j 行の部分集合を交換して得られるすべての番号付け S に関してとる.番号付け pT に対して,t を同一の行に含まれる 2 数を入れ替える置換とするとき,$t \cdot [pT] = -[pT]$ が成り立つ.このことを用いて $\tilde{\gamma}_Y(T)$ が β の核に入っていることを示せ.次に,等式

$$\{T\} + (-1)^k \tilde{\pi}_{j,k}(T) = \sum_Y (-1)^{\#Y} \tilde{\gamma}_Y(T)$$

を示せ.ここで和は,T の第 $(j+1)$ 行の初めの k 個の成分のあらゆる(空でない)部分集合 Y についてとる.

解答 61 同型が存在すると仮定し,その同型を与えるであろう 2×2 行列を計算により決定せよ.

解答 62

(a) 直接計算により示される.両辺とも,項の打消しが起こらないことに注意.

(b) (a) から,

$$k \cdot ([T] - \pi_{j,k}(T)) = (k-1) \cdot ([T] - \pi_{j,k-1}(T))$$
$$+ \sum_{i=1}^{m}([T_{i,k}] - \pi_{j,k-1}(T_{i,k})) + \left([T] - \sum_{i=1}^{m}[T_{i,k}]\right).$$

これにより $k \cdot N_k \subset N_{k-1} + N_{k-1} + N_1$ を得る. 参考: [Towber (1979)]. [Carter and Lusztig (1974)] の §3.2 も参照.

解答 63

(a) 直接計算で示される.

(b) (a) より, 対応 $[T] \mapsto F_T$ は $\widetilde{M}^\lambda$ から多項式の空間への S_n 加群の準同型を与える. Q^λ が 0 に写されることを示せばよい. ファンデルモンド行列式を展開すると, $F_T = \sum_{q \in C(T)} \operatorname{sgn}(q) G_{qT}$ を得る. ただし $G_S = \prod_{(i,j) \in \lambda} (x_{S(i,j)})^{i-1}$. S の同じ行に入っている 2 数を入れ替える互換 t に対して $t \cdot G_S = G_S$ が成り立つことから, 主張 1 の証明と同様の議論が使える. [Peel (1975)] を見よ.

解答 59

(a) 等式 $c_T \cdot c_T = n_\lambda c_T$ は, 等式 $c_T \cdot v_T = n_\lambda v_T$ と同値であるから, 補題 7.17 の証明より従う.

(b) t をそのような 2 つの数を入れ替える互換とするとき, $a_{T'} \cdot t = a_{T'}$ と $t \cdot b_T = -b_T$ が成り立つから, $c_{T'} \cdot c_T = c_{T'} \cdot t \cdot t \cdot c_T = -c_{T'} \cdot c_T$ を得る. 逆に, $c_{T'} \cdot c_T = 0$ が成り立つとする. どのような 2 つの数もそのような位置にないと仮定すると, §7.1 の補題 7.1 より, $p' \cdot T' = q \cdot T$ を満たすような $p' \in R(T')$, $q \in C(T)$ が存在する. このとき, $c_{p' \cdot T'} = p' \cdot c_{T'}$ と $c_{q \cdot T} = \pm c_T \cdot q^{-1}$ から $c_{p' \cdot T'} \cdot c_{q \cdot T} = 0$ でなければならないが, これは (a) に反する.

(c) $A \cdot c_T$ の和が直和であることを示そう. 1 次関係式 $\sum x_T \cdot v_T = 0$ を仮定する. ここで $x_T \in A$ であり, 和は標準タブロー T に関してとる. $T_\circ$ を $x_T \neq 0$ なる最小の T とする. §7.1 の系 7.2 より, 右から $c_{T_\circ}$ を掛けることによって $0 = n_\lambda \cdot x_{T_\circ} \cdot c_{T_\circ}$ を得るが, これは矛盾である. これで直和性が示された. A の次元 $n!$ が $A \cdot c_T$ たちの次元の和 $\sum (f^\lambda)^2$ と等しいことから, A が生成されることがわかる.

(d) 例えば, $\lambda = (3, 2)$ に対して

$$T = \begin{array}{|c|c|c|} \hline 1 & 2 & 3 \\ \hline 4 & 5 \\ \cline{1-2} \end{array}, \qquad T' = \begin{array}{|c|c|c|} \hline 1 & 3 & 5 \\ \hline 2 & 4 \\ \cline{1-2} \end{array}$$

とすればよい．[James and Kerber (1981)], p.109 と比較せよ．

解答 64 b_T と a_T による右からの積は同型を定める．演習問題 59 (a) を用いよ．

解答 65

(a) ω に関して整合的であることは §5.1 の命題 5.2 の系 5.4 から従う．

(b) 写像 $R_n \to R_p \otimes R_q$ は，S_n の表現 V の類 $[V]$ を，S_p の表現 U, S_q の表現 W の集合であって，V の $S_p \times S_q$ への制限が $\bigoplus (U \otimes W)$ であるようなものの総和 $\sum [U] \otimes [W]$ に写す．参考：[Liulevicius (1980)]．

8章の演習問題の解答

本書で「シューア加群」と呼んだ E^λ は，[Towber (1977), Towber (1979)] の $\bigwedge_R^\mu E$ と同一である．ここで $\mu = \tilde{\lambda}$ とした．[Akin, Buchsbaum and Weyman (1982)] は，自由 E に対して「シューア関手」$L_\mu E$ を定めた．彼らの定理によると，$L_\mu E$ は E^λ と同型である．[Carter and Lusztig (1974)] は，自由加群 $\overline{V}$ から「ワイル加群」$\overline{V}^\mu$ を構成する方法を示した．これは，$\overline{V}^{\otimes n}$ の部分加群であって，本書の性質 (8.1)-(8.3) の双対的な性質を満たすものである．E が自由であるとき，$\overline{V}$ をその双対とすると，E^λ は $\overline{V}^\mu$ と等しい．

[Green (1980)] は，リー群や対称群の理論を用いずに，GL_m の表現論を代数的に一から構成する方法を示した．対称群の表現に関する事実は，GL_m の表現論に関する結果を用いて導出されている．これらの手法や関連する話題について ── q 類似についても ── は，[Martin (1993)] を見よ．

§8.4 で扱った代数も，いろいろな呼び名，扱いをされて研究されてきた．例えば，「shape algebras」([Towber (1977), Towber (1979)])，「bracket algebra」([Désarménien, Kung and Rota (1978)]; [Sturmfels and White (1989)]; [DeConcini, Eisenbud and Procesi (1980)]) などの名前で知られている．これらの代数は，もともとはグラスマン多様体や旗多様体の斉次座標環として現れたものある ([Hodge and Pedoe (1952)])．Deruyts の方法についてもっと知りたい場合は [Green (1991)] を見よ．「2 次関係式」は，初期の代

数幾何学者や不変式論者の貢献により 19 世紀において際立った理論となった．[Young (1928)] はこれらを大いに発展させ，「straightening lows」という名前で呼んだ．

シューアのもともとのアプローチは，$\mathrm{End}(E^{\otimes n})$ の部分代数であって，$\mathrm{End}(V)$ と $\mathbb{C}[S_n]$ で生成されるものを考えるというものであった．シューアはこれらが可換であることを示した．$GL(E)$ の多項式的表現が既約表現の直和であるという事実は，$\mathbb{C}[S_n]$ の半単純性から導かれる．

[Magyar (1998)] は最近[2]，Young 図形に対応する表現やその指標についての本書のようなアイデアを，様々な種類の図形の理論に拡張した．

本書では一般線型群（や特殊線型群）という最も「古典的な」場合を考えた．他の古典群の表現論については [Sundaram (1990)] を見よ．リー群，リー代数の話題や，$GL_m\mathbb{C}$ の表現論についてもっと知りたい場合は [Fulton and Harris (1991)] を見よ．

解答 66 直接計算によって証明できる．もっとも単純なやり方は以下のようなものである．$'E^\lambda$ を，隣り合う列の交換による関係式によって定めた加群とすると，自然な全射 $'E^\lambda \to E^\lambda$ が存在する．E が有限生成な自由 R 加群であるときは，E^λ に対して証明したのと同様の方法で，$'E^\lambda$ から $R[Z]$ への標準的な写像を作ることができ，$'E^\lambda$ は D^λ の上に同型に写される．したがって，$'E^\lambda$ と E^λ もまた同型である．一般の E に対しては，自由加群から E への射影 $F \to E$ を一つとり，全射 $'F^\lambda \to '\!E^\lambda$ と $F^\lambda \to E^\lambda$ を考えることで，前半のケースに帰着できる．

解答 67 関手 $E \mapsto E^\lambda$ が底変換と整合的であることから，R が $\mathbb{Z}$ 上有限生成であるときに証明すれば十分である．このとき，R はネーター的である．φ の表現行列のすべての $m \times m$ 小行列式の生成するイデアルを $I \subset R$，φ^λ の表現行列のすべての $d_\lambda(m) \times d_\lambda(m)$ 小行列式の生成するイデアルを $I^\lambda \subset R$ とする．このとき，φ が単射 $\iff I$ が非ゼロ因子を持つ $\iff \mathfrak{p} = \mathrm{Ann}_R(x)$ の形をした任意の素イデアル $\mathfrak{p}$ に対して $I \not\subset \mathfrak{p}$ が成り立つ[3]（φ^λ に関しても同様）．したがって，(i)⇒(ii)(⇒(iii)) を示すには，任意の素イデアル $\mathfrak{p}$ に対して $I^\lambda \subset \mathfrak{p} \Rightarrow I \subset \mathfrak{p}$ を証明すれば十分である．また，(iii)⇒(i) を示すには，行数が高々 m のヤング図形 λ に対して $I \subset \mathfrak{p} \Rightarrow I^\lambda \subset \mathfrak{p}$ を証明すればよい．$\mathfrak{p}$ による局所化とその剰余体の上で考えることで，R が体の場合に帰着できる．R が体ならば，証明は容易である．

---

[2] 訳注：原著出版は 1997 年．
[3] 訳注：最後の矢印の "⇐" に R がネーターであることを用いている．

(P.Murthy による (i)⇒(ii) の別証明)：R が深さ 0 のネーター局所環であるときは，単射 φ による E の像は F の直和成分となる[4]．E^λ, F^λ の構成より φ^λ の単射性が従う．一般の R については，$E^\lambda \to F^\lambda$ の核に随伴する素イデアル (associated prime ideal) $\mathfrak{p}$ に関する局所化に対して単射性を示せば十分である．これには，次元に関する帰納法を用いればよい[5]．

解答 68 定義式 $g \cdot e_j = \sum g_{i,j} e_i$ と双線型性より従う．計算はまず $E^{\otimes \lambda}$ の上で行い，その結論を E^λ 上で解釈する．

解答 69 行列式が，行ベクトルに関する双線型性を持つことから従う．

解答 70 e_T の像が D_T であることと，演習問題 68 および演習問題 69 より従う．

解答 71 証明は $GL_m \mathbb{C}$ の場合とまったく同様である．

解答 72 線型写像 $L: V \to W$ の核と像を調べよ．$V = W$ の場合には，線型写像 $L - \lambda E$ を調べよ．

解答 73 φ が全射で，その核が K であるとすると，M の部分加群 N' が存在して，$K \oplus N' = M$ かつ $N' \xrightarrow{\cong} N$ が成り立つ．これによって，$E(K) \oplus E(N') = E(M)$ および $E(N') \xrightarrow{\cong} E(N)$ を得る．

解答 74 $\mathbb{C}[S_n \times S_m] = \mathbb{C}[S_n] \otimes_\mathbb{C} \mathbb{C}[S_m]$ より，

$$N \circ M = \mathbb{C}[S_{n+m}] \otimes_{\mathbb{C}[S_n] \otimes_\mathbb{C} \mathbb{C}[S_m]} (N \otimes_\mathbb{C} M).$$

これを用いると，

$$E(N \circ M) = E^{\otimes(n+m)} \otimes_{\mathbb{C}[S_{n+m}]} (\mathbb{C}[S_{n+m}] \otimes_{\mathbb{C}[S_n] \otimes_\mathbb{C} \mathbb{C}[S_m]} (N \otimes_\mathbb{C} M))$$
$$= (E^{\otimes n} \otimes E^{\otimes m}) \otimes_{\mathbb{C}[S_n] \otimes_\mathbb{C} \mathbb{C}[S_m]} (N \otimes_\mathbb{C} M)$$
$$= (E^{\otimes n} \otimes_{\mathbb{C}[S_n]} N) \otimes_\mathbb{C} (E^{\otimes m} \otimes_{\mathbb{C}[S_m]} M)$$
$$= E(N) \otimes E(M)$$

を得る．

解答 75 直前の命題の証明と，まったく同様に証明できる．

解答 76 列を用いた構成の際に使った議論とほぼ同じであるが少し技巧を要する．また，標数が 0 である事実を用いなければならない．数字付けたちを，相異なる数字のうち一番下の行の，一番右の位置にあるものの大小を用いて順序付ける．T の成分は行ごとに非減少であると仮定し，T の第 j 行の k 番目の数字

---

[4] 訳注：$R = (R, \mathfrak{m})$ が可換なネーター局所環であるとき，R の深さが $0 \iff$ あるゼロでない元 $x \in R$ が存在して $\mathfrak{m} = \mathrm{Ann}_R(x)$．

[5] 訳注：可換ネーター局所環の次元は，深さより大きいか等しい．

を，真下の数字より等しいか大きいもののうち，その行の最初に現れるのものとする．$p = \lambda_j$, $q = \lambda_{j+1}$ とし，この 2 つの行の成分をそれぞれ $x_1, \ldots, x_p$ と $y_1, \ldots, y_q$ と置く．j 行目の成分を $y_1, \ldots, y_{k-1}, x_k, \ldots, x_p$ に，$(j+1)$ 行目の成分を $x_1, \ldots, x_{k-1}, y_k, \ldots, y_q$ に入れ換えて得られる数字付けを S としよう．このとき，「2 次関係式」$\tilde{\pi}_{j,k}$ より，$e_S = (-1)^k c \cdot e_T + \sum m_{T'} e_{T'}$ が成り立つ．ここで c は正の数，和は $T' > T$ についてとる．一方「2 次関係式」$\tilde{\pi}_{j,k-1}$ より，$e_S = (-1)^{k-1} d \cdot e_T + \sum n_{T'} e_{T'}$ なる等式も存在する．ここでも d は正の数，和は $T' > T$ についてとる．両者の差を取ると，$(c+d) e_T$ は，$T' > T$ をみたす元 $e_{T'}$ たちの 1 次結合で書けることがわかる．

解答 77 ピエリの規則より，$\mathrm{Sym}^p E \otimes \mathrm{Sym}^q E \cong (\mathrm{Sym}^{p+1} E \otimes \mathrm{Sym}^{q-1} E) \oplus E^{(p,q)}$ および $\bigwedge^p E \otimes \bigwedge^q E \cong (\bigwedge^{p+1} E \otimes \bigwedge^{q-1} E) \oplus E^{(2^q, 1^{p-q})}$ が成り立つ．

解答 78 直前の演習問題を用いる．また §7.3 の演習問題 62 も見よ．

解答 79 $\lambda \vdash n$ に対する $M = S^\lambda$ について証明すれば十分である．このとき，考えているウェイト空間は λ の標準タブロー T に対応する e_T たちで張られる．

解答 80

(a) $\bigoplus_k \mathrm{Sym}^k(E \oplus \bigwedge^2 E)$ の指標は，
$$\prod_{i=1}^{m}(1-x_i)^{-1} \prod_{1 \le i < j \le m}(1-x_i y_j)^{-1}$$
で与えられる．第 4 章の演習問題 22 を適用するとよい．

(b) (a) の式を，対称行列 $A = (a(i,j))$ に対応する単項式の和として表す．第 4 章の方式に従うと，次数 k は $\sum_{i<j} a(i,j) + \sum_i a(i,i)$ と一致し，箱の数は $2\sum_{i<j} a(i,j) + \sum_i a(i,i)$ と一致する．また，奇数番目の列に入っている数字の総和は $\sum_i a(i,i)$ である．第 4 章演習問題 12．) 参考: [Stanley (1983)]．

解答 81 [Knutson (1973)] を参考にせよ．

解答 82 $V_1 + \cdots + V_i = V_1 \oplus \cdots \oplus V_i$ を，i に関する帰納法によって示す．もし $V_{i+1} \cap (V_1 + \cdots + V_i) \neq 0$ であるとすれば，既約性より $V_{i+1} \subset V_1 \oplus \cdots \oplus V_i$ でなければならないが，これはシューアの補題より得られる $\mathrm{Hom}(V_{i+1}, V_j) = 0$ に反する．

9 章の演習問題の解答

不変式論およびその表現論との関連に関しては膨大な文献がある．まずはじめに

[Weyl (1939)], [Howe (1987)], [Désarménien, Kung and Rota (1978)], [DeConcini, Eisenbud and Procesi (1980)], [Fulton and Harris (1991)] などを参照のこと．シューベルト・カルキュラスについての議論は [Kleiman and Laksov (1972)], [Stanley (1977)] を参照．シューベルト・カルキュラスへのその他のアプローチや応用について [Griffiths and Harris (1978)], [Fulton (1984), §14] に書かれている．本書で用いてきた代数幾何学に関する基礎事項は多くのテキスト，例えば [Harris (1977)], [Shafarevich (1977)], [Harris (1977)] などの中に見出すことができる．

解答 84 (9.1) を $j_2, \ldots, j_{d+1}$ と $j_1, i_1, \ldots, i_d$ に適用せよ．

解答 85 $(i_1, i_2) = (1, 2)$ とし，行列 A を $\begin{pmatrix} 1 & 0 & -1 & -2 \\ 0 & 1 & 2 & 1 \end{pmatrix}$ とする．このとき対応する線型写像 $\mathbb{C}^4 \to \mathbb{C}^2$ の核が求める部分空間である．

解答 86 (i) における像は線型方程式で定まり，(ii),(iii) における像は 2 次の関係式で定まる．[Harris (1977)] を参照．

解答 87 命題 9.4 と同様に，次数 a の多項式の空間において $D_{i_1,\ldots,i_p}$ ($p \in \{d_1, \ldots, d_s\}$) が張る空間は次元が $\sum d_\lambda(m)$ である．ただし，ここで和は a は列の長さが $\{d_1, \ldots, d_s\}$ のいずれかである分割 λ についてとる．また，このとき，$\mathrm{Sym}^a(V^{\oplus m}) \cong \oplus (V^\lambda)^{\oplus d_\lambda(m)}$ である．和は高々 n 個の部分への a の分割 λ に関してとる．(a) を証明するには，$G = G(d_1, \ldots, d_s)$ とするとき，λ の列の長さが $\{d_1, \ldots, d_s\}$ に含まれるならば $(V^\lambda)^G$ が 1 次元であり，そうでなければ 0 であることを示せば十分である．このことは G に属する行列が λ 上のタブローに対応する V^λ の基底へどのように作用するかをみることでわかる．λ の列の長さが $\{d_1, \ldots, d_s\}$ に含まれるとき，基底を成すベクトルのうちでただ一つ作用で固定されるベクトルは $U(\lambda)$，すなわち，i 行めにすべて i が書き込まれたタブローに対応するものである．(b) については，系 9.5 の証明に従って，G が連結で，非自明な指標を持たないことを示せば十分である．この事実は，s に関する帰納法と，対角成分が 1 の上三角行列が成すべき零群が非自明な指標を持たないこと ([Kraft (1984), §II.3] 参照) から従う．

解答 88 X の斉次座標環の局所化 $\{F/T^m : F$ は次数 m の斉次元$\}$ を考える．ただし T は X 上で消えない線型形式とする．これは一意分解環である．T が線型形式の基底を動くとき，これらの局所化は X の開被覆に対応する．$\mathfrak{P}$ を X の余次元 1 の既約多様体に対応する素イデアルとするとき，そのような各開集合に

において，$\mathfrak{P}$ の局所化を生成する F^6 をとることができる．

解答 89 部分多様体 $I_Z \subset \mathbb{P}(E) \times Gr^n E$ (incidence variety) を (P, F), $P \in Z \cap \mathbb{P}(E)$ によって定めると，$Gr^n E$ の次元 $n(m-n)$ よりも 1 次元低い既約な部分多様体であって，I_Z から H_Z への写像は双有理的である．(b) については，線型空間の一般的な組 $A \subset B \subset E$ でそれぞれ余次元 $n+1, n-1$ のものを固定し，直線

$$\ell = \{F \in Gr^n E : A \subset F \subset B\}$$

を考える．このとき $\mathbb{P}(B)$ は $d = \deg(Z)$ 個の点で Z と交わる．それらは H_Z に含まれるその直線上の d 個の点である．このことは，横断性を確かめさえすれば，2 つの次数が等しいことを示している．詳細については [Harris (1977)] を参照せよ．

解答 90 X の多重斉次座標環の以下の局所化を考える

$$\{F/T_1^{m_1} \cdots T_r^{m_r} : F \text{ は多重斉次で多重次数が } (m_1, \ldots, m_r)\}.$$

T_i は $\mathbb{P}^{n_i}$ の上の線型形式で X 上で零にならないものである．こうしてできる局所化は一意分解環であって，このような X の開被覆に対応する．超平面切断が因子類群を生成するという事実は直和因子がひとつの場合と同様にしたがう．また，その独立性は各直和因子への射影が非自明であることからしたがう．

解答 91 $E_{i,j} \cdot (e_{U(\lambda)}^*) = 0 \iff E_{j,i} \cdot (e_{U(\lambda)}) = 0$ および $E_{j,i} \cdot (e_{U(\lambda)})$ は $U(\lambda)$ のひとつの i を j に取り替えてできるタブロー T すべてについて e_T を足したものであることに注意せよ．

解答 92 両方の部分多様体は G 作用の軌道であるから，基本的な旗 $F_1 \subset \cdots \subset F_s \subset E$ が §9.1 の埋め込みで点 $[e_{U(\lambda)}^*]$ に写されることを確かめれば十分である．

解答 93 定義から直接わかる．

解答 94 V が $\mathcal{O}_{\mathbb{P}(V)}$ の大域切断の空間であることの標準的な証明と同様である．$X \subset \mathbb{P}^{m-1}$ として，斉次座標環

$$A = \mathbb{C}[X_1, \ldots, X_m]/I(X) = \mathbb{C}[x_1, \ldots, x_m]$$

が一意分解環とすると，$\mathcal{O}_X(n)$ の大域切断は局所化 A_{x_i} の 0 次の斉次元 s_i の集まりで，$(x_i/x_j)^n \cdot s_i = s_j$ を満たすものによって与えられる．示さなければな

---

[6] 訳注：ネーター整域が一意分解環であることと，任意の高さ 1 の素イデアルが単項イデアルであることは同値であるという事実がある．

らないのは A の n 次の斉次元 f で $s_i = f/x_i^n$ がすべての i に対して成り立つものが存在することである. 元 $x_i \cdot s_i$ は $A_{x_1 \cdots x_m}$ において同一の像を持つので, それを f と書く. この f は $f = \prod_{i=1}^{m} x_i^{p_i} \cdot g$, ただし p_i は整数, g はどの x_i でも割り切れない斉次元として, 一意的に書くことができる. f が A_{x_i} に属すということは $j \neq i$ ならば p_j が非負であることを意味し, これは f が A に属すことを意味する. これが示すべき性質であった. 多重斉次の場合にも同様の証明が可能である. 実際, 多重斉次座標環が正規であることのみが必要とされる. [Hartshorne (1977), II, Ex. 5.14] を参照.

解答95 点 x 上の L のファイバーにおける零でないベクトル y を固定し, $L(\chi)$ から L への写像を $g \times z \mapsto g \cdot zy = z(g \cdot y)$ により定める. これが矛盾なく定義されて同型であることを確かめよ. 第2の主張は定義から明らかである.

解答96 Ω_λ° の閉包は λ で指定される 1 が等しいか右にあるような階段行列からなる. (d) については, 上述のコホモロジーに関する事実 (iv) のようにフィルター付け $Gr^n(\mathbb{C}^m) = Y_0 \supset Y_1 \supset \cdots$ を作る. Y_p は $|\lambda| \geq p$ である Ω_λ の和集合である.

解答97 これは定義からすぐにしたがう. すなわち, A_i は $m = n + r$ 個の基底ベクトルの最初から $n + i - \lambda_i$ 個のベクトルで張られ, B_{r+1-i} は最後から $n + (r+1-i) - \mu_{r+1-i}$ 個の基底ベクトルで張られる.

解答98 v_i が $A_i \cap B_{r+1-i}$ の一般のベクトルならば, $v_1, \ldots, v_r$ で張られる空間は Ω_λ と $\tilde{\Omega}_\mu$ の交わりに含まれる.

解答99 (a) については, $\mathbb{C}^m$ の基底ベクトル e_p が C に属すのは, それがある $C_j (1 \leq j \leq r)$ に属すときであることに注意する. このことが起きるのは

  (i) $j + \mu_{r+1-j} \leq p \leq n + j - \lambda_j$ がある $1 \leq j \leq r$ に対して成り立つ

ときである. 一方, $\lambda_0 = \mu_0 = n$ とおくとき, e_p が $\bigcap_{i=0}^{r}(A_i + B_{r-i})$ に属すのは

  (ii) $p \leq n + i - \lambda_i$ または $p > i + \mu_{r-i}$ が

     すべての $0 \leq j \leq r$ に対して成り立つ

ときである.

(i) $\Longrightarrow$ (ii) を示す. (i) の条件が j に対して成り立つとする. $i < j$ ならば $i + \mu_{r-i} < j + \mu_{r+1-j} \leq p$ であり, $i \geq j$ ならば $p \leq n + j - \lambda_j \leq n + i - \lambda_i$ である. (ii) $\Longrightarrow$ (i) を示すためには, $p \leq n + j - \lambda_j$ である最小の j を見つける. (ii) の第1の条件が $j-1$ に対して成り立たないという事実は $p > (j-1) + \mu_{r-(j-1)}$

を意味する．これは (i) である．

解答 100 $n = m - r$ とするとき，これは特殊シューベルト類 σ_1 の $(r \cdot n)$ 重の交わりであって，ピエリ規則を繰り返し用いることにより，形が (n^r) の標準タブローの個数である．鈎長公式を用いよ．

解答 101 $\lambda_{i-1} = \lambda_i$ ならば，λ_i に対する条件は，λ_{i-1} に対する条件を意味する．もしも，これら2つの条件のいずれかが欠ければ，小さな数の分割に対する条件が成り立っていることになる．するとシューベルト多様体は大きくなる．

解答 102 上で証明したことを用いると，この結果は §2.2 のピエリ規則 (2.7) から形式的に導かれる．

解答 103 後半の主張には演習問題 101 を用いよ．

解答 104 σ_k は特殊シューベルト類に対応し，$h_k \in \Lambda$ の像である．$\Lambda \to H^*(Gr^n(\mathbb{C}^m))$ の核は h_i $(i > n)$ と e_p $(p > r)$ により生成される．$e_p = s_{1^p} = \det(h_{1+j-i})_{1 \leq i,j, \leq p}$ であることがわかっている．等式 $e_p - h_1 e_{p-1} + \cdots + (-1)^p h_p = 0$ により，$p \leq m$ に対する e_p のみが必要であるとわかる．グラスマン多様体のこの表示は Borel による．このアイデアの面白い変種について [Gepner (1991)] をみるとよい．

10章の演習問題の解答

一般の半単純群に対する旗多様体 G/B のシューベルト類に対する公式は [Bernstein, Gelfand and Gelfand (1973)] と [Demazure (1974)] によって独立に与えられた．この話題の背景，およびブリュア順序の起源については [Chevalley (1994)] を参照のこと．剰余環においてシューベルト類を代表する明示的なシューベルト多項式はラスクーとシュッツェンベルジェによって発見された．本書での取り扱いは，その他の古典群のシューベルト多項式を構成した [Billey and M. Haiman (1995)] の方法に倣った．このことについての議論に対し S. Billey に感謝する．

対称群の知識をもう少し用いて，これらの多項式の純粋に代数的な構成を与えることも望ましい（[Macdonald (1991a)] を参照）．

シューベルト多項式に関するより新しい研究については [Billey, Jockusch and Stanley (1993)]，[Fomin and Kirillov (1993)]，[Fomin and Stanley (1994)]，[Reiner and Shimozono (1995)]，[Sottile (1996)] を参照されたい．ブリュア順序に関してさらに知りたければ [Deodhar (1977)] をみるとよい．

命題 10.6 は [Borel (1953)] の定理の特殊な場合である．

解答 105 (a) $V = E^\lambda$, $E = \mathbb{C}^m$ の場合を示せば十分である．成分が $[m]$ の元である形 λ のタブロー全体の集合に，T の成分の総和が T' の成分の総和よりも小さいときに $T < T'$ であるような任意の全順序を入れる．この順序で最初の k 個の T に対する e_T で張られる部分空間を V_k とする．$i < j$ ならば $E_{i,j}(V_k) \subset V_{k-1}$ が成り立ち，したがって V_k は B によってそれ自身に写される．(b) 部分多様体の増大列 $Z \cap \mathbb{P}(V_1) \subset Z \cap \mathbb{P}(V_2) \subset \cdots \subset Z \cap \mathbb{P}(V_r) = Z$ を考える．各 $Z \cap \mathbb{P}(V_i)$ は B で不変である．射影空間の代数的集合は有限集合でなければ任意の超平面と交わる．したがって，これらの集合のうち有限で空でないもの $Z \cap \mathbb{P}(V_k)$ がある．B は連結であるから，これらの点は B の固定点である．

解答 106 集合 U_w は，いくつかの小行列式が零でないと言う条件で定義されているので開集合である．それらの小行列式は，最初の p 列と $w(1), \ldots, w(p)$ ($1 \leq p \leq m$) で番号付けられた行に関するものである．最初の p 列と $w(1), \ldots, w(p-1), q$ で番号付けられた行に関する小行列式は符号を除けば，その行列の (p, q) 成分と一致する．したがって，写像 $\mathbb{C}^n \to F\ell(n) \subset \mathbb{P}^r$ の下で，$\mathbb{C}^n$ の点の座標は，$\mathbb{P}^r$ のひとつの斉次座標としてひとつの星印に対応する．同様に，斉次座標のひとつの成分は 1 である．このことは，写像が埋め込みであることを意味する．

解答 107 最初の主張は置換の長さの定義から直接従う．2つめの主張は最初の主張から従う．

解答 108 (a) 第 2 の命題は X_w° の定義から従い，第 1 の命題はそれから従う．(b) ダイアグラムに関する主張は本文で述べられたことの言い換えである．

解答 109 直前と同じように計算すれば良い．

解答 110 $w = d\,d-1\ldots21$ のときは知っている．$\ell(w)$ に関する降下する帰納法を用いる．$w = w(1)\ldots w(d-p)\,p\,p-1\cdots21\,p+1\,w(d+2)\cdots$ と書く．

$$w' = w(1)\cdots w(d-p)\,p+1\,p\,p-1\cdots21\,w(d+2)\ldots$$
$$= w \cdot s_d \cdot s_{d-1} \cdot \cdots \cdot s_{d-p+1}$$

とおく．すると帰納法の仮定から $\mathfrak{S}_{w'} = X_1^{w(1)-1} X_2^{w(2)-1} \cdot \cdots \cdot X_{d-p}^{w(d-p)-1} X_{d-p+1}^p \cdot \cdots \cdot X_d$ であり，

$$\mathfrak{S}_w = \partial_{d-p+1} \circ \cdots \circ \partial_d(\mathfrak{S}_{w'})$$
$$= X_1^{w(1)-1} X_2^{w(2)-1} \cdot \cdots \cdot X_{d-p}^{w(d-p)-1} X_{d-p+1}^{p-1} \cdot \cdots \cdot X_{d-1}.$$

解答 111 命題 10.16 の証明と同様．

解答 112 $r_u(p,q) \geq r_v(p,q)$ がすべての q に対して成り立つということを言い換えたものである.

解答 113 (a) $w(k) < w(k+1)$ であるとして $w^* = w \cdot s_k$ とすると

$$r_w(p,q) = \begin{cases} r_w(p,q) - 1 & p = k,\ w(k) \leq q \leq w(k+1) \text{ のとき} \\ r_w(p,q) & \text{その他} \end{cases}.$$

$u \leq v$ だが, ある p, q に対して $r_{u^*}(p,q) < r_{v^*}(p,q)$ であると仮定する. $r_u(p,q) = r_v(p,q)$, $r_{u^*}(p,q) = r_{v^*}(p,q) - 1$, $r_{v^*}(p,q) = r_v(p,q)$ および $p = k$, $q \notin [v(k), v(k+1)]$ でなければならない. $q < v(k)$ ならば

$$r_v(k,q) = r_v(k-1,q) \leq r_u(k-1,q) = r_u(k,q) - 1$$

となり矛盾である. もしも $q \geq v(k+1)$ ならば

$$r_v(k,q) = r_v(k+1,q) \leq r_v(k+1,q) - 1 = r_u(k,q) - 1$$

となり矛盾である. 逆は同様である.

(b) $v = t_1 \cdots t_\ell$, $\ell(v) = \ell$ であって $t_i \in \{s_1, \ldots, s_{m-1}\}$ とする. もしも $u \leq v$ ならば補題 10.17 より $u = v \cdot (j, k)$, $j < k$, $v(j) > v(k)$ および $i \in (j, k)$ に対して $v(i) \notin (v(k), v(i))$ であるとしてよい. $t_\ell = s_p$ とすると $v(p) > v(p+1)$ である. もしも $u(p) > u(p+1)$ ならば (a) より $u \cdot s_p \leq v \cdot s_p = t_1 \cdots t_{\ell-1}$ であり, ℓ に関する帰納法より, $u \cdot s_p$ は $t_1 \cdots t_{\ell-1}$ からひとつの t_i を取り除くことで得られる. したがって, u は v から $i \leq \ell - 1$ である t_i を取り除いて得られる. そうでなければ $u(p) < u(p+1)$ であって $v(p) > v(p+1)$ である. $k = j + 1$ かつ $p = j$ でない限りそのような p がないことが容易にわかる. そのとき, $u = t_1 \cdots t_{\ell-1}$ である.

逆に, u が v から v のある簡約表示から t_i を取り除くことで得られて $\ell(u) = \ell - 1$ とする. $i = \ell$ ならば, $u \leq v$ であることは定義から明らかである. $i < \ell$ とすると, $\ell(u \cdot s_p) \leq \ell - 2 < \ell(u)$ であり $u(p) > u(p+1)$ となる. そのとき ℓ に関する帰納法から $u \cdot s_p < v \cdot s_p$ であって (a) を用いて結論が得られる.

解答 114 $w(p) < w(p+1)$ とする. もしも $w(p) \leq q$ ならば, $T \cup \{m\}$ に含まれる p よりも大きな最小元を b とする. すると $r_w(b,q) = r_w(p,q) + (b-q)$ であり, $\dim(E_p \cap F_q) \geq \dim(E_b \cap F_q) - (b-q)$ という事実から結果が従う.

$w(q) > p$ の場合は, $T \cup \{0\}$ に含まれる p よりも小さい最大元を a とする. $a = 0$ ならば, $r_w(p,q) = 0$ である. そうでなければ, $r_q(p,q) = r_w(a,q)$ であり, 結果は $\dim(E_p \cap F_q) \geq \dim(E_a \cap F_q)$ という事実から従う.

系 10.20 において，条件をチェックするべき (p, q) たちの成すある極小集合が [Fulton (1992), §3] で与えられた．

解答 115 (a) は直前の系と同じ内容である．(b) については，旗多様体の定義イデアルの 2 次の生成元が零に写されることに注意せよ．これは上で述べた J_w の生成元の場合と同様である．得られた準同型の像は部分環であって，その商体は $\mathbb{C}(\{A_{i,j}\})$ であるから，その像は整域であって次元が $\dim(X_w) + m$ である．これは X_w の多重斉次座標環の次元と一致するので $\mathbb{C}[\{X_I\}]/I(X_w)$ から $\mathbb{C}[\{A_{i,j}\}]$ への写像は単射である．

解答 116 係数 a_w は $[Z]$ と双対シューベルト多様体 $[X_w]$ との交叉数である．$GL_n\mathbb{C}$ の元 g を選んで Z と $g \cdot X_w$ が横断的になるようにできるので，これは非負の整数である．同様に Ω_w を群の作用で移動して Ω_u が $h \cdot \Omega_v$ と期待される余次元で交わるようにできる．係数 $c_{u,v}^w$ は $\Omega_u \cap h \cdot \Omega_v \cap g \cdot X_w$ の点の個数である．このような事実は Kleiman によって示された．[Hartshorne (1977), III, Thm. 10.8] を参照せよ．

解答 117 $\dim(E_p \cap F_q) = p - \mathrm{rank}(E_p \to (F'_{m-q})^*)$ および
$$\mathrm{rank}(E_p \to (F'_{m-q})^*) = \mathrm{rank}(F'_{m-q} \to (E_p)^*)$$
$$= (m-q) - \dim(E'_{m-p} \cap F'_{m-q})$$
に注意する．X_w が $X_{w_\circ \cdot w \cdot w_\circ}$ に対応するという事実は数えることで従う．Ω_w に関する主張は w を $w_\circ \cdot w$ で置き換えればよい．

付録 A の演習問題の解答

ここで紹介したような双対性の扱いは [Lascoux and Schützenberger (1981)] による．列バンプについては，第 1 章で紹介した文献の多くに載っている．§A.3 で紹介したような，リトルウッド・リチャードソン対応とジュ・ドゥ・タカンにおける形変化との関係は，ハイマン (M. Haiman) によって初めて指摘されたものである．[Haiman (1992)] と [Sagan (1991)] を見よ．これらに含まれる結果の多くは，相異なる数字によって番号付けられたタブローに関するものである．§A.4 において議論された対応関係の多くは，[Knuth (1970), Knuth (1973)] や [Bender and Knuth (1972)] に載っているものである．1970 年代の終わりに書かれた E. Gansner の MIT thesis には，行列の対称性や定理 A.12 の証明が与えられている．このアイデアを発展させたものを，[Vo and Whitney (1983)] と [Burge (1974)] に見つけることができ

る．種々の「行列と玉の構成」は，ここで新しく与えられたものである．このおかげで，これまであまり正当な文脈で扱われていなかった種々の対称性定理の証明を与えることができた．演習問題147はブッフ（A.Buch）によるものである．

解答118 $v_n^*, \ldots, v_1^*$ を行挿入したとき押しのけられる部分に着目する．

解答119 §2.1の命題2.1の証明を見よ．

解答120 第1章の行バンプの補題を見よ．

解答121 配列の中の数字の個数による帰納法を用いる．

解答122 過程のどの段階でも，二つのタブローは双対の関係である．双対性定理より，両者は同じ形である．

解答123 行バンプ $v_r \leftarrow \cdots \leftarrow v_1$ の過程で現れる新しい箱の位置は，列バンプ $v_1 \rightarrow \cdots \rightarrow v_r$ の過程で現れる新しい箱の位置と転置の関係にある．後者は，$v_r^* \leftarrow \cdots \leftarrow v_1^*$ に現れる新しい箱の位置とも一致する．§A.4も参考にせよ．

解答124 (a), (b) ともに定義より従う．$S(Q_{\text{row}}(\lambda))$ は，$n, n-1, \ldots, n-\lambda_1+1$ を λ の各列の底に入れ，続く λ_2 個の数をまだ空きのある列の底に入れ…として得られることに注意．

解答125 スライド操作による双対タブローの定義から従う．

解答126 関係式 $U^* \cdot T^* = V_\circ^*$ に着目する．μ 上のタブロー $U_\circ$ を一つ固定する．ここで，$U_\circ$ 上の文字の属するアルファベットは，$U(\lambda)$ のものよりも若い順序がつけられているとする．以下のように，2つの辞書式順序配列を定める．

$$(U^*, U_\circ) \longleftrightarrow \begin{pmatrix} y_1 & \cdots & y_m \\ v_r^* & \cdots & v_{n+1}^* \end{pmatrix}, \quad (T^*, U(\lambda)) \longleftrightarrow \begin{pmatrix} x_1 & \cdots & x_n \\ v_n^* & \cdots & v_1^* \end{pmatrix}$$

ここで，§5.1の命題5.1より，

$$(V_\circ^*, (U_\circ)_S) \longleftrightarrow \begin{pmatrix} y_1 & \cdots & y_m & x_1 & \cdots & x_n \\ v_r^* & & \cdots & & & v_1^* \end{pmatrix}$$

が成り立つ（§5.1の命題5.2の記号を用いた）．$v_r, \ldots, v_{n+1}$ を順に列挿入すると U が得られ，さらに $v_n, \ldots, v_1$ を挿入すると $V_\circ$ を得る．このとき，新しい箱に $x_1, \ldots, x_n$ を順に入れると歪タブロー S を得る（演習問題122も参照）．演習問題118より，$x_1, \ldots, x_n$ は $1, 1, \ldots, k$ と一致する．

解答127 w が初めから逆格子ワードであるならば，行バンプの定義より $U(w) = Q(w^*)$ が従う．w を一般のワードとし，$w^\sharp$ を問題文中の逆格子ワードとすると，$Q(w^*) = U(w^\sharp) = Q((w^\sharp)^*)$．§A.1の双対性定理より，$Q(w)$ は

$Q(w^*)$ から一通りに定まることから,一意性が従う.

解答 128 形変形定理より,$S = S^{!!}$ がリトルウッド・リチャードソン歪タブローであるときに証明すれば十分である.

解答 129 演習問題 128 を用いる.

解答 130 どちらの主張も定義から直接確かめられる.行バンプによって $P(w)$ を作ることを想定しよう.第一の主張を示す.i を,$v_i = k$ かつ $I(i) = J(k)$ を満たす数のうち最大のものとする.i の取り方より,v_i が行挿入されるときに第 1 行に数字 k は存在しない.したがって,v_i を $v_i - 1$ に取り換えても,その数字が入る場所は変わらない.また,v_i が第 1 行に入っている状態で $v_j = k-1$ ($j > i$) を行挿入する場面では,v_i を $v_i - 1$ に取り換えることで第 1 行から押し出される数字の位置は異なるが,それが k であることに変更はない.第二の主張を示すは,v_i の左方に位置する箱には k が現れず,v_i の下方に位置する箱には $k-1$ が現れないことに注意する.

解答 131 $U_\circ$ の選び方によらないことは,形変化定理の (iii) と (iv) より従う.主張のような 2 つのワードが存在する場合,これらは (U, Q), (U', Q) に対応する.また,T と T' への行バンプの過程で現れる新しい箱に $1, \ldots, m$ を入れると同じ歪タブローを得ることから,$[T, U]$ と $[T', U']$ が $S(\lambda/\mu, Q)$ を経由して対応することがわかる.

解答 132 $(T, T_\circ), (U, U_\circ)$, $(T \cdot U, (T_\circ)_S)$, $(T', T_\circ)$, $(U', U_\circ)$, $(T' \cdot U', (T_\circ)_S)$ に対応する辞書式順序配列をそれぞれ書き,双対を考えればよい.

解答 133 リトルウッド・リチャードソン対応が途中経過の選び方によらずに定まることさえわかっていれば,定義より直接確かめられる.

解答 134 前者は

312312211, 213312211, 123312211.

後者は

342231211, 241332211, 231241321.

解答 135 §4.2 の演習問題 12 を見よ.

解答 136 命題 A.13 より従う.

解答 137 (b) を仮定すると,すべての k に対して,λ の第 k 行より下に存在する箱の数は,$\tilde{\mu}$ のそれと比べて等しいか大きい.ここで,$\mu_1 + \cdots + \mu_p > \tilde{\lambda}_1 + \cdots + \tilde{\lambda}_p$ を満たす最小の数 p が存在すると仮定し,$k = \tilde{\lambda}_p$ とおくと,これ

は上の記述に矛盾する．よって (b)⇒(c)．(c)⇒(b) も同様．直前の演習問題より，(a) は，$\lambda \trianglelefteq \nu \trianglelefteq \tilde{\mu}$ を満たす ν が存在することと同値であるが，これは (b) とも同値．

解答 138 T と共役な形のタブロー U をとる．ここで，U の成分は u_i たちより小さいとする．また，$\begin{pmatrix} s_1 \cdots s_n \\ t_1 \cdots t_n \end{pmatrix}$ をタブロー対 (T, U) に対応する辞書式順序配列とする．このとき，辞書式順序配列 $\begin{pmatrix} s_1 \cdots s_n\ u_1 \cdots u_r \\ t_1 \cdots t_n\ v_1 \cdots v_r \end{pmatrix}$ は共役な形のタブロー対 $\{\tilde{P} \cdot T, (U)_X\}$ に対応する．対称性定理より，この配列の上下の行を入れ換え，反辞書式順序に並べ換えた配列は，共役な形のタブロー対 $\{(U)_X, \tilde{P} \cdot T\}$ に対応する．小さい順に n 個の成分を取り除き，§3.2 の補題 3.3 を適用すればよい．

解答 139 演習問題 138 を見よ．

解答 140 $(T, T_\circ)$ と対応する辞書式順序配列 $\begin{pmatrix} x_1 \cdots x_n \\ y_1 \cdots y_n \end{pmatrix}$ に対し，配列 $\begin{pmatrix} u_1 \cdots u_r\ x_1 \cdots x_n \\ v_1 \cdots v_r\ y_1 \cdots y_n \end{pmatrix}$ を考えよ．

解答 141 演習問題 140 を見よ．

解答 142 定理 A.12 と命題 A.20 の (3) を用いよ．

解答 143 行ワードが Q 同値であると仮定する．§A.3 の形変化定理の証明の時と同様に，歪タブローたちの成分はすべて相異なると仮定しても構わない．行ワードが Q 同値であるという性質は形同値と等価であるので，転置をとっても保たれる．よって，これらの列ワードを反転したものも Q 同値である．最後に演習問題 123 を適用せよ．

解答 144 どのケースでも，配列の任意の箇所から始めて，左右に動きながら (1) と (2) を適用し，すべての成分が尽きるまで行う．

解答 145 率直な歪タブローには常に任意の基本移動を施すことができるという事実と，その結果も再び率直であるという事実から従う．各歪タブローの中に含まれる 2 列のみに関する基本移動を繰り返せば，各パーツごとにタブローに到達する．

解答 146 T と U がそれぞれ率直な歪タブロー（特に，タブロー）であるときは，T と U それぞれについて基本移動を施すことができる．$T * U$ が率直であるためには，T, U に有限回基本移動を施した任意の歪タブロー T', U' に対して，T' の最後の列と U' の最初の列に基本移動が適用可能であることが，必要十分である．

解答 147 この反転行（もしくは列）バンプにより，長さ c の列タブロー C が押し出され，あるタブロー U が残される．このとき $C * U$（もしくは $U * C$）は，T が整化であるような率直な歪タブローである．

付録 B の演習問題の解答

必要なトポロジーの知識としては [Greenberg and Harper (1981)] で十分であろうが，[Spanier (1966)]，[Dold (1980)]，[Husemoller (1994)] などを時おり参照するとよい．微分多様体に関する事実については [Guillemin and Pollack (1974)] あるいは [Lang (1985)] を見よ．代数多様体に関する基礎的な事実も仮定するが，[Shafarevich (1977)] がよい参考文献である．

[Atiyah, Hirzebruch (1962)] は複素多様体の部分多様体に対する基本類を別な方法で構成している．

解答 153 確かめなければならないことは多いが，上記の教科書に書かれた事実を超える新しいアイデアは必要ない．例えば，演習問題 152 の図式が可換であることを証明するには，f を $X' \to X \times I^n \to X$ と分解して 2 つの場合を調べれば十分である．すなわち f が閉埋め込みである場合と $X \times I_n$ から X への射影である場合とである．第 1 のほうは，X の向き付けられた微分多様体への閉埋め込みによってもう一方の空間の埋め込みが決まるので，図式の垂直方向の写像は制限写像から誘導され，長い完全列と整合的である．第 2 のほうについては，誘導される写像 $\overline{H}_i(X \times I^n) \to \overline{H}_i(X)$ が同型であることに注意する：X を向き付けられた m 次元微分多様体に閉埋め込みすると，逆写像は写像の合成

$$\overline{H}_i(X) = H^{m-i}(M, M \setminus X) \to H^{m+n-i}(M \times \mathbb{R}^n, M \times \mathbb{R}^n \setminus X \times \{0\})$$
$$\to H^{m+n-i}(M \times \mathbb{R}^n, M \times \mathbb{R}^n \setminus X \times I^n) = \overline{H}_i(X \times I^n)$$

である．ここで最初の写像は自明束についてのトム同型，2 つめは制限写像である．これらの写像はどちらも長い完全列における写像と可換である．

解答 154 G の単位元から g への道が X 上の恒等写像から g による左乗法との間のホモトピーを与える．$g_*[V] = [V]$ は $[V]$ の構成からしたがう．

解答 155 キュネットの公式によると，適当な整数 a, b が存在して $s^*([H]) = a[H_1 \times \mathbb{P}^m] + b[\mathbb{P}^n \times H_2]$ が成り立つ．このとき a は $s^*([H])$ と $[\ell_1 \times \mathbb{P}^m]$ の交わりの次数である．ここに ℓ_1 は BbP^n 内の直線である．射影公式より，これは $s_*[\ell_1 \times \mathbb{P}^m] = [s(\ell_1 \times \mathbb{P}^m)]$ と H との交わりの次数でもある．ℓ_1, H が一般ならばこれらの多様体は 1 点で横断的に交わる．

解答 156 分裂原理を用いよ．

解答 157 X がコンパクトでなければ，コンパクトな多様体 Y の開集合として埋め込み，$Z = Y \setminus X$ とする．組 (Y, Z) が三角形分割可能であるという事実は

$X^+ = Y/Z$ がコンパクトで局所可縮であることを意味する．したがって X^+ を向きづけられた n 次元多様体 M にどのように埋め込んだとしても

$$H_i(X^+) \cong H^{n-i}(M, M \setminus X^+)$$

([Spanier (1966), 6.10.14]) すなわち $H_i(X^+) \cong \overline{H}_i(X^+)$ である．あとは補題 B.3 を X^+ の開集合 X に適用すればよい．(他の方法としては，Y を向き付けられた n 次元多様体 M に埋め込み，双対同型

$$H_i(Y, Z) \cong H^{n-i}(M \setminus Z, M \setminus Y)$$

を用いることもできる．ここで (Y, Z) はユークリッド的な近傍のレトラクトである．)

参考文献

[Abeasis (1980)] S. Abeasis, "On the Plücker relations for the Grassmann varieties," Advances in Math. **36** (1980), 277-282.

[Akin, Buchsbaum and Weyman (1982)] K. Akin, D. A. Buchsbaum and J. Weyman, "Schur functors and Schur complexes," Advances in Math. **44** (1982), 207-278.

[Atiyah, Hirzebruch (1962)] M. F. Atiyah and F. Hirzebruch, "Analytic cycles and complex manifolds," Topology **1** (1962), 25-45.

[Bender and Knuth (1972)] E. A. Bender and D. E. Knuth, "Enumeration of plane partitions," J. of Combin. Theory, Ser. A **13** (1972), 40-54.

[Benkart, Sottile and Stroomer (1996)] G. Benkart, F. Sottile and J. Stroomer, "Tableau switching: algorithms and applications," J. of Combin. Theory, Ser. A **76** (1996), 11-43.

[Bergeron and Garsia (1990)] N. Bergeron and A. M. Garsia, "Sergeev's formula and the Littlewood-Richardson rule," Linear and Multilinear Algebra **27** (1990), 79-100.

[Bernstein, Gelfand and Gelfand (1973)] I. N. Bernstein, I. M. Gelfand and S. I. Gelfand, "Schubert cells and cohomology of the spaces G/P," Russian Math. Surveys **28:3** (1973), 1-26.

[Billey and M. Haiman (1995)] S. Billey and M. Haiman, "Schubert polynomials for the classical groups," J. Amer. Math. Soc. **8** (1995), 443-482.

[Billey, Jockusch and Stanley (1993)] S. C. Billey, W. Jockusch and R. P. Stanley, "Some combinatorial properties of Schubert polynomials," J. Algebraic Combinatorics **2** (1993), 345-374.

[Borel (1953)] A. Borel, "Sur la cohomologie des espaces fibrés principaux et des espaces homogènes des groupes de Lie compacts," Annals of Math. **57** (1953), 115-207.

[Borel and Haefliger (1961)] A. Borel and A. Haefliger, "La classe d'homologie fondamentale d'un espace analytique," Bull. Soc. Math. France **89** (1961), 461-513.

[Burge (1974)] W. H. Burge, "Four correspondences between graphs and generalized Young tableaux," J. of Combin. Theory, Ser. A **17** (1974), 12-30.

[Carter and Lusztig (1974)] R. W. Carter and G. Lusztig, "On the modular representations of the general linear and symmetric groups," Math. Zeit. **136** (1974), 193-242.

[Chen, Garsia and Remmel (1984)] Y. M. Chen, A. M. Garsia and J. Remmel, "Algorithms for plethysm," in *Combinatorics and Algebra*, Contemporary Math. **34** (1984), 109-153.

[Chevalley (1994)] C. Chevalley, "Sur les décompositions cellulaires des espaces G/B," Proc. Symp. Pure Math. **56**, Part 1 (1994), 1-23.

[DeConcini, Eisenbud and Procesi (1980)] C. DeConcini, D. Eisenbud and C. Procesi, "Young diagrams and determinantal varieties," Invent. Math. **56** (1980), 129-165.

[Demazure (1974)] M. Demazure, "Désingularization des variétés de Schubert généralisées," Ann. Scuola Norm. Sup. Pisa Cl. Sci. (4) **7** (1974), 53-88.

[Deodhar (1977)] V. V. Deodhar, "Some characterizations of Bruhat ordering on a Coxeter group and determination of the relative Mobius function," Invent. Math. **39** (1977), 187-198.

[Désarménien, Kung and Rota (1978)] J. Désarménien, J. Kung and G.-C. Rota, "Invariant theory, Young bitableaux, and combinatorics," Advances in Math. **27** (1978), 63-92.

[Diaconis (1988)] P. Diaconis, *Group Representations in Probability and Statistics*, Institute of Mathematical Statistics, Hay ward, CA, 1988.

[Dold (1980)] A. Dold, *Lectures on Algebraic Topology*, Springer-

Verlag, 1980.
[Foata (1979)] D. Foata, "A matrix-analog for Viennot's construction of the Robinson correspondence," Linear and Multilinear Algebra **7** (1979), 281-298.
[Fomin and Greene (1993)] S. Fomin and C. Greene, "A Littlewood-Richardson miscellany," Europ. J. Combinatorics **14** (1993), 191-212.
[Fomin and Kirillov (1993)] S. Fomin and A. Kirillov, "The Yang-Baxter equation, symmetric functions, and Schubert polynomials," in *Proceedings of the 5th International Conference on Formal Power Series and Algebraic Combinatorics*, Firenze (1993), 215-229; to appear in Discrete Math.
[Fomin and Stanley (1994)] S. Fomin and R. Stanley, "Schubert polynomials and the nilCoxeter algebra," Advances in Math. **103** (1994), 196-207.
[Foulkes (1976)] H. O. Foulkes, "Enumeration of permutations with prescribed up-down and inversion sequences," Discrete Math. **15** (1976), 235-252.
[Fulton (1984)] W. Fulton, *Intersection Theory*, Springer-Verlag, 1984, 1998.
[Fulton (1992)] W. Fulton, "Flags, Schubert polynomials, degeneracy loci, and determinantal formulas," Duke Math. J. **65** (1992), 381-420.
[Fulton and Harris (1991)] W. Fulton and J. Harris, *Representation Theory: A First Course*, Springer-Verlag, 1991.
[Fulton and Lascoux (1994)] W. Fulton and A. Lascoux, "A Pieri formula in the Grothendieck ring of a flag bundle," Duke Math. J. **76** (1994), 711-729.
[Fulton and MacPherson (1981)] W. Fulton and R. MacPherson, *Categorical Framework for the Study of Singular Spaces*, Memoirs Amer. Math. Soc. **243**, 1981.
[Gepner (1991)] D. Gepner, "Fusion rings and geometry," Commun. Math. Phys. **141** (1991), 381-411.
[Green (1980)] J. A. Green, *Polynomial Representations of GL_n*, Lec-

ture Notes in Math. **830**, Springer-Verlag, 1980.

[Green (1991)] J. A. Green, "Classical invariants and the general linear group," in *Representation Theory of Finite Groups and Finite-Dimensional Algebras*, Progress in Math. **95**, Birkhäuser, (1991), 247-272.

[Greenberg and Harper (1981)] M. J. Greenberg and J. R. Harper, *Algebraic Topology: A First Course*, Benjamin/Cummings, 1981.

[Greene (1974)] C. Greene, "An extension of Schensted's theorem," Advances in Math. **14** (1974), 254-265.

[Greene (1976)] C. Greene, "Some partitions associated with a partially ordered set," J. of Combin. Theory, Ser. A **20** (1976), 69-79.

[Greene, Nijenhuis and Wilf (1979)] C. Greene, A. Nijenhuis and H. S. Wilf, "A probabilistic proof of a formula for the number of Young tableaux of a given shape," Advances in Math. **31** (1979), 104-109.

[Griffiths and Harris (1978)] P. Griffiths and J. Harris, *Principles of Algebraic Geometry*, Wiley, 1978.

[Guillemin and Pollack (1974)] V. Guillemin and A. Pollack, *Differential Topology*, Prentice-Hall, 1974.

[Haiman (1992)] M. D. Haiman, "Dual equivalence with applications, including a conjecture of Proctor," Discrete Math. **99** (1992), 79-113.

[Hanlon and Sundaram (1992)] P. Hanlon and S. Sundaram, "On a bijection between Littlewood-Richardson fillings of conjugate shape," J. of Combin. Theory, Ser. A **60** (1992), 1-18.

[Harris (1977)] J. Harris, *Algebraic Geometry: A First Course*, Springer-Verlag, 1992.

[Hartshorne (1977)] R. Hartshorne, *Algebraic Geometry*, Springer-Verlag, 1977.

[Hodge and Pedoe (1952)] W. V. D. Hodge and D. Pedoe, *Methods of Algebraic Geometry*, Vols. 1, 2, and 3, Cambridge University Press, 1947, 1952, 1954.

[Howe (1987)] R. Howe, "(GL_n, GL_m)-duality and symmetric plethysm," Proc. Indian Acad. Sci. (Math. Sci.) **97** (1987), 85-109.

[Husemoller (1994)] D. Husemoller, *Fibre Bundles*, 3rd edition, Springer-Verlag, 1994.

[Iversen (1986)] B. Iversen, *Cohomology of Sheaves*, Springer-Verlag, 1986.

[James (1978)] G. D. James, *The Representation Theory of the Symmetric Groups*, Lecture Notes in Math. **682**, Springer-Verlag, 1978.

[James and Kerber (1981)] G. James and A. Kerber, *The Representation Theory of the Symmetric Group*, Encyclopedia of Mathematics and Its Applications, vol. 16, Addison-Wesley, 1981.

[James (1987)] I. M. James, *Topological and Uniform Spaces*, Springer-Verlag, 1987.

[Kleiman and Laksov (1972)] S. L. Kleiman and D. Laksov, "Schubert calculus," Amer. Math. Monthly **79** (1972), 1061-1082.

[Knuth (1970)] D. E. Knuth, "Permutations, matrices and generalized Young tableaux," Pacific J. Math. **34** (1970), 709-727.

[Knuth (1973)] D. E. Knuth, *The Art of Computer Programming III*, Addison-Wesley, 1973.

[Knutson (1973)] D. Knutson, *λ-Rings and the Representation Theory of the Symmetric Group*, Lecture Notes in Math. **308**, Springer-Verlag, 1973.

[Kraft (1984)] H. Kraft, *Geometrische Methoden in der Invariantentheorie*, Fried. Vieweg & Sohn, Braunschweig, 1984.

[Krattenthaler (1998)] C. Krattenthaler, "An involution principle-free bijective proof of Stanley's hook-content formula," Discrete Math. Theor. Comput. Sci. (http://dmtcs.loria.fr) **3** (1998), 11-32.

[Lakshmibai and Seshadri (1986)] V. Lakshmibai and C. S. Seshadri, "Geometry of G/P — V." J. of Algebra **100** (1986),462-557.

[Lang (1985)] S. Lang, *Differentiable Manifolds*, Addison-Wesley, 1971, Springer-Verlag, 1985.

[Lascoux (1980)] A. Lascoux, "Produit de Kronecker des représentations du groupe symétrique," in *Séminaire Dubreil-Malliavin 1978-1979*, Lecture Notes in Math. **795** (1980), Springer-Verlag, 319-329.

[Lascoux and Schützenberger (1981)] A. Lascoux and

M. P. Schützenberger, "Le monöide plaxique," in *Non-Commutative Structures in Algebra and Geometric Combinatorics*, Quaderni de "La ricerca scientifica," n. 109, Roma, CNR (1981), 129-156.

[Lascoux and Schützenberger (1985)] A. Lascoux and M. P. Schützenberger, "Schubert polynomials and the Littlewood-Richardson rule," Letters in Math. Physics **10** (1985), 111-124.

[Lascoux and Schützenberger (1990)] A. Lascoux and M. P. Schützenberger, "Keys and standard bases," in *Invariant Theory and Tableaux*, D. Stanton, ed., Springer-Verlag (1990), 125-144.

[Littelmann (1994)] P. Littelmann, "A Littlewood-Richardson rule for symmetrizable Kac-Moody algebra," Invent. Math. **116** (1994), 329-346.

[Liulevicius (1980)] A. Liulevicius, "Arrows, symmetries and representation rings," J. Pure App. Algebra **19** (1980), 259-273.

[Macdonald (1979)] I. G. Macdonald, *Symmetric Functions and Hall Polynomials*, Clarendon Press, Oxford, 1979, 1995.

[Macdonald (1991a)] I. G. Macdonald, *Notes on Schubert Polynomials*, Département de mathématiques et d'informatique, Université du Québec, Montréal, 1991.

[Macdonald (1991b)] I. G. Macdonald, "Schubert polynomials," in Surveys in Combinatorics, Cambridge University Press, (1991) 73-99.

[Magyar (1998)] P. Magyar, "Borel-Weil theorem for configuration varieties and Schur modules," Adv. Math. **134** (1998), 328-366.

[Martin (1993)] S. Martin, *Schur Algebras and Representation Theory*, Cambridge University Press, 1993.

[Monk (1959)] D. Monk, "The geometry of flag manifolds," Proc. London Math. Soc. **9** (1959), 253-286.

[Peel (1975)] M. H. Peel, "Specht modules and symmetric groups," J. of Algebra **36** (1975), 88-97.

[Pragacz (1991)] P. Pragacz, "Algebro-geometric applications of Schur S- and Q-polynomials," in *Séminaire d'Algèbre Dubreil-Malliavin* 1989-1990, Lecture Notes in Math. **1478** (1991), Springer-

Verlag, 130-191.
[Pragacz and Thorup (1992)] P. Pragacz and A. Thorup, "On a Jacobi-Trudi identity for supersymmetric polynomials," Advances in Math. **95** (1992), 8-17.
[Proctor (1989)] R. A. Proctor, "Equivalence of the combinatorial and the classical definitions of Schur functions," J. of Combin. Theory, Ser. A **51** (1989), 135-137.
[Ramanathan (1987)] A. Ramanathan, "Equations defining Schubert varieties, and Frobenius splitting of diagonals," Publ. Math. I.H.E.S. **65** (1987), 61-90.
[Reiner and Shimozono (1995)] V. Reiner and M. Shimozono, "Placti-flcation," J. of Algebraic Combinatorics **4** (1995), 331-351.
[Remmel and Whitney (1983)] J. B. Remmel and R. Whitney, "A bijective proof of the hook formula for the number of column-strict tableaux with bounded entries," European J. Combin. **4** (1983), 45-63.
[Remmel and Whitney (1984)] J. B. Remmel and R. Whitney, "Multiplying Schur functions," J. of Algorithms **5** (1984), 471-487.
[Robinson (1938)] G. de B. Robinson, "On the representations of the symmetric group," Amer. J. Math. **60** (1938), 745-760.
[Robinson (1961)] G. de B. Robinson, *Representation Theory of the Symmetric Group*, University of Toronto Press, 1961.
[Roby (1991)] T. W. Roby, "Applications and extensions of Fomin's generalization of the Robinson-Schensted correspondences to differential posets," MIT PhD Thesis, 1991.
[Sagan (1991)] B. E. Sagan, *The Symmetric Group*, Wadsworth, 1991.
[Sagan abd Stanley (1990)] B. E. Sagan and R. P. Stanley, "Robinson-Schensted algorithms for skew tableaux," J. of Combin. Theory, Ser. A **55** (1990), 161-193.
[Schensted (1961)] C. Schensted, "Longest increasing and decreasing subsequences," Canad. J. Math. **13** (1961), 179-191.
[Schützenberger (1963)] M. P. Schützenberger, "Quelques remarques sur une construction de Schensted," Math. Scand. **12** (1963), 117-128.

[Schützenberger (1977)] M. P. Schützenberger, "La correspondance de Robinson," in *Combinatoire et Représentation du Groupe Symétrique*, Lecture Notes in Math. **579** (1977), Springer-Verlag, 59-135.

[Shafarevich (1977)] I. Shafarevich, *Basic Algebraic Geometry*, Springer-Verlag, 1977.

[Sottile (1996)] F. Sottile, "Pieri's rule for flag manifolds and Schubert polynomials," Annales Fourier **46** (1996), 89-110.

[Spanier (1966)] E. H. Spanier, *Algebraic Topology*, McGraw-Hill, 1966.

[Stanley (1971)] R. P. Stanley, "Theory and applications of plane partitions," Studies in Appl. Math. **1** (1971), 167-187 and 259-279.

[Stanley (1977)] R. P. Stanley, "Some combinatorial aspects of the Schubert calculus," in *Combinatoire et Représentation du Groupe Symétrique*, Lecture Notes in Math. **579** (1977), Springer-Verlag, 225-259.

[Stanley (1983)] R. P. Stanley, "GL(n, $\mathbb{C}$) for combinatorialists," in *Surveys in Combinatorics*, E. K. Lloyd (ed.), Cambridge University Press, 1983.

[Stanley (1986)] R. P. Stanley, *Enumerative Combinatorics*, Vol. I, Wadsworth and Brooks/Cole, 1986.

[Steinberg (1988)] R. Steinberg, "An occurrence of the Robinson-Schensted correspondence," J. of Algebra **113** (1988), 523-528.

[Stembridge (1987)] J. R. Stembridge, "Rational tableaux and the tensor algebra of gl_n," J. of Combin. Theory, Ser. A **46** (1987), 79-120.

[Sturmfels and White (1989)] B. Sturmfels and N. White, "Gröbner bases and invariant theory," Advances in Math. **76** (1989), 245-259.

[Sundaram (1990)] S. Sundaram, "Tableaux in the representation theory of the classical Lie groups," in *Invariant Theory and Tableaux*, D. Stanton (ed.), Springer-Verlag, 1990, 191-225.

[Thomas (1976)] G. P. Thomas, "A generalization of a construction due to Robinson," Canad. J. Math. **28** (1976), 665-672.

[Thomas (1978)] G. P. Thomas, "On Schensted's construction and the multiplication of Schur-functions," Advances in Math. **30** (1978),

8-32.

[Towber (1977)] J. Towber, "Two new functors from modules to algebras," J. of Algebra **47** (1977), 80-104.

[Towber (1979)] J. Towber, "Young symmetry, the flag manifold, and representations of GL(n)," J. of Algebra **61** (1979), 414-462.

[Van der Jeugt and Fack (1991)] J. Van der Jeugt and V. Fack, "The Pragacz identity and a new algorithm for Littlewood-Richardson coefficients," Computers Math. Appl, **21**(1991), 39-47.

[Viennot (1977)] G. Viennot, "Une forme géométrique de la correspondance de Robinson-Schensted," in *Combinatoire et Représentation du Groupe Symétrique*, Lecture Notes in Math. **579** (1977), Springer-Verlag, 29-58.

[Vo and Whitney (1983)] K. -P. Vo and R. Whitney, "Tableaux and matrix correspondences," J. of Combin. Theory, Ser. A **35** (1983), 328-359.

[Wachs (1985)] M. L. Wachs, "Flagged Schur functions, Schubert polynomials, and symmetrizing operators," J. of Combin. Theory, Ser. A **40** (1985), 276-289.

[Weyl (1939)] H. Weyl, *The Classical Groups. Their Invariants and Representations*, Princeton University Press, 1939.

[White(1981)] D. E. White, "Some connections between the Littlewood-Richardson rule and the construction of Schensted," J. of Combin. Theory, Ser. A **30** (1981), 237-247.

[Young (1928)] A. Young, "On quantitative substitutional analysis III," Proc. London Math. Soc. (2) **28** (1928), 255-292.

[Zelevinsky (1981)] A. V. Zelevinsky, "A generalization of the Littlewood-Richardson rule and the Robinson-Schensted-Knuth correspondence," J. of Algebra **69** (1981), 82-94.

[上野] 上野健爾, 代数幾何, 岩波書店, 2005.

[岡田] 古典群の表現論と組合せ論〈上・下〉, 培風館, 2006.

[佐武] 佐武一郎, リー環の話, 日本数学選書, 日本評論社, 2002.

[セール] J. P. セール (岩堀長慶, 横沼健雄訳), 有限群の線型表現, 岩波書店, 1974.

[中岡] 中岡稔, 復刊位相幾何学 ホモロジー論, 共立出版, 1999.

参考文献

[堀田 (1988)] 堀田良之, 加群十話, すうがくぶっくす, 朝倉書店, 1988.

[堀田 (2016)] 堀田良之, 線型代数群の基礎, 朝倉数学大系 12, 2016.

索引

■英数字

$(K'), (K'')$ クヌース基本変換 22
$(P, Q) = (P(A), Q(A)) = (P(\omega), Q(\omega))$
　　RSK 対応におけるタブローの対
　　42, 44, 47
(R, S) バージュ対応 218
$(T_\circ)_S$ $T_\circ$ と S から定まるタブロー 64
$[m] = \{1, \ldots, m\}$ 5
$[T]$ T の列タブロイド 100
$[V] \cdot [W]$ 交叉類 239
$[V] \circ [W]$ R_n の積 95
$[x_1 : \cdots : x_m]$ 射影空間 $\mathbb{P}^{m-1}$ の点 138
$[Z]$ 部分多様体 Z の基本類 159
$A^{(1)}, A^\flat, A^{(2)}$ 行列と玉の構成 45, 218, 225
$A = \mathbb{C}[S_n]$ S_n の群環 90
A_i, B_i, C_i 部分空間 161
$\alpha : \widetilde{M}^\lambda \to S^\lambda, \beta : M^\lambda \to \widetilde{S}^\lambda$ 101
$\alpha \cap \beta$ キャップ積 236
$\alpha \cup \beta$ カップ積 236
a_T, b_T, c_T ヤング対称子 90
B^- 下三角行列から成るボレル部分群 173
$\mathbb{I}_n$ S_n の自明表現 83
$\bigwedge^n E$ 外積 84, 113
$B \subset G$ 上三角行列の成すボレル部分群 120
$C(T)$ T の列置換群 88
$\mathrm{Char}(V), \chi_V$ 指標 128
χ^λ P の指標 156
χ^λ_μ 81, 98
χ_V V の指標 96, 128
$c_i(E)$ チャーン類 240
$c_1(L)$ 直線束の第 1 チャーン類 175
C_λ λ の共役類 90

$c^\nu_{\lambda\mu}$ リトルウッド・リチャードソン数 65,
　　81, 97, 129, 202
$D(w)$ w のダイアグラム 172
$D = \bigwedge^m E$ 行列式表現 120
$\Delta T, \Delta^2 T, \ldots$ 脱出 200
Deruyts の構成 111, 119, 134
$D_{i_1, \ldots, i_p}, D_T$ 行列式 116
$d_\lambda(m)$ 形 λ を持つ $[m]$ 上のタブローの個数 55, 58
$D^\lambda \subset R[Z]$ Deruyts 空間 118
$E' = E \oplus \mathbb{C}$ 177
$E(M) = E^{\otimes n} \otimes_{\mathbb{C}[S_n]} M$ 124, 132
E^λ シューア加群, ワイル加群 83, 111
$\ell(w)$ w の長さ 170
$e_n(x_1, \ldots, x_m)$ 基本対称多項式 4, 75
$E^{\otimes \lambda}$ λ の箱でラベル付けされたテンソル積 113
$E^{\otimes n}$ テンソル積 83, 124
$\equiv''$ K'' 同値 32
$\equiv'$ K' 同値 30
e_T E^λ の基本的な元 114
η_V 精密化された基本類 247
$E^{\times \lambda}$ λ の箱でラベル付けされた直積 112
E_X E をファイバーとする自明束 140
f^*, f_* 引き戻し射, 押し出し射 236
$F\ell^{d_1, \ldots, d_s}(E)$ 部分旗多様体 138
F_k 基底ベクトルの始めから k 個のベクトルの張る空間 160
$F\ell(E)$ 完全旗多様体 167
f^λ 形 λ の標準タブローの個数 55
$\mathfrak{g} = \mathfrak{gl}_m \mathbb{C} = M_m \mathbb{C}$ リー代数 122
$GL_m(\mathbb{C}), GL_m(E)$ 一般線型群 83, 111
$\mathrm{Gr}^n E$ 余次元 n のグラスマン多様体 139
$H^\bullet X = \oplus H^i X$ 特異コホモロジー群 236

$H.X = \oplus H_i X$ 特異ホモロジー群 236
$H^i(X, Y)$ 相対特異コホモロジー群 240
$\bar{H}_i X$ ボレル・ムーア・ホモロジー群 241
$h_\lambda(x), e_\lambda(x), m_\lambda(x)$ 対称多項式 75
$h_n(x), h_n(x_1, \ldots, x_m)$ 完全対称多項式 4, 75
$H \subset G = GL_m\mathbb{C}$ 対角行列の成す部分群 120
$I(i)$ 指数 213
$I(X)$ X の定義イデアル 139
$\iota : F\ell(m) \hookrightarrow F\ell(m+1)$ 177
$K_+(T)$ 右鍵 232
$K_-(T)$ 左鍵 232
$K_{\lambda\mu}$ コストカ数 28, 56, 73, 78, 81, 97, 129, 225
$L(\chi)$ 指標から定まる直線束 156
$L(w, 1), L(w, k)$ ワード内の列の長さ 33
λ/μ 歪タブロー 14
$\lambda * \mu$ λ と μ から定まる歪ヤング図形 63
$\Lambda(m)$ 変数 $x_1, \ldots, x_m$ の対称多項式の成す環 131
λ/μ 歪ヤング図形 4
$\Lambda = \oplus \Lambda_n$ 対称関数環 81, 109
λ 分割, ヤング図形 1
$\langle [Z_1], [Z_2] \rangle$ 交叉数 159
$\langle v_1, \ldots, v_r \rangle$ $v_1, \ldots, v_r$ で生成される線型部分空間 145
$\langle , \rangle$ Λ_n 上の内積 81
L_i 直線束 175
L^λ λ によって定まる直線束 154, 155
$\mathcal{A}^*, w^*$ 反転アルファベット, ワード 199
$\mathcal{L}_c, \mathcal{R}_c, K_-(T), K_+(t)$ 鍵 231
$\mathcal{R}(m)$ $GL_m\mathbb{C}$ の表現環 131
$\mathcal{S}(\nu/\lambda, U_\circ), \mathcal{T}(\lambda, \mu, V_\circ)$ 206
Ind 誘導表現 95
Rect(S) 整化 16
M^λ 行タブロイドを基底とする表現 91, 107
$\widetilde{M}^\lambda$ 列タブロイドを基底とする表現 100
$M_m(R)$ 行列代数 118
$\mu \leq \lambda$ 辞書式順序 29
$\mu \subset \lambda$ 包含関係 29
$\mu \trianglelefteq \lambda$ 支配的の順序 29
$\mu \subseteq \lambda$ ヤング図形の包含 4
$n = m(m-1)/2$ $F\ell(m)$ の次元 171
ω Λ 上の対合 81, 98
ω R の対合 96
$\Omega_\lambda = \Omega_\lambda(F_\bullet)$ グラスマン多様体内のシューベルト多様体 158

Ω_λ° グラスマン多様体のシューベルト胞体 160
$\mathcal{O}_V(1), \mathcal{O}_V(n), \mathcal{O}_X(1), \mathcal{O}_X(a_1, \ldots, a_s)$ 154
$\mathbb{P}(E)$ 射影空間 137
$\mathbb{P}(V) \to Y$ 射影束 176
$P(w)$ ワード w と同値なタブロー 25, 39
$\mathbb{P}^*(\bigwedge^n E)$ 余次元 n の線型部分空間が成すグラスマン多様体 139
$\mathbb{P}^*(E)$ E の超平面から成る射影空間, 双対射影空間 137
$\{\tilde{P}, \tilde{Q}\}$ 双対クヌース対応 224, 226
∂_i 差分商作用素 179
∂_w 187
$\pi_{j,k}(T)$ 103
$\langle , \rangle$ R_n 上の内積 95
$p_r(x), p_\lambda(x)$ べき和 76
$\phi : R \to \Lambda \otimes \mathbb{Q}$ 96
P 放物型部分群 152
$Q(w)$ 記録用タブロー 39, 60, 209
Q^λ $\widetilde{M}^\lambda$ の関係式 104
$Q^\lambda(E)$ $\otimes \bigwedge^\mu E$ の関係式 114, 130
$\widetilde{Q}^\lambda(E)$ $\otimes \text{Sym}^{\lambda_i}(E)$ の関係式 128
$R(m) \cong H^*(F\ell(m))$ 176
$R(T)$ T の行置換群 88
$R = \oplus R_n$ 95
$R_{[m]}$ タブロー環 26, 65
$R[Z] = R[Z_{1,1}, \ldots, Z_{n,m}]$ 116
Rect(X) 整化 228
R_n S_n の表現のグロタンディーク群 95
$r_w(p, q) = \#\{i \leq p : w(i) \leq q\}$ 188
$S(\nu/\lambda, U_\circ)$ 63
$S^*(E; d_1, \ldots, d_s) = S^*(m; d_1, \ldots, d_s)$ 133
s_i 175
σ_k $\Omega_k = \Omega_{(k)}$ の基本類, 特殊シューベルト類 159
σ_λ Ω_λ の基本類, シューベルト類 158
$\sigma_{\nu/\lambda}$ 歪タブローの定める置換 215
$\sigma_w = [\Omega_w]$ シューベルト類 175
$S_\infty = \bigcup S_m$ 187
$SL(E) = SL_m\mathbb{C}$ 121
$s_\lambda(x_1, \ldots, x_m)$ シューア多項式 26, 54
$s_\lambda, h_\lambda, e_\lambda, m_\lambda, p_\lambda$ 対称関数 81
$\widetilde{S}^\lambda, \widetilde{v}_T$ 100, 107
$S_\lambda = S_\lambda[m]$ $R_{[m]}$ の元 26, 65
S^λ シュベヒト加群 83, 91
S_n 100
$s_{\nu/\lambda}(x_1, \ldots, x_m)$ 歪シューア多項式 69,

$S_{\nu/\lambda} = S_{\nu/\lambda}[m]$ 66
$\mathfrak{S}_w$ シューベルト多項式 185
$\mathrm{Sym}^{\cdot}V$ 対称代数 133
$\mathrm{Sym}^n E$ 対称積 83, 113
$T' \succ T$ 番号付けの間の順序 89
$T' \succeq T$ 番号付けの間の順序 104
$\mathcal{T}(\lambda, \mu, V_\circ)$ 63
$\{T\}$ （行）タブロイド 89
$T \cdot U$ T と U の歪タブロー 16
$T^\cdot$ 双対タブロー 200
$T \cdot U$ タブローの積 13, 17, 25
$\widetilde{F}_k$ 基底ベクトルの後ろから k 個のベクトルの張る空間 161
$\widetilde{\lambda}$ 分割（ヤング図形）の共役 2
$\widetilde{\Omega}_\lambda = \Omega_\lambda(\widetilde{F}_\bullet)$ 161
$T \leftarrow x$ 行挿入 9
T_M M の接ベクトル束 241
T^τ 転置 206
$\binom{u}{v} \leq \binom{u'}{v'}$ （2 行配列の）辞書式順序 42
$U(\mu)$ 第 i 行にすべて i が入っている μ 上のタブロー 68, 120, 202, 212
$U(w)$ w に対応する標準タブロー 71, 212
$\binom{u_1\ u_2\ \cdots\ u_r}{v_1\ v_2\ \cdots\ v_r}$ 2 行配列 41
$U_1 \subset U_2 \subset \cdots \subset U_s$ トートロジー部分ベクトル束の旗 155
$u \leq v$ ブリュア順序 188
$u \leq v$ ワードの順序 20
$\mathbb{U}_n$ S_n の符号表現 84, 99
$\mathbb{U}_w$ $x(w)$ の開近傍 171
v $E^{\times \lambda}$ の元 112
$v(U)$ $E^{\otimes n}$ の元 126
$v_1 \cdots v_n$ $\mathrm{Sym}^n E$ における積 83
$v_1 \wedge \cdots \wedge v_n$ $\bigwedge^n E$ における積 84
V_α ウェイト空間 120
$\varphi : \Lambda \to R$ 96
v^λ E^λ の元 113
v_T M^λ および S^λ の元 91, 108
$w(T) = w_{\mathrm{row}}(T)$ 行ワード 19
W, w, nW 真に左の列, 左または同じ列, 上または同じ行かつ真に左の行, など 45
$w_-(T), w_+(T)$ 233
$\wedge v$ $\bigotimes^\mu \bigwedge^\mu E$ の元 114
$w \equiv w'$ クヌース同値 22
$w_{\mathrm{col}}(T)$ 列ワード 29
80
$w^\natural, S^\natural$ 212
w^{rev} 反転ワード 206, 228
$w^\#, S^\#$ 211
$x(w)$ $Fl(m)$ の点 170
$x_i = -c_1(L_i)$ 175
$x_{i_1,\ldots,i_d}$ プリュッカー座標 142
ξ_μ^λ 81, 94
x_i 基礎類 175
$x \to T$ 列挿入 203
x^T タブローに対する単項式 4
X_w $Fl(m)$ の双対シューベルト多様体 173
X_w° $Fl(m)$ の双対シューベルト胞体 170
$z(\lambda)$ 77, 91
Z^T Z 内の T 作用の固定点の集合 168

■ア行

RSK 対応 202
RSK の定理 43
新しい箱 11
ウェイト 120
ウェイト空間 120
ウェイトベクトル 120
ヴェロネーゼ埋め込み 138, 147
内隅 14
S_n の対合 44, 50, 55
LR 対応 63, 208, 215
LR 同値 208
エルドスとシェケレスの定理 38
重み 28, 67

■カ行

鍵 230
影の方法 49
可能な指し手 213
ガルニール元 107
完全対称関数 81
完全対称多項式 75
完全旗 158
基礎類 175
基本双対クヌース変換 209
基本対称関数 81
基本対称多項式 75
基本類（部分多様体の） 246
既約（多様体） 139
逆格子ワード 66, 212
逆数字付け 71
逆スライド 16
既約成分（代数多様体に関する） 139

Q 同値　209, 229
行挿入　9
行置換群　88
行バンプ　9
行バンプ補題　11
共役 LR 対応　215
共役形同値　214
共役配置　224
行列式公式　78, 80
行列式表現　120
行列と玉の構成　217
行列と玉の方法　45
行ワード　19
記録用タブロー　39, 60, 209
クヌース基本変換　22
クヌース対応　41
クヌース同値　22, 37, 60, 68, 204
グラスマン多様体　139
グリーンの定理　38
グロタンディーク環　131
K' 同値, K'' 同値　30, 32, 216
形同値　208
形変化　207
形変化定理　209
ゲール・レーザーの定理　225
減少列　38, 59, 73
交換　85, 103, 112
コーシー・リトルウッドの公式　54, 130
コストカ数　28, 56, 73, 78, 81, 97, 129
グラスマン多様体のコホモロジー環　166
コホモロジー　236
旗多様体のコホモロジー　176

■サ行

最高ウェイトベクトル　120
最低ウェイトベクトル　152
ザリスキー位相　140
シェンステッドのアルゴリズム　7, 9
次元（代数多様体の）　140
辞書式順序　29, 42, 117
指数　213
支配的順序，支配する　29
指標　96, 128
自明なベクトル束　140
自明表現　83
射影多様体　139
ジャンベリ公式　159
シューア加群　83, 113
シューア多項式　26, 29, 54, 75, 131

シューア多項式の積　26, 69
シューアの恒等式　59
シューアの補題　124
シューベルト多様体　158
シューベルト胞体　160
シュッツェンベルジェのスライド操作　14
ジュ・ドゥ・タカン　16, 207, 214
シュペヒト加群　83, 91
(歪) 上下列　70
上下列　60
シルヴェスターの補題　115
真に左，右，上，下　11
数字付け　114
スーパー・シューア多項式　80
スライド　14
整化　16, 61, 228
斉次座標　138
斉次座標環　138, 139
斉次表現　131
整列アルゴリズム　103, 112, 117
セグレ埋め込み　147
ゼレビンスキーのピクチャー　73
0 と 1 の行列　224
増加列　59
双対（ヤング図形の）　163
双対クヌース対応　209
双対クヌース同値　209
双対シューベルト類　163
双対性定理（タブロー対の）　201, 221, 227
双対タブロー　200
双対定理（シューベルト類の）　163
双対同型（グラスマン多様体の）　166
挿入タブロー　39, 209, 212
双有理　182, 238
率直　231
外隅　10, 14

■タ行

対称関数　80, 131
対称関数上の内積　81
対称性定理　43, 221, 227
対称積　83
対称代数　133, 138
代数的部分集合　139, 140
多項式表現　119, 121
多重斉次座標環　140
脱出　199
タブロイド　89, 100
タブロー環　26

タブローの積　13, 16, 25
(歪) タブローのタイプ　28, 67
タブローの中身　28, 67
$P(w)$ の標準的構成　25
単項式対称関数　81
単項式対称多項式　75
置換　41
置換行列　44
チャーン類　239
チャウ多様体　151
対合 $(\Lambda, R \text{ の})$　96, 98
強い順番付け　218
定義イデアル　139
底変換　114
転置　44, 206
同変ベクトル束　156
特殊シューベルト多様体　159
特殊シューベルト類　159
トム類　241

■ナ行
2 行配列　41
W (West), w (west), nW など　45
2 次関係式　107, 133
2 段旗多様体　145
二分木　73

■ハ行
バージュ対応　218
番号付け　87
反辞書式順序　217
半単純性　123
反転アルファベット　199
反転ワード　229
バンプルート　11, 204
ピエリ公式　78, 129, 159
表現環 ($GL_m\mathbb{C}$ の)　131
表現たちの内積　95
標準的手順　25
標準タブロー (逆格子ワードの)　71
標準表現　84, 99
ヒルベルトの零点定理　139
複素解析的表現　119
符号表現　84
フック長公式　56
部分旗多様体　138, 146
不変式論の第 1 基本定理　148
不変式論の第 2 基本定理　148
プラクティック・モノイド　26, 202

ブリュア順序　188
プリュッカー埋め込み　139, 141
プリュッカー座標　142
フレーム・ロビンソン・スロールの公式　56
フロベニウスの指標公式　98
フロベニウスの相互律　98
分岐規則　98
閉埋め込み　140
べき和　76, 81
放物型部分群　152
ホップ代数　109
ボレルの固定点定理　169
ボレル・ムーア・ホモロジー　241, 243

■マ行
向き (列タブロイドの)　100

■ヤ行
ヤコビ・トゥルーディ公式　78
山内ワード　66
ヤング対称子　90, 109, 128
ヤングの規則　97
ヤング部分群　88
誘導表現　94, 98
有理表現　119
弱い順番　218
弱く左, 右, 上, 下　11

■ラ行
Λ, R 上の対合　81
ラムダ環　132
リー代数　122
リー代数の表現　122
リトルウッド・リチャードソン規則　61, 97, 129
リトルウッド・リチャードソン数　65, 81, 97, 129, 202
リトルウッド・リチャードソン歪タブロー　66, 206, 213
ルート空間　122
列挿入　202
列タブロイド　100
列置換群　88
列バンプ　202
列バンプの補題　204
列ワード　29, 203
ロビンソン・シェンステッド・クヌース対応　39, 61
ロビンソン・シェンステッド対応　41

ロビンソン対応　41

■ワ行
ワード　19, 39, 42

歪シューア多項式　69, 80
ワイル加群　83, 111
ワイルの指標公式　132
ワイルのユニタリートリック　124

原著者
W. フルトン（William Fulton）

訳　者
池田　岳（いけだ・たけし）
岡山理科大学 理学部 応用数学科 教授

井上　玲（いのうえ・れい）
千葉大学大学院 理学研究院 教授

岩尾慎介（いわお・しんすけ）
東海大学 理学部 数学科 講師

ヤング・タブロー ―表現論と幾何への応用―

令和元年6月15日　発　　　行
令和6年8月25日　第3刷発行

訳　者　　池　田　　　岳
　　　　　井　上　　　玲
　　　　　岩　尾　慎　介

発行者　　池　田　和　博

発行所　　丸善出版株式会社
〒101-0051 東京都千代田区神田神保町二丁目17番
編集：電話 (03) 3512-3266／FAX (03) 3512-3272
営業：電話 (03) 3512-3256／FAX (03) 3512-3270
https://www.maruzen-publishing.co.jp

© Takeshi Ikeda, Rei Inoue, Shinsuke Iwao, 2019

組版印刷・大日本法令印刷株式会社／製本・株式会社 松岳社

ISBN 978-4-621-30389-4　C 3041　　Printed in Japan

本書の無断複写は著作権法上での例外を除き禁じられています．